高等学校计算机专业教材精选·计算机原理

人工智能技术

曹承志　等编著

杨　利　主审

清华大学出版社
北京

内 容 简 介

本书系统介绍了人工智能技术的基本理论和应用技术。全书共9章，主要内容包括：知识表示技术，知识推理技术，模糊逻辑技术，神经网络技术，遗传算法，专家系统，机器学习，群集智能。本书是作者在总结近年来教学和科研成果，学习国内外人工智能技术领域最新技术的基础上编写而成的。全书内容体系新颖，选材具有先进性、系统性和实用性的特点。

本书可作为高等学校计算机科学与技术专业、电子信息工程专业、电工及自动化类专业、机电一体化专业的高年级本科生和研究生的教材，也可供相关专业的工程技术人员参考。

本书封面贴有清华大学出版社防伪标签，无标签者不得销售。
版权所有，侵权必究。举报：010-62782989，beiqinquan@tup.tsinghua.edu.cn。

图书在版编目(CIP)数据

人工智能技术／曹承志等编著. —北京：清华大学出版社，2010.8（2022.1重印）
（高等学校计算机专业教材精选·计算机原理）
ISBN 978-7-302-21835-7

Ⅰ. ①人… Ⅱ. ①曹… Ⅲ. ①人工智能－高等学校－教材 Ⅳ. ①TP18

中国版本图书馆 CIP 数据核字(2010)第 033134 号

责任编辑：汪汉友
责任校对：时翠兰
责任印制：沈　露

出版发行：清华大学出版社
网　　址：http://www.tup.com.cn，http://www.wqbook.com
地　　址：北京清华大学学研大厦 A 座
邮　编：100084
社 总 机：010-62770175
邮　购：010-83470235
投稿与读者服务：010-62776969，c-service@tup.tsinghua.edu.cn
质 量 反 馈：010-62772015，zhiliang@tup.tsinghua.edu.cn

印 装 者：北京九州迅驰传媒文化有限公司
经　　销：全国新华书店
开　　本：185mm×260mm　　印　张：19.75　　字　数：473 千字
版　　次：2010 年 8 月第 1 版　　印　次：2022 年 1 月第 9 次印刷
定　　价：59.50 元

产品编号：034301-03

出 版 说 明

我国高等学校计算机教育近年来迅猛发展,应用所学计算机知识解决实际问题,已经成为当代大学生的必备能力。

时代的进步与社会的发展对高等学校计算机教育的质量提出了更高、更新的要求。现在,很多高等学校都在积极探索符合自身特点的教学模式,涌现出一大批非常优秀的精品课程。

为了适应社会的需求,满足计算机教育的发展需要,清华大学出版社在进行了大量调查研究的基础上,组织编写了《高等学校计算机专业教材精选》。本套教材从全国各高校的优秀计算机教材中精挑细选了一批很有代表性且特色鲜明的计算机精品教材,把作者们对各自所授计算机课程的独特理解和先进经验推荐给全国师生。

本系列教材特点如下。

(1) 编写目的明确。本套教材主要面向广大高校的计算机专业学生,使学生通过本套教材,学习计算机科学与技术方面的基本理论和基本知识,接受应用计算机解决实际问题的基本训练。

(2) 注重编写理念。本套教材作者群为各高校相应课程的主讲,有一定经验积累,且编写思路清晰,有独特的教学思路和指导思想,其教学经验具有推广价值。本套教材中不乏各类精品课配套教材,并力图努力把不同学校的教学特点反映到每本教材中。

(3) 理论知识与实践相结合。本套教材贯彻从实践中来到实践中去的原则,书中的许多必须掌握的理论都将结合实例来讲,同时注重培养学生分析问题、解决问题的能力,满足社会用人要求。

(4) 易教易用,合理适当。本套教材编写时注意结合教学实际的课时数,把握教材的篇幅。同时,对一些知识点按教育部教学指导委员会的最新精神进行合理取舍与难易控制。

(5) 注重教材的立体化配套。大多数教材都将配套教师用课件、习题及其解答,学生上机实验指导、教学网站等辅助教学资源,方便教学。

随着本套教材陆续出版,我们相信它能够得到广大读者的认可和支持,为我国计算机教材建设及计算机教学水平的提高,为计算机教育事业的发展做出应有的贡献。

清华大学出版社

前　言

　　人工智能技术是当代科学技术中一个十分活跃和具有挑战性的领域，是一门新兴的交叉学科，有着非常广泛的应用范围。它是传统产业技术改造、研制新型产品特别是智能化产品的急需技术，是培养学生创新能力、增强学生创造能力的支撑技术，是提高劳动生产率的关键技术。为了适应 21 世纪科学技术发展趋势，把体现当代科学技术发展特征的多学科间的知识交叉与渗透的内容及最新成果反映到教材中来，这是现代大学人才培养目标的客观要求。本书正是针对这一需要，在总结近年来教学和科研成果、学习国内外人工智能技术领域中最新技术的基础上编写而成的。选材注意了体系的综合性、内容的先进性和运用的实用性。

　　全书共分 9 章。第 1 章概论，包括人工智能、智能工程和智能控制；第 2 章知识表示技术，包括逻辑表示法，语义网络表示法，框架表示法，产生式表示法，状态空间表示法，问题归约法，面向对象表示法；第 3 章知识推理技术，包括推理方式及分类，推理的控制策略，搜索策略；第 4 章模糊逻辑技术，包括模糊逻辑的数学基础，模糊逻辑的推理，模糊控制系统概述，模糊控制器原理，模糊控制器设计基础，双入单出模糊控制器设计；第 5 章神经网络技术，包括神经网络基础，神经网络的结构和学习规则，典型前向网络——BP 网络，典型反馈网络——Hopfield 网络，应用神经网络产生模糊集的隶属函数，神经网络控制原理，单神经元控制的直流调速系统，模糊神经网络；第 6 章遗传算法，包括遗传算法的基本原理，遗传算法的模式理论，遗传算法应用中的一些基本问题，高级遗传算法，基于遗传算法的模糊控制，免疫遗传算法；第 7 章专家系统，包括专家系统的概念，专家系统的结构和工作原理，知识的获取，专家系统的建造与评价，专家系统设计举例，新一代专家系统；第 8 章机器学习，包括机器学习的基本概念，机械学习，指导学习，类比学习，归纳学习，解释学习，知识发现与数据挖掘；第 9 章群集智能，包括群集智能的概述，蚁群算法，粒子群优化算法，人工鱼群算法及应用举例。

　　本书取材广泛，内容新颖，面向 21 世纪学科前沿，反映了人工智能技术应用发展的新成果，特别是人工智能的综合技术，适应了学科相互渗透、交叉和融合的重要趋势。

　　本书遵循"宽编窄用"的内容选取原则，以适应不同层次、不同教学时数的需要。在内容的选取上，既强调工程应用，又不完全抛开必要的理论基础，深入浅出，讲清原理，着眼应用，符合教学规律。

　　本书既可以作为高等学校计算机科学与技术专业、电子信息工程专业、电工及自动化专业、机电一体化专业的高年级本科生或研究生的教材，也可供从事智能技术工作的工程技术人员参考。

　　本书由沈阳工业大学、南海东软信息技术学院共同组织编写。全书由曹承志教授等编著，由博士杨利教授主审。本书作者的具体分工是，罗先录讲师写了第 1 章、第 4 章，郑海英高级工程师写了第 2 章、第 3 章、第 7 章，张翰涛讲师写了第 6 章，李强讲师写了第 5 章，邓金鹏工程师写了第 8 章，曹承志教授写了第 9 章并对全书作了统稿和完善。路元元、兆瑞奇、蓝祥为本书文稿作了整理和录入工作。本书在编写过程中，引用了参考文献所列论著和论文的有关部分，在此谨向以上作者表示深切的谢意。

本书在编写过程中，得到了清华大学出版社的大力支持与积极合作，在此表示衷心的感谢。另外，本书的研究工作得到了教育部"春晖计划"合作项目（编号：Z2005-2-11008）、辽宁省自然科学基金（编号：20032032）和辽宁省教育厅高校科研计划项目（编号：05L288）、南海东软信息技术学院院立科研基金项目（编号：NN100511）的资助。

由于笔者水平有限，书中难免存在不足，恳请广大读者提出批评和改进意见，以便在构架、内容和细节等方面做得更加完善。

编著者

2010 年 7 月

目 录

第1章 概论 ·· 1
1.1 人工智能 ··· 1
1.1.1 智能 ··· 1
1.1.2 人工智能的定义 ·· 1
1.1.3 人工智能的发展简史 ·· 2
1.1.4 人工智能的目标与表现形式 ··· 4
1.1.5 人工智能的研究途径 ·· 5
1.1.6 人工智能的研究领域 ·· 7
1.2 智能工程 ··· 9
1.2.1 智能工程的提出 ··· 10
1.2.2 智能工程与人工智能 ··· 10
1.2.3 智能制造系统 ·· 11
1.3 智能控制 ·· 11
1.3.1 智能控制的发展概况 ··· 11
1.3.2 智能控制系统的基本结构 ··· 13
1.3.3 智能控制的结构理论 ··· 14
1.3.4 智能控制的特点 ··· 16
1.3.5 智能控制研究的数学工具 ··· 17
1.3.6 智能控制的主要研究内容 ··· 17
习题和思考题 ·· 18

第2章 知识表示技术 ··· 19
2.1 概述 ·· 19
2.1.1 知识、信息和数据 ·· 19
2.1.2 知识的特性 ··· 19
2.1.3 知识的分类 ··· 20
2.1.4 知识的表示 ··· 21
2.2 逻辑表示法 ··· 21
2.2.1 命题逻辑 ·· 22
2.2.2 谓词逻辑 ·· 25
2.2.3 谓词逻辑表示法的特点 ·· 30
2.3 语义网络表示法 ··· 30
2.3.1 语义网络的概念 ··· 30

  2.3.2 语义网络表示知识的方法及步骤 ················ 31
  2.3.3 语义网络中常用的语义联系 ····················· 33
  2.3.4 语义网络表示下的推理过程 ····················· 34
  2.3.5 语义网络表示法的特点 ·························· 35
 2.4 框架表示法 ··· 35
  2.4.1 框架结构及知识表示 ······························ 35
  2.4.2 基于框架的推理 ···································· 39
  2.4.3 框架表示法的特点 ································· 39
 2.5 产生式表示法 ··· 40
  2.5.1 产生式的基本形式 ································· 40
  2.5.2 产生式系统 ·· 40
  2.5.3 产生式系统示例 ···································· 41
  2.5.4 产生式表示法的特点 ······························ 43
 2.6 状态空间表示法 ·· 43
  2.6.1 状态空间表示法的描述 ··························· 43
  2.6.2 状态空间表示法示例 ······························ 44
 2.7 问题归约法 ··· 46
  2.7.1 问题归约描述 ······································· 46
  2.7.2 与或图表示法 ······································· 48
 2.8 面向对象表示法 ·· 50
  2.8.1 面向对象的基本概念 ······························ 51
  2.8.2 面向对象的知识表示 ······························ 52
 习题和思考题 ··· 52

第3章 知识推理技术 ··· 55
 3.1 推理方式及其分类 ·· 55
  3.1.1 演绎推理、归纳推理、默认推理 ············· 55
  3.1.2 确定性推理、不确定性推理 ···················· 57
  3.1.3 单调推理、非单调推理 ·························· 57
  3.1.4 定性推理 ··· 57
 3.2 推理的控制策略 ·· 57
  3.2.1 正向推理 ··· 58
  3.2.2 反向推理 ··· 59
  3.2.3 正反向推理 ··· 61
 3.3 搜索策略 ·· 61
  3.3.1 状态空间的一般搜索过程 ······················· 61
  3.3.2 宽度优先搜索策略 ································· 63
  3.3.3 深度优先搜索策略 ································· 64

　　　　3.3.4　启发式搜索策略 ………………………………………………… 66
　　习题和思考题 ……………………………………………………………………… 71

第4章　模糊逻辑技术 ………………………………………………………………… 73
　4.1　模糊逻辑的数学基础 ………………………………………………………… 73
　　　4.1.1　模糊集合 ………………………………………………………………… 73
　　　4.1.2　模糊集合的表示方法 ……………………………………………………… 74
　　　4.1.3　模糊集合的运算 ………………………………………………………… 75
　　　4.1.4　隶属函数确定方法 ……………………………………………………… 76
　　　4.1.5　模糊关系 ………………………………………………………………… 79
　4.2　模糊逻辑的推理 ……………………………………………………………… 82
　　　4.2.1　模糊命题 ………………………………………………………………… 82
　　　4.2.2　模糊逻辑 ………………………………………………………………… 83
　　　4.2.3　模糊语言 ………………………………………………………………… 84
　　　4.2.4　模糊推理 ………………………………………………………………… 88
　4.3　模糊控制系统概述 …………………………………………………………… 93
　　　4.3.1　模糊控制系统的构成 …………………………………………………… 94
　　　4.3.2　模糊控制系统的原理 …………………………………………………… 94
　4.4　模糊控制器原理 ……………………………………………………………… 99
　4.5　模糊控制器设计基础 ………………………………………………………… 104
　4.6　双入单出模糊控制器设计 …………………………………………………… 106
　　　4.6.1　模糊化 …………………………………………………………………… 107
　　　4.6.2　模糊控制规则、模糊关系的推理 ………………………………………… 108
　　　4.6.3　清晰化 …………………………………………………………………… 111
　　　4.6.4　控制表计算程序 ………………………………………………………… 111
　　习题和思考题 ……………………………………………………………………… 112

第5章　神经网络技术 ………………………………………………………………… 115
　5.1　神经网络基础 ………………………………………………………………… 115
　　　5.1.1　生物神经元结构 ………………………………………………………… 115
　　　5.1.2　神经元数学模型 ………………………………………………………… 116
　5.2　神经网络的结构和学习规则 ………………………………………………… 117
　　　5.2.1　神经网络的结构 ………………………………………………………… 117
　　　5.2.2　神经网络的学习 ………………………………………………………… 119
　　　5.2.3　神经网络的记忆 ………………………………………………………… 120
　5.3　典型前向网络——BP网络 …………………………………………………… 120
　　　5.3.1　感知机 …………………………………………………………………… 120
　　　5.3.2　BP网络 ………………………………………………………………… 121
　5.4　典型反馈网络——Hopfield网络 …………………………………………… 123

		5.4.1 离散型 Hopfield 网络 ………………………………… 124

   5.4.1 离散型 Hopfield 网络 …………………………………… 124
   5.4.2 连续型 Hopfield 网络 …………………………………… 125
 5.5 应用神经网络产生模糊集的隶属函数 …………………………… 126
 5.6 神经网络控制原理 ………………………………………………… 130
   5.6.1 神经网络控制的基本思想 ……………………………… 130
   5.6.2 神经网络在控制中的作用 ……………………………… 131
 5.7 神经网络在工程中的应用 ………………………………………… 131
   5.7.1 基于神经网络的系统辨识 ……………………………… 131
   5.7.2 基于神经网络的自适应控制 …………………………… 133
 5.8 单神经元控制的直流调速系统 …………………………………… 136
   5.8.1 系统组成 ………………………………………………… 136
   5.8.2 单神经元控制器及其学习算法设计 …………………… 136
   5.8.3 单神经元直流调速系统参数设计 ……………………… 137
 5.9 模糊神经网络 ……………………………………………………… 138
   5.9.1 模糊系统的标准模型 …………………………………… 138
   5.9.2 模糊神经网络的结构 …………………………………… 139
   5.9.3 学习算法 ………………………………………………… 141
   5.9.4 应用模糊神经网络在线检测参数 ……………………… 143
 习题和思考题 …………………………………………………………… 145

第 6 章　遗传算法 ………………………………………………………… 148

 6.1 遗传算法的基本原理 ……………………………………………… 148
   6.1.1 遗传算法的基本遗传学基础 …………………………… 148
   6.1.2 遗传算法的原理和特点 ………………………………… 148
   6.1.3 遗传算法的基本操作 …………………………………… 149
 6.2 遗传算法的模式理论 ……………………………………………… 154
   6.2.1 模式 ……………………………………………………… 154
   6.2.2 复制对模式的影响 ……………………………………… 155
   6.2.3 交叉对模式的影响 ……………………………………… 156
   6.2.4 变异对模式的影响 ……………………………………… 157
   6.2.5 遗传算法有效处理的模式数量 ………………………… 158
 6.3 遗传算法应用中的一些基本问题 ………………………………… 159
   6.3.1 目标函数值到适值形式的映射 ………………………… 159
   6.3.2 适值的调整 ……………………………………………… 160
   6.3.3 编码原则 ………………………………………………… 161
   6.3.4 多参数级联定点映射编码 ……………………………… 162
 6.4 高级遗传算法 ……………………………………………………… 163
   6.4.1 改进的复制方法 ………………………………………… 164
   6.4.2 高级 GA 算法 …………………………………………… 165

6.5 基于遗传算法的模糊控制 ……………………………………………… 167
6.6 免疫遗传算法 …………………………………………………………… 170
  6.6.1 免疫遗传算法的基本概念 ……………………………………… 170
  6.6.2 免疫算子的机理与构造 ………………………………………… 172
  6.6.3 TSP 问题的免疫遗传算法 ……………………………………… 174
习题和思考题 ………………………………………………………………… 175

第7章 专家系统 …………………………………………………………… 176

7.1 专家系统的概念 ………………………………………………………… 176
  7.1.1 什么是专家系统 ………………………………………………… 176
  7.1.2 专家系统的产生和发展 ………………………………………… 176
  7.1.3 专家系统的特点 ………………………………………………… 177
  7.1.4 专家系统的类型 ………………………………………………… 178
  7.1.5 专家系统与知识系统 …………………………………………… 178
  7.1.6 专家系统与知识工程 …………………………………………… 179
7.2 专家系统的结构与工作原理 …………………………………………… 179
  7.2.1 专家系统的一般结构 …………………………………………… 179
  7.2.2 专家系统的工作原理 …………………………………………… 179
7.3 知识的获取 ……………………………………………………………… 181
  7.3.1 知识获取的方式 ………………………………………………… 182
  7.3.2 知识获取的步骤 ………………………………………………… 183
7.4 专家系统的建造与评价 ………………………………………………… 184
  7.4.1 专家系统的建造原则 …………………………………………… 184
  7.4.2 专家系统的建造步骤 …………………………………………… 185
  7.4.3 专家系统的评价 ………………………………………………… 186
7.5 专家系统设计举例 ……………………………………………………… 188
  7.5.1 动物识别系统 …………………………………………………… 188
  7.5.2 专家生产指导系统 ……………………………………………… 189
7.6 专家控制系统 …………………………………………………………… 198
  7.6.1 专家控制系统的工作原理 ……………………………………… 199
  7.6.2 专家控制系统的类型 …………………………………………… 203
  7.6.3 直接专家控制系统 ……………………………………………… 203
  7.6.4 间接专家控制系统 ……………………………………………… 207
  7.6.5 实时专家控制系统 ……………………………………………… 211
7.7 新一代的专家系统 ……………………………………………………… 217
  7.7.1 深层知识专家系统 ……………………………………………… 218
  7.7.2 模糊专家系统 …………………………………………………… 218
  7.7.3 神经网络专家系统 ……………………………………………… 218
  7.7.4 大型协同分布式专家系统 ……………………………………… 219

  7.7.5 网上专家系统 219
 习题和思考题 219

第8章 机器学习 221

 8.1 机器学习的基本概念 221
  8.1.1 什么是机器学习 221
  8.1.2 学习系统 222
  8.1.3 机器学习的主要策略 222
  8.1.4 机器学习系统的基本结构 223
 8.2 机械学习 224
  8.2.1 机械学习的模式 224
  8.2.2 机械学习的主要问题 225
 8.3 指导学习 225
 8.4 类比学习 226
  8.4.1 类比推理 226
  8.4.2 属性类比学习 227
  8.4.3 转换类比学习 228
 8.5 归纳学习 229
  8.5.1 实例学习 229
  8.5.2 观察与发现学习 234
 8.6 解释学习 234
  8.6.1 解释学习的概念 235
  8.6.2 解释学习的过程 235
  8.6.3 解释学习的例子 236
  8.6.4 领域知识的完善性 236
 8.7 知识发现与数据挖掘 237
  8.7.1 知识发现 238
  8.7.2 数据挖掘概述 239
  8.7.3 数据挖掘技术简介 241
 8.8 学习控制系统 246
  8.8.1 基于模式识别的学习控制 247
  8.8.2 反复学习控制 247
  8.8.3 自学习控制系统 249
 习题和思考题 250

第9章 群集智能 251

 9.1 群集智能概述 251
  9.1.1 群集智能的基本概念 252
  9.1.2 群集智能研究方法的主要优缺点 254

9.1.3　群集智能的底层机制 ………………………………………………… 255
　　9.1.4　群集智能不同算法的比较 …………………………………………… 255
9.2　蚁群算法 ……………………………………………………………………… 257
　　9.2.1　蚁群算法的生物原型 …………………………………………………… 257
　　9.2.2　基本蚁群算法的原理 …………………………………………………… 259
　　9.2.3　蚁群优化算法的特点及收敛性 ………………………………………… 260
　　9.2.4　基本蚁群算法的数学模型 ……………………………………………… 261
　　9.2.5　蚁群算法的参数设置 …………………………………………………… 262
　　9.2.6　改进的蚁群算法 ………………………………………………………… 263
9.3　粒子群优化算法 ……………………………………………………………… 269
　　9.3.1　粒子群优化算法的生物原型 …………………………………………… 269
　　9.3.2　标准粒子群优化算法 …………………………………………………… 270
　　9.3.3　改进粒子群优化算法 …………………………………………………… 270
　　9.3.4　改进粒子群算法对BP神经网络的优化 ……………………………… 272
9.4　人工鱼群算法 ………………………………………………………………… 274
　　9.4.1　人工鱼群算法的来源 …………………………………………………… 274
　　9.4.2　基本人工鱼群算法 ……………………………………………………… 277
　　9.4.3　改进人工鱼群算法 ……………………………………………………… 283
　　9.4.4　改进人工鱼群算法优化BP神经网络 ………………………………… 284
　　9.4.5　改进人工鱼群算法优化BP神经网络的在线运行 …………………… 290
习题和思考题 ………………………………………………………………………… 291

参考文献 ………………………………………………………………………………… 293

第1章 概 论

人工智能技术是一个新兴的学科领域。它是在计算机科学、控制论、信息学、神经心理学、哲学、语言学等多种学科研究的基础上发展起来的一门综合性的边缘学科。下面将讨论人工智能技术的基本概念,以便对人工智能技术的研究对象及研究领域进行简要的讨论。

1.1 人工智能

1.1.1 智能

智能是人们在认识与改造客观世界的活动中,由思维过程和脑力劳动所体现的能力,即系统能灵活地、有效地、创造性地进行信息获取、信息处理、信息利用的能力。智能的核心在于知识,包括感性知识与理性知识、先验知识与理论知识,因此智能也可表达为知识获取能力、知识处理能力和知识适用能力。智能所具有的特征如下。

1. 具有感知能力

感知能力是指人们通过感觉器官感知外部世界的能力。感知是人类最基本的生理和心理现象,是获取外部信息的基本途径。据有关研究,大约80%以上的外部信息是通过视觉得到的,有10%是通过听觉得到的,这表明视觉和听觉在人类感知中占有主导地位。

2. 具有记忆和思维的能力

记忆和思维是人们之所以有智能的根本原因所在。记忆用于存储由感觉器官感知到外部信息以及由思维所产生的知识;思维用于对记忆的信息进行处理,即利用已有的知识对信息进行分析、计算、比较、判断、推理、联想和决策等。人的记忆与思维密不可分,其物质基础都是由神经元组成的大脑皮层,通过相关神经元此起彼伏的兴奋与抑制来实现记忆与思维活动。

3. 具有学习能力和自适应能力

学习是人的本能,它既有可能是自觉的、有意识的,也有可能是不自觉的、无意识的;既可以是教师指导的,也可以是通过实践获得的。每个人都在通过与环境的相互作用,不断地进行学习,并通过学习积累知识、增长才干,适应环境的变化,充实完善自己。只是由于个人所处的环境不同,条件不同,学习效果亦不相同,体现出不同的智力差异。

4. 具有行为能力

人们通常用语言或某个表情、眼神及形体动作来对外界的刺激作出反应,传达某个信息,这称为行为能力或表达能力。若把人们的感知能力看做是信息的输入,则行为能力就是信息的输出,它们都受到神经系统的控制。

1.1.2 人工智能的定义

大家知道,世界国际象棋棋王卡斯帕罗夫与美国IBM的超级计算机"深蓝"系统于

1997年进行了6局的"人机大战",结果"深蓝"以3.5比2.5的总比分战胜卡斯帕罗夫。其实,早在1958年,IBM推出的取名为"思考"的IBM 704就成为第一台与人类进行国际象棋对抗的计算机,尽管"思考"在人类棋手面前被打得丢盔弃甲,但却拉开了"人机大战"的序幕。最近的一次人机对抗大战是在2002年1月举行的,卡斯帕罗夫与超级计算机"更年少者"双方3比3战平。无论是综合棋力、与超级计算机较量的经验还是求胜的欲望,卡斯帕罗夫都是当时世界战胜超级计算机的第一人选,没有取胜的结局预示着在国际象棋领域,人类挑战计算机会变得越来越难,但人类仍然会勇敢地向计算机发出新的挑战。

下棋的确是一个斗智、斗策的智力运动,棋手不但要有超凡的记忆能力和丰富的下棋经验,而且还需要很强的思维能力、面对瞬息万变的局势作出快速有效处理的能力。这对人类来说的确是一种智能的表现。

从工程角度来说,人工智能就是要用人工的方法使机器具有与人类智慧有关的功能,如判断、推理、证明、感知、理解、思考、识别、规划、设计、学习和问题求解等思维活动。它是人类智慧在机器上的实现。

计算机本身就是人类智慧的结晶,它的运算能力和存储记忆能力早就超过了人类。"深蓝"可以每秒分析两三亿步棋,可以存储几千场棋赛的资料,而下棋的本质是一种推理性计算,它是计算机的"强项",因此,人类输棋不过是早晚的事。尽管如此,"深蓝"仍然不是一台智能计算机,就连开发该计算机系统的IBM专家也承认它离智能计算机还相差甚远,但毕竟它以自己高速并行的计算能力(2×10^8 步/s棋的计算速度)实现了人类智能在机器上的部分模拟,从而在人工智能的研究道路上迈出了可喜的一步。

1.1.3 人工智能的发展简史

人工智能作为一门新兴学科的名称正式提出以来,已成为人类科学技术中一门充满生机和希望的前沿学科。回顾它的发展历程,可归结为孕育、形成和发展3个阶段。

1. 孕育(1956年之前)

从公元前伟大的哲学家亚里士多德(Aristoteles)到16世纪英国哲学家培根(F. Bacon),他们提出的形式逻辑的三段论、归纳法以及"知识就是力量"的警句,都对研究人类的思维过程和自20世纪70年代人工智能转向以知识为中心的研究产生了重要的影响。

德国数学家莱布尼兹(G. Leibniz)提出了万能符号和推理计算思想,该思想不仅为数理逻辑的产生和发展奠定了基础,而且是现代机器思维设计思想的萌芽。英国逻辑学家布尔(G. Boole)创立的布尔代数,首次用符号语言描述了思维活动的基本推理法则。

20世纪30年代迅速发展的数学逻辑和关于计算的新思想,使人们在计算机出现之前,就建立了计算与智能关系的概念,被誉为人工智能之父的英国天才数学家图灵(A. Turing)在1936年提出了一种理想计算机的数学模型。1950年图灵又发表了"计算机与智能"的论文,提出了著名的"图灵测试",形象地指出什么是人工智能以及机器具有智能的标准,对人工智能的发展产生了极其深远的影响。

美国神经生理学家麦克洛奇(W. McCulloch)与匹兹(W. Pitts)在1943年建成了第一个神经网络模型,开创了微观人工智能的研究工作,为后来人工神经网络的研究奠定了基础。

美国数学家莫克利(J. W. Mauchly)和埃柯特(J. P. Eckert)在1946年研制出世界上第一台电子数字计算机ENIAC,这项划时代的研究成果为人工智能的研究奠定了物质基础。

2. 形成（1956 年—1969 年）

1956 年夏季，由麻省理工学院的麦卡锡（J. McCarthy）与明斯基（M. L. Minsky）、IBM 公司信息研究中的洛切斯特（N. Lochester）、贝尔实验室的香农（C. E. Shannon）共同发起，邀请 IBM 公司的莫尔（T. More）和塞缪尔（A. L. Samuel）、麻省理工学院的塞尔夫里奇（O. Selfridge）和所罗门夫（R. Solomonff）以及兰德公司和卡内基-梅隆大学的纽厄尔（A. Newell）、西蒙（H. A. Simon）等 10 人在达特茅斯（Dartmouth）大学召开了一次历时两个月的机器智能的研讨会，会上正式采用了"人工智能"这一术语，用它来代表有关机器智能这一研究方向，标志着人工智能作为一门新型学科的正式诞生。

在机器学习方面，塞缪尔于 1956 年研制了能自学习的跳棋程序，1959 年它击败了塞缪尔本人，1962 年又击败了一个州的冠军。

在定理证明方面，美籍华人数理学家王浩于 1958 年在计算机上仅用了 3～5 分钟就证明了《数学原理》中有关命题演算的全部 220 个定理；1965 年鲁滨逊（Robinson）提出了消解原理，为定理的机器证明做出了突破性的贡献。

在问题求解方面，1960 年纽厄尔等人在心理学实验的基础上，总结了人们求解问题的思维规律，编制了一种不依赖具体领域的通用问题求解程序 GPS，可以用来求解 11 种不同类型的问题。

在专家系统方面，1965 年至 1968 年间，美国斯坦福大学的费根鲍姆（E. A. Feigenbaum）领导的研究小组开展了 DENDRAL 专家系统的研究，该专家系统能根据质谱仪的实验，通过分析推理决定化合物的分子结构，其能力相当于化学专家的水平。

在这一时期发生的一个重大事件是 1969 年成立了国际人工智能联合会议（International Joint Conferences on Artificial Intelligence，IJCAI），它标志着人工智能这门新兴学科已得到了世界范围的公认。

3. 发展（1970 年以后）

进入 20 世纪 70 年代以后，许多国家都相继开展了这方面的研究工作，其研究成果大量涌现。正当研究者在已有成就的基础上向更高目标攀登的时候，困难与问题也接踵而来。塞缪尔的下棋程序当了州级冠军之后，与世界冠军对弈时就从没有赢过。最有希望出实质性成果的自然语言翻译也出了不少问题，当时人们总以为只要用一部双向词典及一些语法知识就可以实现两种语言文字见的互译，结果发现机器翻译闹出了不少笑话。例如，当把"光阴似箭"的英语句子"Times flies like an arrow"翻译成日语，然后再翻译回来的时候，竟变成了"苍蝇喜欢箭"；当把"心有余而力不足"的英语句子"The spirit is willing but the flesh is weak"翻译成俄语，然后再翻译回来的时候，竟变成了"The wine is good but the meat is spoiled"，即"酒是好的，但肉变质了"。在其他方面，如问题求解、神经网络、机器学习等也多遇到了这样或那样的困难，使人工智能的研究一时陷入了山穷水尽的困境。然而，人工智能研究的先驱者们经过认真的反思，总结前一阶段的经验和教训，加之费根鲍姆关于以知识为中心开展人工智能的研究，使之又迎来了柳暗花明的蓬勃发展的新时期。

自人工智能从对一般思维规律的探讨转向以知识为中心的研究以来，一大批专家系统如雨后春笋般涌现出来，例如地矿勘探专家系统 PROSPECTOR、感染性疾病诊治专家系统 MYC-IN、内科诊断专家系统 CADUCEUS 以及信用卡认证辅助决策系统 American Express 等，它们产生了巨大的效益，令人刮目相看。专家系统的成功，使人们清楚地认识到对人工智能的研究必须以知识为中心来进行。由于对知识的表示、利用、获取等方面的研究取得较大进展,特别是对不确定性知识的表示与推理取得了突破,建立了诸如主观Babys理论、确定性理论、证据理论、可靠性理论等,这就对人工智能中其他领域(如模式识别、自然语言理解等)的发展提供了支持,解决了许多理论及技术上的问题。在这一时期内,费根鲍姆在1977年第五届国际人工智能联合会议上提出了"知识工程"的概念,对以知识为基础的智能系统的研究与建设起到了重要推动作用。

但是到20世纪80年代中期,人工智能的深入研究遇到了当时人工智能技术所不能解决的两个带有根本性的问题:一是所谓的交互(interaction)问题,即传统方法只能模拟人类深思熟虑的行为,而不包括人与环境的交互行为;二是所谓的扩展(scaling up)问题,即传统人工智能方法只能适合于建立领域狭窄的专家系统,不能把这种方法简单地推广到规模更大、领域更宽的复杂系统中去。由此使人工智能研究再一次陷入了低谷。顽强的人工智能学者在低谷中再一次反思。20世纪80年代中期到90年代初麻省理工学院的行为主义学派的代表布鲁克斯(R. Brooks)认为智能取决于感知和行动,他们研制成功的机器虫应付复杂环境的能力超过了现有的许多机器人,成为解决所谓"交互"问题的重要希望,而反馈机制的引进和神经网络的再崛起,也为解决"交互"问题提供了重要方法。20世纪90年代人工智能学者提出的综合集成(metasynthesis)和智能体(agent)概念为解决所谓"扩展"问题开辟了新的道路。以钱学森、戴汝为院士代表的我国学者,从社会经济学系统、人体系统等复杂系统中提炼出开放复杂巨型智能系统的概念,并提出从定性到定量的综合集成方法,引起了国际学者的广泛关注,中国科学家正在为人工智能的发展作出应有的贡献。

回顾人工智能短短几十年的螺旋式向前发展的历程,已取得的大量研究成果,已经向世人展示了极其光明的前景,虽然在通向最终目标的道路上,还会有不少困难、问题和挑战,但前进和发展毕竟是大势所趋。

1.1.4 人工智能的目标与表现形式

人工智能研究的目标是构造可实现人类智能的智能计算机或智能系统。它们都是为了"使得计算机有智能",为了实现这一目标,就必须开展"使智能成为可能的原理"的研究。

人工智能的研究目标可分为近期目标和远期目标。人工智能的近期目标是实现机器智能即先部分地或某种程度地实现机器的智能,从而使现有的计算机更灵活、更好用和更有用,成为人类的智能化信息处理工具。而人工智能的远期目标是要制造智能机器。具体讲,就是要使计算机具有看、听、说、写等感知和交互功能,具有联想、推理、理解、学习等高级思维能力,还要有分析问题、解决问题和发明创造的能力。简言之,也就是使计算机像人一样具有自动发现规律和利用规律的能力,或者说具有自动获取知识和利用知识的能力,从而扩展和延伸人的智能。

人工智能研究的远期目标与近期目标是相辅相成的。近期目标的研究成果为远期目标的实现奠定了基础,作了理论及技术上的准备,远期目标为近期目标指明了方向。随着人工智能研究的不断深入、发展,近期目标将不断变化,逐步向远期目标靠近,近年来在人工智能各个领域中所取得的成就充分说明了这一点。

至于人工智能的表现形式实际上也就是它的应用形式,主要包括以下几种:

(1) 智能软件。它的范围比较广泛,例如:它可以是一个完整的智能软件系统,如专家系统、知识库系统等；也可以是具有一定智能的程序模块,如推理模块、学习程序等,这种程序可以作为其他程序系统的子程序,智能软件还可以是有一定知识或智能的应用软件。

（2）智能设备。它包括具有一定智能的仪器仪表、机器和设施等。如采用智能控制的机床、汽车、武器装备和家用电器等。这种设备实际上是嵌入了某种智能软件的设备。

（3）智能网络。即智能化的信息网络,具体讲,从网络的构建、管理、控制和信息传输,到网上信息发布、检索以及人机接口等,都是智能化的。

（4）智能机器人。它是一种拟人化的智能机器。

（5）智能计算机。在体系结构方面,智能计算机是要试图打破冯·诺依曼式的计算机的存储程序式的框架,实现类似于人脑结构的计算机体系结构,以期获得自学习、自组织、自适应和分布式并行计算的功能。目前世界上竞相研制的神经网络计算机、纳米计算机、网格计算机分别从不同角度给出了新一代智能计算机的发展方向。在人机接口方面,智能接口技术要求计算机能够看懂文字、听懂语言,能够朗读文章,甚至能够进行不同语言之间的翻译。这些也恰恰是智能理论所要研究的基本问题。因此智能接口技术既有巨大的应用价值,又有重要的基础理论意义。

（6）智能体或主体。它是一种具有智能的实体,具有自主性、反应性、适应性和社会性等基本特征。智能体可以是软件形式的（如运行在 Internet 上,进行信息收集）,也可以是软硬件结合的（如智能机器人就是一种软硬件结合的智能体）。智能体是 20 世纪 80 年代提出的一个新概念,人们试图用它来描述具有智能的实体,以至于有人把人工智能的目标就定为"构造能表现出一定智能行为的智能体"。智能体技术及应用是当前人工智能领域的一个热门方向。

1.1.5 人工智能的研究途径

人工智能的研究途径目前主要有两种观点：一种观点主张通过运用计算机科学的方法进行研究,通过研究逻辑演绎在计算机上的模拟。另一种观点主张用仿生学的方法进行研究,通过研究人脑的工作模型,搞清楚人类智能的本质。前一种观点称为符号主义,后一种观点称为连接主义。

1. 符号主义

符号主义认为,人对客观世界认识的认知基元是符号,而且认知过程即是符号操作的过程。人本身就是一个物理符号系统：人通过自己的眼睛观察客观世界,将所观察的事物以符号的形式表示出来,并输入"人"这个符号系统进行处理,这种处理过程即是符号操作过程,通过这种操作过程达到认知客观世界的目的。而要将客观世界以符号形式表示出来,就要使用数学逻辑,所以符号主义认为人工智能源于数学逻辑。数学逻辑从 20 世纪 30 年代起就开始用于描述智能行为。计算机也是一个可以对逻辑符号表示的知识进行逻辑演绎的物理符号系统。人工智能的研究目标是实现机器智能,既然人和计算机都是物理符号系统,所以,就可以用计算机自身所具有的符号处理推算能力来模拟人的智能行为。人工智能的核心问题是知识表示、知识推理和知识运用。知识可以用符号来表示,也可以用符号来进行推理,因而有可能建立起基于知识的人类智能和机器智能的统一理论体系。该方法的主要特征如下：

（1）知识可用显示的符号表示,在已知基本规则的情况下,无须输入大量的细节。

(2) 立足于逻辑运算和符号操作,适合于模拟人的逻辑思维过程,解决需要进行逻辑推理的复杂问题。
(3) 便于模块化,当个别事实发生变化时易于修改。
(4) 能与传统的符号数据库进行链接。
(5) 可对推理结论作出解释,便于对各种可能性进行选择。

2. 连接主义

连接主义又称为仿生学,它根据人脑的生理结构和工作机理,实现人工智能。人脑是由大约 10^{11} 个神经细胞组成的一个动态的、开放的、高度复杂的巨系统,以至于人们至今对它的生理结构和工作机理还未完全弄清楚。因此,对人脑的真正和完全模拟,一时还难以办到。所以,目前的结构模拟只是对人脑的局部或近似模拟。这种方法一般是通过由人工神经元组成的人工神经网络的"自学习"获得知识,再利用知识解决问题。该方法的主要特征如下。

(1) 通过神经元之间的并行协同作用实现信息处理,处理过程具有并行性、动态性和全局性。
(2) 通过神经元间分布式的物理联系存储知识及信息,因而可以实现联想功能,对于带有噪声、缺损、变形的信息能进行有效的处理,取得较为满意的结果。
(3) 通过神经元间连接强度的动态调整来实现对人类学习、分类等的模拟。
(4) 适合于模拟人类的形象思维过程。
(5) 求解问题时,可以比较快地求得一个近似解。

3. 系统集成

由上面的讨论可以看出,符号与连接方法各有短长。符号方法善于模拟人的逻辑思维过程,求解问题时,若问题有解,它可准确求出最优解,但求解过程中的运算量将随问题复杂性的增加而按指数增长;另外,符号方法要求知识与信息都用符号表示,但这一形式化的过程需由人来完成,它自身并不具有这种能力。连接方法善于模拟人的形象思维过程,求解问题时,由于它可以并行处理,因而可以比较快的得到解,但解一般是近似的、次优的;另外,连接方法求解问题的过程是隐式的,难以对求解过程给出现实的解释。在此情况下,将二者结合起来可达到取长补短的目的。就目前的研究而言,把两种方法结合的途径有下面两种。

(1) 结合。两者分别保持原来的结构,但密切合作,任何一方都可把自己不能解决的问题转移给另一方。
(2) 统一。把两者和谐地统一在一个系统中,既有逻辑思维的功能,又有形象思维的功能。

4. 行为主义或进化主义

这种观点认为智能取决于感知和行动,它不需要知识、不需要表示、不需要推理。其代表人物是布鲁克(R. A. Brook),他于1991年提出了"没有表达的智能",这是他根据自己对人造机器动物的研究与实践提出的与众不同的观点。该理论认为,人的本质能力是在动态环境中的行走能力、对外界事物的感知能力、维持生命和繁衍生息的能力,正是这些能力对智能的发展提供了基础,因此智能行为只能在与现实世界的环境交互作用中表现出来,这似乎符合达尔文的进化论,即人工智能也会像人类智能一样通过逐步进化而实现,而不需要有知识表示和知识推理。该理论的核心是用控制取代知识表示,从而取得概念、模型以及显示表示的知识,否定抽象对于智能以及智能模拟的必要性,强调分层结构对于智能进化的可能性与重要性。目前这一观点尚未形成完善的理论体系,有待进一步研究,但由于思路独辟蹊径,因而引起了界内的关注。

1.1.6 人工智能的研究领域

目前,人工智能的研究及应用领域很多,大多是结合具体领域进行的,主要研究领域有问题求解、专家系统、机器学习、模式识别等。

1. 问题求解

人工智能的第一大成就是发展了能够求解难题的下棋程序。通过研究下棋程序,人们发展了人工智能中的搜索策略及问题归约技术。搜索尤其是状态空间搜索和问题归纳,已成为问题求解的一种十分重要而又非常有效的手段,也是人工智能研究中的一个重要方面。目前有代表性的问题求解程序就是下棋程序,计算机下棋程序涉及中国象棋、国际象棋、跳棋等,水平已达到国际锦标赛水平。另一个问题求解程序是把各种数学公式符号汇编一起,其性能达到很高的水平,并正在为许多科学家和工程师所应用。有些程序甚至还能够用经验来改善其性格。

问题求解中未解决的问题包括人类棋手具有的但尚不能明确表达的能力,如国际象棋大师们洞察棋局的能力。另一个未解决的问题涉及问题的原概念,在人工智能中叫做问题表示的选择。人们常常能够找到某种思考问题的方法从而使求解变易而解决该问题。到目前为止,人工智能程序已知如何考虑它们要解决的问题,即搜索解答空间,寻求较优的解答。

2. 专家系统

专家系统是目前人工智能中最活跃、最有成效的一个研究领域。专家系统是一种基于人类专家知识的程序系统。专家系统的特点是拥有大量的专家知识(包括领域知识和经验知识),能模拟专家的思维方式,面对领域中复杂的实际问题,能做出专家水平级的决策,像专家一样解决实际问题。

专家系统和传统的计算机程序最本质的不同之处在于专家系统所要解决的问题一般没有算法解,并且经常要在不完全、不精确或不确定的信息基础上作出结论。专家系统可以解决的问题一般包括解释、预测、诊断、设计、规划、监控、指导和控制等。高性能的专家系统也已经从学术研究开始进入实际应用研究。

3. 机器学习

学习能力无疑是人工智能研究上最突出和最重要的一个方面,学习是人工智能的主要标志和获取知识的基本手段。要使机器像人一样拥有知识,具有智慧,就必须使机器拥有获得知识的能力。使机器获得知识的方法一般有两种。

(1) 把有关知识归纳、整理在一起,并用计算机可接受、处理的方式输入到计算机中去。

(2) 使计算机自身具有学习能力,它可以直接向书本、教师学习,也可以在实践中不断总结经验、吸取教训,实现自我不断完善。

后一种方式一般称为机器学习。

机器学习是研究如何使用计算机来模拟人类学习活动的一个研究领域。更严格地说,就是研究计算机获取计算机新知识和新技能、识别现有知识、不断改善性能、实现自我完善的方法。机器学习研究的目标有三个:人类学习机理的研究;学习方法的研究;建立面向具体任务的学习系统。

机器学习是一个难度较大的研究领域,它与脑科学、神经心理学、计算机视觉、计算机听觉等有密切联系,依赖于这些学科的共同发展。机器学习从 20 世纪 50 年代就开始研究,虽然已取了不少成就,但仍存在不少困难和问题。

4. 模式识别

机器感知就是计算机直接"感觉"周围世界,它是机器智能的一个重要方面,也是机器获取外部信息的基本途径。模式识别就是研究如何使机器具有感知能力的一个研究领域。所谓模式是对一个物体或某些其他感兴趣的事体所进行的定量或结构的描述,而模式类是指具有某些共同属性的模式集合。用机器进行模式识别的主要内容是研究一种自动技术,依靠这种技术,机器就可自动地或人尽可能少干预地把模式分配到它们各自的模式类中去。

模式识别的主要目标就是用计算机来模拟人的各种识别能力,当前主要是对视觉、听觉能力的模拟,并且主要集中于图形、语音识别。

图形识别主要是研究各种图形(如文字、符号、图形、图像和照片等)分类。例如识别各种印刷体和某些手写体文字,识别指纹、白血球和癌细胞等,这方面的技术已进入实际阶段。语音识别主要是研究各种语音信号的分类。语音识别技术近年来发展很快,现已有商品化产品(如汉字语音录入系统)上市。

模式识别的过程大体是先将摄像机、送话器其他传感器接受的外界信息转变为电信号序列进行各种预处理,从中抽出有意义的特征,得到输入信号的模式,然后与机器中原有的各个标准模式进行比较,完成对输入信息的分类识别工作。

5. 自然语言理解

自然语言理解就是计算机理解人类的自然语言,如汉语、英语等,并包括口头语言和文字语言两种形式。试想,计算机若能理解人类的自然语言,则计算机的使用将会变得十分方便和简单。自然语言理解就是研究如何让计算机理解人类自然语言的一个研究领域。具体说,要达到如下 3 个目标。

(1) 计算机能正确理解人们用自然语言输入的信息,并能正确回答输入信息中的有关问题。

(2) 对输入信息,计算机能产生相应的摘要,能用不同词语复述输入信息的内容。

(3) 计算机能把用某一种自然语言表示的信息自动地翻译为另一种自然语言。

然而,对自然语言的理解却是一个十分艰难的任务。即使建立一个仅能理解只言片语的计算机系统,也是很不容易的。这中间有大量的极为复杂的编码和译码问题。

从微观上讲,理解是指从自然语言到机器内部表示的一种映射;从宏观上讲,理解是指能够完成我们所希望的一些功能。因此理解实际是感知的延伸,或者说是深层次的感知;理解不是对现象或形式的感知,而是对本质和意义的感知。

一个能理解自然语言信息的计算机系统看起来就像一个人一样需要有上下文知识以及根据这些上下文知识和信息用信息发生器推理的过程。理解口头和书写的片断语言的计算机系统所取得的某些进展,其基础就是有关表示上下文知识结构的某些人工智能思想以及根据这些知识进行推理的某些技术。

6. 机器人学

人工智能研究日益受到重视的另一个分支是机器人学,其中包括对操作机器人装置程序的研究。这个领域研究的问题,从机器人手臂的最佳移动到实现机器人目标的动作序列的规划方法,无所不见。尽管已经建立了一些比较复杂的机器人系统。不过现正在工业运行的成千上万台机器人,都是一些按预定编好的程序执行某些重复作业的简单装置。程序的生成及装入有两种方式,一种是由人根据工作流程编制程序并将它输入到机器人的存储器中;另一种是"示教一再现"方式,所谓示教是指在机器人第一次执行任务之前,由人引导机器人去执行操作,即教机器人去做应做的工作,机器人将其所有动作一步步的记录下来,并将每一步表示为一条指令,示教结束后机器人再执行这些指令(即再现)以同样的方法和步骤完成同样的工作。若任务和环境发生了变化,则要重新进行程序设计。这种机器人属于可再编程序控制机器人,也可以称做第一代机器人,它能有效的从事安装、搬运、包装、机器加工等工作,但是它只能刻板地完成程序规定的动作,不能适应变化了的情况。第二代机器人的主要标志是自身配备有相应的感觉传感器,如视觉、触觉和听觉传感器等,并用计算机进行控制。这种机器人通过传感器获取作业环境、操作对象的简单信息,然后由计算机对获得的信息进行分析、处理,从而控制机器人的动作。由于它能随着环境的变化而改变自己的行为,故称为自适应机器人,它虽然具有一些初级的智能,但还没达到完全"自治"的程度,有时也称这类机器人为人一眼协调型机器人。第三代机器人是指具有类似于人智能的所谓智能机器人,该种机器人具有感知环境的能力,配备有视觉、听觉、触觉、嗅觉等感觉器官,能从外部环境中获取有关信息,具有思维能力,能对感知的信息进行处理,以控制自己的行为,它还具有作用于环境的行为能力,能通过传动机构使自己的"手"、"脚"等肢体行动起来,正确灵巧地执行思维机构下达的命令。

7. 人工神经网络

人工神经网络的研究始于20世纪40年代。人工神经网络是一个用大量称为人工神经元的简单单元经广泛连接而组成的人工网络,用来模拟大脑神经系统的结构和功能。在经历了几十年的曲折发展道路之后,到了20世纪80年代以来,对神经网络的研究再次出现高潮。霍普菲尔德(J. J. Hopfield)提出用硬件实现神经网络,以及鲁梅尔哈特(J. D. Rumelhert)等提出多层网络中的反向传播(BP)算法就是两个重要标志。

对神经网络模型、算法、理论分析和硬件实现的大量研究,为神经网络计算机走向应用提供了物质基础。现在,神经网络已成为人工智能中一个极其重要的研究领域,它在机器学习、专家系统、智能控制、模式识别、计算机视觉、自适应滤波、信息处理、非线性系统辨识以及非线性系统、组合优化等领域已经取得显著的成就,说明模仿生物神经计算功能的人工神经网络具有通常的数字计算机难以比拟的优势,人工神经网络正在获得越来越多研究人员和工程人员的关注。

1.2 智能工程

1987年加拿大阿尔伯特大学的M. Rao教授提出了智能工程(intelligent engineering),标志着这一门新兴的计算机应用学科的正式诞生。20世纪80年代开始,面对越来越复杂的工业自动化系统,在信息技术和人工智能科学的处理及一般性决策方面,人们显得越来越力不从心,并期望着在人类专家知识的水平上,借助计算机来完成大量的决策工作,保证大规模、复杂的自动化系统能高效的运行。许多计算机、自动化的专家及工程师们,在此背景下,经过艰苦的努力,在计算机数值计算基础上,逐渐形成了这门智能工程学科,为人工智能技术以及其他领域的深层次的发展开辟了一条崭新的道路。

1.2.1 智能工程的提出

工业自动化的发展,大致有 4 个阶段。工业自动化生产的初期,其特点是利用大量人力、操作简单的设备从事工业生产,由于简单的机电设备没有自动控制能力,因此生产效率低,产品质量和数量决定了操作者的技能。这是劳动密集型阶段。第二阶段是设备密集型阶段,这是工业自动化生产的发展期,由于使用大量的自动化程度比较高的设备生产效率有了较大提高,人已不需要进行直接操作,而主要做了一些维修、调整和辅助性工作,其代表性的自动化设备是数控机床和加工中心。在这个阶段,企业的生产效率主要靠单机自动化设备的数量和质量。第三阶段是信息密集型阶段,这是工业自动化生产的快速发展期。随着计算机技术的日新月异,计算机广泛地应用于生产第一线,代替人进行复杂的信息处理等繁重工作。该阶段的代表技术有计算机辅助设计(CAD)、计算机辅助制造(CAM)及柔性制造系统(FMS)等。人们把复杂的数据和图形处理工作(如有限元分析、优化设计、图形仿真等)交给了计算机,而自己则从事更为重要的方案设计、分析判断等决策性的工作,使生产效率有了更大提高。第四阶段是知识密集型阶段,这是工业自动化生产的鼎盛期。随着工业生产迅速走向规模化、系统化和集成化,人的决策已跟不上形势发展的需要,用机器代替人脑进行决策就成为一种发展的必然趋势。即时生产(just in time)、并行工程(concurrent engineering)以及计算机集成制造系统(CIMS)的提出,实际上就是把一整套技术管理、生产管理和经营管理集成起来,形成了高度的决策自动化。工业自动化生产发展的 4 个阶段是机器人从代替人的四肢和感官发展到代替人脑的过程,这正是智能工程提出的坚实基础。

1.2.2 智能工程与人工智能

智能工程与人工智能既有区别又有联系。从研究目的看,智能工程这门应用性导向的工程学科,是利用人工智能的成果去解决实质问题;而人工智能这门理论研究性导向的科学,是使机器智能化,即用计算机模拟人的智能。从研究过程看,智能工程专家们更注重人类活动的宏观和外在表现,力图用带有智能的计算机自动地去解决人类面临的复杂问题,强调宏观的过程和效果,着重问题解决的结果,并不着重于人类活动的机理性研究;而人工智能科学家不仅要创造出智能机器,而且还要分析、理解智能的本质和机理,对各种不同的计算和计算描述均要进行深入的研究,着重研究智能活动过程的机理,更具有严格的逻辑性和推理,并注重人工智能的普遍适用性。从研究内容看,智能工程着重研究的是知识处理及其应用的技术,包括知识的表示、知识的获取以及知识的管理、协调、集成、利用等问题;人工智能广泛研究人类的智能活动,包括图像识别、自然语言理解、问题求解、机器学习等方面,涉及众多的基础学科和应用科学。因此,智能工程是以"知识"为基础的工程学科,它比知识工程(knowledge engineering)研究的内容要复杂、全面得多。

智能工程与人工智能存在必然的联系,它们一样都是计算机科学及一些其他科学发展的产物。智能工程把人工智能作为主要的依靠基础,人工智能的许多理论及研究成果,如符号模型、符号推理和信息处理等都是智能工程进一步研究的内容。智能工程一方面力图把人工智能的理论和方法应用到实际中去,另一方面在工程应用时,又把许多人工智能中还不太成熟的理论和方法进一步深化、提高。因此智能工程又能促进人工智能的发展。

智能工程与人工智能的关系,类似于工程科学与自然科学的关系。自然科学是工程科学的基础,自然科学研究的目的是揭示自然界的本质与规律,是人类从根本上认识世界的科学,工程科学的目的是应用自然科学提供的理论作为工具,结合自身对工程问题的研究与理解,有针对性地去解决问题。因此,工程科学比自然科学发展得更快,更容易为人们所接受。工程科学在其发展过程中,随着经验与成果的扩大与深入,也会发展成普遍适用的理论和工具,对自然科学的发展也是一种促进和补充。

1.2.3 智能制造系统

智能制造系统(IMS)可以说是智能工程的最高代表,它是在直接数字控制技术、柔性制造系统、计算机集成制造系统的基础上发展形成的。智能制造系统能在非确定和不可预测的环境下,可以在没有先验经验和不完全、不精确的信息情况下完成拟人的制造任务,该系统就是要把人的智能活动变成制造机器的智能活动,要通过集成知识工程、制造软件系统、机器人视觉、智能控制等技术形成大规模高度自动化生产。

许多国家对智能制造系统很感兴趣,他们认为智能制造系统在整个制造过程中都贯穿着智能活动,并将这种知识活动与智能机器相结合,使整个制造过程以柔性方式集成起来,与计算机集成制造系统相比,该系统更强调制造系统的自组织、自学习和自适应能力。

要实现智能制造系统,首先要有智能设备,包括智能加工中心、材料传送、检测和试验装置,以及各种装配等智能装置。随着人们对制造过程行为认识的加深,新技术、新方法的不断涌现,如何将层出不穷的新知识变成机器的知识与智能,就成为智能制造系统必须要解决的重要问题。不管前面有多少困难,脑力劳动自动化将是必然的趋势,智能工程在它的发展道路上将越走越宽阔。

1.3 智能控制

人工智能的发展促进自动控制向智能控制发展。智能控制是一类无须(或需要尽可能少的)人的干预就能够独立地驱动智能机器实现其目标的自动控制。或者说,智能控制是驱动智能机器自主地实现其目标的过程,而智能机器是指能够在定形或不定形,熟悉或不熟悉的环境中自主地或与操作人员交互作用以执行各种拟人任务的机器。许多复杂的系统,难以建立有效的数学模型和用常规控制理论进行定量计算和分析,而必须采用定量数学解析法与基于知识的定性方法的混合控制方式。随着人工智能和计算机技术的发展,已可能把自动控制、人工智能以及系统科学的某些分支结合起来,建立一种适合于复杂系统的控制理论和技术。智能控制正是在这种条件下产生的,它是自动控制的最新发展阶段,也是计算机模拟人类智能的一个重要研究领域。

1.3.1 智能控制的发展概况

智能控制是一门新兴学科,其技术是随着数字计算机、人工智能等技术研究的发展而发展起来的。1966年门德尔(J. M. Mendel)首先提出将人工智能用于飞船控制系统的设计。1971年,著名学者傅京逊(K. S. Fu)从发展学习控制的角度首次正式提出智能控制这个新兴学科领域。他在文章《学习控制系统和智能控制系统：人工智能与自动控制的交叉》之中归纳了3种类型的智能控制系统。

(1) 作为控制器的控制系统。人作为控制器包含在闭环控制回路内，由于人具有识别、决策和控制等功能，因此对于不同的控制任务及不同的对象和环境情况，它具有自学习、自适应和自组织的功能，会自动采取不同的控制策略以适应不同的情况。

(2) 人机结合作为控制器的控制系统。在这样的系统中，机器（主要是计算机）完成那些连续进行的需快速计算的常规控制任务，人则主要完成任务分配、决策和监控等任务。

(3) 无人参与的智能控制系统。以上两种类型的智能控制系统均要人参与，智能控制更感兴趣的是如何将前面由人完成的那些功能变为由机器来完成，从而设计出无人参与的智能控制系统。最典型的例子是自主机器人，这时的自主式控制器需要完成问题求解和规划、环境建模、传感信息分析和底层的反馈控制等任务。

萨里迪斯(G. N. Saridis)对智能控制的发展作出了重要贡献。他在1977年出版了《随机系统的自组织控制》一书，其后又发表了一篇综述文章《走向智能控制的实现》。在这两篇著作中，他从控制理论发展的观点，论述了从通常的反馈控制到最优控制、随机控制，再到自适应控制、自学习控制、自组织控制，并最终向智能控制这个最高阶段发展的过程。他首先提出了分层递阶智能控制结构形式，其控制精度由上而下分为三个层次：语言组织级、模糊自动机作为协调级、一组自组织控制器作为执行级。他在理论上的一个重要贡献是定义了熵作为整个智能控制系统的性能度量，对每一级定义了熵的计算方法，证明了在执行级的最优控制等价于使某种熵最小的控制方法。他在最新的工作中采用神经元网络中Boltman机来实现组织级的功能，利用Petri网作为工具来实现协调级的功能。

在智能控制的发展中，另一位著名学者奥斯特洛姆(K. J. Astrom)也作出了重要贡献。他在1986年发表的《专家控制》的著名文章中，将人工智能中的专家系统技术引入到控制系统中，组成了另外一种类型的智能控制系统。借助于专家系统技术，将常规的PID控制、最小方差控制、自适应控制等不同方法有机地结合在一起，能根据不同情况分别采取不同的控制策略，同时还可以结合许多其他的逻辑控制。例如对于一个PID调节器来说，需要考虑操作员接口、手动和自动的平滑切换、参数突然改变所引起的过渡过程、执行部件的非线性影响、积分项引起的大摆动现象、上下限报警等问题，采用启发逻辑就可以解决这些问题。

模糊控制是智能控制的又一活跃研究领域，现代计算机虽然有着极高的计算速度和极大的存储能力，但却不能完成一些人看起来十分简单的任务。一个重要的原因是人具有模糊决策和推理的功能，模糊控制正是试图模仿人的这种功能。1965年美国加州大学自动控制专家扎德(L. A. Zadeh)先后发表了《模糊集》和《模糊集与系统》两篇论文，形成了模糊集理论，奠定了模糊集理论和应用研究的基础。在其后的30年中已有很多模糊控制在实际中获得成功应用的例子。

近年来，神经网络的研究得到了越来越多的关注和重视。它在控制中的应用也是其中的一个主要方面，由于神经网络在许多方面试图模拟人脑的功能，因此它对自动控制具有多种富有吸引力的特点，主要有以下几个。

(1) 它能以任意精度逼近任意连续非线性函数。

(2) 对复杂不确定问题具有自适应和自学习能力。

(3) 它的信息处理的并行机制可以解决控制系统中大规模实时计算问题，而且并行机制中的冗余性可以使控制系统具有很强的容错能力。

(4) 它具有很强的信息综合能力,能同时处理定量和定性的信息,能很好地协调多种输入信息的关系,适用于多信息融合和多媒体技术。

(5) 神经计算可解决许多自动控制计算问题,如优化计算和矩阵代数计算等。

(6) 便于用 VLSI 或光学集成系统实现或用现有计算机技术虚拟实现。

神经网络的应用已渗透到自动控制领域的各个方面,包括系统辨识、系统控制、优化计算以及控制系统的故障诊断与容错控制等,显示出了广泛的应用前景。

1985 年 8 月,IEEE 在美国纽约召开了第一届智能控制学术研讨会,来自美国各地从事自动控制、人工智能和运筹学研究的专家学者参加了这次讨论会。会上集中讨论了智能控制原理和智能控制系统的结构。这次会议之后不久,在 IEEE 控制系统学会内成立了 IEEE 智能控制专业委员会,已有 200 多名会员参加活动。1987 年 1 月,在美国费城由 IEEE 控制系统学会和计算机学会联合召开了智能控制国际会议,这是有关智能控制的第一次国际会议,来自欧洲、美国、日本、中国以及其他发展中国家的 150 位代表出席了这次学术盛会,提交论文 600 多篇,显示出智能控制的长足进步,同时也说明了,由于许多新技术问题的出现以及相关理论与技术的发展,需要重新考虑控制领域以及邻近学科。这次会议是个里程碑,它表明智能控制作为一门学科已经在国际上形成。人工智能与自动化技术在国内外受到广泛重视,中国自动化学会在 1993 年 8 月在北京召开了第一届全球华人智能控制与智能自动化大会,1995 年 8 月在天津召开了智能自动化专业委员会成立大会及首届中国智能自动化学术会议,1997 年 6 月在西安召开了第二届全球华人智能控制与智能自动化大会,1996 年 6 月在合肥召开了第三届全球华人智能控制与智能自动化大会,自 2002 年 6 月在上海召开了第四届全球智能控制与自动化大会以后,至 2008 年 6 月已分别在杭州、大连、重庆召开了第五届、第六届和第七届全球大会。

智能控制作为一门新兴的理论技术,现在还只是处于它的发展初期,还没有形成完整的理论体系。但可以预见,随着系统理论、人工智能和计算机技术的发展,智能控制必将出现更大的发展,并在实际中获得广泛的应用。

1.3.2 智能控制系统的基本结构

智能控制系统典型的原理结构如图 1-1 所示。其中,广义对象包括通常意义上的控制对象和外部环境。例如对于智能机器人系统来说,机器人的手臂、被操作物体及所处环境统称广义对象。"传感器"包括关节位置传感器、力传感器、视觉传感器、距离觉传感器、触觉传感器等。"感知信息处理"将传感器得到的原始信息加以处理,例如视觉信息要经过复杂的处理才能获得有用的信息。"认知"主要用来接收和储存信息、知识、经验和数据,并对它们进行分析、推理,作出行动的决策,送至规划和控制部分。"通信接口"除建立人机之间的联系外,还建立系统中各模块之间的联系,"规划和控制"是整个系统的核心,它根据给定的任务要

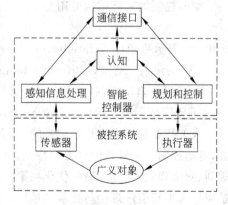

图 1-1 智能控制系统基本结构

求、反馈的信息以及经验知识,进行自动搜索、推理决策、动作规划,最终产生具体的控制作用,经"执行器"作用于控制对象。对于不同用途的智能控制系统,以上各部分的形成和功能可能存在较大的差异。

萨里迪斯(G. N. Saridis)从智能控制系统的功能模块结构观点出发,提出了分层递阶结构的智能控制系统,如图1-2所示。其中执行级一般需要比较准确的模型,以实现具有一定精度要求的控制任务;协调级用来协调执行级的动作,它不需要精确的模型,但需要具备学习功能以便在再现的控制环境中改善性能,并能接收上一级的模糊指令和符号语言;组织级将操作员的自然语言翻译成机器语言,进行组织决策和执行任务,并直接干预低层的操作。对于执行级,识别的功能在于获得不确定参数值或监督系统参数的变化;对于协调级,识别的功能在于根据执行级送来的测量数据和组织级送来的指令产生合适的协调作用;对于组织级,识别的功能在于翻译定性的命令和其他输入。这种分层递阶的结构形式已成功的应用于机器人的智能控制、交通系统的智能控制及管理。

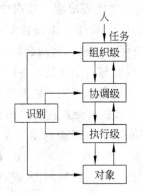

图1-2 智能控制系统的分层递阶结构

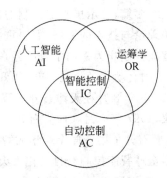

图1-3 智能控制的三元结构

1.3.3 智能控制的结构理论

智能控制系统具有多元跨学科结构,下面主要讨论三元、四元交集结构的基本思想。

按照傅京逊和萨里迪斯提出的观点,可以把智能控制看做是人工智能、自动控制和运筹学三个主要学科相结合的产物。图1-3所示的结构,称之为智能控制的三元结构。

智能控制的三元结构可用交集形式表示如下:

$$IC = AI \cap AC \cap OR \tag{1-1}$$

式中,IC表示智能控制(intelligent control);

AI表示人工智能(artificial intelligence);

AC表示自动控制(automatic control);

OR表示运筹学(operations research)。

人工智能是一个知识处理系统,具有记忆、学习、信息处理、形式语言、启发式推理等功能;自动控制描述系统的动力学特性,是一种状态反馈;运筹学是一种定量优化方法,如线性规划、网络规划、调度、管理、优化决策和多目标优化方法等。三元结构理论表明智能控制就是应用人工智能的理论与技术和运筹学的优化方法,并将其同控制理论方法与技术相结合,在未知环境下,仿效人的智能,实现对系统的控制;或者说,智能控制是一类无须人的干预就能够独立地驱动智能机器实现其目标的自动控制。

我国学者蔡自兴提出四元智能控制结构,把智能控制看做是自动控制、人工智能、信息论和运筹学4个学科的交集,如图1-4所示,其关系如式(1-2)所示。

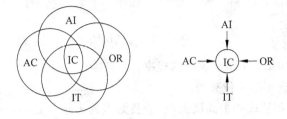

图 1-4 智能控制的四元结构

$$IC = AI \cap AC \cap IT \cap OR \tag{1-2}$$

式中,IT表示信息论(information theory)。

把信息论作为智能控制结构的一个子集是基于下列理由。

(1) 信息论是解释知识和智能的一种手段。信息论是研究信息、信息特性测量、信息处理以及人机通信过程效率的数学理论;智能是一种应用知识对一定环境进行处理的能力或由目标准则衡量的抽象思考能力,即在一定环境下针对特定的目的而有效地获取信息、处理信息从而成功地达到目的的能力;信息是知识的交流或对知识的感受,是对知识内涵的一种量测,所描述事件的信息量越大,该事件的不确定性越小;而知识是人们通过体验、学习或联想而知晓的对客观世界规律性的认识,这些认识包括事实、条件、过程、规则、关系和规律等。一个人或一个知识库的知识水平取决于其具有的信息或理解的范围。可以看出:"知识"比"信息"的含义更广;智能是获取知识和运用知识的能力;可以用信息论在数学上解释机器知识和机器智能。因此信息论已成为解释机器知识和机器智能(人工智能)及其系统的一种手段;智能控制系统是这种机器智能系统的一个实例。

(2) 控制论、系统论和信息论是紧密相互作用的。现代的系统论、信息论和控制论(以下简称"三论")作为科学前沿突出的学科群,无论从哪一方面看,都是相互作用和相互靠拢的,并给人们以鲜明的印象。无论是人工智能(含知识工程)、控制论(含工程控制论和生物控制论)或系统论(含运筹学),都与信息论息息相关。例如,一台具有高度自主制导能力的智能机器人,它对环境的感觉,对信息的获取、存储与处理以及为适应各种情况而作出的优化、决策和运动等,都需要"三论"参与作用,并相互作用,相互渗透。信息观点已成为知识控制必不可少的思想。

(3) 信息论已成为控制智能机器的工具。通过前面的讨论可知,信息具有知识的秉性,它能够减少和消除人们认识上的不定性。对于控制系统或控制过程来说,信息是关于控制系统或过程运动状态和方式的知识。智能控制比任何传统控制具有更明显的知识性,因而与信息论有更为密切的关系。许多智能控制系统,实质上是以知识和经验为基础的拟人控制系统。智能控制的知识和经验源于信息,又可被加工处理,变为新的信息,如指令决策、方案和计划等,并用于控制系统和装置。

信息论的发展,已把信息概念推广到控制领域,成为控制机器、控制生物和控制社会的手段,发展为控制仿生机器和拟人机器——智能机器的有力工具。许多智能控制系统,都力图模仿人体的活动功能,尤其是人脑的思维和决策过程。

（4）信息熵成为智能控制的测度。在萨里迪斯的递阶智能控制理论中,对智能控制系统的各级均采用熵作为测度。熵在信息论中指的是信息源中所包括的平均信息量 S,并以式(1-3)表示:

$$S = -k\sum_{i=1}^{n} P_i \lg P_i \qquad (1-3)$$

式中,P_i 表示信息源中第 i 个事件发生的概率；

k 表示常数,与选用的单位有关。

组织级是智能控制系统的最高层次,它涉及知识的表示与处理,具有信息理论的含义,此级采用香农(Shannon)的熵来衡量所需要的知识。协调级连接组织级和执行级,起到承上启下的作用,它采用熵来测量协调的不确定性。在执行级,则用博尔茨曼(Boltzman)的熵函数表示系统的执行代价,它等价于系统所消耗的能量。把这些熵加起来成为总熵,用于表示控制作用的总代价。设计和建立智能控制系统的原则就是要使所得总熵为最小。熵和熵函数是现代信息论的重要基础。把熵函数和信息流一起引入智能控制系统,正表明信息论是组成控制的不可缺少的部分。

（5）信息论参与智能控制的全过程,并对执行级起到核心作用。一般说来,信息论参与智能控制的全过程,包括信息传递、信息变换、知识获取、知识表示、知识推理、知识处理、知识检索、决策以及人机通信等。在智能控制系统的执行级,信息论起到核心作用。这里,各控制硬件接收、变换、处理和输出种种信息。例如,在实时专家智能控制系统中,有个信息预处理器,用于接收来自硬件的信号和数据,对这些信息进行预处理,并把处理了的信息送至专家控制器的知识库和推理机。该例说明,信息处理或预处理是由执行级的信息处理器执行的。可见,信息论不仅对智能控制的高层发生作用,而且在智能控制的底层——执行级也起到核心作用。

1.3.4 智能控制的特点

智能控制具有下列特点。

（1）智能控制系统一般具有以知识表示的非数学广义模型和以数学模型表示的混合控制过程。它适用于含有复杂性、不完全性、模糊性、不确定以及不存在已知算法的生产过程。它根据被控动态过程的特征辨识,采用开闭环控制与定性定量控制结合的多模态控制方式。

（2）智能控制器具有分层信息处理和决策机构。它实际上是对人神经结构或专家决策机构的一种模仿。复杂的大系统中,通常采用任务分块、控制分散方式。智能控制的核心在高层控制,它对环境或过程进行组织、决策和规划,实现广义求解。要实现此任务需要采用符号信息处理、启发式程序设计、知识表示及自动推理决策的相关技术。这些问题求解与人脑思维接近。低层控制也属智能控制系统不可缺少的一部分,一般采用常规控制。

（3）智能控制器具有非线性。这是因为人的思维具有非线性,作为模仿人的思维进行决策的智能控制也具有非线性特点。

（4）智能控制器具有变结构特点。在控制过程中,根据当前的偏差及偏差变化率的大小和方向,在调整参数得不到满足时,以跃变方式改变控制器的结构,以改善系统的性能。

（5）智能控制器具有总体自寻优特点。由于智能控制器具有在线特征辨识、特征记忆和拟人特点,在整个控制过程中计算机在线获取信息和实时处理并给出控制决策,通过不断优化参数和寻找控制器的最佳结构形式,获取整体最优控制性能。

(6) 智能控制系统是一门边缘交叉学科,它需更多的相关学科配合支援,使智能控制系统有更大的发展。目前,智能控制无论在理论上还是在实践上都很不成熟、很不完善,尚需进一步探索和研究。

1.3.5 智能控制研究的数学工具

传统的控制理论主要采用微分方程、状态方程以及各种变换作为研究的数学工具,它本质上是数值计算方法。而人工智能则主要采用符号处理,一阶谓词逻辑等作为研究的数学工具。两者有着本质的区别。智能控制研究的数学工具则是上述两个方面的交叉和结合,它主要有以下几种形式。

(1) 符号推理与数值计算的结合。例如专家控制,它的上层是专家系统,采用人工智能中的符号推理方法。下层是传统的控制系统,采用的仍是数值计算方法。因此,整个智能控制系统的数学研究工具是这两种方法的结合。

(2) 离散时间系统与连续时间系统分析的结合。计算机集成制造系统(CIMS)和智能机器人便属于这样的情况,它们是典型的智能控制系统。例如在CIMS中,上层任务的分配和调度、零件的加工和传输等均可用离散时间系统理论来进行分析和设计;下层的控制,如机床及机器人的控制,则采用常规的连续时间系统分析方法。

(3) 介于两者之间的方法。神经元网络通过许多简单关系来实现复杂的函数,它们的组合可实现复杂的分类和决策功能。神经元网络本质上是一个非线性动力学系统,但它并不依赖于模型,因此可以看成是一种介于逻辑推理和数值计算之间的工具和方法。模糊理论是另一种介于两者之间的方法。它形式上是利用规则进行逻辑推理。但其逻辑取值可在0与1之间连续变化,其处理的方法也是基于数值的而非符号的。神经网络和模糊集合论,在某些方面如逻辑关系、不依赖于模型等类似于人工智能的方法;而在其他方面如连续取值和非线性动力学特性等则类似于通常的数值方法,即传统的控制理论数学工具;由于它们介于符号逻辑和数值计算两者之间,因而有可能成为今后进行智能控制研究的主要数学工具。

1.3.6 智能控制的主要研究内容

智能控制系统应当对环境和任务的变化具有快速的应变能力,其控制器应该能够处理环境和任务的变化,决定要控制什么,应当采用什么样的控制策略。这就要求控制器具有适应—决策功能;还应当能够进行符号处理,及时给出控制指令。因此智能控制系统应当包含诸如知识库、推理机等智能信息处理单元。

根据智能控制的基本控制对象的开放性、复杂性、多层次、多时标和信息模式的多样性、模糊性、不确定性的特点,智能控制研究的基本内容应从以下几个方面展开。

(1) 对智能控制认识论和方法论的研究,探索人类的感知、判断、推理和决策的活动机理。

(2) 智能控制系统的基本结构模式分类,多个层次上系统模型的结构表达,学习、自适应和自组织等概念的软分析数学描述。

(3) 在根据试验数据和机理模型所建立的动态系统中,对不确定性的辨识、建模与控制。
  (4) 含有离散时间和动态连续时间子系统的交互反馈混合系统的分析与设计。
  (5) 基于故障诊断的系统组态理论和容错控制。
  (6) 基于实时信息学习的自动规则生成与修改方法。
  (7) 实时控制的任务规划的集成和基于推理的系统优化方法。
  (8) 处理组合复杂性的数学和计算的框架结构。
  (9) 在一定结构模式条件下，系统的结构性质分析和稳定性分析方法。
  (10) 基于模糊逻辑、神经网络、遗传算法以及软计算的智能控制方法。
  (11) 智能控制在工业过程和机器人等领域的研究。
  智能控制是一门跨学科、需要多学科提供基础支持的技术科学。综观智能控制形成的历史过程，有众多学科发展成果的强有力的支持加之有十分广泛的实际应用领域，智能控制必将为智能自动化提供有力的理论基础，同时将智能科学推向一个崭新的阶段。

习题和思考题

1. 什么是人工智能？研究人工智能的意义是什么？
2. 人工智能的研究目标是什么？
3. 人工智能的发展过程经历了哪几个阶段？
4. 人工智能有哪些分支领域？
5. 智能工程与人工智能有哪些联系又有哪些区别？
6. 智能控制系统由哪几部分组成？各部分的作用是什么？
7. 智能控制系统的特点是什么？
8. 智能控制有哪些应用领域？试举出一个应用实例，并说明其工作原理和控制性能。

第 2 章　知识表示技术

知识表示无论在人工智能中还是在智能控制中都是最重要的问题之一。人类之间互相交往都是用自然语言描述和表达。要让计算机来理解和推理，就必须将自然语言知识化，变成计算机能使用的形式。因此，研究知识表示方法是学习智能技术的中心内容之一。本章将对知识的有关概念及常用的知识表示技术进行讨论。

2.1　概　　述

2.1.1　知识、信息和数据

在人们的日常生活及社会活动中，"知识"是常用的一个术语。但是，到底什么是知识？知识有哪些特征？它与一般所说的信息有什么区别和联系？在此作一些简单的讨论。

现实世界中每时每刻都产生着大量的信息，但信息是需要用一定的形式表示出来才能被记载和传递的，尤其是使用计算机来做信息的存储及处理时，更需要用一组符号及其组合进行表示。像这样用一组符号及其组合表示的信息称为数据。

数据与信息是两个密切相关的概念。数据是记录信息的符号，是信息的载体和表示。信息是对数据的解释，是数据在特定场合下的具体含义。只有把两者密切的结合起来，才能实现对现实世界中某一具体事务的描述。另外，数据和信息又是两个不同的概念，相同的数据在不同的环境下表示不同的含义，蕴涵有不同的信息。还有，并不是所有数据中都蕴涵着信息，而是只有那些有格式的数据才有意义。对数据中的信息的理解也是主观的、因人而异的，是以增加知识为目的的。不同格式的数据蕴涵信息的多少也不一样，比如，图像数据所蕴涵的信息量就大，而文本数据所蕴涵的信息量就相对较少。

信息在人类社会中占有十分重要的地位，但是，只有把有关的信息联到一起的时候，它才有实际的意义，一般把有关信息联在一起所形成的信息结构称为知识。知识是人们在长期的生活及社会实践、科学研究及实验中积累起来的对客观世界的认识与经验，人们把实践中获得的信息关联在一起，就获得了知识。

综上所述，有格式的数据经过处理、解释过程就形成信息，而把有关的信息关联到一起，经过处理过程就形成了知识。所以，知识是用信息表达的，信息是用数据表达的。知识、信息和数据三个层次上的概念，不仅反映了数据、信息和知识的因果关系，也反映了它们不同的抽象程度。

2.1.2　知识的特性

知识主要具有以下一些特性。

（1）相对正确性。知识是人们对客观世界认识的结晶，并且又受到长期实践的检验。因此，在一定的条件及环境下，知识一般是正确的，可信任的。这里，"一定的条件及环境"是必不可少的,它是知识正确性的前提。在人们的日常生活即科学实验中可以找到很多这样的例子。例如,1+1=2,这是一条妇孺皆知的正确知识,但它只有在非二进制的前提下才是正确的,若在二进制体系中就不正确了。

(2) 不确定性。知识是有关信息关联在一起形成的信息结构。"信息"与"关联"是构成知识的两个要素。由于现实世界的复杂性,信息可能是精确的也可能是不精确的、模糊的;关联可能是确定的,也可能是不确定的。这就使得知识并不总是只有"真"与"假"这两种状态,而是在"真"与"假"之间还存在着许多中间状态,即存在为"真"或为"假"的程度问题,知识这一特性称为不确定性。

(3) 可表示性与可利用性。知识是可以用适当形式表示出来的,如用语言、文字、图形、神经元网络等,正是由于它具有这一特性,所以它才能被存储并得以传播。至于它的可利用性这是不言而喻的,我们每个人天天都利用自己掌握的知识解决所面临的各种各样的问题。

2.1.3 知识的分类

对知识从不同角度划分,可得不同的分类方法。

1. 按知识的作用范围来划分

(1) 常识性知识。它是通用性知识,是人们普遍知道的知识,适用于所有领域。

(2) 领域性知识。它是面向某个具体领域的知识,是专业性知识,只有相应专业的人员才能掌握并用来求解领域内的有关问题,例如专家系统主要是以领域知识为基础建立起来的。

2. 按知识的作用及表示来划分

(1) 事实性知识。它用于描述领域内有关概念、事实、事物的属性及状态等。事实性知识是静态的、可为人们共享的、可公开获得的公认的知识,在知识库中属低层的知识,如,太阳从东方升起,一年有春、夏、秋、冬4个季节等。

(2) 过程性知识。它主要是指与领域相关的知识,用于指出如何处理与问题相关的信息以求得问题的解。过程性知识一般是通过对领域内各种问题的比较与分析得出的规律性的知识,由领域内的规则、定律、定理及经验构成。对一个智能系统来说,过程性知识是否完善、丰富、一致将直接影响到系统的性能及可信任度,是智能系统的基础。

(3) 控制性知识。它又称为深层知识或者元知识,它是关于如何运用已有的知识进行问题求解的知识,因此又称为"关于知识的知识"。关于表达控制信息的方式,按表达形式级别的高低可分为三大类,即策略级控制(较高级)、语句级控制(中级)及实现级控制(较低级)。

3. 按知识的确定性来划分

(1) 确定性知识。它是指那些其逻辑值为"真"或为"假"的知识,是精确性的知识。

(2) 不确定性知识。它是指具有"不确定性"特性的知识,是对不精确、不完全和模糊性知识的总称。

4. 按人类的思维及认识方法来分

(1) 逻辑性知识。它是反映人类逻辑思维过程的知识,例如人类的经验性知识等。这种知识一般都具有因果关系以及难以精确描述的特点,它们通常是基于专家的经验,以及对一些事物的直观感觉。

（2）形象性知识。人类的思维过程除了逻辑思维外,还有一种称之为"形象思维"的思维方式。例如,有人问"什么是牛?",若用文字来回答这个问题,则会是十分困难的,但若指着一头牛或者拿来一张牛的照片,告诉牛就是这个样子,这就容易在人的头脑中建立起"牛"的概念。像这样通过事物的形象建立起来的知识称为形象知识。目前正在研究用神经元网络连接机制来表示这种知识。

2.1.4 知识的表示

人工智能研究的目的是要建立一个能模拟人类智能行为的系统,为达到这个目的就必须研究人类智能行为在计算机上的表示形式,只有这样才能把知识存储到计算机中去,供求解现实问题使用。

知识表示实际上就是对知识的一种描述,或者是说一种约定,一种计算机可以接受的用于描述知识的数据结构。对知识表示的过程就是把知识编码成某种数据结构的过程。

目前用得较多的知识表示方法主要有：一阶谓词逻辑表示法,产生式表示法,框架表示法,语义网络表示法,面向对象表示法和状态空间表示法等。

对同一知识一般可以用多种方法表示,但往往是效果不同。在建立一个具体的智能控制系统时,在知识表示方法的选择上,应从以下几个方面考虑。

1. 充分表示领域知识

确定一个知识表示形式时,应首先考虑它能否充分地表示领域知识。为此,需深入了解领域知识的特点以及每一种表示形式的特征,以便"对症下药"。例如,在医疗诊断领域中,其知识一般具有经验性、因果性的特点,适合于用产生式表示法;而在设计类领域中,由于一个部件一般由多个子部件组成,它们既有共性又有个性,因而在进行知识表示时,应把这个特点反映出来,此时需要把框架表示法与产生表示法结合起来,以反映出知识间的这种结构关系。

2. 有利于对知识的利用

利用是使用表示了的知识进行推理,以求解现实问题。为了使一个智能系统能有效地求解领域内的各种问题,除了必须具备足够的知识外,还必须使其表示形成便于对知识的利用,否则势必影响到系统的推理效率,从而降低系统的求解能力。

3. 便于对知识的组织、维护与管理

为了把知识存储到计算机中去,要求在设计或选择知识表示方法时应充分考虑对知识进行的组织方式。在一个智能系统初步建成后,经过试运行,可能会发现知识表示方面存在的某些问题,此时需要增补一些新知识,或修改甚至删除某些已有的知识。在进行这方面工作时,为保证知识的一致性、完整性,还需要进行多方面的检测。

4. 便于理解和实现

一种知识表示形式一方面应符合人们的思维习惯,做到理解容易;另一方面要能实现方便;否则,那它就只能是纸上谈兵,没有任何实用价值。

2.2 逻辑表示法

逻辑是人们思维活动规律的反映和抽象,是到目前为止能够表达人类思维和推理的最精确和最成功的方法。它能够通过计算机作精确推理,而它的表现方式和人类自然语言又非常接近。因此，用逻辑作为知识表示工具自然就很容易为人们所接受。

2.2.1 命题逻辑

命题逻辑是谓词逻辑的基础。在现实世界中，人们常常要描述一些客观事物。例如，人们常用如下的一些句子：

- 天在下雨
- 天晴
- 他在微笑
- 灯亮着
- 他会打篮球

这些句子在特定的情况下都具有"真"或"假"的含义，在逻辑上称为"命题"。命题逻辑是研究命题之间关系的符号逻辑系统。通常，可以用大写字母 A、B 等表示命题。

在命题逻辑中，表达单一意义的命题称为"原子命题"。原子命题可以通过连接词构成"复合命题"。例如，假设有命题：

P：天在下雨。

Q：天晴。

可用 $P \rightarrow \neg Q$ 表示：若天在下雨，则天不晴。这里，"$\rightarrow$"和"$\neg$"就是"连接词"。在命题逻辑系统中定义了 5 种连接词，其定义如下：

$\neg$：否定(negation)，复合命题 $\neg Q$ 表示否定 Q 的真值的命题，即"非 Q"。

$\wedge$：合取(conjunction)，复合命题 $P \wedge Q$ 表示 P 和 Q 的合取，即"P 与 Q"。

$\vee$：析取(disjunction)，复合命题 $P \vee Q$ 表示 P 或 Q 的析取，即"P 或 Q"。

$\rightarrow$：条件(condition)，复合命题 $P \rightarrow Q$ 表示命题 P 是命题 Q 的条件，即"若 P，则 Q"。

$\leftrightarrow$：双条件(bicondition)，复合命题 $P \leftrightarrow Q$ 表示命题 P、Q 互为条件，即"若 P，则 Q；若 Q，则 P"，亦即"P 当且仅当 Q"。

可以用"真值表"的方法来表明连接词的功能。5 种连接词及其功能如表 2-1 所示。

表 2-1 连接词及其功能

P	Q	$\neg P$	$P \wedge Q$	$P \vee Q$	$P \rightarrow Q$	$P \leftrightarrow Q$
F	F	T	F	F	T	T
F	T	T	F	T	T	F
T	F	F	F	T	F	F
T	T	F	T	T	T	T

对原子命题，我们可用真值"T"和"F"表示其具有"真"和"假"的意义。对于复合命题，其真值往往随其原子命题的真值而定，真值表通过对原子命题赋以真假值，来考察其复合命题的真假值(T 为真，F 为假)。

实际上，复合命题提供了简单推理的表达方法。为了形象地研究命题及其推理，在命题逻辑中，用符号 P、Q 等表示不具有固定具体含义的命题，称为"命题变元"。一个命题变元可以表示具有"真"、"假"含义的各种命题。复合命题可利用变元构成所谓"合式公式"，它是命题逻辑中一个十分重要的概念，其定义如下。

(1) 若 P 为原子命题,则 P 为合式公式,称为原子公式;

(2) 若 P 为合式公式,则 $\neg P$ 也为合式公式;

(3) 若 P 和 Q 都为合式公式,则 $P \wedge Q$、$P \vee Q$、$P \rightarrow Q$、$P \leftrightarrow Q$ 也都为合式公式;

(4) 经有限次使用(1)、(2)、(3),得到的由原子公式、连接词和圆括号所组成的符号串,也是合式公式。

为了表达简洁,对合式公式还有以下规定:

(1) 合式公式最外层括号可以省去;

(2) 逻辑连接词的运算优先次序为 $\neg$、$\wedge$、$\vee$、$\rightarrow$、$\leftrightarrow$;

(3) 同级连接词按出现顺序运算。

定义了合式公式的概念后,就可以讨论如何用命题逻辑表示简单的逻辑推理。在命题逻辑中,人们主要研究所谓推理的有效性,即能否根据一些合式公式(前提)推出新的合式公式(结论)。

例如,假定有合式公式 P 和 $P \rightarrow Q$,能否推出 Q 呢?这实际上就是一个能否用命题逻辑表示假言推理的问题。

例如,一个合式公式在组成它的原子公式所有真值下都为真,则它是永真的。下面是一些永真的合式公式的例子:

- $P \rightarrow P$ (这与 $\neg P \vee P$ 相同)
- T
- $\neg(P \wedge \neg P)$
- $Q \vee T$
- $[(P \rightarrow Q) \rightarrow P] \rightarrow P$
- $P \rightarrow (Q \rightarrow P)$

用真值表来确定一个合式公式的永真性要花费大量的时间,因为这个合式公式必须要针对所有原子值的组合来计算。

等价,若当且仅当两个合式公式在所有的解释中都是相同的,则可以说它们是等价的。用符号"$\Leftrightarrow$"表示等价。可以用真值表来验证下面的等价:

E_1	$P \vee Q \Leftrightarrow Q \vee P$	交换律
E_2	$P \wedge Q \Leftrightarrow Q \wedge P$	交换律
E_3	$(P \vee Q) \vee R \Leftrightarrow P \vee (Q \vee R)$	结合律
E_4	$(P \wedge Q) \wedge R \Leftrightarrow P \wedge (Q \wedge R)$	结合律
E_5	$P \wedge (Q \vee R) \Leftrightarrow (P \wedge Q) \vee (P \wedge R)$	分配律
E_6	$P \vee (Q \wedge R) \Leftrightarrow (P \vee Q) \wedge (P \vee R)$	分配律
E_7	$\neg(P \wedge Q) \Leftrightarrow \neg R \vee \neg Q$	摩根定理
E_8	$\neg(P \vee Q) \Leftrightarrow \neg P \wedge \neg Q$	摩根定理
E_9	$\neg\neg P \Leftrightarrow P$	双重否定
E_{10}	$P \wedge P \Leftrightarrow P$	幂等律
E_{11}	$P \vee P \Leftrightarrow P$	幂等律
E_{12}	$P \wedge \neg P \Leftrightarrow F$	
E_{13}	$P \vee \neg P \Leftrightarrow T$	

E_{14} $P \wedge T \Leftrightarrow P$

E_{15} $P \wedge F \Leftrightarrow F$

E_{16} $P \vee T \Leftrightarrow T$

E_{17} $P \vee F \Leftrightarrow P$

E_{18} $P \wedge Q \Leftrightarrow \neg(\neg P \vee \neg Q)$

E_{19} $P \vee Q \Leftrightarrow \neg(\neg P \wedge \neg Q)$

E_{20} $P \rightarrow Q \Leftrightarrow \neg P \vee Q$

E_{21} $P \leftrightarrow Q \Leftrightarrow (P \rightarrow Q) \wedge (Q \rightarrow P)$

E_{22} $P \leftrightarrow Q \Leftrightarrow (P \wedge Q) \wedge (\neg P \wedge \neg Q)$

蕴涵,对于合成公式 P 和 Q,若 $P \rightarrow Q$ 永真,则称 P 永真蕴涵 Q,且称 Q 为 P 的逻辑结论,称 P 为 Q 的前提,记作 $P \Rightarrow Q$。下面是以后要用到的一些永真蕴涵式:

I_1 $P \wedge Q \Rightarrow P$ 化简式

I_2 $P \wedge Q \Rightarrow Q$ 化简式

I_3 $P \Rightarrow P \vee Q$ 附加式

I_4 $Q \Rightarrow P \vee Q$ 附加式

I_5 $\neg P \Rightarrow P \rightarrow Q$

I_6 $Q \Rightarrow P \rightarrow Q$

I_7 $\neg(P \rightarrow Q) \Rightarrow P$

I_8 $\neg(P \rightarrow Q) \Rightarrow \neg Q$

I_9 $P, Q \Rightarrow P \wedge Q$

I_{10} $\neg P, P \vee Q \Rightarrow Q$ 析取三段论

I_{11} $P, P \rightarrow Q$ 假言推理

I_{12} $\neg Q, P \rightarrow Q \Rightarrow \neg P$ 拒取式

I_{13} $P \rightarrow Q, Q \rightarrow R \Rightarrow P \rightarrow R$ 假言三段论

I_{14} $P \vee Q, P \rightarrow R, Q \rightarrow R \Rightarrow R$ 二难推理

I_{15} $(P \rightarrow Q) \Rightarrow (R \vee P \rightarrow R \vee Q)$

I_{16} $(P \rightarrow Q) \Rightarrow (R \wedge P \rightarrow R \wedge Q)$

以上所列出的等价式和永真蕴涵式是本章后面进行演绎推理的重要依据,应用这些公式可使推理更加有效。因此这些公式又称为推理规则。除此之外,命题逻辑中还有如下一些推理规则。

(1) 规则 P:在推导的任何步骤上,都可引入前提。

(2) 规则 T:在推导过程中,若前面有一个或多个永真蕴涵命题 S,则可把命题 S 引进推导过程中。

(3) 规则 CP:若能从一组前提集合和 R 中推导出 S 来,则能从这组前提集合中推导出 $R \rightarrow S$ 来。其中 R 为任意引入的命题。

设有如下假言推理:

若天下大雨,则停止足球赛;

天正在下大雨;

所以停止足球赛。

可以用命题 P 表示天下大雨；Q 表示停止足球赛；$P{\rightarrow}Q$ 表示若天下大雨，则停止足球赛。于是，上述推理过程就可认为是要证明 Q 是 P 和 $P{\rightarrow}Q$ 的有效结论。

可以证明如下：

{1} P P 规则

{2} $P{\rightarrow}Q$ P 规则

{1,2} Q T 规则(1)(2)，蕴涵式 I_{11}

从而证明 Q 为 P 和 $P{\rightarrow}Q$ 的有效结论。

虽然可以用命题逻辑来表示知识，但它存在较大的局限性，它无法把所描述的客观事物的结构和逻辑特征反映出来，也不能把不同事物的共同特征表示出来。例如，对于命题"张三是李四的老师"，若用英文字母 P 表示无论如何也看不出张三和李四之间的师生关系。又如，对于"李白是诗人"和"杜甫是诗人"这两个命题，用命题逻辑表示时，也无法把两者的共同特征(是诗人)形式地表示出来。为了消除命题逻辑的局限性，在此基础上又发展了谓词逻辑。

2.2.2 谓词逻辑

在谓词逻辑中，将原子命题分解为谓词与个体两部分。例如，在"李白是诗人"这个命题中，"是诗人"为谓词，"李白"为个体。若用 poet 表示"是诗人"，用 LiBai 表示个体"李白"，则得到的谓词是 poet(LiBai)。其中 poet 是谓词，LiBai 是个体。"poet"刻画了"LiBai"(李白)是诗人这一特征。因此，所谓个体是指可以独立存在的物体，它可以是抽象的，也可以是具体的。所谓谓词是用于刻画个体的性质、状态或个体间的关系的。

一个谓词可以与单一个体相关联，此种谓词称作一元谓词，它刻画了该个体的性质。一个谓词也可以与多个个体相关联，此种谓词称为多元谓词，它刻画了个体间的关系。例如"张三是李四的老师"这句话，在谓词逻辑中可以用二元谓词 teacher(x,y) 表示"x 是 y 的老师"，而 teacher(张三,李四)即刻画了张三与李四之间的关系。

谓语的一般形式是：

$$P(x_1, x_2, \cdots, x_n)$$

式中，P 是谓语；x_i 是第 i 个个体，$i=1,2,\cdots,n$。谓词通常用大写字母表示，个体通常用小写字母表示。

在谓词中，个体既可以是常量，也可以是变量，还可以是一个函数。例如，"小刘的哥哥是位工人"可以表示为 worker(brother(liu))；其中个体 brother(liu) 是一个函数。个体常数、变量和函数统称为项。

在用谓语表示客观事物时，谓语的词义都是由使用者根据需要人为定义的，即同一谓词但有可能语义不同。当谓词的变量用特定的个体取代时，谓词就具有一个确定的逻辑值 T 或 F。

谓词中包含的个体数目称为谓语的元数，例如 $P(x)$ 是一元谓词，$P(x,y)$ 是二元谓词，而 $P(x_1,x_2,\cdots,x_n)$ 则是 n 元谓词。

在谓词 $P(x_1,x_2,\cdots,x_n)$ 中，若 $x_i(i=1,2,\cdots,n)$ 都是个体常量、变元或函数，则称它是一个一阶谓词，依次类推。后面要用到的都是一阶谓词。

为刻画谓词与个体间的关系，在谓词逻辑中引入了两个量词，一个是全称量词($\forall x$)，它表示"对个体域中的所有(或任一个)个体 x";另一个是存在量词($\exists x$);它表示在个体域中存在个体 x。例如,设谓词 $F(x,y)$ 表示 x 与 y 是朋友,则 $(\forall x)(\exists y)F(x,y)$ 表示对于个体域中的任何个体 x,都存在某个个体 y,x 与 y 是朋友。而 $(\forall x)(\forall y)F(x,y)$ 则表示对于个体域中任何两个个体 x 和 y,x 与 y 都是朋友。

在一个公式中,若有量词出现,位于量词后面的谓词或者用括号括起来的合式公式称为量词的辖域。在辖域内与量词中同名的变元称为约束变元,不受约束的变元称为自由变元。例如,

$$(\forall x)(P(x) \to (\exists y)R(x,y))$$

式中,$(\forall x)$ 的辖域是 $(P(x) \to (y)R(x,y))$,辖域内的 x 是受 $(\forall x)$ 约束的变元;而 $(\exists y)$ 的辖域是 $R(x,y)$,$R(x,y)$ 中的 y 是受 $(\exists y)$ 约束的变元。在这个公式中没有自由变元。

用谓词逻辑表示知识时,需首先定义谓词,指出每个谓词的确切含义,然后再用连接词把有关的谓词连接起来,形成一个谓词公式表达一个完整的意义。

例 2-1 设有下列知识:

自然数都是大于零的整数。

所有的整数不是偶数就是奇数。

偶数除以 2 是整数。

首先定义谓词如下:

$N(x)$:x 是自然数。

$I(x)$:x 是整数。

$E(x)$:x 是偶数。

$O(x)$:x 是奇数。

$GZ(x)$:x 是大于零。

另外,用函数 $S(x)$ 来表示除以 2。此时,上述知识可用谓词公式分别表示为

$$(\forall x)(N(x) \to GZ(x) \wedge I(x))$$
$$(\forall x)(I(x) \to E(x) \vee O(x))$$
$$(\forall x)(E(x) \to I(s(x)))$$

例 2-2 设有异或电路如图 2-1 所示。该图对应的逻辑关系为

$$C = A \oplus B = (\neg A \wedge B) \vee (A \wedge \neg B)$$

现用谓词逻辑法来表达这个电路。

首先定义谓词如下。

$NOT(i,o)$:表示否定关系。

$AND(i_1,i_2,o)$:表示与关系。

$OR(i_1,i_2,o)$:表示或关系。

$XOR(i_1,i_2,o)$:表示异或关系。

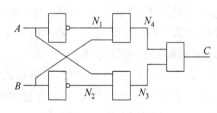

图 2-1 异或逻辑图

式中,变元 i_1,i_2,i 表示输入参数;变元 o 表示输出参数。此时,上述异或关系可用谓词公式表示为

$NOT(A,N_1) \wedge NOT(B,N_2) \wedge AND(A,N_2,N_3) \wedge AND(B,N_1,N_4)$
$\wedge OR(N_3,N_4,C) \to XOR(A,B,C)$

例 2-3 "所有放在移动积木上的积木,或者系在移动积木上的积木,也将随之移动。"

这样一种描述性知识表示成一阶谓词逻辑的形式。

首先定义谓词如下。

BLOCK(x):表示 x 是积木块。

ON(x,y):表示 x 放在 y 上面。

ATTATCHED(x,y):表示 x 系在 y 上。

MOVED(z):表示 z 移动了。

然后将上述知识用谓词公式表示为

($\forall x$)($\forall y$){[BLOCK(x) $\wedge$ BLOCK(y) $\wedge$ [ON(x,y) $\vee$ ATTATCHED(x,y)] $\wedge$ MOVED(y)] $\rightarrow$ MOVED(x)}

例 2-4 设在房间 c 处有一机器人,在 a 及 b 处各有一张桌子,a 桌上有一个盒子,如图 2-2 所示。为了让机器人从 c 处出发把盒子从 a 处拿到 b 处的桌上,然后再回到 c 处,需要制订相应的行动规划。现在要用一阶谓词逻辑来描述机器人的行动过程。

首先定义谓词如下。

TABLE(x):x 是桌子。

EMPTY(y):y 手中是空的。

AT(y,z):y 在 z 附近。

HOLDS(y,w):y 拿着 w。

ON(w,x):w 在 x 的上面。

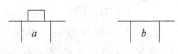

图 2-2 机器人行动规划

式中,x 的个体域是 $\{a,b\}$;y 的个体域是 $\{robot\}$;z 的个体域是 $\{a,b,c\}$;w 的个体域是 $\{box\}$。

问题的初始状态如下:

AT(robot,c)

EMPTY(robot)

ON(box,a)

TABLE(a)

TABLE(b)

问题的目标状态如下:

AT(robot,c)

EMPTY(robot)

ON(box,b)

TABLE(a)

TABLE(b)

机器人行动的目标是把问题的初始状态转化为目标状态,其间它必须完成一系列的操作。操作一般可分为条件(为完成相应操作所必须具备的条件)和动作两部分,条件易于用谓词公式表示,而动作可通过动作前后的状态变化表示出来,即只要指出动作后应从动作前的状态中删去和增加那些谓词公式就描述了相应的动作。本例中,机器人为了把盒子从 a 桌上拿到 b 桌上,它应执行如下 3 个操作。

GOTO(x,y)：从 x 处走到 y 处。
PICK-UP(x)：从 x 处拿起盒子。
SET-DOWN(x)：在 x 处放下盒子。
这三个操作可分别用条件与动作表示如下。

① GOTO(x,y)
条件：AT(robot,x)
动作 $\begin{cases} 删除：AT(robot,x) \\ 增加：AT(robot,y) \end{cases}$

② PICK-UP(x)
条件：ON(box,x) ∧ TABLE(x) ∧ AT(robot,x) ∧ EMPTY(robot)
动作 $\begin{cases} 删除：EMPTY(robot) ∧ ON(box,x) \\ 增加：HOLDS(robot,box) \end{cases}$

③ SET-DOWN(x)
条件：AT(robot,x) ∧ TABLE(x) ∧ HOLDS(robot,box)
动作 $\begin{cases} 删除：HOLDS(robot,box) \\ 增加：EMPTY(robot) ∧ ON(box,x) \end{cases}$

机器人在执行每一个操作之前，总要先检查当前状态是否可使所要求的条件得到满足。若能满足，就执行相应的操作，否则就检查下一个操作所要求的条件。所谓检查当前状态是否满足所要求的条件，其实是一个定理证明的过程，即证明当前状态是否蕴涵操作所要求的条件，若蕴涵就表示所要求的条件得到了满足。

有了上述概念，就可以写出机器人行动规划问题的求解过程。其中，检查条件的满足性要进行变量的代换。

$\left. \begin{array}{l} \text{AT(robot,}c) \\ \text{EMPTY(robot)} \\ \text{ON(box,}a) \\ \text{TABLE}(a) \\ \text{TABLE}(b) \end{array} \right\}$ 状态 1（初始状态），用 c 代换 x，用 a 代换 y

$\Downarrow$ GOTO(x,y)

$\left. \begin{array}{l} \text{AT(robot,}a) \\ \text{EMPTY(robot)} \\ \text{ON(box,}a) \\ \text{TABLE}(a) \\ \text{TABLE}(b) \end{array} \right\}$ 状态 2，用 a 代换 x

$\Downarrow$ PICK-UP(x)

$\left. \begin{array}{l} \text{AT(robot,}a) \\ \text{HOLDS(robot,box)} \\ \text{TABLE}(a) \\ \text{TABLE}(b) \end{array} \right\}$ 状态 3，用 a 代换 x，用 b 代换 y

$\Downarrow$ GOTO(x,y)

$$\left.\begin{array}{l}\text{AT(robot},b)\\ \text{HOLDS(robot},\text{box})\\ \text{TABLE}(a)\\ \text{TABLE}(b)\end{array}\right\}\text{状态}4,\text{用}b\text{代换}x$$

$$\Downarrow \text{SET-DOWN}(x)$$

$$\left.\begin{array}{l}\text{AT(robot},b)\\ \text{EMPTY(robot)}\\ \text{ON(box},b)\\ \text{TABLE}(a)\\ \text{TABLE}(b)\end{array}\right\}\text{状态}5,\text{用}b\text{代换}x,\text{用}c\text{代换}y$$

$$\Downarrow \text{GOTO}(x,y)$$

$$\left.\begin{array}{l}\text{AT(robot},c)\\ \text{EMPTY(robot)}\\ \text{ON(box},a)\\ \text{TABLE}(b)\\ \text{TABLE}(b)\end{array}\right\}\text{状态}6(\text{目标状态})$$

在以上求解过程中,有两个直接相关的问题需要解决。

(1) 当某状态可同时满足多个操作的条件时,应选用哪一个操作?例如对于状态3,它既可满足 $\text{GOTO}(x,y)$ 的条件,又可满足 $\text{SET-DOWN}(x)$ 的条件,此时该选用哪一个?

这个问题与求解过程所采用的搜索策略有关。针对这一具体情况,可采用如下办法解决:每当执行操作使状态发生转换时,立即检查该新状态是否为目标状态。若是,则问题得到解决;若不是,则检查该新状态是否与过去已经出现过的状态相同,若相同,则回溯到上一状态选择别的操作。对于状态3,选用 $\text{SET-DOWN}(x)$ 操作,将使状态变为

$$\left\{\begin{array}{l}\text{AT(robot},a)\\ \text{EMPTY(robot)}\\ \text{ON(box},a)\\ \text{TABLE}(a)\\ \text{TABLE}(b)\end{array}\right.$$

显然这是状态2。这说明状态3不能选用 $\text{SET-DOWN}(x)$,而只能选用 $\text{GOTO}(x,y)$。

(2) 在进行变量代换时,若存在多种代换的可能性,如何确定用哪一个?例如在把状态1变为状态2时,用 c 代换了 x,用 a 代换了 y。这里用 c 代换 x 的理由是显然的,否则它就不能满足 $\text{GOTO}(x,y)$ 的条件。但是为什么要用 a 代换 y,而不用 b 代换 y 呢?若用 b 来代换 y,则得到

$$\left\{\begin{array}{l}\text{AT(robot},b)\\ \text{EMPTY(robot)}\\ \text{ON(box},a)\\ \text{TABLE}(a)\\ \text{TABLE}(b)\end{array}\right.$$

此时将会发现,该状态既不是目标状态,又不能满足 $\text{PICK-UP}(x)$ 及 $\text{SET-DOWN}(x)$ 的条

件。若仍用GOTO(x,y)对它进行操作,则可能出现两种情况,一是用b代换x,用c代换y,这就又回到状态1;另一是用b代换x,用a代换y,即让机器人从b处走到a处。这与让机器人直接从c处走到a处相比,显然多走了一段弯路,浪费了时间。因此,对状态1直接用a代换y是最佳选择。

2.2.3 谓词逻辑表示法的特点

谓词逻辑表示法有如下优点。
(1) 严密性。可以保证其演绎推理结果的正确性,可以较精确地表达知识。
(2) 自然性。谓词逻辑是一种接近于自然语言的形式语言。
(3) 通用性。拥有通用的逻辑演算方法和推理的规则。
(4) 易于实现。用它表示的知识易于模块化,便于知识的增删及修改,便于在计算机上实现。

谓词逻辑表示法尚有如下局限性。
(1) 效率低。由于推理是根据形式逻辑进行的,把推理演算与知识含义截然分开,抛弃了表达内容中所含有的语义信息,往往使推理过程太冗长,降低了系统的效率。
(2) 灵活性差。不便于表达和加入启发性知识及元知识。
(3) 组合爆炸。在其推理过程中,随着事实数目的增大及盲目的使用推理规则,有可能形成组合爆炸。

尽管谓词逻辑表示法有一定的局限性,但它仍是一种重要的知识表示方法。

2.3 语义网络表示法

语义网络是1968年奎廉(J. R. Quillian)在研究人类联想记忆时最先提出的一个显示心理学模型,随后在他设计的可教式语言理解器(teachable language comprehenden,TLC)中用作知识表示,基于此,1972年西蒙(Simon)首次将语义网络表示法用于自然语言理解系统。

2.3.1 语义网络的概念

语义网络是通过概念及其语义关系来表示知识的一种网络图,它是一个带标注的有向图。其中有向图的各结点用来表示各种概念、事物、属性、情况、动作、状态等;弧表示各种语义联系,指明它所连接的结点间的某种语义关系。结点和弧都必须带有标识,以便区分各种不同对象以及对象间各种不同的语义联系。每个结点可以带有若干个属性以表征所代表对象之特性。在语义网络中,结点还可以是一个语义子网络,所以语义网络实质上可以是一种多层次的嵌套结构。为了更清楚了解语义网络表示知识问题,下面举例说明。

设有一个事实知识"中学生小朱养了一只叫'飞鸣'的小燕子"。把这句话的事实知识与其相关环境知识表示为二元语义关系。

IS-A(小朱,学生)
IS-A(学生,中学生)
GO(中学生,学校)

OWNS(小朱,"飞鸣")
IS-A("飞鸣",小燕子)
COLOR(小燕子,金黄色)
IS-A(小燕子,鸟)
HAS-PART(鸟,翅膀)

上述二元关系可用图2-3的语义网络表示。

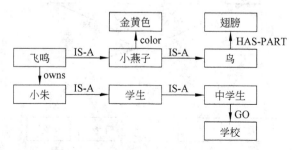

图2-3 语义网络表示知识的示意图

由图可见,只要按一定顺序追寻语义网络中的结点,就可一个接一个地提取有关信息。这个过程称为联想检索。

语义网络最重要的特点之一是性质的继承。结点表示的概念服从传递关系:

$$IS\text{-}A(x,y),\quad IS\text{-}A(y,z) \rightarrow IS\text{-}A(x,z)$$
$$HAS(A,B),\quad HAS(B,C) \rightarrow HAS(A,C)$$

例如图2-3中存在以下传递关系:

$$IS\text{-}A(小朱,学生),\quad IS\text{-}A(学生,中学生) \rightarrow IS\text{-}A(小朱,中学生)$$

利用这种传递关系,推出了新知识:

$$IS\text{-}A(小朱,中学生)$$

同理可推出新知识:

$$IS\text{-}A("飞鸣",鸟)$$

一般地,下位结点表示的概念具有上位结点表示事物的某些相同的性质,或者说下位结点继承了上位结点的某些性质。若利用性质继承,也可推出新知识,如

COLOR("飞鸣",金黄色)
HAS-PART("飞鸣",翅膀)
GO(小朱,学校)

性质继承在知识表示中可节约内存空间,简化推理过程。

在一些稍为复杂一点的事实性知识中,经常会用到像"并且"和"或者"这样的连接词,在语义网络中可通过增设合取结点及析取结点来进行表示。只是在使用时要注意其语义,不应出现不合理的组合情况。例如对下述事实,"与会者有男、有女,有的年老、有的年轻",可用图2-4的语义网络表示。其中,A、B、C、D分别代表4种情况的与会者。

2.3.2 语义网络表示知识的方法及步骤

语义网络的引入,主要是为了表示概念、事物、属性等及它们之间的语义关系。概念、事

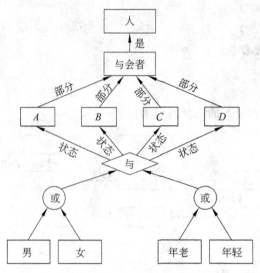

图 2-4 具有合取、析取关系的语义网络

物、属性等实际上是一种事实性的知识,所以语义网络既可以表示事实性知识,又可以表示事实性知识之间的复杂联系。用语义网络表示比较复杂的知识时,往往牵扯到对量化变量的处理,其基本思想是把一个表示复杂知识的命题划分为若干个子命题,每一个子命题用一个比较简单的语义网络表示,称为一个子空间,多个子空间构成一个大空间。空间可以逐层嵌套,子空间之间用弧互相连接。例如对如下事实,"每个学生都背诵了一首唐诗"。可用图 2-5 所示的语义网络表示,图中,s 是全称变量,表示任一个学生;r 是存在变量,表示某一次背诵;p 也表示变量,表示某一首唐诗;s,r,p 及其语义联系构成一个子网,是一个子空间,表示对每一个学生 s,都存在一个背诵事件 r 和一首唐诗 p;结点 g 是这个子空间的代表,由弧 F 指出它所代表的子空间是什么及其具体形式;弧 $\forall$ 指出 s 是一个全称变量。在这种表示法中,要求子空间中的所有非全称变量结点都是全称变量的函数,否则就放在子空间的外面。例如对于如下事实,"每个学生都背诵了《静夜思》这首诗",由于《静夜思》是一首具体的唐诗,不是全称变量的函数,所以应该把它放在子空间的外面。另外,图中若有多个全称变量,则有多少个全称变量就应该有多少条弧 $\forall$;结点 GS 代表整个空间。

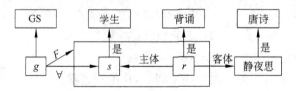

图 2-5 具有全称变量的语义网络

语义网络也可以用来表示规则性知识,例如,"若 A,则 B"是一条表示 A 和 B 之间因果关系的规则性知识,若规定语义关系 R_{AB} 的含义就是"若…,则…",则上述知识可表示成:

$$A \xrightarrow{R_{AB}} B$$

这样,规则性知识与事实性知识语义网络表示是相同的,区别仅是弧上的标注不同。

一般,用语义网络表示知识的步骤如下。

(1) 确定问题中的所有对象及对象的属性。
(2) 确定所讨论对象间的关系。
(3) 语义网络中,若结点的联系是 IS-A/AKO,则下层结点对上层结点的属性具有继承性。整理同一层结点的共同属性,并抽出这些属性,加入上层结点中,以免造成属性信息的冗余。
(4) 将各对象作为语义网络的一个结点,而各对象间的关系作为网络中各结点的弧,连接形成语义网络。

2.3.3 语义网络中常用的语义联系

由于语义关系复杂,所以语义联系也是多种多样的。这里给出一些经常使用且为大家所普遍接受的语义联系。

1. IS-A/AKO 联系

IS-A/AKO 联系用来表示事物间抽象概念上的类属关系,体现了一种具体与抽象的层次分类。其直观意义是"是一个"、"是一种"、"是一只"……。例如"张宁是一名学生"可用图 2-6 所示的语义网络表示。学生所具有的属性张宁都具有。由 IS-A/AKO 语义联系所连接的上下层结点具有属性继承性。

2. PART-OF 联系

PART-OF 联系用来表示某一事物的部分与整体间的关系,或者说表示一种包含关系。用 PART-OF 联系连接的下层结点的属性可能和上层结点的属性是很不相同的。即 PART-OF 联系不具有继承性。例如,"手是人体的一部分"可用图 2-7 表示,其中"手"不一定具有人体的某些属性。

图 2-6 IS-A 联系　　　　　　图 2-7 PART-OF 联系

3. COMPOSED-OF 联系

COMPOSED-OF 联系用于表示"构成"联系,是一种一对多联系,它所联系的结点间不具有属性继承性。例如,"整数由正整数、负整数和零组成"可由图 2-8 表示。

4. LOCATED-ON 联系

LOCATED-ON 联系用来表示事物间的位置关系。结点间的属性不具有继承性。例如,"书位于桌子上"可由图 2-9 表示。

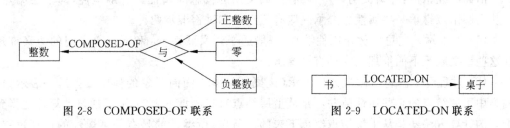

图 2-8 COMPOSED-OF 联系　　　　图 2-9 LOCATED-ON 联系

以上只列出几种联系,其实在使用语义网络进行知识表示时,可根据需要随时对事物间的各种联系进行人为定义。

2.3.4 语义网络表示下的推理过程

用语义网络表示的问题求解系统由两部分构成：一是由语义网络构成的知识库，其中存放了许多已知事实的语义网络；另一是用于求解问题的解释程序，即推理机。语义网络系统中的推理方法一般有两种：一种是匹配，另一种是继承。

1. 匹配推理

在语义网络系统中，问题求解依据匹配来进行推理的步骤如下。

（1）根据提出的待求解问题，构建一个局部网络或网络片段，其中有的结点或弧的标注是空的，表示有待求解的问题，称作未知处。

（2）根据这个局部网络或网络片段到知识库中寻找可匹配的语义网络，以便求得问题的解答。当然，这种匹配不一定是完全的匹配，具有不确定性，因此，需考虑匹配的程度，以解决不确定性匹配的问题。

（3）问题的局部语义网络与知识库中某语义网络片段相匹配时，则与未知处相匹配的事实就是问题的解。

在第 2.3.1 小节实例中欲求解"飞鸣"是什么颜色？即
$$COLOR("飞鸣", x)$$
上式称为目标语义网络，与图 2-3 的事实语义网络匹配，可得图 2-10 所示推理图。首先匹配'飞鸣'结点，由于目标和事实语义网络双方都有这个结点，故匹配成功、但事实语义网络一方'飞鸣'结点没有 color 指针，则必须通过 IS-A 指针指向'飞鸣'上层概念结点小燕子，该结点具有 color 指针，且指向金黄色结点，将金黄色代入目标的变量 x 中，即"$x=$金黄色"，于是匹配成功，因此解答'飞鸣'是金黄色。

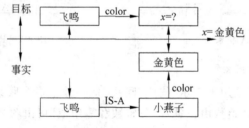

图 2-10 语义网络推理图

2. 继承推理

前面已经指出，在语义网络中，具有类属关系的概念间属性具有继承性，即下层结点可以从上层结点继承一些属性。继承一般有值继承和过程继承两种。

（1）值继承。它可以称作属性继承，一般适于语义联系 isa 和 ako 等之间的语义推理。在这些语义联系下的推理是一种直接继承。

（2）过程继承。它又称为方法继承（该概念借鉴于面向对象的程序设计），是表示语义网络中下层结点的某些属性值并不是从上层结点直接继承下来的，而是通过计算才能得到，但它的计算方法却是从上层结点继承下来的。所以，所继承的是有关某属性的计算过程或计算方法，故称为过程继承。

2.3.5 语义网络表示法的特点

语义网络表示法有下列特点。

（1）结构性。该方法是一种结构化的知识表示法，它能将事物属性以及事物间的各种语义联系显示地表示出来，下层结点可以继承、补充和变异上层结点的属性，从而实现信息的共享。

（2）自然性。语义网络可直观地把事物的属性及事物间的语义联系表示出来，便于理解、易于转换。

（3）联想性。语义网络表示法着重强调事物之间的语义联系，通过这种联系易于找到与某一结点有关的信息；便于以联想方式实现对系统的检索；可有效避免搜索时所遇到的组合爆炸问题。

（4）非严格性。语义网络没有公认的形式表示体系，它没有给其结点和弧赋予确切的含义。推理过程中有时不能区分物体的"类"和"个体"的特点，因此通过推理网络而实现的推理不能保证其正确性。

2.4 框架表示法

框架表示法是以框架理论为基础发展起来的一种结构化的知识表示法，它适用于表达多种类型的知识。

框架理论的基本观点是"人脑中已存储有大量事物的典型情景，这就是人们对这些事物的一种认识，这些典型情景是以一个称作框架的基本知识结构存储在记忆中的，当人们面临新的情景时，就从记忆中选择（粗匹配）一个合适的框架，这个框架是以前记忆的一个知识框架，而其具体内容要依新的情景而改变，通过对这个空框的细节加工、修改和补充，形成对新的事物情景的认识，而这种认识的新框架又可记忆于人脑中，以丰富人的知识。"例如，当一个人将要走进一个教室之前，他就可以想象这个教室一定有四面墙，有门、窗、天花板和地板，还有黑板、讲台、桌椅等，尽管他对这个教室的具体细节如教室的大小、门窗的个数、桌椅的多少等还不清楚，但对教室的基本结构是可以预见的。他之所以能做到这一点，是由于以前已在头脑中建立起了有关"教室"这一概念的基本框架。这一基本框架不仅指出了相应事物的名称（教室），而且还指出了事物各有关方面的属性（墙、门、窗等），通过对该框架的查找就很容易得到有关教室的特征。在他进入教室之后，经观察得到了教室的大小、门窗的个数等细节，把这些数据填入到教室框架中，就得到教室框架的一个具体实例，这是他关于这个教室的具体印象，称为实例框架。因而框架提供一种结构，它里面的新数据将用过去获取的经验来解释，这种知识组织化是人们面临新情况，能从旧经验中进行预测，引起对有关子项的注意、回忆和推理，所以它是一种理想的知识结构化表示法。

2.4.1 框架结构及知识表示

用框架表示知识就是将有关对象、事件和状况等内容的知识组织起来构成一个结构化整体，并存入计算机中。框架存储信息的地方主要是槽（slots），每个槽又可由若干个侧面（facet）所组成。一个槽表示对象的一个属性，一个侧面用于描述相应属性的一个方面。槽和侧面所具有的值分别称为槽值和侧面值。在一个用框架表示的知识系统中，一般都含有多个框架，为了区分不同的框架以及一个框架内的不同槽、不同侧面，需要分别赋予不同的名字，分别称为框架名、槽名及侧面名。一个框架结构为

⟨框架名⟩
⟨槽名 1⟩
　⟨侧面 11⟩
　　⟨值 111⟩ … ⟨值 $11K_1$⟩
　　　　⋮
　⟨侧面 $1n_1$⟩
　　⟨值 $1n_1 1$⟩ … ⟨值 $1n_1 K_{n1}$⟩
⟨槽名 2⟩
　⟨侧面 21⟩
　　⟨值 211⟩ … ⟨值 $21L_1$⟩
　　　　⋮
　⟨侧面 $2n_2$⟩
　　⟨值 $2n_2 1$⟩ … ⟨值 $2n_2 L_{n2}$⟩
　　　　⋮

其中某些槽值可缺省。一般来说，槽值可有如下几种类型。

(1) 具体值 value。该值按实际情况给定。

(2) 默认值 default。该值是按一般情况给定的，对于某个实际事物，具体值可以不同于默认值。

(3) 过程值 procedure。该值是一个计算过程，它利用该框架的其他槽值，按给定计算过程(公式)进行计算得出具体值。

(4) 另一框架名。当槽值是另一框架名时，就构成了框架调用，这样就形成了一个框架链。有关框架聚集起来就组成框架系统。

(5) 空()。该值待填入。

框架的槽还可以附加过程，称为过程附件(procedural attachment)，包括子程序和某种推理过程，这种过程也以侧面的形式表示。附加过程根据其启动方式可分为两类：一类是自动触发的过程，称为精灵(demon)。这类过程一直监视着系统的状态，一旦满足条件就自动开始执行；另一类是受到调用时触发的过程，称为服务者(servant)，用于完成特定的动作和计算。

例 2-5 下面是一个描述"教师"的框架：

框架名：⟨教师⟩
类属：⟨知识分子⟩
工作：范围：(教学，科研)
　　　缺省：教学
性别：(男，女)
学历：(中专，大学)
类型：(⟨小学教师⟩，⟨中学教师⟩，⟨大学教师⟩)

可以看出,这个框架的名字为"教师",它含有 5 个槽,槽名分别是"类属"、"工作"、"性别"、"学历"和"类型"。这些槽名的右面就是其槽值,如"〈知识分子〉"、"男"、"女"、"中专"、"大学"等。其中"〈知识分子〉"又是一个框架名,"范围"、"缺省"就是侧面名,其后是侧面值,如:"教学"、"科研"等。另外,〈〉内的槽值也是框架名。

例 2-6　下面是描述大学教师的框架。

框架名:〈大学教师〉
类属:〈教师〉
学位:〈学士,硕士,博士〉
专业:〈学科专业〉
职称:〈助教,讲师,副教授,教授〉
外语:语种:范围:(英、法、日、俄、德)
　　　　　缺省:英
水平:(优,良,中,差)
　　　缺省:良

例 2-7　下面是描述一个具体教师的框架。

框架名:〈教师—1〉
类属:〈大学教师〉
姓名:黎明
性别:男
年龄:25
职业:教师
职称:助教
专业:计算机科学与技术
部门:计算机系
工作:
参加时间:1996 年 9 月
工龄:参加工作年份-当前年份
工资:〈工资单〉

比较例 2.6 和例 2.7 中的框架可以看出,前者描述的是一个概念,后者描述的是一个具体的事物,一般后者称为前者的实例框架。另外,这两个框架之间存在一种层次关系,称前者为上位框架(或父框架),后者为下位框架(或子框架)。当然,上位和下位是相对而言的。例如,"大学教师"虽然是"教师-1"的上位框架,但它却是"教师"框架的下位框架,而"教师"又是"知识分子"的下位框架。

框架之间的这种层次关系对减少信息冗余有重要意义。因为上位框架与下位框架所表示的事物,在逻辑上为种属关系,即一般与特殊的关系。这样凡上位框架所具有的属性,下位框架也一定具有。于是,下位框架就可以从上位框架那里"继承"某些槽值或侧面值。所以,"特性继承"也是框架知识表示法的一个重要特征。

例 2-8　若事实知识为"一般来讲,教师的工作态度是认真的,但行为举止有些随便。自动化系教师一般来讲性格内向,喜欢操作计算机。方圆是自动化系教师,他性格内向,但工作不刻苦"。问他的兴趣和举止如何？

根据上面的事实用框架表示为：

$$
\begin{cases}
框架名：＜教师＞\\
类属：＜职业＞\\
态度：认真\\
举止：随便
\end{cases} \tag{2-1}
$$

$$
\begin{cases}
框架名：＜自动化系教师＞\\
类属：＜教师＞\\
性格：内向\\
兴趣：操作计算机
\end{cases} \tag{2-2}
$$

$$
\begin{cases}
框架名：方圆\\
类属：＜自动化系教师＞\\
性格：内向\\
态度：不刻苦\\
兴趣：\\
举止：
\end{cases} \tag{2-3}
$$

从方圆的框架可知，式(2-3)中的兴趣和举止两个槽没有值。由于框架有继承性质，因而对兴趣槽，可通过继承上层框架式(2-2)得到值为"操作计算机"，而对于举止槽，要通过更上一层框架式(2-1)得到值为"随便"。

例 2-9 机器人纠纷问题：设机器人罗宾与苏西在一起玩耍，淘气的罗宾打了苏西一下，其结果有两种可能，一种是苏西愤怒还击罗宾一下，罗宾也不示弱，二人摔打起来；另一种是苏西没有还手，但感到委屈哭了起来。该机器人纠纷问题可用框架描述如图 2-11 所示。

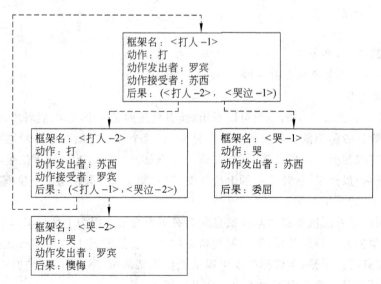

图 2-11 机器人纠纷问题

2.4.2 基于框架的推理

框架系统的推理过程,实质上就是填槽的操作过程,目前还没有一种普遍推理方法,往往根据问题的特点采取一些灵活变通的方法。

(1) 基于继承性质推理。这种推理是框架系统信号检索的主要方法,前已举实例说明。

(2) 基于"精灵"推理。在这种推理中,没有设置专门推理机制,而是通过触发框架槽中的过程附件而自动执行。典型的触发型过程附件有:

IF-ADDED procedure:当新的信息加入槽时执行;
IF-NEEDED procedure:当槽为空且需要信息时执行;
IF-REMOVED procedure:当信息从槽中删去时执行。

图 2-12 给出示例,图中有两个"精灵",即"询问"和"预约",它们分别用 IF-NEEDED 和 IF-ADDED作为过程的附件。在向地点槽(added)填入"福建武夷山"时,则 IF-ADDED"精灵"被触发,按图示步骤"查验福建武夷山"是否被别人预约?若未被别人预约,则可以使用,否则通知该槽无效。当出席者槽值为空或需要询问出席者时,"精灵"IF-NEEDED 被触发,该过程自动向用户要求输入:"请输入参加智能自动化会议者姓名"。并将用户输入值送入该槽中。"精灵"过程的附件在槽值处理、知识库维护等方面起到极重要的作用。

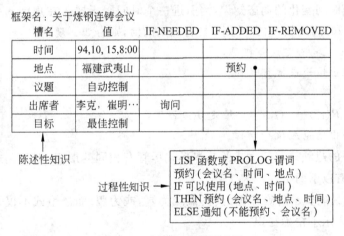

图 2-12 "精灵"推理示意图

(3) 基于"服务者"型过程附件推理 "服务者"是用 LISP、PROLOG 或其他语言编成的子程序,这些子程序名作为槽值填入框架中,以供多个框架调用。

2.4.3 框架表示法的特点

(1) 面向对象,为表示大规模复杂知识提供基本手段。

(2) 利用层次结构、性质继承,使得知识表示冗余减少。

(3) 推理灵活多变。框架中没有固定的推理机制,它可以根据应用需要通过过程附件灵活地实现多种推理。

(4) 框架表示法的主要不足之处是不善于表达过程性的知识。因此它经常与产生式表示法结合起来使用,以取得互补效果。

2.5 产生式表示法

产生式表示法又称为产生式规则表示法,目前它已成为人工智能中应用最多的一种知识表示模式,许多成功的专家系统,例如费根鲍姆等人研制的化学分子结构专家系统DENDRAL等都是用它来表示知识的。

2.5.1 产生式的基本形式

产生式通常用于表示具有因果关系的知识,其一般形式为:

$$\text{IF } 条件1 \text{ AND } 条件2 \cdots \text{ AND } 条件n, \text{ THEN } 结论或动作 \quad (2-4)$$

式(2-4)中的条件、结论或动作可以是自然语言或某种数学表达式。对于一个和时间无关的静态知识,可直接使用上述形式的规则进行表达。例如,在某炉温控制专家系统中,有规则:

IF　　炉温>1800℃,
THEN　减小输入电压。
IF　　炉温<1600℃,
THEN　提高输入电压。

为了表达随时间变化的动态知识,需引进一个时间因子嵌入在规则的条件或结论部分中。设 $P(t)$ 为一时间函数,它在时刻 t 具有确定的值,则有如下规则:

IF　　$P(t)>$ 给定误差极限,
THEN　推出结论或执行动作。

或

IF　　$|P(t_1)-P(t_2)|>$ 给定误差极限,
THEN　推出结论或执行动作。

谓词逻辑中的蕴涵式与产生式的基本形式尽管有相同的形式,但蕴涵式只是产生式的一种特例,原因有以下两个。

(1) 蕴涵式只能表示精确知识,其真值或为真,或为假;而产生式不仅可以表示精确知识,而且还可以表示不精确知识。

(2) 用产生式表示知识的系统中,决定一条知识是否可用的方法是检查当前是否有已知事实可与前提中所规定的条件匹配,而且匹配可以是精确的,也可以是不精确的,只要按某种算法求出的相似度落在某个预先指定范围内就认为是可匹配的;但对谓词逻辑中的蕴涵式来说,其匹配总要求是精确的。

2.5.2 产生式系统

把一组产生式放在一起,让它们相互配合,协同作用,一个产生式生成的结论可供另一个产生式作为已知事实使用,以求得问题的解决,这样的系统称为产生式系统。

产生式系统一般由三个基本部分组成:规则库、综合数据库和推理机,其关系如图2-13所示。

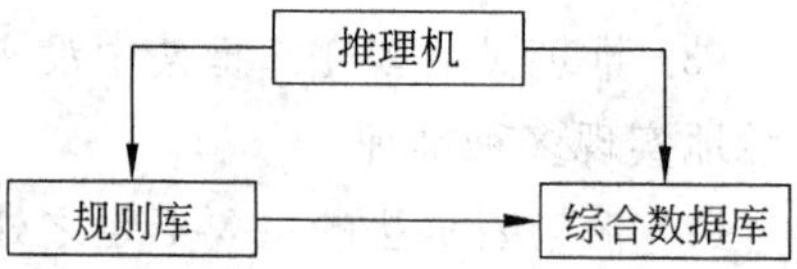

图2-13 产生式系统的基本结构

1. 规则库

规则库就是用于描述某领域内知识的产生式集合,是某领域知识(规则)的存储器,其中的规则是以产生式的形式表示的。规则库中包含着将问题从初始状态转换为目标状态(或解状态)的那些变换规则。规则库是专家系统的核心,也是一般产生式系统赖以进行问题求解的基础,其中知识的完整性和一致性、知识表达的准确性和灵活性以及知识组织的合理性,都将对产生式系统的性能和运行效率产生直接的影响。

2. 综合数据库

综合数据库又称为事实库,用来存放输入的事实、外部数据库输入的事实以及中间结果(事实)和最后结果的工作区。当规则库中的某条产生式的前提可与综合数据库中的某些已知事实匹配时,该产生式就被激活,并把用它推出的结论放入综合数据库中,作为后面推理的已知事实。显然,综合数据库的内容是处在不断变化的动态当中。

3. 推理机

推理机又称为控制系统,由一组程序组成,用来控制和协调规则库与综合数据库的运行,包含了推理方式和控制策略。控制策略的作用就是确定选用什么规则或如何运用规则。通常从选择规则到执行操作分3步完成:匹配、冲突解决和操作。

(1) 匹配。匹配就是将当前数据库中的事实与规则中的条件进行比较,若相匹配,则这一规则称为匹配规则。因为可能同时有几条规则的前提条件与事实相匹配,究竟选哪一条规则去执行呢?这就是规则冲突解决。通过规则冲突解决策略选中的在操作部分执行的规则称为启用规则。

(2) 冲突解决。冲突解决策略有多种,其中比较常见的冲突解决策略有以下几种。

① 专一性排序。若一条规则条件部分规定的情况比另一条规则条件部分规定的情况更有针对性,则这条规则有较高的优先级。

② 规则排序。规则库中规则的编排顺序本身就表示规则的启用次序。

③ 规模排序。按规则条件部分的规模排列优先级,优先使用较多条件被满足的规则。

④ 就近排序。把最近使用的规则放在最优先的位置,即那些最近经常被使用的规则的优先级较高。这是一种人类解决冲突最常用的策略。

(3) 操作。操作是规则的执行部分,经过操作以后,当前的综合数据库将被修改,其他的规则有可能将成为启用规则。

2.5.3 产生式系统示例

产生式系统的问题求解过程,是利用知识库中的事实和规则,通过逻辑推理寻找最佳控制策略,不断匹配、解决冲突和执行操作的过程。

例 2-10 动物识别系统:设机器人具有机器感知能力,通过机器视觉可以辨认动物的有关特征和外貌,如颜色、花纹、体态、动作等,以获取关于动物世界的知识。现在,要求机器人用知识进行推理。对虎、豹、斑马、长颈鹿、企鹅、鸵鸟、信天翁这7种动物进行识别。

下面用产生式规则表达有关知识:

r_1: IF 动物有毛发 THEN 动物为哺乳类

r_2: IF 动物有奶 THEN 动物为哺乳类

r_3: IF 动物有羽毛 THEN 动物为鸟类

r_4: IF 动物会飞 AND 产蛋 THEN 动物为鸟类

r_5: IF 动物是哺乳类 AND 食肉 THEN 动物为食肉动物

r_6: IF 动物是哺乳类 AND 动物有犬齿 AND 动物有爪 THEN 动物是食肉动物

r_7: IF 动物是哺乳类动物 AND 动物是蹄类动物 THEN 动物为有蹄类

r_8: IF 动物是哺乳类动物 AND 动物反刍 THEN 动物为有蹄类动物

r_9: IF 动物是食肉动物 AND 动物为黄褐色 AND 动物有黑色斑点 THEN 该动物是金钱豹

r_{10}: IF 动物是食肉类动物 AND 具有黄褐色外部特征 AND 有黑色条纹 THEN 该动物是虎

r_{11}: IF 动物是有蹄类 AND 有长长的颈 AND 腿很长 AND 黄褐色 AND 有黑色斑点 THEN 该动物是长颈鹿

r_{12}: IF 动物是有蹄类 AND 白色 AND 有黑色条纹 THEN 该动物是斑马

r_{13}: IF 动物是鸟类 AND 不会飞 AND 腿很长 AND 颈很长 AND 具有黑白二色 THEN 该动物是鸵鸟

r_{14}: IF 动物是鸟类 AND 不会飞 AND 会游泳 AND 具有黑白二色 THEN 该动物是企鹅

r_{15}: IF 动物是鸟类 AND 它很会飞 THEN 该动物是信天翁

下面来考察机器人识别长颈鹿的过程。开始,机器人观察该动物具有黄褐色和黑色斑点,即有事实库(动物具有黄褐色和黑色斑点)。这两个断言都出现在 r_9 和 r_{11} 中,但 r_9 和 r_{11} 的前提还必须被别的断言所满足,机器人需要观察到更多的有关该动物的特征。设机器人看到该动物给它的幼兽喂奶,并能进行反刍,于是事实库内容增加为:

(动物为黄褐色,有黑斑,有奶,反刍)现在用规则集与事实库匹配,r_2 首先可用,并更新事实库为:

(哺乳动物,黄褐色,有黑斑,有奶,反刍)继而 r_8 又能用,更新事实库为

(有蹄类动物,黄褐色,哺乳类,有黑斑,有奶,反刍)

至此机器人还没有识别出这是什么动物,而事实库也不能和其他规则的前提相匹配,因而还需要关于动物基本特征的新的信息,设机器人发现该动物腿和颈都很长,即得到事实库:

(该动物颈长,腿长,有蹄类动物,哺乳类,黄褐色,有黑斑,有奶,反刍)

得到新的事实后再进行推理,此时,r_{11} 可以使用,推出该动物为长颈鹿,问题求解过程可以终止。

由上述可知,产生式系统的问题求解过程的步骤如下:

① 事实库初始化;

② 若存在未用规则前提能与事实库相匹配则转③,否则转⑤;

③ 使用规则,更新事实库,将所用规则做上标记;

④ 事实库是否包含解,若是,则终止求解过程,否则转②;

⑤ 要求更多的关于问题的信息,若不能提供所要信息,则求解失败,否则更新事实库并转②。

上述简单的产生式系统,其前提和结论部分都是一些简单的断言。实用的产生式系统无论在结构上还是在规模上都更为复杂。

2.5.4 产生式表示法的特点

(1) 清晰性。规则库中每条规则都具有统一的 IF-THEN 结构,这种统一结构便于对产生式规则的检索和推理,易于设计调试,可以高效存储信息。

(2) 模块化。产生式规则之间没有相互的直接作用,它们之间只能通过工作存储器产生间接联系,这种模块化结构使在规则库中的每条规则可自由增删和修改。

(3) 自然性。产生式的 IF-THEN 结构接近于人类思维和会话的自然形式,它可方便地表示专家的知识和经验,解释专家如何做他们的工作。

(4) 可信度因子。产生式知识表示可附上可信度因子,可实现不精确推理。

(5) 组合爆炸问题。执行产生式系统最费时的是模式匹配,匹配的时间与产生式规则数目及工作存储器中元素数目的乘积成正比,当产生式规则数目很大时匹配时间可能超过人们的忍耐程度。

(6) 控制的饱和问题。在产生式系统中存在竞争问题,实际上很难设计一个能适合各种情况下竞争消除的策略。

所以,对于大型知识库,如要求较高的推理效率,就不宜采用单纯的产生式系统知识模式。

2.6 状态空间表示法

问题求解是个大问题,它涉及归纳、推断、规划、常识推理、定理证明和相关过程的核心概念。在分析了人工智能研究中运用的求解方法之后,就会发现许多问题求解方法是采用试探搜索方法。也就是说,这些方法是通过在某个可能的解空间内寻找一个解来求解问题,这种基于解空间的问题表示和求解方法就是状态空间法,它是以状态和算符为基础来表示问题和求解问题的。

2.6.1 状态空间表示法的描述

所谓状态是为搜索某类不同事物之间的差异而引入的一组最少变量 $q_0, q_1, \cdots, q_n$ 的有序集合,把它表示为矢量形式:

$$\boldsymbol{Q} = (q_0, q_1, \cdots, q_n)^T \tag{2-5}$$

式(2-5)中每个分量 $q_i(i=0,1,2,\cdots,n)$ 称为状态变量,若给每个变量赋值就得到一组具体状态:

$$\boldsymbol{Q}_k = (q_{0k}, q_{1k}, \cdots, q_{nk})^T \tag{2-6}$$

可以使用操作符使问题从一种状态向另一种状态转移。操作符可为走步、过程、规划、数学算子、运算符号或逻辑符号等。问题的状态空间是表示该问题全部可能的状态及其关系图,它包括三种说明集合,即初始状态集合 S,操作符集合 F 和目标状态集合 G,则状态空

间可记为三元状态,即

$$(S, F, G) \tag{2-7}$$

用状态空间求解过程问题是从某个初始状态开始,每加一个操作符则产生一种新状态,然后再检验这一新状态,看它是否到达目标状态。这种检验往往只是查看某个状态是否与给定的目标状态描述相匹配。不过,有时还要进行较为复杂的目标测试。对于某些最优化问题,仅仅找到达到目标的任一路径是不够的,还必须找到按某个准则实现最优化的路径。因此,对某个问题或事实进行状态空间描述,还必须考虑以下三个问题:

(1) 该状态描述方式,特别是初始状态描述;
(2) 操作符集合及对状态描述的作用;
(3) 目标状态描述的特性。

2.6.2 状态空间表示法示例

根据问题状态、操作符和目标条件选择各种表示,是高效率求解问题的需要。首先需要表示问题,然后改进提出的表示。各种问题都可以用状态空间加以表示,并用状态空间搜索法来求解。

例 2-11 钱币翻转问题,如图 2-14 所示。

设有三个钱币,其初始状态为(反,正,反),允许每次翻转一个钱币(只翻一个,也必翻一个),连翻三次,问是否可达到目标状态(正,正,正)或(反,反,反)?

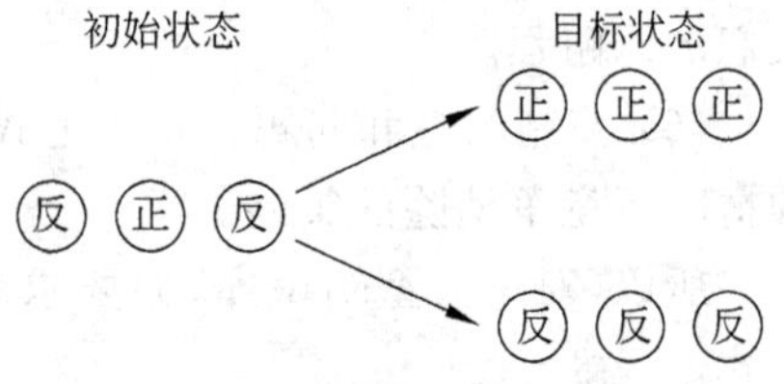

图 2-14 钱币翻转问题

为了用状态空间法表示上述问题,引入三维状态变量:$Q=(q_0,q_1,q_2)$,令

$$q_i = \begin{cases} 0 & \text{表示钱币正面} \\ 1 & \text{表示钱币反面} \end{cases}, \quad i=0,1,2$$

则三个钱币可能出现的状态有 8 种组合:

$$Q_0=(0,0,0) \quad Q_1=(0,0,1) \quad Q_2=(0,1,0) \quad Q_3=(0,1,1)$$
$$Q_4=(1,0,0) \quad Q_5=(1,0,1) \quad Q_6=(1,1,0) \quad Q_7=(1,1,1)$$

引入三元操作算子:$F=\{f_0,f_1,f_2\}$ 表示翻转钱币的三个操作,其中 f_0 表示把 q_0 翻一面,f_1 表示把 q_1 翻一面,f_2 表示把 q_2 翻一面。

初始状态集合:$S=\{Q_5\}$
目标状态集合:$G=\{Q_0,Q_7\}$
因此上述问题的状态空间"三元组"表示如下:

$$(\{Q_5\},\{f_0,f_1,f_2\},\{Q_0,Q_7\})$$

相应的状态空间如图 2-15 所示。

注意:从 Q_5 不可能经三次翻转钱币到达 Q_0;从 Q_5 经三次翻转可达 Q_7,并有 7 种操作方式:

$$(f_0,f_1,f_0) \quad (f_0,f_0,f_1) \quad (f_1,f_0,f_0) \quad (f_1,f_1,f_1)$$
$$(f_1,f_2,f_2) \quad (f_2,f_1,f_2) \quad (f_2,f_2,f_1)$$

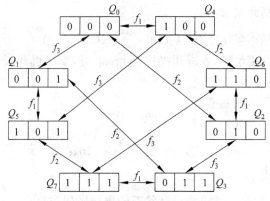

图 2-15 钱币翻转问题状态空间图

例 2-12 机器人和梨的问题,如图 2-16 所示。

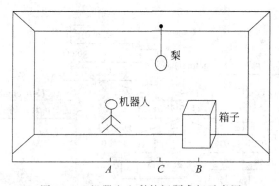

图 2-16 机器人和梨的问题求解示意图

在一个房间内有一个机器人、一个可移动的箱子和一只梨。梨吊在天花板下方,机器人摘取不到。机器人如何摘取梨的问题可用状态空间题阐述并求解。图 2-17 示出了机器人、箱子和梨在房间的相对位置。为求解这个问题,可用四元 (W,x,Y,z) 来表示这个问题的状态知识,其中:

W 为机器人所在的水平位置;

x 当机器人在箱顶上时取 $x=1$,否则取 $x=0$;

Y 为箱子的水平位置;

z 当机器人摘到梨时取 $z=1$,否则取 $z=0$。

求解这个问题可用的操作符如下。

(1) goto(U) 表示机器人走到水平位置 U,若用产生式规则表示为:

$$f_1: (W,0,Y,z) \xrightarrow{goto(U)} (U,0,Y,z) \tag{2-8}$$

即应用操作符 goto(U) 把 $(W,0,Y,z)$ 状态转换到 $(U,0,Y,z)$ 状态。

(2) pushbox(V) 机器人把箱子推到水平位置 V,即有

$$f_2: (W,0,W,z) \xrightarrow{pushbox(V)} (V,0,V,z) \tag{2-9}$$

(3) climbbox 机器人爬到箱顶,即有

$$f_3: (W,0,W,z) \xrightarrow{climbbox} (W,1,W,z) \tag{2-10}$$

(4) grasp 机器人摘到梨,即有

$$f_4: (C,1,C,0) \xrightarrow{\text{grasp}} (C,1,C,1) \qquad (2\text{-}11)$$

其中,C 是梨正下方的地板位置,在应用操作符 grasp 时,要求机器人和箱子都在位置 C 上,并且机器人已在箱子顶上。

由上述可知,本问题求解过程如下。

令初始状态为 $(A,0,B,0)$,则有

$$(A,0,B,0) \xrightarrow{\text{goto}(B)} (B,0,B,0) \xrightarrow{\text{push}(C)} (C,0,C,0) \xrightarrow{\text{climbbox}} (C,1,C,0)$$
$$\xrightarrow{\text{grasp}} (C,1,C,1) \qquad (2\text{-}12)$$

从式(2-12)可知:从初始状态到目标状态的操作序列为

$$\{\text{goto}(B), \ \text{pushbox}(C), \ \text{climbbox}, \ \text{grasp}\}$$

把适用的操作应用于各状态,可得状态空间图如图 2-17 所示。

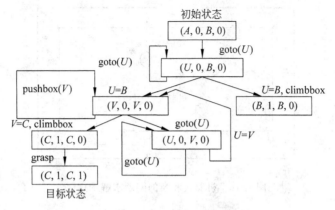

图 2-17 机器人和梨问题的状态空间图

状态空间表示法是早期的问题求解和博弈程序,实际上它本身并非是一种真正的知识表示形式,但它对一些特殊问题的解决却显得十分有效。

2.7 问题归约法

问题归约是另一种问题描述与求解方法。已知问题的描述,通过一系列变换把此问题最终变为一个子问题的集合;这些子问题的解可以直接得到,从而解决了初始问题。

2.7.1 问题归约描述

采用问题归约表示可由下列 3 个部分组成:
(1) 一个初始问题描述;
(2) 一套把问题变换为子问题的操作符;
(3) 一套本原问题描述。

从目标(要解决的问题)出发逆向推理,建立子问题以及子问题的子问题,直至最后把初始问题归纳为一个平凡的本原问题集合。这就是问题归约的实质。

为了说明如何用问题归约法求解问题,首先考虑"梵塔难题"。

例 2-13 "梵塔难题"提法如下:有 3 个柱子(1,2 和 3)和 3 个不同尺寸的圆盘(A,B 和 C)。在每个圆盘中心有个孔,所以圆盘可以堆叠在柱子上。最初,全部 3 个圆盘都在柱子 1 上;最大的圆盘 C 在底部,最小的圆盘 A 在顶部。要求把所有圆盘都移到柱子 3 上,每次只许移动一个,而且只能先移动柱子顶部的圆盘,还不许把尺寸较大的圆盘堆放在尺寸较小的圆盘上。这个问题的初始配置和目标配置如图 2-18 所示。

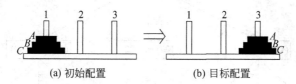

(a) 初始配置　　　　(b) 目标配置

图 2-18　梵塔难题

若采用状态空间法来求解这个问题,其状态空间图有 27 个结点,每个结点代表柱子上圆盘的一种正当配置。当然,也可以用简单的问题归约法来求解此问题。把图 2-19 所示的原始问题归约为一个较简单的问题集合。

(1) 要把所有圆盘都移至柱子 3,必须把圆盘 C 移至柱子 3,而且在移动圆盘 C 至柱子 3 之前,要求柱子 3 必须是空的。

(2) 只有在移开圆盘 A 和 B 之后,才能移动圆盘 C,而且圆盘 A 和 B 最好不要移至柱子 3,否则就不能把圆盘 C 移至柱子 3。因此,首先应该把圆盘 A 和 B 移至柱子 2 上。

(3) 然后进行关键的一步,把圆盘 C 从柱子 1 移至 3,并继续解决难题的其余部分。

上述论证允许把原始难题归约(简化)为下列 3 个子难题。

(1) 移动圆盘 A 和 B 至柱子 2 的双圆盘难题,如图 2-19(a)所示。

(2) 移动圆盘 C 至柱子 3 的单圆盘难题,如图 2-19(b)所示。

(3) 移动圆盘 A 和 B 至柱子 3 的双圆盘难题,如图 2-19(c)所示。

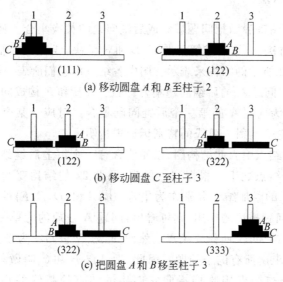

图 2-19　梵塔难题的归约

由于3个简化了的难题中的每一个都是较小的,所以都比原始难题容易解决些。子问题可作为本原问题考虑,因为它的解只包含一步移动。应用一系列相似的推理,子问题1和子问题3也可被归纳为本原问题,如图2-20所示。这种图式结构,叫做与或图,它能有效地说明如何由问题归约法求得问题的解答。

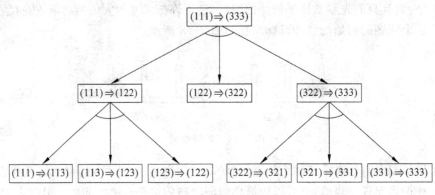

图 2-20 梵塔问题归约图

问题归约法应用算符来把问题描述变换为子问题描述。问题描述可以有各种数据结构形式,表列、树、字符串、矢量、数组和其他形式均被采用过。对于梵塔难题,其子问题可用一个包含两个数列的表列来描述。于是,问题描述[(113),(333)]就意味着"把配置(113)变换为配置(333)"。

所以问题归约的目的是最终产生具有明显解答的本原问题。这些问题可能是能够由状态空间搜索中走动一步来解决的问题,或者可能是别的具有已知解答的更复杂的问题。本原问题除了对中止搜索过程起着明显的作用外,有时还被用来限制规约过程中产生后继问题的替换集合。当一个或多个后继问题属于某个本原问题的指定子集时,就出现这种限制。

2.7.2 与或图表示法

通过画规约问题图来表示把问题规约成后继问题的替换集合。例如,设想问题 A 既可由求解问题 B 和 C 解决,也可由求解问题 D、E 和 F 解决,或者由单独求解问题 H 来解决。这一关系可由图2-22所示的结构来表示。图中各结点由它们所表示的问题来标记。

问题 B 和 C 构成问题 A 的后继问题集合;问题 D、E 和 F 构成问题 A 的另一个后继问题集合;而问题 H 则为问题 A 的第三个后继问题集合。对应于某个给定集合的各后继问题结点,用一个连接它们的射入弧线的特别标记来指明。

通常把某些附加结点引入此结构图,以便使含有一个以上后继结点的每个集合能够聚集在它们父辈的后继结点之下。根据这一约定,图2-22的结构变为图2-23所示的结构。其中,标记为 N 和 M 的附加结点分别作为集合{B,C}和{D,E,F}的唯一父辈结点。若把 N 和 M 理解为具有问题描述的作用,则可看出,问题 A 被规约为单一替换子问题 N、M 和 H。因此,把结点 N、M 和 H 叫做或结点。然而,问题 N 被归纳为子问题 B 和 C 的单一集合,要求解 N 就必须求解所有的子问题。因此,把结点 B 和 C 叫做与结点。同理,D、E 和 F 也为与结点。各个与结点用跨接指向它们后继结点的弧线的小段圆弧加以标记,如图2-21和图2-22所示。这种结构图叫做与或图。

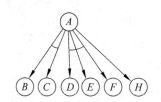
图 2-21 子问题替换集合结构图

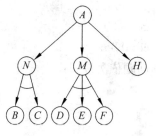
图 2-22 一个与或图

一般,构成与或图的规则如下。

(1) 与或图中的每个结点代表一个要解决的单一问题或问题集合。图中所含起始结点对应于原始问题。

(2) 对应于本原问题的结点,叫做终叶结点,它没有后裔。

(3) 对于把算符应用于问题 A 的每种可能情况,都把问题变换为一个子问题集合;有向弧线自 A 指向后继结点,表示所求得的子问题集合。例如图 2-23 说明,问题 A 已归结为三个不同的子问题集合:N、M 和 H。若集合 N、M 或 H 中有一个能够解答,则问题 A 就可解答。所以把 N、M 和 H 叫做或结点。

(4) 图 2-23 进一步表示集合 N、M 和 H 的组成情况。图中,$N=\{B,C\}$,$M=\{D,E,F\}$,而 H 由单一问题构成。一般对于代表两个或两个以上子问题集合的每个结点,有向弧线从此结点指向此子问题集合中的各个结点。由于只有当集合中所有的项都有解时,这个子问题的集合才能获得解答。所以这些子问题结点叫做与结点。为了区别于或结点,可把具有共同父辈的结点后裔的所有弧线用另外一段小弧线连接起来。

(5) 在特殊情况下,当只有一个算符可应用于问题 A,而且这个算符产生具有一个以上子问题的某个集合时,由上述规则产生的图可以得到简化。

例 2-14 本例机器人和梨问题的已知条件同例 2-13 完全相同。考虑式(2-8)~式(2-11)可得 $F=\{f_1,f_2,f_3,f_4\}$ 是 4 个算符的集合;G 是满足目标条件的状态集合;初始问题为

$$(\{(A,0,B,0)\},F,G) \tag{2-13}$$

由于算符集合 F 在本问题不变化可从表达式中删去,得

$$(\{(A,0,B,0)\},G) \tag{2-14}$$

首先考虑到表列 $(A,0,B,0)$ 不满足目标测试的原因在于最后一个元素不是 1,因此用 f_4 来规约初始问题,得到实现子目标 G_{f_4} 的子问题和要实现目标 G 还需解决的子问题的描述:

$$\begin{cases} (\{(A,0,B,0)\},G_{f_4}) \\ (\{f_4(S_1)\},G) \end{cases} \tag{2-15}$$

继续求解问题 $(\{(A,0,B,0)\}G_{f_4})$,因为:

① 箱子不在 C 处;

② 机器人不在 C 处;

③ 机器人不在箱子上。

所以依次应用下列关键算符:

f_2　pushbox(C)
f_1　goto(C)
f_3　climbbox

规约问题依次得到：

$$\begin{cases}(\{(A,0,B,0)\},G_{f_2})\\(\{f_2(S_{11})\},G_{f_4})\end{cases} \tag{2-16}$$

$$\begin{cases}(\{(A,0,B,0)\},G_{f_1})\\(\{f_1(S_{111})\},G_{f_2})\end{cases} \tag{2-17}$$

同理可把问题求解的过程继续进行下去，直到最后找到此初始问题的解答为止。

图 2-23 示出了这个问题求解的与或图，结点左上方的数字表示所描述的搜索过程对问题进行测试的顺序。

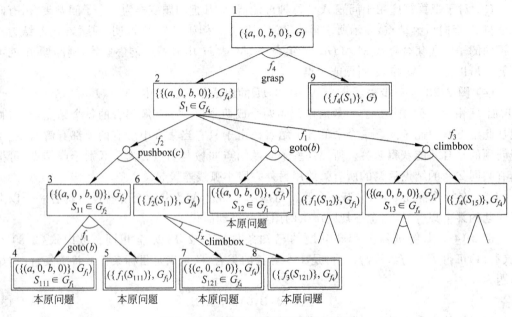

图 2-23　机器人和梨子问题的与或图

2.8　面向对象表示法

自从施乐(Xerox)公司 1980 年推出面向对象语言 Smalltalk-80 之后，各种不同风格、不同用途的面向对象语言如雨后春笋般地相继问世，并得到快速发展。面向对象的程序设计技术，已开始走向成熟，并朝着可视化的方向发展，面向对象的程序设计技术已成为软件开发的主流技术。近年来，在智能系统的设计与构造中，人们开始使用面向对象的思想、方法和开发技术，并在知识表示、知识库的组成与管理、专家系统的系统设计等方面取得了一定的进展。

2.8.1 面向对象的基本概念

面向对象的基本概念有对象、类、封装、继承、消息等。

1. 对象

广义地讲,所谓"对象"是指客观世界中的任何事物,它既可以是一个具体的简单事物,也可以是由多个简单事物组合而成的复杂事物。从问题求解的角度来讲,对象是与问题领域有关的客观事物。由于客观事物都具有其自然属性及行为,因此与问题有关的对象也有一组数据和一组操作,且不同的对象间的相互作用可通过互传消息来实现。

例如,"人"是一个对象,他至少具有以下一些属性(或称可以表征他的一些数据):

name; weight; hair-color;

age; height; skin-color…

相应的操作为

birthday(age):每年实现 age+1

这里,birthday(age)是一个将 age 每年加 1 的过程,在这里称作方法(method)。若给其中的每一个属性赋一具体值,就得到人这个对象的一个实例。实例就是一个具体的人,实例其实也是一个对象,只不过比"人"这个对象低了一个层次。若将每个具体的人看作对象,则"人"又会抽象为类。所以类和对象是一个相对的概念。

2. 类

它是一种抽象机制,是对一组相似对象的抽象。具体说就是那些具有相同结构和处理能力的对象用类来描述。一个类实质上定义了一种对象类型,它描述了属于该对象类型的所有对象的性质。例如,黑白电视、彩色电视都是具体对象,但它们有共同属性,于是可把它们抽象为"电视","电视"是一个类对象。各个类还可以进一步进行抽象,形成超类。例如,对电视、电冰箱……,可以形成超类"家用电器"。这样,超类、类、对象就形成了一个层次结构。其实该结构还可以包含更多的层次,层次越高越抽象,越低越具体。

3. 封装

封装是指一个对象的状态只能由它的私有操作来改变它,其他对象的操作不能直接改变它的状态。当一个对象需要改变另一个对象的状态时,它只能向该对象发送消息,该对象接受消息后就根据消息的模式找出相应的操作,并执行操作改变自己的状态。封装是一种信息隐藏技术,封装是面向对象方法的重要特征之一。它使对象的用户可以不了解对象行为实现的细节,只需用消息来访问对象,使面向对象的知识系统便于维护和修改。

4. 消息

消息是指在通信双方之间传送的任何书面、口头或代码的内容。在面向对象的方法中,对对象实施操作的唯一途径就是向对象发送消息,各对象间的联系只有通过消息发送和接收来进行。同一消息可以送往不同的对象,不同的对象对于相同形式的信息,可以有不同的解释和不同的反应;一个对象可以接受不同形式、不同内容的多个消息。

5. 继承

继承是指父类所具有的数据和操作可以被子类继承,除非在子类对相应数据及操作重新进行了定义,这称为对象之间的继承关系。面向对象的继承关系与框架表示法中框架间属性的继承关系类似,可避免信息的冗余。

以上简单地阐述了面向对象的几个基本概念,由此可以看出面向对象的基本特性有模块性、继承性、封装性和多态性。所谓多态是指一个名字可有多种语义,可作多种解释。例如,运算符"+"、"-"、"*"、"/"既可作整数运算,也可作实数运算,但它们的执行代码却全然不同。在面向对象系统中,对象封装了操作,恰恰是利用了重名操作,让各对象自己去根据实际情况执行,不会引起混乱。

2.8.2 面向对象的知识表示

在面向对象的方法中,父类、子类及具体对象构成了一个层次结构,而且子类可以继承父类的数据及操作。这种层次结构及继承机制直接支持了分类知识的表示,而且其表示方法与框架表示法有许多相似之处,知识可按类以一定层次形式进行组织,类之间通过链实现联系。

正如用框架表示知识时需要描述框架结构一样,用面向对象方法表示知识时也需要对类进行描述,下面给出一种描述形式:

CLASS(类名)　　　　　　[:(父类名)]
　　[(类变量表)]
　　　　DATA-STRUCTURE
　　　　　　(对象的静态结构描述)
　　　　　　METHOD
　　　　　　　　(关于对象的操作定义)
　　　　　　RESTRAINT
　　　　　　　　(限制条件)
　　ENDCLASS

其中,CLASS 是类描述的开始标志;(类名)是该类的名字,它是系统中该类的唯一表示;(父类名)是任选的,指出当前定义之类的父类,它可以缺省;(类变量表)是一组变量名构成的序列,该类中所有对象都共享这些变量,对该类对象来说它们是全局变量,当把这些变量实例化为一组具体值时就得到了该类中的一个具体对象,即一个实例;DATA-STRUCTURE 后面的(对象的静态结构描述)用于描述该类对象的构成方式;METHOD 后面的(关于对象的操作定义)用于定义对类元素可施行的各种操作,它既可以是一种规则,也可以是为实现相应操作所需执行的一段程序;RESTRAINT 后面的(限制条件)指出该类元素所应满足的限制条件,可用包含类变量的谓词构成,当它不出现时表示没有限制;最后以 ENDCLASS 结束。

在面向对象的知识表示技术中,类可以表示概念(内涵),对象可以表示概念实例(外延),类库就是一个知识体系,而消息可作为对象之间的关系,继承则是一种推理机制。

目前,面向对象表示法不仅在软件设计和知识表达中得到了广泛的应用,而且已拓展到数据库管理和多媒体等新的应用领域。这种方法特例适合于大型知识库的开发和维护。

习题和思考题

1. 什么是知识?它有哪些特性?有哪几种分类方法?
2. 在选择知识表示模式时,应考虑哪些主要因素?

3. 设有下列语句,请用相应的谓词公式把它们表示出来:
(1) 张晓辉是一名自动化系的学生,但他不喜欢编程序;
(2) 李晓光比他父亲长得高;
(3) 人人爱劳动;
(4) 有的人喜欢梅花,有的人喜欢菊花,有的人既喜欢梅花又喜欢菊花;
(5) 他每天下午都去玩排球;
(6) 今年的夏天既干燥又炎热。

4. 房内有一只猴子、一个箱子,天花板上挂了一串香蕉,其位置关系如图 2-25 所示,猴子为了拿到香蕉,它必须把箱子推到香蕉下面,然后再爬到箱子上。请定义必要的谓词,写出问题的初始状态(即如图 2-24 所示的状态)、目标状态(猴子拿到香蕉,站在箱子上,箱子位于位置 b)。

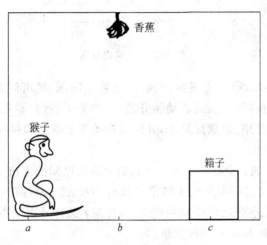

图 2-24 猴子摘香蕉问题

5. 何谓语义网络?语义网络表示法的特点是什么?
6. 用语义网络表示下列命题:
(1) 树和草都是植物;
(2) 树和草是有根有叶的;
(3) 水草是草,且长在水中;
(4) 果树是树,且会结果;
(5) 苹果树是果树中的一种,它结苹果。

7. 用语义网络表示下列知识:
(1) 知更鸟是一种鸟;
(2) 鸵鸟是一种鸟;
(3) 鸟是会飞的;
(4) 鸵鸟不会飞;
(5) CLYDE 是一只知更鸟;
(6) CLYDE 从春天到秋天占有一个巢。

8. 何谓框架?框架的一般表示形式是什么?

9. 试写出"学生框架"的描述。

10. 下面是一则关于地震的报道:"今天,一次强度为里氏 8.5 级的强烈地震袭击了斯洛文尼亚地区,造成 25 人死亡和 25 亿元的财产损失。该区主席说,多年来,靠近萨迪壕金斯断层的重灾区一直是一个危险地区。这是本地区发生的第 3 号地震。"请用框架表达这段报道。

11. 产生式的基本形式是什么?它与谓词逻辑中的蕴涵式有什么共同处及不同处?

12. 设有下列八数码难题:在一个 3×3 的方框内放有 8 个编号的小方块,紧邻空位的小方块可以移入到空位中,通过平移小方块可以将某一布局变换为另一布局(如图 2-25 所示)。试用产生式规则表示移动小方块的操作。

S_0

S_g

图 2-25 八数码难题

13. 选择一个实际问题,如走迷宫问题、交通路线问题、梵塔问题、农夫过河问题、旅行商问题、机器人行动规则等问题,或者动物分类、植物分类、疾病诊断、故障诊断等推理性问题,找出其中的产生式规则,组成规则库,并给出初始事实数据和目标条件,建立一个小型产生式系统并运行之。

14. 推销员旅行问题:设有 5 个相互可直达且距离已知的城市 A、B、C、D、E,如图 2-26 所示,推销员从城市 A 出发,去其他 4 城市各旅行一次,最后再回到城市 A,请找出一条最短的旅行路线。用状态空间法对此问题规划。(提示:选择一个状态表示,表示出所求得的状态空间的结点及弧线,标出适当的代价。)

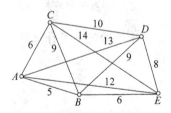

图 2-26 推销员旅行问题

15. 试用四元数列结构表示 4 圆盘梵塔问题,并画出求解该问题的与或图。

16. 何谓对象?何谓类?封装及继承的含义是什么?

17. 面向对象的基本特征是什么?

18. 如何用面向对象的方法表示知识?

第3章 知识推理技术

第2章讨论了知识及其表示的有关问题,这样就可以把知识用某种模式表示出来存储到计算机中去,但要使计算机具有某种程度的智能仅此还是远远不够的,还必须使得计算机具有思维能力,即运用已掌握的知识来推理出未知的知识,以使问题得到解决。因此,关于知识推理及其方法的研究就成为智能技术的一个重要的研究课题。

3.1 推理方式及其分类

在现实生活中,人们对各种事物进行分析、综合并最后作出决策时,通常是从已知的事实出发,通过运用已掌握的知识,找出其中蕴涵的事实或归纳出新的知识,这一过程通常被称为推理。因此,从智能技术的角度来说,所谓推理就是按某种策略由已知判断推出另一种判断的思维过程。在人工智能系统中,推理通常是由一组程序来实现的,人们把这一组用来控制计算机实现推理的程序称为推理机。例如,在医疗诊断专家系统中,知识库存储专家经验及医学常识,数据库存放病人的症状、化验结果等初始事实,利用该专家系统为病人诊治疾病实际上就是一次推理过程,即从病人的症状及化验结果等初始事实出发,利用知识库中的知识及一定的控制策略,对病情做出诊断,并开出医疗处方。像这样从初始事实出发,不断运用知识库中的已知知识,逐步推出结论的过程就是推理。

人类的智能活动有多种思维方式,人工智能称为对人类智能的模拟,相应地也有多种推理方式,下面分别从不同角度对它们进行讨论。

3.1.1 演绎推理、归纳推理、默认推理

1. 演绎推理

演绎推理是从全称判断推出特称判断或单称判断的过程,即从一般到个别的推理。它经常用的形式是三段论法。三段论法包括以下内容。

(1) 大前提。它描述的是关于一般的知识。
(2) 小前提。它描述的是关于个体的判断。
(3) 结论。它描述的是由大前提推出的适合于小前提的新判断。

例如:
(1) 所有的推理系统都是智能系统;
(2) 专家系统是推理系统;
(3) 所以,专家系统是智能系统。

可以看出,在演绎推理中,结论是蕴涵在大前提中的。演绎推理的一般形式为

$$P, \quad P \to Q \Rightarrow Q \tag{3-1}$$

式(3-1)表示:由 $P \to Q$ 及 P 为真,可推出 Q 为真。例如,由"若是大学生,则一定能操作计算机"及"小鲁是大学生"可推出"小鲁会操作计算机"的结论。

$$P \rightarrow Q, \neg Q \Rightarrow \neg P \tag{3-2}$$

式(3-2)表示：由 $P \rightarrow Q$ 为真及 Q 为假，可推出 P 为假。例如，由"若液体含酸，则试酸纸变红"及"试酸纸不变红"可推出"这种液体不含酸"的结论。

例 3-1 设已知下述事实：

所有与计算机有关的课程小林都喜欢；

信息学院的专业课都是与计算机有关的；

"人工智能"是信息学院的专业课。

求证：小林喜欢"人工智能"课。

证 首先定义谓词：

$COMPUTER(x)$：x 是与计算机有关的课程；

$LIKE(x,y)$：x 喜欢 y；

$INFORMATION(x)$：x 是信息学院的一门专业课。

把已知事实、待求证问题用谓词公式表示为

① $COMPUTER(x) \rightarrow LIKE(Lin, x)$

② $(\forall x)(INFORMATION(x) \rightarrow COMPUTER(x))$

③ $INFORMATION(AI)$

求证问题：$LIKE(Lin, AI)$

应用推理规则进行推理：

因为 $(\forall x)(INFORMATION(x) \rightarrow COMPUTER(x))$

所以 $INFORMATION(y) \rightarrow COMPUTER(y)$；

$INFORMATION(AI), INFORMATION(y) \rightarrow COMPUTER(y) \Rightarrow COMPUTER(AI)$；

$COMPUTER(AI), COMPUTER(x) \rightarrow LIKE(Lin, x) \Rightarrow LIKE(Lin, AI)$。

所以，得出小林喜欢 AI 这门课程的结论。问题得到了证明。

2. 归纳推理

归纳推理是从足够多的实例中归纳出一般性结论的推理过程，是一种从个别到一般的推理过程。常用的归纳推理由简单枚举法和类比法。

(1) 简单枚举法：设 $S_1, S_2, \cdots, S_n$ 是某类事物 S 中的具体事物，若已知 $S_1, S_2, \cdots, S_n$ 都有属性 P，并且没有发现反例，当 n 足够大时就可得出"S 中的所有事物都有属性 P"这一结论。这是从个别事物归纳出一般性知识的方法。

简单枚举法只根据一个个事例的枚举来进行推断，缺乏深层次分析，故可靠性较差。

(2) 类比法：类比法推理的基础是相似原理，当两个或两类事物在许多属性上都相同的条件下，推出它们在其他属性上也相同。若用 A 和 B 分别表示两类不同的事物，用 $a_1, a_2, \cdots, a_n, b$ 分别表示不同的属性，则类比归纳法可用下面的格式表示：

① A 和 B 都有属性 $a_1, a_2, \cdots, a_n$；

② A 还有属性 b；

③ 所以，B 也有属性 b。

类比法的可靠程度取决于两类事物的相同属性与所推导出的属性之间的相关程度。相关程度越高，类比法的可靠性越大。

3. 默认推理

默认推理又称为缺省推理，它是在知识不完全的情况下假设某些条件已经具备所进行的推理。例如，在条件 A 已成立的情况下，若没有足够的证据能证明条件 B 不成立，则默认 B 是成立的，并在此默认的前提下进行推理，推导出某个结论。由于这种推理允许默认某些条件是成立的，这就摆脱了需要知道全部有关事实才能进行推理的要求，使得在知识不完全的情况下也能进行推理。在默认推理过程中，若到某一时刻发现原先所作的默认不正确，则要撤销所作的默认以及由此默认推出的所有结论，重新按新情况进行推理。

3.1.2 确定性推理、不确定性推理

1. 确定性推理

若在推理中所用的知识都是精确的，即可以把知识表示成必然的因果关系，然后进行推理，推理的结论或为真，或为假。这种推理就称为确定性推理。

2. 不确定性推理

在人类知识中，有相当一部分属于人们的主观判断，是不精确的和含糊的。由这些知识归纳出来的推理规则往往是不精确的。基于这种不精确的推理规则进行推理，形成的结论也是不确定的，这种推理就称为不确定性推理。在专家系统中主要使用的是不确定推理。

3.1.3 单调推理、非单调推理

1. 单调推理

单调推理是指在推理过程中随着推理向前推进及新知识的加入，推出的结论呈单调增加的趋势，并且越来越接近最终目标。一个演绎推理的逻辑系统有一个无矛盾的公理系统，新加入的结论必须与公理系统兼容，因此新的结论与已有的知识不发生矛盾，结论总是越来越多，所以演绎推理是单调推理。

2. 非单调推理

非单调推理是指那些新知识的加入可能使某些原先推出的知识变为假的推理。非单调推理的处理过程要比单调推理的处理过程要复杂和困难得多。因为，当一项知识加入知识库而必须撤销某些以前已经推出的且已存入知识库中的陈述时，并非简单地把该项过时的知识去掉，而应将那些在证明时曾依赖被撤销知识的一切陈述，或者撤销，或者再用新数据去证明它们。这种"撤销知识"的连锁反应过程要反复进行直到不再需要进一步撤销时为止。

3.1.4 定性推理

定性推理是从物理系统的结构描述出发，导出行为描述，预测物理系统的行为并给出因果关系的解释。定性推理是采用系统部件间的局部传播规划来解释系统的行为的，即认为部件状态的变化只与直接相邻的部件有关。定性推理是以定性物理知识模型为基础的。

3.2 推理的控制策略

推理的控制策略主要解决推理过程中知识的选择与应用的顺序问题。常用的推理的控制策略有：正向推理，又称为数据驱动推理；反向推理，又称为目标驱动推理；正向、反向混

合推理等。

3.2.1 正向推理

正向推理的基本思想是，从问题所有可能的初始证据（事实）开始，通过匹配每一条元知识的前提，识别出所有可用知识，形成一个可用知识集（也称为冲突集），然后以某种冲突求解方式（或知识排序方式），在冲突中选取一条知识并使用，这条知识的使用又会得到一条新事实，新事实和原有事实又引起知识库中新的知识匹配，从而继续问题求解，直到求解达到某一状态。要么结论已包含在所产生的事实中（有解）；要么冲突求解得不到可使用知识（无解或所有解已给出不再有新的解）。故正向推理是以"匹配、冲突求解、执行"三步为周期循环往复进行的。正向推理过程如图 3-1 所示。下面列举一个简单产生式系统正向推理过程。

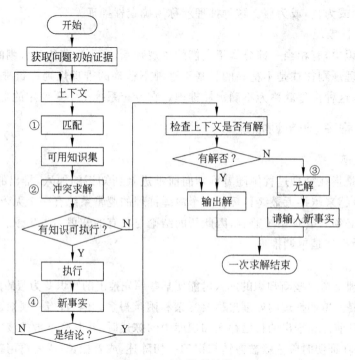

图 3-1 正向推理过程

令某产生式系统上下文数据结构是一简单的符号列表，记为 W_1，ON-$W_1 x$ 表示符号 x 存在上下文中，PUT-ON-$W_1 y$ 表示符号 y 存在 W_1 中。下面给出 6 条产生式规则：

r_1：IF 食物为绿色 THEN 它是农产品；

r_2：IF 食物为精包装 THEN 它是高档食品；

r_3：IF 食物为冷冻食品或农产品 THEN 它是易坏食品；

r_4：IF 食物重 5kg 且价廉又不是易坏食品 THEN 它是家庭通用食品；

r_5：IF 食品易坏，食物重 5kg THEN 它是牛肉；

r_6：IF 食物重 5kg，且为农副产品 THEN 它是西瓜。

1. 正向推理步骤

（1）找出上述产生式规则左边被 W_1 匹配的所有触发产生式规则，并对它们做标记。

(2) 若触发产生式规则不只一条,先去掉那些右边部分给 W_1 带来重复符号的触发产生式规则。

(3) 若不存在有标记的产生式规则,则退出;否则在有标记的产生式规则中选取序号最低(或仅有)的一条产生式规则,执行其操作部分。

(4) 清除所有产生式规则标记,转步骤(1)。

2. 正向推理过程的实例

设食物为绿色,重 5kg,则其初始上下文 W_1 =(食物为绿色,重 5kg),问该食物是什么?即通过上述规则库推理求解。机器求解过程是匹配—冲突消解—操作三个周期往复进行,直至得到解答为止。

系统运行开始,执行步骤(1),则 r_1 被触发;步骤(2)不执行;执行步骤(3)时,W_1 中事实与规则 r_1 左边匹配成功,然后执行 r_1 右边部分,有

$$W_1 = (食物是农副产品,绿色,重 5kg)$$

步骤(4)结束后转步骤(1),则 r_1、r_3、r_6 被触发,由于 r_1 右边部分"它是农副产品"导致 W_1 中符号"食物是农副产品"重复,因而这条产生式规则在步骤(2)中被删除,在步骤(3)中选择 r_3 开始执行,则有

$$W_1 = (食物是易坏食品,农副产品,绿色,重 5kg)$$

步骤(4)结束后转步骤(1),则 r_1、r_3、r_5、r_6 被触发,r_1、r_3 在步骤(2)中被删除,在步骤(3)中选择 r_5 并执行,有

$$W_1 = (食物是牛肉,易坏食品,农副产品,绿色,重 5kg)$$

从 W_1 可看出,这个周期得出错误结论,即绿色农副产品是牛肉。产生错误的原因是由于 r_5 不精确所致。为避免产生这一错误,应采取不精确推理。步骤(4)结束后转步骤(1)继续推理,则 r_1、r_3、r_5、r_6 又被触发,r_1、r_3、r_5 在步骤(2)中被删除,在步骤(3)中选择 r_6 执行,有

$$W_1 = (食物是西瓜,牛肉,易坏食品,农副产品,绿色,重 5kg)$$

步骤(4)结束后转步骤(1),则 r_1、r_3、r_5、r_6 又被触发,但它们在步骤(2)中被删除,则在步骤(3)中推理机退出。最后得到的 W_1 是问题求解的最终上下文。若问题解为上下文中最前次序的序号,则推理的答案是西瓜。推理过程中,由于产生式规则的不精确,产生错误的结论,为了改善推理效果,还可重排产生式规则次序或增加新规则,以改进推理算法。

3.2.2 反向推理

反向推理的基本思想是,首先假设问题的结论为推理网络的某个顶层根结点,放在假设堆栈;然后从知识库中找出其结论部分能与假设相匹配的所有知识,得出一个可用知识集。从可用知识集中选出一条知识验证其前提部分,若该知识库中的规则所有前提条件均为叶结点且能被用户证实或被上下文匹配,则该知识验证成功,从假设堆栈弹出该知识的结论,并由该知识计算出可信度放入上下文中。若该知识中某个前提条件被用户或被上下文否定,则验证失败,返回可用知识集,重新选择一条可用知识。当所有可用知识都不能验证成功,该结论应从堆栈中删除。若被选择的可用知识中某些前提不是叶结点,且又不能被上下文肯定或否定,则将这些前提压入假设堆栈。以上述相同步骤先验证这些前提,直到上下文中含有推理网络中顶层根结点(有解),或所有顶层根结点都测试过后上下文中仍没有顶层根结点(无解)。当反向推理初始假设选得准确时,问题的求解效率就会很高,但若选得不好,

这会导致许多无用的操作过程,这是反向推理的难点。下面列举人工智能中动物识别反向推理过程,其知识规则可用图 3-2 的与或网络图表示,图中 $r_1 \sim r_{11}$ 分别是规则编号,从该图中可清楚了解到知识库中知识层次的相互关系。网络中最高层结点称为顶层根结点(结论)或假设结点,例如牛、斑马等就是根结点。网络的中层结点称为中间结点(中间假设结点),例如哺乳动物、有蹄动物等。网络最下层结点称为叶结点。据此推理网络很容易进行推理求解。

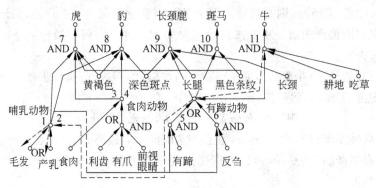

图 3-2 与或推理网络示意图

  反向推理过程 假设上下文中只有三个事实,即 fact(黄褐色,深色斑点,吃草)。执行目标(问动物是牛?)启动,进行反向推理。系统开始对规则库中从上到下进行逐条测试。r_{11} 的右边与目标匹配,接着测试 r_{11} 左边各事实是否在上下文中。先看有蹄动物这一事实不在上下文中,则把有蹄动物作为新目标启动。继续测试,r_5 的右边与目标匹配,接着测试 r_5 左边各事实是否在上下文中,先看哺乳动物这一事实不在上下文中,则把哺乳动物作为新目标启动。继续测试,r_1 和 r_2 右边与新目标匹配,接着测试 r_1 和 r_2 左边事实是否在上下文中,其中有毛发、产乳都不在上下文中,则把有毛发作为新目标启动,继续测试,则规则库中 11 条规则右边都不能与这新目标匹配,因此断定有毛发这一事实也不在上下文中。同理,可证实产乳这一事实也不在上下文中,哺乳动物不成立。有蹄动物不成立,所以不能证明该动物是牛,目标驱动失败,推理过程如图 3-2 虚线所示路线,这是由于上下文中给出事实太少之缘故,请给出更多事实!yes,给出新事实 fact(黄褐色,深色斑点,吃草,反刍,产乳,食肉)。执行目标(动物是牛?)启动,进行反向推理。系统又开始对规则库从上到下进行逐条测试。为了证明动物是牛,测试 r_{11};为了证明是有蹄动物,测试 r_5;为了证明是哺乳动物,测试 r_1 和 r_2。产乳在上下文中,因此它被证实,则哺乳动物被证实。为了证实是有蹄动物,再测试 r_6,反刍在上下文中,反刍被证实,有蹄动物被证实。为了证实动物是牛,再测试 r_{11},吃草在上下文中,吃草被证实,耕地不在上下文中,把耕地作为新目标启动,继续测试,规则库中 11 条规则右边都不能与这一新目标匹配,因此耕地不在上下文中,动物是牛不成立,目标驱动又失败,上述给出的事实还不够。

  但若执行目标(动物是豹?)启动,进行反向推理。系统开始对规则库中从上到下逐条测试。为了证明动物是豹,测试 r_8,为了证明是哺乳动物,测试 r_1 和 r_2,产乳被证实,哺乳动物被证实。为了证明是食肉动物,测试 r_3,食肉被证实,食肉动物被证实,黄褐色被证实,有深色斑点被证实,动物是豹被证实。

为了证实动物是牛,还必须给出更多的事实!yes,给定新事实 fact(黄褐色,深色斑点,吃草,反刍,产乳,食肉)。执行目标(动物是牛?)启动,进行反向推理,系统又开始从上到下进行逐条测试。为了证明动物是牛,测试 r_{11};为了证明是有蹄动物,测试 r_5;为了证明哺乳动物,测试 r_1 和 r_2,产乳被证实,哺乳动物被证实。为了证实是有蹄动物,再测试 r_6,反刍被证实,有蹄动物被证实。吃草被证实,耕地被证实,动物是牛被证实。可见本系统反向推理时,其冗余并不影响结论的成立。

3.2.3 正反向推理

正反向推理的基本思想是,根据问题的已有数据进行正向推理,但不期望这种推理能得到最终结果;另一方面从目标出发进行反向推理,也不期望这一推理一直进行到每个子目标被上下文匹配或否定;而仅仅期望着两种推理在某些子目标处接合起来,这样的接合表明正向推理得到的中间结果满足了反向推理的数据要求,这种接合标志双向推理成功。

双向推理的难点是:正反向推理比重均衡问题,接合判断问题。双向推理适合于数据充分、解空间不大的精确推理;但对一些规模庞大、结构复杂的问题求解,其接合点的判断需要一个复杂的计算过程。在专家系统中,由于问题证据的不完全或不精确,双向推理策略很少采用。

3.3 搜索策略

搜索是人工智能中的一个核心技术,是推理不可分割的一部分,它直接关系到智能系统的性能和运行效率。由于人工智能所要解决的问题本身的复杂性,计算机在时间、空间上的局限性,使得计算机在求解问题时,必须结合给定问题的实际情况,不断寻找可利用的知识,从而构造出一条代价较少的推理路线,以使问题得到圆满解决。

状态空间的搜索策略分为盲目搜索和启发式搜索两大类。下面讨论的广度优先搜索、深度优先搜索、有界深度优先搜索、代价树的广度优先搜索以及代价树的深度优先搜索都属于盲目搜索。局部择优搜索及全局择优搜索属于启发式搜索策略,搜索中要使用与问题有关的启发性信息,并以这些启发性信息指导搜索过程,这样可高效地求解结构复杂的问题。

3.3.1 状态空间的一般搜索过程

问题求解过程实际上是一个搜索过程。为了进行搜索,首先必须把问题用某种形式表示出来,其表示是否适当,将直接影响搜索效率。例如,64 阶梵塔问题共有 $3^{64} = 0.94 \times 10^{30}$ 个不同的状态,若把它们都存储到计算机中去,需占用庞大的存储空间,这是难以实现的,也是不必要的。因为对一个确定的问题来说,与解题有关的状态空间往往只是整个状态空间的一部分。只要能生成并存储这部分状态空间,就可求得问题的解。在人工智能中通过运用搜索技术解决此问题的基本思想是,首先把问题的初始状态(即初始结点)作为当前状态,选择适用的算符对其进行操作,生成一组子状态(或后继状态、后继结点、子结点),然后检查目标状态是否在其中出现。若出现,则搜索成功,找到了问题的解;若不出现,则按某种搜索策略从已生成的状态中再选一个状态作为当前状态。重复上述过程,直到目标状态出现或者不再有可供操作的状态及算符时为止。

在搜索过程中,要建立两个数据结构:OPEN 表和 CLOSED 表,其形式分别如表 3-1、表 3-2 所示。

表 3-1 OPEN 表

状态结点	父结点

表 3-2 CLOSED 表

编号	状态结点	父结点

OPEN 表用于存放刚生成的结点,对不同的策略,结点在此表中的排列顺序是不同的。例如对宽度优先搜索,是将扩展结点 n 的子结点放入到 OPEN 表的尾部,而深度优先搜索,是把结点的子结点放入到 OPEN 表的首部。

CLOSED 表用于存放将要扩展或已扩展的结点(结点 n 的子结点)。所谓对一个结点进行扩展,是指用合适的算符对该结点进行操作,生成一组子结点。一个结点经一个算符操作后一般只生成一个子结点,但对一个可适用的算符可能有多个,故此时会生成一组子结点。需要注意的是,在这些子结点中,可能有些是当前扩展结点(即结点 n)的父结点、祖父结点等,此时不能把这些先辈结点作为当前扩展结点的子结点。

搜索的一般过程如下:

(1) 把初始结点 S_0 放入 OPEN 表中,并建立目前只包含 S_0 的搜索图 G。

(2) 检查 OPEN 表是否为空,若为空则问题无解,退出;否则进行下一步。

(3) 把 OPEN 表的第一个结点取出放入 CLOSED 表中,并记该结点为结点 n。

(4) 考虑结点 n 是否为目标结点,若是,则求得了问题的解,退出,此解可从目标结点开始直到初始结点的返回指针中得到;否则,继续下一步。

(5) 扩展结点 n,若没有后继结点,则立即转步骤(2);否则生成一组子结点。把其中不是结点 n 先辈的那些子结点记作集合 $M=\{m_i\}$,并把这些子结点 m_i 作为结点 n 的子结点加入 G 中。

(6) 针对 M 中子结点 m_i 的不同情况,分别进行如下处理:

① 对于那些未曾在 G 中出现过的 m_i 设置一个指向父结点(即结点 n)的指针,并把它们放入 OPEN 表中。

② 对于那些先前已在 G 中出现过的 m_i,确定是否需要修改它指向父结点的指针。

(7) 按某种搜索策略对 OPEN 表中的结点进行排序。

(8) 返回至第(2)步。

下面对上述过程作一些必要的说明。

(1) 上述过程是状态空间的一般搜索过程,具有通用性,在此之后讨论的各种搜索策略都可看做是它的一个特例。各种搜索策略的主要区别是对 OPEN 表中结点排序的准则不同。

(2) 不能把那些先辈结点作为当前结点的子结点。

(3) 新生成的结点 m_i，可能是第一次被生成的结点，也可能是先前已作为其他结点的后继结点被生成过，当前又作为另一个结点的后继结点再一次被生成。此时，应选取其中一个父结点，使得该结点到原始结点的路径最短，即代价最小。现举例说明，设图 3-3(a)为搜索过程所形成的图，其中实心黑点代表已扩展了的结点，它们位于 CLOSED 表上；空心圆圈代表未扩展的结点，它们位于 OPEN 表上；有向边旁的箭头是指向父结点的指针，它们是在步骤(6)形成的。例如结点 3 是结点 2 的父结点。假设现在要扩展结点 1，并且只生成单一的后继结点 2。但是目前结点 2 已有父结点 3，即结点 2 在先前扩展结点 3 时已被生成了，现在又作为结点 1 的后继结点被再次生成。此时，为确定哪一个结点作为结点 2 的父结点，需要计算路径代价。假设每条边的代价为 1，则从 S_0 经结点 1 到结点 2 的代价为 2，而从 S_0 经结点 3 到结点 2 的代价为 4，显然经结点 1 到结点 2 的代价较小，因此应修改结点 2 指向父结点的指针，让它指向结点 1，即把结点 1 作为结点 2 的父结点，不再以结点 3 作为它的父结点。另外，结点 4 既然是结点 2 的后继结点又是结点 6 的后继结点，当结点 2 以结点 3 作为父结点时，由于从 S_0 经结点 2 到结点 4 的代价大于从 S_0 经结点 6 到结点 4 的代价，所以结点 4 以结点 6 为父结点。但是，经扩展结点 1 之后，从 S_0 经结点 2 到结点 4 的代价为 3，而从 S_0 经结点 6 到结点 4 的代价为 4，所以结点 4 不能再以结点 6 为父结点，而需要改为以结点 2 为父结点。此时，搜索图如图 3-3(b)所示。这就是搜索过程步骤(6)所阐述的内容。

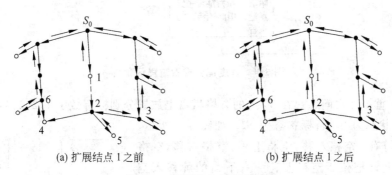

(a) 扩展结点 1 之前　　　　　　　　(b) 扩展结点 1 之后

图 3-3　扩展结点 1 的搜索图

3.3.2　宽度优先搜索策略

宽度优先搜索的基本思想是：从初始结点 S_0 开始，逐层地对结点进行扩展并考察它是否为目标结点，在第 n 层的结点没有全部扩展并考察之前，不对第 $n+1$ 层的结点进行扩展。OPEN 表中的结点总是按进入的先后顺序排列，先进入的结点排在前面，后进入的排在后面。其搜索过程如下。

(1) 把初始结点 S_0 放入 OPEN 表中。

(2) 若 OPEN 表为空，则问题无解，退出。

(3) 把 OPEN 表的第一个结点(记为结点 n)取出放入 CLOSED 表中。

(4) 考察结点 n 是否为目标结点，若是，则问题解求得，退出。

(5) 若结点 n 不可扩展，则转步骤(2)。

(6) 扩展结点 n，将其子结点放入 OPEN 表的尾部，并为每一个子结点配置指向父结点的指针,然后转步骤(2)。

该搜索过程可用图 3-4 表示其工作流程。

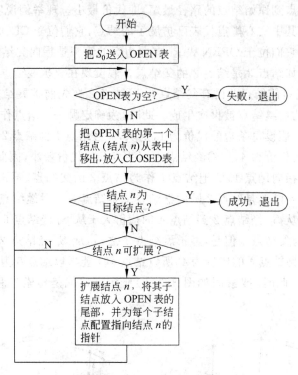

图 3-4　宽度优先搜索流程示意图

例 3-2 重排九宫问题。在 3×3 的方格棋盘上放置分别标有数字 1,2,3,4,5,6,7,8 的 8 张牌,初始状态为 S_0,目标状态为 S_g。如图 3-5 所示。可使用的算符有:空格左移,空格上移,空格右移,空格下移。即只允许把位于空格左、上、右下边的牌移入空格。要求寻找从初始状态到目标状态的路径。

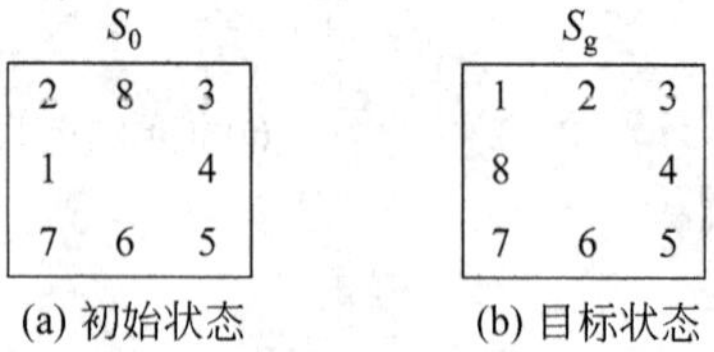

应用宽度优先搜索可得到图 3-6 所示的搜索图。由图中可以看出,解的路径是:

$$S_0 \to 3 \to 8 \to 16 \to 26$$

图 3-5　重排九宫问题

由于宽度优先搜索总是在生成扩展完 n 层的结点之后才转向 n+1 层,如图 3-7 所示,所以它总能找到最优解,但实用意义不大,即每层搜索所生成的后裔较大,最后导致组合爆炸,尽管耗尽资源,也会在可利用的空间中找不到解。

3.3.3　深度优先搜索策略

深度优先搜索的基本思想是,从初始结点 S_0 开始扩展,若没有得到目标结点,则选择最后产生的子结点进行扩展,若还是不能到达目标结点,则再对刚才最后产生的子结点进行扩展,一直如此向下搜索。当到达某个子结点,且该子结点既不是目标结点又不能继续扩展时,才选择其兄弟结点进行考察。其搜索过程如下:

(1) 初始结点 S_0 放入 OPEN 表中。

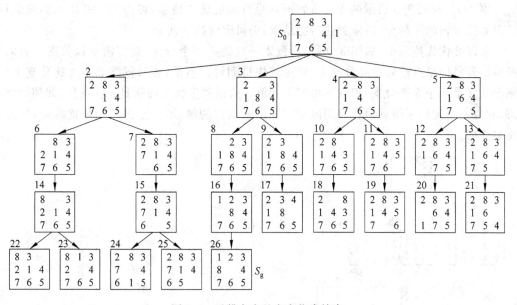

图 3-6 重排九宫的宽度优先搜索

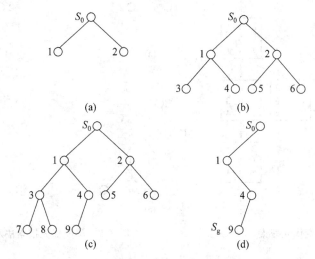

图 3-7 宽度优先搜索法示意图

(2) 若 OPEN 表为空,则问题无解,退出。

(3) 把 OPEN 表的第一个结点(记为结点 n)取出放入 CLOSED 表中。

(4) 考察结点 n 是否为目标结点,若是,则问题解求得,退出。

(5) 若结点 n 不可扩展,则转步骤(2)。

(6) 扩展结点 n,将其子结点放入 OPEN 表的首部,并为其配置指向父结点的指针,然后转步骤(2)。

该过程与宽度优先搜索的唯一区别是,宽度优先搜索时将结点 n 的子结点放入到 OPEN 表的尾部,而深度优先搜索时把结点 n 的子结点放入到 OPEN 表的首部。仅此一点不同,就使得搜索的路线完全不一样。

例 3-3 对图 3-5 所示的重排九宫问题进行深度优先搜索,可得图 3-8 所示的搜索树。这只是搜索树的一部分,尚未到达目标结点,仍可继续往下搜索。

在深度优先搜索中,如图 3-9 所示,搜索一旦进入某个分支,就将沿着该分支一直向下搜索。若目标结点恰好在此分支上,则可较快得到解。但是,若目标结点不在此分支上,而该分支又是一个无穷分支,则就不可能得到解。所以深度优先搜索是不完备的,即使问题有解,它也不一定能求得到解。且用深度优先搜索求得的解,不一定是路径最优的解,其道理是显然的。

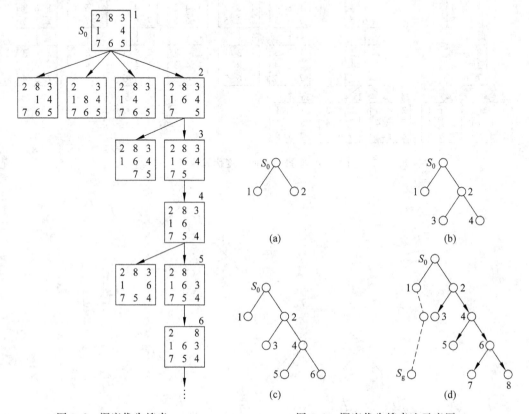

图 3-8　深度优先搜索　　　　图 3-9　深度优先搜索法示意图

为了解决深度优先搜索不完备问题,避免搜索过程陷入无穷分支的死循环,提出了有界深度优先搜索方法。有界深度优先搜索的基本思想是,对深度优先搜索方法引入搜索深度的界限(设 d_m),当搜索深度达到了深度界线,而尚未出现目标结点时,就换一个分支进行搜索。另外,上面讨论的宽度优先搜索和深度优先搜索都没有考虑搜索代价问题,而只假设各边的代价均相同,且为一个单位量。实际上,各边的代价不会相同,故在搜索过程中还应对此进行考虑,这类搜索称之为代价树的宽度优先搜索和代价树的深度优先搜索。以上三类详细的介绍,请查阅相关文献资料。

3.3.4　启发式搜索策略

前面所讨论的各种搜索策略的一个共同特点是它们的搜索路线是事先决定好的,没有利用被求解问题的任何特征信息,在决定要被扩展的结点时,没有考虑该结点到底是否可能出现在解的路径上,也没有考虑它是否有利于问题的求解以及所求的解是否为最优解,因而这样的搜索策略都具有较大的盲目性。盲目搜索所需扩展的结点数目很大,产生的无用结点肯定就很多,效率就会较低。若能找到一种搜索方法,能充分利用待求解问题自身的某些特性信息,以指导搜索朝着最有利于问题求解的方向发展,即在选择结点进行扩展时,选择那些最有希望的结点加以扩展,则搜索效率就会大大的提高。这种利用问题自身特性信息,以提高搜索效率的搜索策略,称为启发式搜索。

3.3.4.1 启发信息与估价函数

在搜索过程中,用于决定要扩展的下一个结点的信息,即用于指导搜索过程且与具体问题求解有关的控制信息称为启发信息。决定下一步要控制的结点称作"最有希望"的结点,其"希望"的程度通常通过构造一个函数来表示,这种函数被称为估价函数。

估价函数的任务是估计待搜索结点的重要程度,给它们排定顺序。在这里,把估价函数 $f(x)$ 定义为从初始结点经过结点 x 到达目标结点的最小代价路径的代价估计值。它的一般形式为

$$f(x) = g(x) + h(x) \tag{3-3}$$

式中,$g(x)$ 为初始结点 S_0 到结点 x 已实际付出的代价;$h(x)$ 是从结点 x 到目标结点 S_g 的最优路径的估计代价,搜索的启发式信息主要由 $h(x)$ 来体现,故把 $h(x)$ 称作启发函数。$g(x)$ 可根据已生成的搜索树实际计算出来,$h(x)$ 却依赖于某种经验估计和对问题解的某些特性的了解。估价函数 $f(x)$ 综合考虑了从初始结点 S_0 到目标结点 S_g 的代价,是一个估算值;它的作用是帮助确定 OPEN 表中各待扩展结点的"希望"程度,决定它们在 OPEN 表中的排列次序。一般地,在 $f(x)$ 中,$g(x)$ 的比重越大,搜索方式就越倾向于宽度优先搜索方式;$h(x)$ 的比重越大,搜索方式就越倾向于深度优先搜索方式。

3.3.4.2 最佳优先搜索

最佳优先搜索又称为有序搜索,它总是选择最有希望的结点作为下一个要扩展的结点,而这种最有希望的结点是按估价函数 $f(x)$ 的值来挑选的,一般估价函数的值越小,它的希望程度越大。最佳优先搜索又分为两种。

1. 局部最佳优先搜索

局部最佳优先搜索的思想是:当某一个结点扩展之后,对它的每一个后继结点计算估价函数 $f(x)$ 的值,并在这些后继结点的范围内,选择一个 $f(x)$ 的值最小的结点,作为下一个要考察的结点。由于它每次只在后继结点的范围内选择下一个要考察的结点,范围较小,故称为局部最佳优先搜索。其搜索算法如下。

(1) 把初始结点 S_0 放入 OPEN 表中,并计算估算函数 $f(S_0)$。

(2) 若 OPEN 表为空,则问题无解,退出;否则转步骤(3)。

(3) 从 OPEN 表中选取第一个结点(记为结点 n,其估价函数值最小)移入 CLOSED 表中。

(4) 考察结点 n 是否为目标结点,若是,则问题解求得,退出;否则转步骤(5)。

(5) 若结点 n 不可扩展,则转步骤(6);否则转步骤(2)。

(6) 对结点 n 进行扩展,并对它的所有后继结点计算估价函数 $f(x)$ 的值,并按估价函数 $f(x)$ 从小到大的顺序依次从 OPEN 表的前端开始放入。

(7) 为每一个后继结点设置指向 n 的指针。

(8) 转步骤(2)。

上述搜索过程的框图如图 3-10 所示。

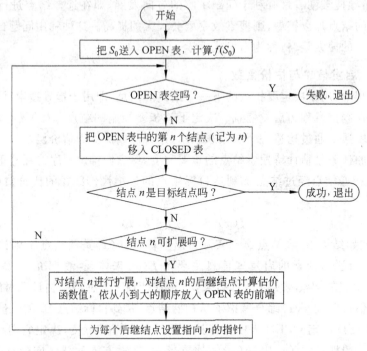

图 3-10 局部最佳优先搜索框图

局部最佳优先搜索与深度优先搜索的区别,就在于在选择下一个结点时所用的标准不同。局部最佳优先搜索是以估价函数值作为标准;深度优先搜索则是以后继结点的深度作为选择标准,后生成的结点先考察。若把深度界线 d_m 就当估价函数 $f(x)$,则可把深度优先搜索看作局部最佳优先搜索的一个特例。

2. 全局最佳优先搜索

全局最佳优先搜索也是一个有信息的启发式搜索,它的思想类似于宽度优先搜索,所不同的是,在确定下一个扩展结点时,以与问题特性密切相关的估价函数 $f(x)$ 为标准,不过这种方法是在 OPEN 表中的全部结点里选择一个估价函数值 $f(x)$ 为最小的结点,作为下一个被考察的结点。正因为选择的范围是 OPEN 表中的全部结点,所以称它为全局最佳优先搜索或全局择优搜索。其搜索算法如下。

(1) 初始结点 S_0 放入 OPEN 表中,并计算估算函数 $f(S_0)$。

(2) 若 OPEN 表为空,则问题无解,退出;否则转步骤(3)。

(3) 把 OPEN 表中第一个结点 n 移入 CLOSED 表中。

(4) 考察结点 n 是否为目标结点,若是,则问题解求得,退出;否则转步骤(5)。

(5) 若结点 n 不可扩展,则转步骤(6);否则转步骤(2)。

(6) 对结点 n 进行扩展,并对它的所有后继结点计算估价函数 $f(x)$ 的值,并为每一个后继结点设置指向 n 的指针。

(7) 把这些后继结点都送入 OPEN 表中,然后对 OPEN 表中的全部结点按从小到大的顺序排序。

(8) 转步骤(2)。

其相应的算法框图如图 3-11 所示。

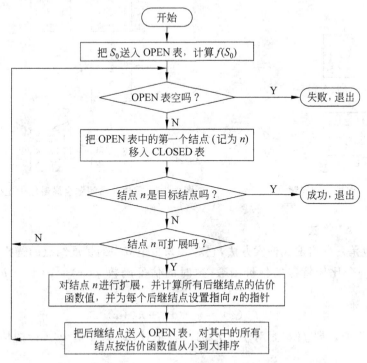

图 3-11 全局最佳优先搜索框图

全局最佳优先搜索实际是对宽度优先搜索的扩展,而宽度优先搜索则是它的一个特例(即估价函数 $f(x)$ 选为深度界线 d_m)。

例 3-4 用全局最佳优先搜索方法求解重排九宫问题,若该问题的初始状态图及目标状态图如图 3-12 所示,试利用全局最佳优先搜索算法求取由 S_0 转换为 S_g 的路径。

解 首先定义一个估价函数:

$$f(x) = d(x) + h(x)$$

式中,$d(x)$ 表示结点 x 在搜索树中的深度;$h(x)$ 表示与结点 x 对应的棋盘中,与目标结点所对应的棋盘中棋子位置不同的个数。例如,对于结点 S_0,其在搜索树中位于 0 层,所以 $d(x)=0$,而其与 S_g 中棋子位置不同的个数是 4,即 $h(x)=4$。所以结点 S_0 的估价函数值 $f=0+4=4$。搜索树如图 3-13 所示。图中,结点旁边圆圈内的数字表示该结点的 $f(x)$ 值,不带圈的数字表示结点扩展的顺序。所以问题的解路径是 $S_0 \to S_1 \to S_1 \to S_g$。

在启发式搜索中,估价函数的定义是非常重要的,若定义得不好,则上述的搜索算法不一定能找到问题的解,即便找到解,也不一定是最优解。所以,有必要讨论如何对估价函数进行限制或定义。下面的 A* 启发式搜索算法就使用了一种特殊定义的估价函数。

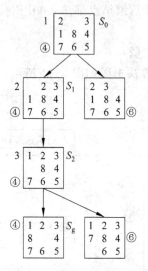

图 3-12 重排九宫问题   图 3-13 重排九宫问题全局最佳优先搜索树

3.3.4.3 A*算法

A*算法也是一种启发式搜索方法,它对 3.3.1 小节中的扩展结点的选择方法做了一些限制,选用了一个比较特殊的估价函数,这时的估价函数 $f(x)=g(x)+h(x)$ 是对下列函数:

$$f^*(x) = g^*(x) + h^*(x)$$

的一种估计或近似。即 $f(x)$ 是对 $f^*(x)$ 的一种估计;$g(x)$ 是对 $g^*(x)$ 的估计;$h(x)$ 是对 $h^*(x)$ 的估计。

函数 $f^*(x)$ 的定义是这样的:它表示从结点 S_0 到结点 x 的一条最佳路径的实际代价加上从结点 x 到目标结点 S_g 的一条最佳路径的代价之和。而 $g^*(x)$ 就是从结点 S_0 到结点 x 之间最小代价路径的实际代价,$h^*(x)$ 则是从结点 x 到目标结点 S_g 的最小代价路径上的代价。既然 $g(x)$ 是 $g^*(x)$ 的估计,所以 $g(x)$ 是比较容易求得的,它就是从初始结点 S_0 到结点 x 的路径代价,这可通过由结点 x 到结点 S_0 回溯时,把所遇各段弧线的代价加起来而得到,显然恒有 $g(x) \geqslant g^*(x)$。$h(x)$ 是对 $h^*(x)$ 的估计,它依赖于有关问题领域的启发信息,是上述提到的启发函数,其具体形式要根据问题的特性来进行构造。在 A*算法中要求启发函数 $h(x)$ 是 $h^*(x)$ 的下界,即对所有的 x 均有 $h(x) \leqslant h^*(x)$。这一要求十分重要,它能保证 A*算法找到最优解。理论分析表明,若问题存在最优解,则此限制就可保证能找到最优解。虽然,这个限制可能产生无用搜索,但是不难想象,当某一结点 x 的 $h(x) > h^*(x)$ 则该结点就有可能失去优先扩展的机会,因而导致得不到最优解。

显然,对例 3-4 中的重排九宫问题,由于 $h(x) \leqslant h^*(x)$,故例中找出的是最短路径。

A*算法具有下列一些性质。

(1) 可采纳性。A*算法能在有限步内终止并找到最优解。

(2) 单调性。在 A*算法中,若对启发性函数,加以适当的单调性限制条件,就可使它对所扩展的一系列结点的估价函数单调递增(或非递减),从而减少对 OPEN 表或 CLOSED 表的检查和调整,提高搜索效率。

(3) 信息性。A^*算法的搜索效率主要取决于启发函数$h(x)$,在满足$h(x) \leqslant h^*(x)$的前提下,$h(x)$的值越大越好。$h(x)$的值越大,表明它携带的与求解问题相关的启发信息越多,搜索过程就会在启发信息指导下朝着目标结点逼近,使所走的弯路减少,提高搜索效率。

习题和思考题

1. 何谓推理? 有哪几种推理方式? 每一种推理方式有何特点?
2. 推理的控制策略包括哪几方面的内容? 主要解决哪些问题?
3. 何谓正向推理? 请画出正向推理示意图。
4. 何谓反向推理? 请给出逆向推理的算法描述。
5. 何谓正反向推理? 其主要问题是什么?
6. 什么是搜索? 有哪两大类不同的状态空间的搜索策略?
7. 请写出状态空间的一般搜索过程。在搜索过程中 OPEN 表和 CLOSED 表的作用分别是什么?
8. 什么是盲目搜索? 主要有几种盲目搜索策略?
9. 宽度优先搜索与深度优先搜索有何不同? 在何种情况下,宽度优先搜索优于深度优先搜索? 在何种情况下,深度优先搜索优于宽度优先搜索?
10. 修道士和野人问题。设有三个修道士和三个野人来到河边,打算用一条船从河的左岸渡到河的右岸去,但该船每次只能装载两个人,在任何岸边野人的数目都不得超过修道士的数目,否则修道士就会被野人吃掉。假设野人服从任何一种过河安排,请使用状态空间搜索法,规划使全部 6 人安全过河的方案。(提示: 应用状态空间表示和搜索方法时,可用(N_m, N_c)来表示状态描述,其中N_m和N_c分别为修道士和野人的人数,初始状态为(3,3)。)
11. 给定两个水壶,容量分别为 3 升和 4 升,但没有刻度。有一水龙头用来往水壶中装水。试用状态空间搜索法,确定如何才能在 4 升的壶中得到 2 升水的方案。
12. 用状态空间搜索法求解农夫、狐狸、鸡、小米问题。农夫、狐狸、鸡、小米都在一条河的左岸,现在要把他们全部送到右岸去。农夫有一条船,过河时,除农夫外船上至多能载狐狸、鸡和小米中的一样。狐狸要吃鸡,鸡要吃小米,除非农夫在那里。试规划出一个确保全部安全的过河方案。(提示:用四元组(农夫、狐狸、鸡、小米)表示状态,其中每个元素都可为 0 或 1,0 表示在左岸,1 表示在右岸;把每次过河的一种安排作为一个算符,每次过河都必须有农夫,因为只有他可以划船。)
13. 设有三个大小不等的圆盘A、B、C套在一根轴上,每个圆盘上都标有数字 1、2、3、4,并且每个圆盘都可以独立地绕轴做逆时针转动,每次转动 $90°$,初始状态S_0和目标状态S_g如图 3-14 所示,用宽度优先搜索法和深度优先搜索法求从S_0到S_g的路径。
14. 推销员旅行问题。设有 5 个相互可直达的城市A、B、C、D、E,如图 3-15 所示,各城市间的交通费用已在图中标出。推销员从城市A出发,去每个城市各旅行一次,最后到达城市E,请找出一条费用最省的旅行路线。
15. 什么是启发式搜索? 什么是启发信息?

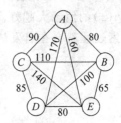

(a) 初始状态 S_0 (b) 目标状态 S_g

图 3-14   圆盘问题   图 3-15   推销员旅行交通费用图

16. 什么是估价函数？在估价函数中，$g(x)$ 和 $h(x)$ 各起什么作用？

17. 什么是最佳优先搜索？局部优先搜索与全局最佳优先搜索有何异同？

18. 用全局最佳优先搜索方法求解重排九宫问题。若重排九宫问题的初始状态图及目标状态图如图 3-16 所示，请利用全局最佳优先搜索算法求取由 S_0 转换为 S_g 的路径，并画出它的全局最佳优先搜索树。

S_0				S_g		
	3	2		1	2	3
1	8	4		8		4
7	6	5		7	6	5

(a) 初始状态   (b) 目标状态

图 3-16   重排九宫问题

19. 什么是 A* 算法？它的估价函数是如何确定的？A* 算法与 A 算法的区别是什么？

20. A* 算法有哪些性质？

第 4 章　模糊逻辑技术

"模糊"是人类感知万物,获取知识,思维推理,决策实施的重要特征。"模糊"比"清晰"所拥有的信息容量更大,内涵更丰富,更符合客观世界。模糊控制理论是由美国著名学者加利福尼亚大学教授 Zadeh L A 于 1965 年首先提出的,至今仅有 40 余年时间。它以模糊数学为基础,用语言规则表示方法和先进的微型计算机技术,由模糊推理进行决策的一种高级控制策略。它无疑是属于智能控制范畴,而且发展至今已成为人工智能领域中的一个重要分支。

在日常生活中,人们往往用"较少"、"较多"、"小一些"、"很小"等模糊语言来进行控制。例如,当拧开水阀向水桶放水时,有这样的经验:

(1) 桶里没有水或水较少时,应开大水阀门;
(2) 桶里的水比较多时,水阀应拧小一些;
(3) 水桶快满时应把阀门拧的很小;
(4) 水桶里的水已满时,应迅速关上水阀门。

1974 年,英国伦敦大学教授 Mamdani E H 研制成功第一个模糊控制器,充分展示了模糊控制技术的应用前景。模糊控制技术是由模糊数学、计算机科学、人工智能、知识工程等多门学科相互渗透,且理论性很强的科学技术。

4.1　模糊逻辑的数学基础

4.1.1　模糊集合

在人类的思维中,有许多模糊的概念,如大、小、冷、热等,都没有明确的内涵和外延,只能用模糊集合来描述;有的概念具有清晰的内涵和外延,如男人和女人。人们把前者叫做模糊集合,用大写字母下添加波浪线表示,如 $\underset{\sim}{A}$ 表示模糊集合,而后者叫做普通集合(或经典集合)。

一般而言,在不同程度上具有某种特定属性的所有元素的总和叫做模糊集合。

例如,胖子就是一个模糊集合,它是指不同程度发胖的那群人,它没有明确的界线,也就是说你无法绝对地指出哪些人属于这个集合,而哪些人不属于这个集合,类似这样的概念,在人们的日常生活中随处可见。

在普通集合中,曾用特征函数来描述集合,而对于模糊性的事物,用特征函数来表示其属性是不恰当的。因为模糊事物根本无法断然确定其归属。为了能说明具有模糊性事物的归属,可以把特征函数取值 0、1 的情况,改为对闭区间[0,1]的取值。这样,特征函数就可取 0~1 之间的无穷多个值,即特征函数演变成可以无穷取值的连续逻辑函数。从而得到了描述模糊集合的特征函数——隶属函数,它是模糊数学中最基本和最重要的概念,其定义为:

用于描述模糊集合,并在[0,1]闭区间连续取值的特征函数叫隶属函数,隶属函数用

$\mu_{\underset{\sim}{A}}(x)$表示，其中$\underset{\sim}{A}$表示模糊集合，而$x$是$\underset{\sim}{A}$的元素，隶属函数满足
$$0 \leqslant \mu_{\underset{\sim}{A}}(x) \leqslant 1$$

有了隶属函数以后，人们就可以把元素对模糊集合的归属程度恰当地表示出来。例如青年是一个集合，用普通集合表示时为集合A，并且有
$$A = \{x \mid 15\text{岁} \leqslant x \leqslant 25\text{岁}\}$$
则这时的特征函数如图4-1(a)所示。如果用模糊集合$\underset{\sim}{A}$表示，并且有
$$\mu_{\underset{\sim}{A}}(x) = e^{-(\frac{x-20}{7})^2}$$

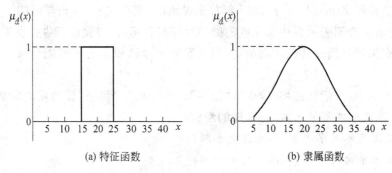

(a) 特征函数　　　　　(b) 隶属函数

图4-1　青年的特征函数和隶属函数

则这时的隶属函数如图4-1(b)所示。

从图4-1中可以看出，隶属函数较为正确地表示了青年这个集合。因为青年不可能有特征函数那样绝对明确的边界。它们的边界是不清晰的，具有逐步过渡的性质。青年这一层以20岁为中心，其隶属度为最大，距离中心越远，其隶属度也就越小。

这样，一个模糊的概念，只要指定论域U中各个元素对它的符合程度，这个模糊概念也就得到一种集合表示了。把元素对概念的符合程度看作元素对集合的隶属程度，那么指定各个元素的隶属度也就指定了一个集合。因此模糊集合完全可由隶属函数所刻画。

4.1.2　模糊集合的表示方法

模糊集合由于没有明确的边界，只能有一种描述方法，就是用隶属函数描述。Zadeh于1965年曾给出下列定义：设给定论域U，$\mu_{\underset{\sim}{A}}$为U到$[0,1]$闭区间的任一映射：
$$\mu_{\underset{\sim}{A}}: U \to [0,1]$$
$$x \to \mu_{\underset{\sim}{A}}(x)$$
都可确定U的一个模糊集合$\underset{\sim}{A}$，$\mu_{\underset{\sim}{A}}$称为模糊集合$\underset{\sim}{A}$的隶属函数。$\forall x \in U$，$\mu_{\underset{\sim}{A}}(x)$称为元素$x$对$\underset{\sim}{A}$的隶属函数，即$x$隶属于$\underset{\sim}{A}$的程度。

当$\mu_{\underset{\sim}{A}}(x)$值域取值$[0,1]$闭区间两个端点时，即取值$\{0,1\}$时，$\mu_{\underset{\sim}{A}}(x)$即为特征函数，$\underset{\sim}{A}$便转化为一个普通集合。由此可见模糊集合是普通集合概念的推广，而普通集合则是模糊集合的特殊情况。

模糊集合可用下面方法表示。

1. 有限论域

若论域U，且论域$U = \{x_1, x_2, \cdots, x_n\}$，则$U$上的模糊集合$\underset{\sim}{A}$可表示为
$$\underset{\sim}{A} = \sum_{i=1}^{n} \frac{\mu_{\underset{\sim}{A}}(x_i)}{x_i} = \frac{\mu_{\underset{\sim}{A}}(x_1)}{x_1} + \frac{\mu_{\underset{\sim}{A}}(x_2)}{x_2} + \cdots + \frac{\mu_{\underset{\sim}{A}}(x_n)}{x_n}$$

其中，$\mu_{\underset{\sim}{A}}(x_i)(i=1,2,\cdots,n)$ 为隶属度，x_i 为论域中的元素。当隶属度为 0 时，该项可以略去不写。例如：

$$\underset{\sim}{A} = 1/a + 0.9/b + 0.4/c + 0.2/d + 0/e$$

或

$$\underset{\sim}{A} = 1/a + 0.9/b + 0.4/c + 0.2/d$$

注意：与普通集合一样，上式不是分式求和，仅是一种表示法的符号，其分母表示论域 U 中的元素，分子表示相应元素的隶属度，隶属度为 0 的那一项可以省略。

2. 无限论域

在论域是无限的情况下，上面的记法就不行了，为此需将表示方法从有限论域推广至一般情况。

取一连续实数区间，这时 U 的模糊集合 $\underset{\sim}{A}$ 可以用实函数来表示。不论论域是否有限，都可以表示为

$$\underset{\sim}{A} = \int_{x \to U} \frac{\mu_{\underset{\sim}{A}}(x)}{x}$$

其中，积分号不是高等数学中的积分意义，也不是求和号，而是表示各个元素与隶属度对应的一个总括形式。

当然，给出隶属函数的解析式子也能表示出一个模糊集。

4.1.3 模糊集合的运算

由于模糊集和它的隶属函数一一对应，所以模糊集的运算也通过隶属函数的运算来刻画。

(1) 空集。模糊集合的空集是指对所有元素 x，它的隶属函数为 0，记作 $\varnothing$，即

$$\underset{\sim}{A} = \varnothing \Leftrightarrow \mu_{\underset{\sim}{A}}(x) = 0$$

(2) 等集。两个模糊集 $\underset{\sim}{A}$、$\underset{\sim}{B}$，若对所有元素 x，它们的隶属函数均相等，则 $\underset{\sim}{A}$、$\underset{\sim}{B}$ 也相等，即

$$\underset{\sim}{A} = \underset{\sim}{B} \Leftrightarrow \mu_{\underset{\sim}{A}}(x) = \mu_{\underset{\sim}{B}}(x)$$

(3) 子集。在模糊集 $\underset{\sim}{A}$、$\underset{\sim}{B}$ 中，所谓 $\underset{\sim}{A}$ 是 $\underset{\sim}{B}$ 的子集或 $\underset{\sim}{A}$ 包含于 $\underset{\sim}{B}$ 中，是指对所有的元素 x，有 $\mu_{\underset{\sim}{A}}(x) \leqslant \mu_{\underset{\sim}{B}}(x)$，记作 $\underset{\sim}{A} \subset \underset{\sim}{B}$，即

$$\underset{\sim}{A} \subset \underset{\sim}{B} \Leftrightarrow \mu_{\underset{\sim}{A}}(x) \leqslant \mu_{\underset{\sim}{B}}(x)$$

(4) 并集。模糊集 $\underset{\sim}{A}$ 和 $\underset{\sim}{B}$ 的并集 $\underset{\sim}{C}$，其隶属函数可表示为 $\mu_{\underset{\sim}{C}}(x) = \max[\mu_{\underset{\sim}{A}}(x), \mu_{\underset{\sim}{B}}(x)]$，$\forall x \in U$，即

$$\underset{\sim}{C} = \underset{\sim}{A} \cup \underset{\sim}{B} \Leftrightarrow \mu_{\underset{\sim}{C}}(x) = \max[\mu_{\underset{\sim}{A}}(x), \mu_{\underset{\sim}{B}}(x)] = \mu_{\underset{\sim}{A}}(x) \vee \mu_{\underset{\sim}{B}}(x)$$

(5) 交集。模糊集 $\underset{\sim}{A}$ 和 $\underset{\sim}{B}$ 的交集 $\underset{\sim}{C}$，其隶属函数可表示为 $\mu_{\underset{\sim}{C}}(x) = \min[\mu_{\underset{\sim}{A}}(x), \mu_{\underset{\sim}{B}}(x)]$，$\forall x \in U$，即

$$\underset{\sim}{C} = \underset{\sim}{A} \cap \underset{\sim}{B} \Leftrightarrow \mu_{\underset{\sim}{C}}(x) = \min[\mu_{\underset{\sim}{A}}(x), \mu_{\underset{\sim}{B}}(x)] = \mu_{\underset{\sim}{A}}(x) \wedge \mu_{\underset{\sim}{B}}(x)$$

(6) 补集。模糊集 $\underset{\sim}{A}$ 的补集 $\underset{\sim}{B} = \overline{\underset{\sim}{A}}$，其隶属函数可表示为 $\mu_{\underset{\sim}{B}}(x) = 1 - \mu_{\underset{\sim}{A}}(x)$，$\forall x \in U$，即

$$\underset{\sim}{B} = \overline{\underset{\sim}{A}} \Leftrightarrow \mu_{\underset{\sim}{B}}(x) = 1 - \mu_{\underset{\sim}{A}}(x)$$

(7) 模糊集运算的基本性质。与普通集合一样，模糊集满足幂等律、交换律、吸收律、分配律、结合律、摩根定理等，但是，互补律不成立，即

$$\underset{\sim}{A} \cup \overline{\underset{\sim}{A}} \neq \Omega, \quad \underset{\sim}{A} \cap \overline{\underset{\sim}{A}} \neq \emptyset$$

式中，Ω 表示整数集；

$\emptyset$ 表示空集。

例如，设 $\mu_{\underset{\sim}{A}}(x)=0.2$，$\mu_{\overline{\underset{\sim}{A}}}(x)=0.8$，则

$$\mu_{\underset{\sim}{A} \cup \overline{\underset{\sim}{A}}}(x) = 0.8 \neq 1$$
$$\mu_{\underset{\sim}{A} \cap \overline{\underset{\sim}{A}}}(x) = 0.2 \neq 0$$

4.1.4 隶属函数确定方法

隶属函数的确定，应该是反映出客观模糊现象的具体特点，要符合客观规律，而不是主观臆想的。但是，一方面由于模糊现象本身存在着差异，而另一方面，由于每个人在专家知识、实践经验、判断能力等方面各有所长，即使对于同一模糊概念的认识和理解，也会具有差别性，因此，隶属函数的确定又是带有一定的主观性，仅多少而异。正因为概念上的模糊性，对于同一个模糊概念，不同的人会使用不同的确定隶属函数的方法，建立不完全相同的隶属函数，但所得到的处理模糊信息问题的本质结果应该是相同的，以下介绍几种常用的确定隶属函数的方法。

1. 模糊统计法

模糊统计和随机统计是两种完全不同的统计方法。随机统计是对肯定事件的发生频率进行统计的，统计结果称为概率。模糊统计是对模糊性事物的可能性程度进行统计，统计的结果称为隶属度。

对于模糊统计试验，在论域 U 中给出一个元素 x，再考虑 n 个有模糊集合 $\underset{\sim}{A}$ 属性的普通集合 A^*，以及元素 x 对 A^* 的归属次数。x 对 A^* 的归属次数和 n 的比值就是统计出的元素 x 对 A 的隶属函数：

$$\mu_{\underset{\sim}{A}}(x) = \lim_{n \to \infty} \frac{x \in A^* \text{ 的次数}}{n}$$

当 n 足够大时，隶属函数 $\mu_{\underset{\sim}{A}}(x)$ 是一个稳定值。

采用模糊统计进行大量试验，就能得出各个元素 $x_i(i=1,2,\cdots,n)$ 的隶属度，以隶属度和元素组成一个单点，就可以把模糊集合 $\underset{\sim}{A}$ 表示出来。

例如，已知 20 个人的高度，以 m 表示时，分别是 1.50，1.55，1.56，1.60，1.61，1.64，1.65，1.69，1.70，1，71，1.73，1.75，1.77，1.78，1.80，1.84，1.90，1.91，1.94，1.98。

考虑"中等身材"的集合 $\underset{\sim}{A}$ 以及 1.64 属于 $\underset{\sim}{A}$ 的隶属度。为此，选择 20 位评委，请他们根据"中等身材"的含义，各自提出"中等身材"最适宜的身高，组成一个普通集合 A^*。假定 20 位评委所确定的 A^* 如下：

1.60~1.69	1.63~1.70	1.65~1.75	1.56~1.70	1.62~1.73
1.65~1.72	1.64~1.73	1.60~1.69	1.69~1.75	1.69~1.78
1.60~1.71	1.63~1.73	1.65~1.78	1.61~1.72	1.64~1.72
1.67~1.78	1.60~1.70	1.68~1.75	1.61~1.73	1.62~1.72

很明显，从上面普通集合 A^* 中，有最大元素是 1.78，最小元素是 1.56。在 20 个人的高度中，对应于 A^* 的最大元素与最小元素之间的高度有 12 个，根据他们在 A^* 各个组中出现的频率，可求出其隶属度如下：

$$\mu_{\underset{\sim}{A}}(1.56)=1/20=0.5 \quad \mu_{\underset{\sim}{A}}(1.70)=18/20=0.9$$
$$\mu_{\underset{\sim}{A}}(1.60)=5/20=0.25 \quad \mu_{\underset{\sim}{A}}(1.71)=15/20=0.75$$
$$\mu_{\underset{\sim}{A}}(1.61)=7/20=0.35 \quad \mu_{\underset{\sim}{A}}(1.73)=10/20=0.5$$
$$\mu_{\underset{\sim}{A}}(1.64)=13/20=0.65 \quad \mu_{\underset{\sim}{A}}(1.75)=6/20=0.3$$
$$\mu_{\underset{\sim}{A}}(1.65)=16/20=0.8 \quad \mu_{\underset{\sim}{A}}(1.77)=4/20=0.2$$
$$\mu_{\underset{\sim}{A}}(1.69)=20/20=0.8 \quad \mu_{\underset{\sim}{A}}(1.78)=4/20=0.2$$

对于"中等身材"集合 $\underset{\sim}{A}$，用单点表示时则可得 $\underset{\sim}{A}$ 如下：

$$\underset{\sim}{A}=0.05/1.56+0.25/1.60+0.35/1.61+0.65/1.64+0.8/1.65+1/1.69$$
$$+0.9/1.70+0.75/1.71+0.5/173+0.3/1.75+0.2/1.77+0.2/1.78$$

并且可以得到"中等身材" $\underset{\sim}{A}$ 的隶属函数曲线如图 4-2 所示。从 $\underset{\sim}{A}$ 的单点表示中也可知有 $\mu_{\underset{\sim}{A}}(1.64)=0.65$，这也就是说，身高 1.64m 的人隶属于"中等身材"这个模糊集合 $\underset{\sim}{A}$ 的程度是 0.65。

2. 相对比较法

相对比较法是设论域 U 中元素 $x_1,x_2,\cdots,x_n$，要对这些元素按某种特征进行排序，首先要在二元对比中建立比较等级，而后再用一定方法进行总体排序，以获得各种元素对于该特性的隶属函数，具体步骤如下。

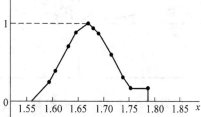

图 4-2 中等身材的隶属函数曲线

设给定论域 U 中一对元素 (x_1,x_2)，其具有某特征的等级分别为 $g_{x_2}(x_1)$ 和 $g_{x_1}(x_2)$，意思就是：在 x_1 和 x_2 的二元对比中，如果 x_1 具有某特征的程度用 $g_{x_2}(x_1)$ 来表示，则 x_2 具有该特征的程度表示为 $g_{x_1}(x_2)$。并且该二元比较级的数对 $(g_{x_2}(x_1),g_{x_1}(x_2))$ 必须满足：

$$0\leqslant g_{x_2}(x_1)\leqslant 1 \quad 0\leqslant g_{x_1}(x_2)\leqslant 1$$

令

$$g(x_1/x_2)=\frac{g_{x_2}(x_1)}{\max[g_{x_2}(x_1),g_{x_1}(x_2)]} \tag{4-1}$$

即有

$$g(x_1/x_2)=\begin{cases} g_{x_2}(x_1)/g_{x_1}(x_2), & g_{x_2}(x_1)\leqslant g_{x_1}(x_2) \\ 1, & g_{x_2}(x_1)>g_{x_1}(x_2) \end{cases} \tag{4-2}$$

其中，$x_1,x_2\in U$，若由 $g(x_1/x_2)$ 为元素构成矩阵，并设 $g(x_i/x_j)$，当 $i=j$ 时，取值为 1，则得到矩阵 G，被称为"相及矩阵"表示式为

$$G=\begin{bmatrix} 1 & g(x_1/x_2) \\ g(x_2/x_1) & 1 \end{bmatrix}$$

对于 n 个元素 $x_1,x_2,\cdots,x_n$，同理可得相及矩阵 G 表示式为

$$G=\begin{bmatrix} 1 & g(x_1/x_2) & g(x_1/x_3) & \cdots & g(x_1/x_n) \\ g(x_2/x_1) & 1 & g(x_2/x_3) & \cdots & g(x_2/x_n) \\ g(x_3/x_1) & g(x_3/x_2) & 1 & \cdots & g(x_3/x_n) \\ \vdots & \vdots & \vdots & \ddots & \vdots \\ g(x_n/x_1) & g(x_n/x_2) & g(x_n/x_3) & \cdots & 1 \end{bmatrix} \tag{4-3}$$

若对相及矩阵 G 每行各元素取最小值,如第 i 行取值为

$$g_i = \min[g(x_i/x_1), g(x_i/x_2), \cdots, g(x_i/x_{i-1}), 1, g(x_i/x_{i+1}), \cdots, g(x_i/x_n)]$$

然后按其值 $g_i(i=1,2,\cdots,n)$ 大小排序,即可得到各元素 $x_1,x_2,\cdots,x_n$ 对某特征的隶属函数。

例如,假设论域 $U=(x_1,x_2,x_3,x_0)$,其元素 x_0 代表国外某名牌电子产品,而 x_1、x_2、x_3 则代表国产同类产品,若考虑国产的产品在功能、外形等特性上对国外名牌产品的相似这样一个模糊概念,可用相对比较法确定隶属函数。首先对每个元素建立比较等级。如果 x_1 和 x_2 相比较,对 x_0 的相似程度分别为 0.9 和 0.6;x_2 和 x_3 相比较,对 x_0 的相似程度分别为 0.5 和 0.8。这时 x_1、x_2、x_3 的相似程度如表 4-1 所示。

表 4-1 相似程度

$g_{j(i)}$ \ j \ i	x_1	x_2	x_3
x_1	1	0.9	0.6
x_2	0.6	1	0.5
x_3	0.4	0.8	1

然后按式(4-1)、式(4-2)计算相及矩阵元素 $g(x_i/x_j)$。由

$$g(x_1/x_1) = 1, \quad g(x_1/x_2) = 0.9/0.9, \quad g(x_1/x_3) = 0.6/0.6,$$
$$g(x_2/x_1) = 0.6/0.9, \quad g(x_2/x_2) = 1, \quad g(x_2/x_3) = 0.5/0.8,$$
$$g(x_3/x_1) = 0.4/0.6, \quad g(x_3/x_2) = 0.8/0.8, \quad g(x_3/x_3) = 1$$

构成相及矩阵 G 为

$$G = \begin{bmatrix} 1 & 1 & 1 \\ 0.67 & 1 & 0.63 \\ 0.67 & 1 & 1 \end{bmatrix}$$

并对每行各元素取最小值,得到

$$g = (g_1, g_2, g_3) = (1, 0.63, 0.67)$$

最后按大小排序为 1>0.67>0.63。结果是对于某类电子产品,国产产品 x_1 在功能、外形上最类同国外品牌产品 x_0(隶属度为 1),国产产品 x_3 次之(隶属度为 0.67),而国产产品 x_2 差别最大(隶属度为 0.63)。于是模糊集合 $\underset{\sim}{A}$(最类同)有

$$\underset{\sim}{A} = 1/x_1 + 0.63/x_2 + 0.67/x_3$$

3. 专家经验法

专家经验法是根据专家的实际经验给出模糊信息的处理算式或相应权系数值来确定隶属函数的一种方法。如果专家经验越成熟,实践时间和次数越多,则按此专家经验确定的隶属函数将取得更好的效果。

例如,对于某大型设备需停产检修的"状态诊断",设论域 U 中模糊集合 $\underset{\sim}{A}$,包含该设备需停产检修的全部事故隐患因子 $x_i(i=1,2,\cdots,10)$。若 10 个事故隐患因子 x_i 分别代表 "设备温度升高"、"有噪声发生"、"运行速度降低"、"机械传动有振动"等,并把每个因子 x_i 作为一个清晰集合 A_i,其特征函数为

$$\psi_{A_i}(x_i) = \begin{cases} 1, & \text{有事故隐患因子 } x_i \text{ 出现} \\ 0, & \text{无事故隐患因子 } x_i \text{ 出现} \end{cases}$$

则根据专家经验,对每一个事故隐患赋予一个加权系数 k_i,确定"该大型设备需停产检修"模糊集合 $\underset{\sim}{A}$ 的隶属函数 $\mu_{\underset{\sim}{A}}(x)$ 为

$$\mu_{\underset{\sim}{A}}(x) = \frac{k_1 \Psi_{A_1}(x_1) + k_2 \Psi_{A_2}(x_2) + \cdots + k_{10} \Psi_{A_{10}}(x_{10})}{k_1 + k_2 + \cdots + k_{10}}$$

若某因子几个 x_i 使 $\underset{\sim}{A}$ 隶属度 $\mu_{\underset{\sim}{A}}(x) \geqslant v$($v$ 为给定水平),则诊断为该大型设备必须立即停产检修,否则可继续生产,继续诊断。

4.1.5 模糊关系

1. 关系

客观世界的各事物之间普遍存在着联系,描写事物之间联系的数学模型之一就是关系,常用符号 R 表示。

(1) 关系的概念。若 R 为由集合 X 到集合 Y 的普通关系,则对任意 $x \in X, y \in Y$ 都只能有以下两种情况:

x 与 y 有某种关系,即 xRy;

x 与 y 无某种关系,即 $x\bar{R}y$。

(2) 直积集。由 X 到 Y 的关系 R,也可用序偶 (x,y) 来表示,所有有关系 R 的序偶可以构成一个 R 集。

在集合 X 与集合 Y 中各取出一元素排成序对,所有这样序对的全体所组成的集合叫做 X 和 Y 的直积集(也称笛卡儿乘积集),记为

$$X \times Y = \{(x,y) \mid x \in X, y \in Y\}$$

显然 R 集是 X 和 Y 的直积集的一个子集,即:

$$R \subset X \times Y$$

例如,有集合 A 和 B 分别是

$$A = \{1,3,5\}, \quad B = \{2,4,6\}$$

它们的直积集 $A \times B$ 中,每个元素分别含 A 的元素和 B 的元素,并且 A 的元素排在前,B 的元素排在后,即

$$A \times B = \{(1,2),(1,4),(1,6)$$
$$(3,2),(3,4),(3,6)$$
$$(5,2),(5,4),(5,6)\}$$

若只考虑选取 A 元素大于 B 元素的序偶所组成的集合 R,则

$$R = \{(3,2),(5,2),(5,4)\}$$

显然

$$R \subset A \times B$$

(3) 几个常见的关系。常见的关系有自返性、对称性和传递性等关系。

① 自返性关系。一个关系 R,若对 $\forall x \in X$,都有 xRx,即集合的每一元素 x 都与自身有这一关系,则称 R 为具有自返性的关系。例如,同族关系便具有自返性,但父子关系不具有自返性。

② 对称性关系。一个 X 中的关系 R,若对 $\forall x, y \in X$,有 xRy,必有 yRx,即满足这一关系的两个元素的地位可以对调,则称 R 具有对称性关系。例如,兄弟关系和朋友关系具有对称性,但父子关系不具有对称性。

③ 传递性关系。一个 X 中的关系 R，若对 $\forall x,y,z \in X$，有 xRy, yRz，必有 xRz，则称 R 具有传递性关系。例如，兄弟关系和同族关系具有传递性，但父子关系不具有传递性。

具有自返性和对称性的关系称为相容关系，具有传递性的相容关系称为等价关系。

2. 模糊关系

两组事物之间的关系不宜用"有"或"无"作为肯定或否定回答时，可以用模糊关系来描述。

设 $X \times Y$ 为集合 X 与 Y 的直积集，$\underset{\sim}{R}$ 是 $X \times Y$ 的一个模糊子集，它的隶属函数为 $\mu_{\underset{\sim}{R}}(x,y)$ 刻画，函数值 $\mu_{\underset{\sim}{R}}(x,y)$ 代表序偶 (x,y) 具有关系 $\underset{\sim}{R}$ 的程度。

例如，设 $X=Y=\{1,5,7,9,20\}$，$\underset{\sim}{R}$ 是 X 上的模糊关系"大得多"，直积空间 $X \times Y$ 中有 25 个序偶，序偶 $(20,1)$ 中第一个元素比第二个元素确实大得多，可认为它从属于大得多的程度为 1，而序偶 $(9,5)$，从属于大得多的程度为 0.3。类似的讨论可得到其他 X 和 Y 具有关系"X 比 Y 大得多"的程度，如表 4-2 所示。

表 4-2　X 和 Y 具有"X 比 Y 大得多"的程度

X	Y				
	1	5	7	9	20
1	0	0	0	0	0
5	0.5	0	0	0	0
7	0.7	0.1	0	0	0
9	0.8	0.3	0.1	0	0
20	1	0.95	0.9	0.85	0

相应的模糊矩阵为

$$\underset{\sim}{R} = \begin{bmatrix} 0 & 0 & 0 & 0 & 0 \\ 0.5 & 0 & 0 & 0 & 0 \\ 0.7 & 0.1 & 0 & 0 & 0 \\ 0.8 & 0.3 & 0.1 & 0 & 0 \\ 1 & 0.95 & 0.9 & 0.85 & 0 \end{bmatrix}$$

一般说来，只要给出直积空间 $X \times Y$ 中的模糊集合 $\underset{\sim}{R}$ 的隶属函数 $\mu_{\underset{\sim}{R}}(x,y)$，集合 X 到集合 Y 的模糊关系 $\underset{\sim}{R}$ 也就确定了。模糊关系也有自返性、对称性、传递性。

① 自返性。一个模糊关系 $\underset{\sim}{R}$，若 $\forall x \in X$，有 $\mu_{\underset{\sim}{R}}(x,x)=1$，即每一个元素 x 与自身隶属于模糊关系 $\underset{\sim}{R}$ 的程度为 1，则称 $\underset{\sim}{R}$ 为具有自返性的模糊关系。例如，相像关系就具有自返性，仇敌关系不具有自返性。

② 对称性。一个模糊关系 $\underset{\sim}{R}$，若 $\forall x, y \in X$，均有 $\mu_{\underset{\sim}{R}}(x,y) = \mu_{\underset{\sim}{R}}(y,x)$，即 x 与 y 隶属于模糊关系 $\underset{\sim}{R}$ 的程度和 y 与 x 隶属于模糊关系 $\underset{\sim}{R}$ 的程度相同，则称 R 为具有对称性的模糊关系。例如，相像关系就具有对称性，而相爱关系就不具有对称性。

③ 传递性。一个模糊关系 $\underset{\sim}{R}$，若 $\forall x,y,z \in X$，均有 $\mu_{\underset{\sim}{R}}(x,z) \geqslant \min[\mu_{\underset{\sim}{R}}(x,y), \mu_{\underset{\sim}{R}}(y,z)]$，即 x 与 y 隶属于模糊关系 $\underset{\sim}{R}$ 的程度和 y 与 z 隶属于模糊关系 $\underset{\sim}{R}$ 的程度中较小的一个值都小于 x 与 z 隶属于模糊关系 $\underset{\sim}{R}$ 的程度，则称 $\underset{\sim}{R}$ 为具有传递性的模糊关系。

3. 模糊矩阵

当 $X=\{x_i | i=1,2,\cdots,m\}$，$Y=\{y_j | j=1,2,\cdots,n\}$ 是有限集合时，则 $X \times Y$ 的模糊关

系 $\underset{\sim}{R}$ 可用下列 $m \times n$ 阶矩阵来表示：

$$\underset{\sim}{R} = \begin{bmatrix} r_{11} & r_{12} & \cdots & r_{1j} & \cdots & r_{1n} \\ r_{21} & r_{22} & \cdots & r_{2j} & \cdots & r_{2n} \\ \vdots & \vdots & \ddots & \vdots & \ddots & \vdots \\ r_{i1} & r_{i2} & \cdots & r_{ij} & \cdots & r_{in} \\ \vdots & \vdots & \ddots & \vdots & \ddots & \vdots \\ r_{m1} & r_{m2} & \cdots & r_{mj} & \cdots & r_{mn} \end{bmatrix} \tag{4-4}$$

其中，元素 $r_{ij} = \mu_R(x_i, y_j)$。该矩阵被称为模糊矩阵，简记为：

$$\underset{\sim}{R} = [r_{ij}]_{m \times n}$$

为讨论模糊矩阵运算方便，设矩阵为 $m \times n$ 阶方阵，即 $\underset{\sim}{R} = [r_{ij}]_{m \times n}$，$\underset{\sim}{Q} = [q_{ij}]_{m \times n}$，此时模糊矩阵的交、并、补运算如下。

（1）模糊矩阵交：

$$\underset{\sim}{R} \cap \underset{\sim}{Q} = [r_{ij} \wedge q_{ij}]_{m \times n} \tag{4-5}$$

（2）模糊矩阵并：

$$\underset{\sim}{R} \cup \underset{\sim}{Q} = [r_{ij} \vee q_{ij}]_{m \times n} \tag{4-6}$$

（3）模糊矩阵补：

$$\underset{\sim}{R}^c = [1 - r_{ij}]_{m \times n} \tag{4-7}$$

模糊矩阵的合成运算 设合成算子"∘"，它用来代表两个模糊矩阵的相乘，与线性代数中的矩阵乘极为相似，只是将普通矩阵运算中对应元素间相乘用取小运算"∧"来代替，而元素间相加用取大"∨"来代替。具体定义如下：

设两个模糊矩阵 $\underset{\sim}{P} = [p_{ij}]_{m \times n}$，$\underset{\sim}{Q} = [q_{ij}]_{n \times l}$ 合成运算 $\underset{\sim}{P} \circ \underset{\sim}{Q}$ 的结果也是一个模糊矩阵 $\underset{\sim}{R}$，则 $\underset{\sim}{R} = [r_{ik}]_{m \times l}$。模糊矩阵 $\underset{\sim}{R}$ 的第 i 行第 k 列元素 r_{ik} 等于 $\underset{\sim}{P}$ 矩阵的第 i 行元素与 $\underset{\sim}{Q}$ 矩阵的第 k 列对应元素两两取小，而后再在所得到的 j 个元素中再取大，即

$$r_{ik} = \bigvee_{j=1}^{n} (p_{ij} \wedge q_{jk}), \quad i = 1, 2, \cdots, m \quad k = 1, 2, \cdots, l \tag{4-8}$$

例如，设：

$$\underset{\sim}{P} = \begin{bmatrix} p_{11} & p_{12} \\ p_{21} & p_{22} \end{bmatrix}, \quad \underset{\sim}{Q} = \begin{bmatrix} q_{11} & q_{12} \\ q_{21} & q_{22} \end{bmatrix}$$

$$\underset{\sim}{R} = \underset{\sim}{P} \circ \underset{\sim}{Q} = \begin{bmatrix} r_{11} & r_{12} \\ r_{21} & r_{22} \end{bmatrix}$$

式中：

$$r_{11} = (p_{11} \wedge q_{11}) \vee (p_{12} \wedge q_{21})$$
$$r_{12} = (p_{11} \wedge q_{12}) \vee (p_{12} \wedge q_{22})$$
$$r_{21} = (p_{21} \wedge q_{11}) \vee (p_{22} \wedge q_{21})$$
$$r_{22} = (p_{21} \wedge q_{12}) \vee (p_{22} \wedge q_{22})$$

当 $\underset{\sim}{P} = \begin{bmatrix} 0.8 & 0.7 \\ 0.5 & 0.3 \end{bmatrix}$，$\underset{\sim}{Q} = \begin{bmatrix} 0.2 & 0.4 \\ 0.6 & 0.9 \end{bmatrix}$ 时，有

$$\underset{\sim}{P} \circ \underset{\sim}{Q} = \begin{bmatrix} 0.6 & 0.7 \\ 0.3 & 0.4 \end{bmatrix}$$

$$Q \circ P = \begin{bmatrix} 0.4 & 0.3 \\ 0.6 & 0.6 \end{bmatrix}$$

可见，一般 $P \circ Q \neq Q \circ P$。特殊情况下当 $P \circ Q = Q \circ P$，称 P 与 Q 可换。

4. 模糊变换

设 $A = [a_1 \quad a_2 \quad \cdots \quad a_m]$ 是一个 m 维模糊向量，而

$$R = \begin{bmatrix} r_{11} & r_{12} & \cdots & r_{1n} \\ r_{21} & r_{22} & \cdots & r_{2n} \\ \vdots & \vdots & \ddots & \vdots \\ r_{m1} & r_{m2} & \cdots & r_{mn} \end{bmatrix}$$

是一个 $m \times n$ 维模糊矩阵表示的模糊关系，则称

$$A \circ R = B$$

为一个模糊变换，它可以确定一个唯一的 n 维模糊向量 $B = [b_1 \quad b_2 \quad \cdots \quad b_n]$。

例如，存在的模糊向量 A 和模糊矩阵 R 分别是

$$A = [0.7 \quad 0.1 \quad 0.4]$$

$$R = \begin{bmatrix} 0.5 & 0.3 & 0.1 & 0.2 \\ 0.6 & 0.4 & 0 & 0.1 \\ 0 & 0.3 & 0.6 & 0.3 \end{bmatrix}$$

则合成运算

$$B = A \circ R$$

是把模糊向量 A 通过模糊变换 R 产生模糊向量 B，且

$$B = A \circ R = [0.7 \quad 0.1 \quad 0.4] \circ \begin{bmatrix} 0.5 & 0.3 & 0.1 & 0.2 \\ 0.6 & 0.4 & 0 & 0.1 \\ 0 & 0.3 & 0.6 & 0.3 \end{bmatrix}$$

$$= [0.5 \quad 0.3 \quad 0.4 \quad 0.3]$$

若在上面求取 B 的过程中，

① A 是输入量论域 V 上的模糊向量；

② B 是输出控制量论域 W 上的模糊向量；

③ R 是输入和输出论域 V 和 W 之间的关系。

则上述 $B = A \circ R$ 就是从输入到输出的模糊变换过程，也就是从输入量 A 通过输入输出关系 R 求取输出量 B 的过程，所得的结果 B 就是输出控制模糊量。可见，以模糊矩阵合运算所执行的模糊变换在控制上意义重大。

4.2 模糊逻辑的推理

4.2.1 模糊命题

在二值逻辑中，一个命题不是真命题就是假命题，但在实际问题中，要作出这样的判断是比较困难的。如"他很年轻"，这句话的涵义是明确的，是一个命题，但很难判断其真假，这

就是模糊命题。

模糊命题是清晰命题概念的推广,清晰命题的真假相当于普通集合中元素的特征函数,而模糊命题的真值在[0,1]闭区间中取值,相当于隶属函数值。

模糊命题的一般形式是

$$\utilde{A}: e \text{ is } \utilde{F} \quad (\text{或 } e \text{ 是} \utilde{F})$$

其中,e 是模糊变量,$\utilde{F}$ 是某一模糊概念所对应的模糊集合。

例如:
- 电动机转速偏高;
- 负载电流过大;
- 温度比较低。

这里,"转速"、"电流"、"温度"为模糊变量,"偏高"、"过大"、"比较低"均属于模糊集合。上述模糊命题的真假由该变量对应的模糊集合的隶属度表示,即

$$\utilde{A} = \mu_{\utilde{F}}(e)$$

当 $\mu_{\utilde{F}}(e)=1$ 时,则 $\utilde{A}$ 为全真;反之当 $\mu_{\utilde{F}}(e)=0$ 时,则 $\utilde{A}$ 为全假。

4.2.2 模糊逻辑

模糊命题的真值在[0,1]闭区间上连续取值,因此称研究模糊命题的逻辑为连续性逻辑,由于主要用它来研究模糊集的隶属函数,也称为模糊逻辑。设 x 为模糊命题 $\utilde{A}$ 的真值,y 为模糊命题 $\utilde{B}$ 的真值,在连续逻辑中,逻辑运算规则如下。

- 逻辑命题并:$x \vee y = \max(x, y)$
- 逻辑交:$x \wedge y = \min(x, y)$
- 逻辑非:$\bar{x} = 1 - x$
- 限界差:$x \ominus y = 0 \vee (x - y)$
- 限界和:$x \oplus y = 1 \wedge (x + y)$
- 界线积:$x \otimes y = 0 \vee (x + y - 1)$
- 蕴涵:$x \rightarrow y = 1 \wedge (1 - x + y)$
- 等价:$x \Leftrightarrow y = (1 - x + y) \wedge (1 - y + x)$

例如,设 $x = 0.7$,$y = 0.8$,则:

$$x \vee y = 0.7 \vee 0.8 = 0.8$$
$$x \wedge y = 0.7 \wedge 0.8 = 0.7$$
$$\bar{x} = 1 - 0.7 = 0.3$$
$$x \ominus y = 0 \vee (0.7 - 0.8) = 0$$
$$x \oplus y = 1 \wedge (0.7 + 0.8) = 1$$
$$x \otimes y = 0 \vee (0.7 + 0.8 - 1) = 0.5$$
$$x \rightarrow y = 1 \wedge (1 - 0.7 + 0.8) = 1$$
$$x \Leftrightarrow y = (1 - 0.7 + 0.8) \wedge (1 + 0.7 - 0.8) = 0.9$$

4.2.3 模糊语言

1. 语言变量

人类在日常生活及生产过程的交往是通过自然语言进行的。在自然语言中除了采用"对"、"不对"、"是"、"不是"等带有二义性的词汇来构成确定性语句外,大量的陈述语句是由模糊性词汇构成的,例如:"水压较高"、"温升很快"、"速度缓慢"、"降低速度"等。尽管这些语言具有模糊性,但并不妨碍人们的信息交流。事实上,正是这些模糊性使自然语言所包含的信息量更大,使用起来更灵活而不机械,应该说这是自然语言的重要特点。目前一般微型计算机均是按二值逻辑设计的,不具有模糊性,它无法理解人类语言的灵活性。要使微型计算机能判断与处理带有模糊性的信息,提高微型计算机"智能度",首先要构成一种语言系统,既能充分体现模糊性,又能被微型计算机所接受。由于模糊集的应用为系统地处理不清晰、不精确概念的方法提供了基础,这样就可以应用模糊集来表示语言变量。Zadeh L A 在 1975 年提出了语言变量的概念,语言变量实际上是一种模糊变量,它用词句而不是用数学表达式来表示变量的"值",通过引入语言变量,就构成模糊语言逻辑。

下面给出语言变量的定义:语言变量是由一个五元体 $(N,T(N),U,M,G)$ 来表征的变量,五元体中各个元的意义如下。

(1) N 是变量名称,即单词 x,如年龄、高矮、颜色、体积等。

(2) $T(N)$ 是 N 的语言真值的集合,每个语言真值都是论域 U 上的模糊集合。

$T(N)$ 的元素可以分成原始项和合成项两类。原始项是表示语言真值的最小单位,例如,少年、青年、中年、壮年、老年等。合成项可以由原始项和语气算子、否定词、联接词等组成。例如:$T(N) = T(年龄) = $"少年"+"青年"+"中年"+"壮年"+"老年"+"极老年"。

(3) U 是 N 的论域,例如,N 是"年龄"时,则 U 可以取 $[0,100]$ 岁。

(4) M 是词义规则,词义用 $M(x)$ 表示,$M(x) \in U$,词义规则 M 规定了 U 中元素 x 对 $T(N)$ 的隶属度。

(5) G 是词法规则,它规定原子词,即原始项构成合成项之后的词义变化。合成项也称合成词。例如,在组成合成词时,要用到否定词"非"和联接词"或"、"且";则词法规则为:

$$\mu_{非A} = 1 - \mu_A$$
$$\mu_{A或B} = \mu_A \vee \mu_B$$
$$\mu_{A且B} = \mu_A \wedge \mu_B$$

语言变量的五元体可以用图 4-3 的结构来表示。

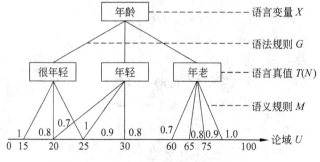

图 4-3 语言变量的五元体

2. 语言算子

语言算子是指语言系统中的一类前缀词,通常加在一个词构成单词的前面,用来调整一个词的词义。这些前缀词有"比较"、"大致"、"有点"、"偏向"等,根据经常使用的这些语言算子的不同功能,可分成如下几类:

(1) 语气算子。语气算子是表示语气程度的模糊量词,它有集中化算子和散漫化算子两种,为了规范语气算子的意义作如下约定:用 H_λ 作为语气算子来定量描述模糊集。若模糊集为 $\underset{\sim}{A}$,则把 H_λ 定义为

$$H_\lambda \underset{\sim}{A} = \underset{\sim}{A}^\lambda$$

当 $\lambda > 1$ 时,H_λ 成为强化算子;当 $\lambda < 1$ 时,H_λ 成为淡化算子。常用语气算子如表 4-3 所示。

表 4-3 常用语气算子表

强化算子	H_4	H_3	H_2	$H_{1.5}$
	极其	非常	很	相当
淡化算子	$H_{0.8}$	$H_{0.6}$	$H_{0.4}$	$H_{0.2}$
	比较	略	稍许	有点

以"年老"这个词为例,考虑"年老"的隶属函数:

$$\mu_{年老}(x) = \begin{cases} 0, & 0 \leqslant x \leqslant 50 \\ \dfrac{1}{1 + \left(\dfrac{5}{x-50}\right)^2}, & x > 50 \end{cases}$$

$$\mu_{极老}(x) = \mu_{年老}{}^4(x)$$
$$\mu_{很老}(x) = \mu_{年老}{}^2(x)$$
$$\mu_{较老}(x) = \mu_{年老}{}^{0.8}(x)$$
$$\mu_{略老}(x) = \mu_{年老}{}^{0.6}(x)$$

对于一个 60 岁的人,其属于"年老"的隶属度为:

$$\mu_{年老}(60) = 0.8$$

而属于"极老"、"很老"、"较老"、"略老"的隶属度分别为

$$\mu_{极老}(60) = \mu_{年老}{}^4(60) = 0.41$$
$$\mu_{很老}(60) = \mu_{年老}{}^2(60) = 0.64$$
$$\mu_{较老}(60) = \mu_{年老}{}^{0.8}(60) = 0.84$$
$$\mu_{略老}(60) = \mu_{年老}{}^{0.6}(60) = 0.87$$

不难看出,集中化算子使隶属函数曲线趋于尖锐化,而且幂次越高越尖锐;相反,散漫化算子使隶属函数曲线趋于平坦化,幂次越高越平坦。

(2) 模糊化算子。把一个明确的单词转化为模糊量词的算子称为模糊化算子。诸如"大概"、"大约"、"近似"等这样的修饰词都属于模糊化算子。设模糊算子为 $\underset{\sim}{F}$,若它作用在数目"5"上,则 $\underset{\sim}{F}(5)$ 就是一个峰值在 5 的模糊数 $\underset{\sim}{5}$,它一般符合正态分布如图 4-4 所示。

在模糊控制中,采样的输入值总是精确量,要实现模糊控制,首先必须把采样的精确值进行模糊化,而模糊化实际上就是用模糊化算子来实现的,所以引入模糊化算子具有十分重

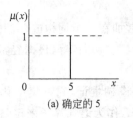
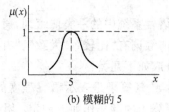

(a) 确定的 5　　　　　　(b) 模糊的 5

图 4-4　模糊化算子

要的实用价值。

(3) 判定化算子。把一个模糊词转化为明确量词的算子称为判定化算子。诸如"属于"、"接近于"、"倾向于"、"多半是"等均属于判定化算子。设有模糊矩阵：

$$\underset{\sim}{R} = \begin{bmatrix} 0.7 & 0.9 & 0.4 \\ 0.2 & 0.4 & 0.7 \\ 0.6 & 0.8 & 0.3 \end{bmatrix}$$

为化模糊为肯定，类似于"四舍五入"处理，把隶属度等于 0.5 作为判定标准，即矩阵元素值"属于"0.5 以上者为有效，此时的模糊矩阵变为普通矩阵。

$$\underset{\sim}{R}_{0.5} = \begin{bmatrix} 1 & 1 & 0 \\ 0 & 0 & 1 \\ 1 & 1 & 0 \end{bmatrix}$$

因此，判定化算子将模糊量变成了精确量。

3. 模糊语句

将含有模糊概念的、按给定的语法规则所构成的语句称为模糊语句。根据其语义和构成的语法规则不同，可以分为下述几种类型。

(1) 模糊陈述句。模糊陈述句是相对于具有清晰概念的一般陈述句而言，指的是该类陈述句中含有模糊概念，或陈述句本身具有模糊性，又称为模糊命题。例如："今天空气湿度很大"，"这幢大楼十分宏伟"。

关于模糊陈述句的一般形式、真值及运算参见第 4.2.1 小节。

(2) 模糊判断句。模糊判断句是模糊推理中最基本的语句，又称为陈述判断句。语句形式："x 是 a"，记作 (a)。当词 a 所表示的概念是清晰的："x 是 a"的判断结果要么是真 (1)，要么是假 (0)；当词 a 所表示的概念是模糊的："x 是 a"的判断没有绝对真或假，则称 (a) 为模糊判断句，这时 (a) 对 x 的真值将由 x 对模糊集合 $\underset{\sim}{A}$ 的隶属度给出。例如，设"孙亮是好学生"，x 为孙亮，a 表示好学生，则 (a) 表示"孙亮是好学生"。由于 a 是模糊概念，设其真值 $\mu_{\underset{\sim}{A}}(x) = T[(a),(x)]$ 表示 x 属于 $\underset{\sim}{A}$ 的程度。当 $\mu_{\underset{\sim}{A}}(x) = 1$ 时，(a) 是绝对真；当 $\mu_{\underset{\sim}{A}}(x) = 0$ 时，(a) 是绝对假。

模糊判断句也有逻辑交、并、非运算。设 $x \in U$，已给定的两个模糊判断句"x 是 a"和"x 是 b"分别记作 (a)、(b)，且真域分别为模糊集合 $\underset{\sim}{A}$ 和 $\underset{\sim}{B}$，则它们有下列真值运算。

① 逻辑交。$(a) \wedge (b) = (a \wedge b)$ 表示"x 是 a 并且 x 是 b"，有

$$T[(a \wedge b),(x)] = T[(a),(x)] \wedge T[(b),(x)] = \mu_{\underset{\sim}{A}}(x) \wedge \mu_{\underset{\sim}{B}}(x)$$

即新模糊判断句 $(a \wedge b)$ 对 x 的真值是已给定的模糊判断句 (a) 与 (b) 真值中取小者。

② 逻辑并。$(a) \vee (b) = (a \vee b)$ 表示"x 是 a 或者 x 是 b",有
$$T[(a \vee b),(x)] = T[(a),(x)] \vee T[(b),(x)] = \mu_{\underset{\sim}{A}}(x) \vee \mu_{\underset{\sim}{B}}(x)$$
即新模糊判断句 $(a \vee b)$ 对 x 的真值是已给定的模糊判断句 (a) 与 (b) 真值中取大者。

③ 逻辑非。$(a)^c = (a^c)$ 表示"x 不是 a",有
$$T[(a^c),(x)] = 1 - T[(a),(x)] = 1 - \mu_{\underset{\sim}{A}}(x)$$
即新模糊判断句 (a^c) 对 x 的真值是已给定的模糊判断句 (a) 真值中取非者。

(3) 模糊推理句。"若 x 是晴天,则 x 是暖和",用 a 表示晴天,用 b 表示暖和,因为"晴天"与"暖和"本身是一个模糊概念,它们对应的是模糊集合,所以 $(a) \rightarrow (b)$ 是模糊推理句。模糊推理句如同模糊判断句一样,不存在绝对的真或假,只能说它以多大程度为真。即 $[(a) \rightarrow (b)]$ 对 x 的真值 $T[(a \rightarrow b),(x)] \in [0,1]$,有
$$T[(a \rightarrow b),(x)] = (1 - \underset{\sim}{A}(x)) \vee (\underset{\sim}{A}(x) \wedge \underset{\sim}{B}(x))$$
$$= (1 - \mu_{\underset{\sim}{A}}(x)) \vee (\mu_{\underset{\sim}{A}}(x) \wedge \mu_{\underset{\sim}{B}}(x))$$

例如,设论域 $x = \{a_1, a_2, a_3, a_4, a_5\}$ 及 $y = \{b_1, b_2, b_3, b_4, b_5\}$ 上的模糊子集"大"、"小"、"较小"的隶属函数分别为:

$$[\underset{\sim}{大}] = 0/a_1 + 0/a_2 + 0/a_3 + 0.5/a_4 + 1/a_5$$
$$[\underset{\sim}{大}] = 0/b_1 + 0/b_2 + 0/b_3 + 0.5/b_4 + 1/b_5$$
$$[\underset{\sim}{小}] = 1/a_1 + 0.5/a_2 + 0/a_3 + 0/a_4 + 0/a_5$$
$$[\underset{\sim}{小}] = 1/b_1 + 0.5/b_2 + 0/b_3 + 0/b_4 + 0/b_5$$
$$[\underset{\sim}{较小}] = 1/a_1 + 0.4/a_2 + 0.2/a_3 + 0/a_4 + 0/a_5$$
$$[\underset{\sim}{较小}] = 1/b_1 + 0.4/b_2 + 0.2/b_3 + 0/b_4 + 0/b_5$$

已知"若 x 小,则 y 大",试问"今 x 较小,则 y 如何?"

首先求出"若 x 小,则 y 大"的模糊关系矩阵,即以 x,y 各元素的隶属度分别代入,从而构成一个模糊矩阵为:

$$(x_{\underset{\sim}{小}} \rightarrow y_{\underset{\sim}{大}}) \text{ 的隶属度函数} = \mu_{\underset{\sim}{小} \rightarrow \underset{\sim}{大}}(x,y)$$

$$= \begin{array}{c} \\ a_1 \\ a_2 \\ a_3 \\ a_4 \\ a_5 \end{array} \begin{array}{ccccc} b_1 & b_2 & b_3 & b_4 & b_5 \end{array} \\ \left[\begin{array}{ccccc} 0 & 0 & 0 & 0.5 & 1 \\ 0.5 & 0.5 & 0.5 & 0.5 & 0.5 \\ 1 & 1 & 1 & 1 & 1 \\ 1 & 1 & 1 & 1 & 1 \\ 1 & 1 & 1 & 1 & 1 \end{array} \right]$$

例如上述结果中第二行第三列中的 0.5 计算过程:
$$\mu_{\underset{\sim}{小} \rightarrow \underset{\sim}{大}}(a_2, b_3) = (1 - \mu_{\underset{\sim}{小}}(a_2)) \vee (\mu_{\underset{\sim}{小}}(a_2) \wedge \mu_{\underset{\sim}{大}}(b_3))$$
$$= (1 - 0.5) \vee (0.5 \wedge 0) = 0.5$$

然后进行合成运算,由模糊集合较小的定义。可进行如下的合成运算:

$$[\underset{\sim}{较小}] \circ \mu_{\underset{\sim}{小} \rightarrow \underset{\sim}{大}}(x,y) = \begin{bmatrix} 1 & 0.4 & 0.2 & 0 & 0 \end{bmatrix} \circ \begin{bmatrix} 0 & 0 & 0 & 0.5 & 1 \\ 0.5 & 0.5 & 0.5 & 0.5 & 0.5 \\ 1 & 1 & 1 & 1 & 1 \\ 1 & 1 & 1 & 1 & 1 \\ 1 & 1 & 1 & 1 & 1 \end{bmatrix}$$

$$= [0.4 \quad 0.4 \quad 0.4 \quad 0.5 \quad 1]$$

结果与 $[大] = 0/b_1 + 0/b_2 + 0/b_3 + 0.5/b_4 + 1/b_5$ 相比较,可得结果为"y 比较大"。显然在正常思维中也能得到类似的结果。

4.2.4 模糊推理

模糊推理是一种符合人们思维和推理规律的较为直接的推理方式,它常用于模式识别和模糊控制等场合中。现在把模糊推理经常用到的模糊条件语句介绍如下。

(1) if $\underset{\sim}{A}$ then $\underset{\sim}{B}$。在现实生活中经常会遇到这样的语句,例如,"若电视画面垂直翻动,则调节垂直控制";"若电视画面太暗,则调节亮度控制";"若室温较高,则开空调"。对于这一类型的模糊条件语句,其推理过程如下。

已知: 蕴涵 $\underset{\sim}{A} \rightarrow \underset{\sim}{B}$ 和 $\underset{\sim}{A}^*$,求 $\underset{\sim}{B}^*$。

$$R = \underset{\sim}{A} \times \underset{\sim}{B}$$
$$\underset{\sim}{B}^* = \underset{\sim}{A}^* \circ R$$
$$\mu_{\underset{\sim}{B}^*}(y) = \bigvee_{x \in U} \{\mu_{\underset{\sim}{A}^*}(x) \wedge [\mu_{\underset{\sim}{A}}(x) \wedge \mu_{\underset{\sim}{B}}(y)]\}$$
$$= \bigvee_{x \in U} [\mu_{\underset{\sim}{A}^*}(x) \wedge \mu_{\underset{\sim}{A}}(x)] \wedge \mu_{\underset{\sim}{B}}(y)$$
$$= \alpha \wedge \mu_{\underset{\sim}{B}}(y)$$

例 4-1 对于某一系统,其蕴涵关系为 $\underset{\sim}{A} \rightarrow \underset{\sim}{B}$,且

$$\underset{\sim}{A} = \frac{1}{a_1} + \frac{0.6}{a_2} + \frac{0.2}{a_3} + \frac{0}{a_4}$$

$$\underset{\sim}{B} = \frac{0.7}{b_1} + \frac{1}{b_2} + \frac{0.3}{b_3} + \frac{0.1}{b_4}$$

求在有输入 $\underset{\sim}{A}^* = \frac{0.2}{a_1} + \frac{0.5}{a_2} + \frac{0.9}{a_3} + \frac{0.3}{a_4}$ 时输出 $\underset{\sim}{B}^*$。

解 由 $\alpha = \bigvee_{x \in U} \{\mu_{\underset{\sim}{A}^*}(x) \wedge \mu_{\underset{\sim}{A}}(x)\}$ 可得

$$\alpha = (1 \wedge 0.2) \vee (0.6 \wedge 0.5) \vee (0.2 \wedge 0.9) \vee (0 \wedge 0.3)$$
$$= 0.2 \vee 0.5 \vee 0.2 \vee 0 = 0.5$$
$$\mu_{\underset{\sim}{B}^*}(y) = 0.5 \wedge \mu_{\underset{\sim}{B}}(y) = 0.5 \wedge \left(\frac{0.7}{b_1} + \frac{1}{b_2} + \frac{0.3}{b_3} + \frac{0.1}{b_4} \right)$$
$$= \frac{0.5}{b_1} + \frac{0.5}{b_2} + \frac{0.3}{b_3} + \frac{0.1}{b_4}$$

作为模糊推理的一个简单例子,考虑模式识别问题。模式可以是需要进行质量控制的被检物体、医学图像、矿物中地震数据以及石油勘探等。

表 4-4 给出了一些假设数据表示导弹、战斗机和客机所对应的某些图像模糊集合的隶属度。图像可能从远处的激光电视系统中生成,由于目标移动、方向和噪声等因素,而具有不确定性。每幅图像的模糊集并表示了目标确认的总不确定性。图 4-5 显示了表 4-4 中 10 幅图像的模糊集合,其隶属度是基于典型导弹、战斗机和客机的知识而主观指定的。

图 4-5 中的模糊集合可表示为如下形式的规则:

表 4-4 图像的隶属度

图像	隶属度			图像	隶属度		
	导弹	战斗机	客机		导弹	战斗机	客机
1	1.0	0.0	0.0	6	0.1	0.6	0.4
2	0.9	0.0	0.1	7	0.0	0.7	0.2
3	0.4	0.3	0.2	8	0.0	0.0	1.0
4	0.2	0.3	0.5	9	0.0	0.8	0.2
5	0.1	0.2	0.7	10	0.0	1.0	0.0

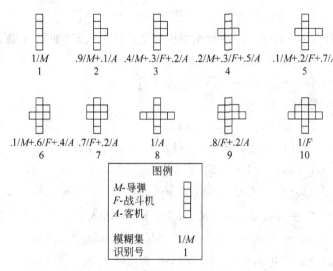

图 4-5 飞行物识别的模糊集合

$$\text{IF } \underset{\sim}{E} \text{ THEN } \underset{\sim}{T}$$

这里,$\underset{\sim}{E}$ 为所观察到的图像,$\underset{\sim}{T}$ 是飞行物识别对应的模糊集合。

例如:

$$\text{IF } \underset{\sim}{E}_4 \text{ THEN } \underset{\sim}{T}_4$$

式中,

$$\underset{\sim}{T}_4 = 0.2/M + 0.3/F + 0.5/A$$

假设还有时间继续另一次观察,并设图像 6 被观测到,相应的规则为:

$$\text{IF } \underset{\sim}{E}_6 \text{ THEN } \underset{\sim}{T}_6$$

其中,

$$\underset{\sim}{T}_6 = 0.1/M + 0.6/F + 0.4/A$$

则可得目标的总模糊集:

$$\underset{\sim}{T} = \underset{\sim}{T}_4 + \underset{\sim}{T}_6 = 0.2/M + 0.3/F + 0.5/A + 0.1/M + 0.6/F + 0.4/A$$
$$= 0.2/M + 0.6/F + 0.5/A$$

这里,对每一个元素只取最大隶属度值。

若把隶属度值最大的元素当作最有可能的目标,则目标最可能是战斗机。

一般来说,若进行 N 次观察,可得 $\underset{\sim}{T}$ 的隶属度为

$$\mu_{\underset{\sim}{T}} = \max(\mu_{\underset{\sim}{T_1}}, \mu_{\underset{\sim}{T_2}}, \cdots, \mu_{\underset{\sim}{T_n}})$$

须注意的是,假设的真值不可能超过其证据的真值,体现在规则上,即后件的真值不可能超过前件的真值,即

$$\mu_{\underset{\sim}{T}} = \max(\mu_{\underset{\sim}{T_1}}, \mu_{\underset{\sim}{T_2}}, \cdots, \mu_{\underset{\sim}{T_n}})$$
$$= \max[\min(\mu_{\underset{\sim}{E_1}}), \min(\mu_{\underset{\sim}{E_2}}), \cdots, \min(\mu_{\underset{\sim}{E_n}})]$$

其中,每个 $\underset{\sim}{E_i}$ 可能是一个模糊表达式。假设将 $\underset{\sim}{E_i}$ 定义为

$$\underset{\sim}{E_i} = E_{\underset{\sim}{A}i} \wedge (E_{\underset{\sim}{B}i} \vee \overline{E}_{\underset{\sim}{C}i})$$

即

$$\mu_{\underset{\sim}{E_i}} = \min(\mu_{E_{\underset{\sim}{A}i}}, \max(\mu_{E_{\underset{\sim}{B}i}}, 1 - \mu_{E_{\underset{\sim}{C}i}}))$$

(2) IF $\underset{\sim}{A}$ THEN $\underset{\sim}{B}$ ELSE $\underset{\sim}{C}$。该类型的模糊条件语句表示"如果 A 则 B,否则 C",在模糊逻辑控制中经常遇到,其推理过程如下:

已知蕴涵关系:$(\underset{\sim}{A} \to \underset{\sim}{B}) \vee (\overline{\underset{\sim}{A}} \to \underset{\sim}{C})$ 和 $\underset{\sim}{A}^*$,求 $\underset{\sim}{B}^*$。

$$\underset{\sim}{R} = (\underset{\sim}{A} \times \underset{\sim}{B}) \vee (\overline{\underset{\sim}{A}} \times \underset{\sim}{C})$$
$$\mu_{\underset{\sim}{R}}(x,y) = \mu_{(\underset{\sim}{A} \to \underset{\sim}{B})}(x,y) \vee \mu_{(\overline{\underset{\sim}{A}} \to \underset{\sim}{C})}(x,y)$$
$$= [\mu_{\underset{\sim}{A}}(x) \wedge \mu_{\underset{\sim}{B}}(y)] \vee [(1 - \mu_{\underset{\sim}{A}}(x)) \wedge \mu_{\underset{\sim}{C}}(y)]$$
$$\underset{\sim}{B}^* = \underset{\sim}{A}^* \circ \underset{\sim}{R} = \underset{\sim}{A}^* \circ (\underset{\sim}{A} \times \underset{\sim}{B}) \vee (\overline{\underset{\sim}{A}} \times \underset{\sim}{C})$$
$$\mu_{\underset{\sim}{B}}(y) = \bigvee_{x \in U} \{\mu_{\underset{\sim}{A}^*}(x) \wedge [(\mu_{\underset{\sim}{A}}(x) \wedge \mu_{\underset{\sim}{B}}(y)) \vee ((1 - \mu_{\underset{\sim}{A}}(x)) \wedge \mu_{\underset{\sim}{C}}(y))]\}$$

例 4-2 设论域 $X = \{a_1, a_2, a_3, a_4, a_5\}$ 及 $Y = \{b_1, b_2, b_3, b_4, b_5\}$ 并定义:

$$\underset{\sim}{A}_{轻} = 1/a_1 + 0.8/a_2 + 0.6/a_3 + 0.4/a_4 + 0.2/a_5$$
$$\underset{\sim}{A}_{重} = 0.2/a_1 + 0.4/a_2 + 0.6/a_3 + 0.8/a_4 + 1/a_5$$
$$\underset{\sim}{B}_{轻} = 1/b_1 + 0.8/b_2 + 0.6/b_3 + 0.4/b_4 + 0.2/b_5$$
$$\underset{\sim}{B}_{重} = 0.2/b_1 + 0.4/b_2 + 0.6/b_3 + 0.8/b_4 + 1/b_5$$

试确定模糊条件语句"IF $X_{轻}$ THEN $Y_{重}$ ELSE $Y_{不非常重}$"所决定的模糊关系 $\underset{\sim}{R}$,以及分别计算 $X^*_{很轻}$、$X^*_{重}$、$X^*_{极重}$ 时所对应的模糊集合 $\underset{\sim}{Y}^*$。

解 第 1 步,通过语气算子和补运算,求得如下模糊集合:

$$\underset{\sim}{B}_{很重} = \underset{\sim}{B}_{重}^2 = 0.04/b_1 + 0.16/b_2 + 0.36/b_3 + 0.64/b_4 + 1/b_5$$
$$\underset{\sim}{A}_{极重} = \underset{\sim}{A}_{重}^4 = 0.0016/b_1 + 0.0256/b_2 + 0.1296/b_3 + 0.4096/b_4 + 1/b_5$$
$$\underset{\sim}{B}_{不非常重} = \overline{\underset{\sim}{B}}_{很重} = 0.96/b_1 + 0.84/b_2 + 0.64/b_3 + 0.36/b_4 + 0/b_5$$
$$\underset{\sim}{A}_{很轻} = \underset{\sim}{A}_{轻}^2 = 1/a_1 + 0.64/a_2 + 0.36/a_3 + 0.16/a_4 + 0.04/a_5$$
$$\underset{\sim}{A}_{不轻} = \overline{\underset{\sim}{A}}_{轻} = 0/a_1 + 0.2/a_2 + 0.4/a_3 + 0.6/a_4 + 0.8/a_5$$

第 2 步,确定模糊条件语句所决定的模糊关系 $\underset{\sim}{R}$。用矩阵表示如下:

$$\underset{\sim}{R} = (\underset{\sim}{A}_{轻} \times \underset{\sim}{B}_{重}) \cup (\overline{\underset{\sim}{A}}_{轻} \times \underset{\sim}{B}_{不非常重})$$

$$= \begin{bmatrix} 1 \\ 0.8 \\ 0.6 \\ 0.4 \\ 0.2 \end{bmatrix} \circ [0.2 \quad 0.4 \quad 0.6 \quad 0.8 \quad 1] \cup \begin{bmatrix} 0 \\ 0.2 \\ 0.4 \\ 0.6 \\ 0.8 \end{bmatrix} \circ [0.96 \quad 0.84 \quad 0.64 \quad 0.36 \quad 0]$$

$$= \begin{bmatrix} 0.2 & 0.4 & 0.6 & 0.8 & 1 \\ 0.2 & 0.4 & 0.6 & 0.8 & 0.8 \\ 0.2 & 0.4 & 0.6 & 0.6 & 0.6 \\ 0.2 & 0.4 & 0.4 & 0.4 & 0.4 \\ 0.2 & 0.2 & 0.2 & 0.2 & 0.2 \end{bmatrix} \cup \begin{bmatrix} 0 & 0 & 0 & 0 & 0 \\ 0.2 & 0.2 & 0.2 & 0.2 & 0 \\ 0.4 & 0.4 & 0.4 & 0.36 & 0 \\ 0.6 & 0.6 & 0.6 & 0.36 & 0 \\ 0.8 & 0.8 & 0.64 & 0.36 & 0 \end{bmatrix}$$

$$= \begin{bmatrix} 0.2 & 0.4 & 0.6 & 0.8 & 1 \\ 0.2 & 0.4 & 0.6 & 0.6 & 0.8 \\ 0.4 & 0.4 & 0.6 & 0.6 & 0.6 \\ 0.6 & 0.6 & 0.6 & 0.4 & 0.4 \\ 0.8 & 0.8 & 0.64 & 0.36 & 0.2 \end{bmatrix}$$

第 3 步，计算"$X^*_{很轻}$"所对应的模糊集合，这就是以

$$\underset{\sim}{A}_1^* = \underset{\sim}{A}_{很轻}^* = 1/a_1 + 0.64/a_2 + 0.36/a_3 + 0.16/a_4 + 0.04/a_5$$

作为输入，计算以上述模糊关系 $\underset{\sim}{R}$ 为控制规则的模糊控制器的输出 $\underset{\sim}{B}_1^*$，用矩阵表示如下：

$$\underset{\sim}{B}_1^* = \underset{\sim}{A}_1^* \circ \underset{\sim}{R}$$

$$= \begin{bmatrix} 1 & 0.64 & 0.36 & 0.16 & 0.04 \end{bmatrix} \circ \begin{bmatrix} 0.2 & 0.4 & 0.6 & 0.8 & 1 \\ 0.2 & 0.4 & 0.6 & 0.8 & 0.8 \\ 0.4 & 0.4 & 0.6 & 0.6 & 0.6 \\ 0.6 & 0.6 & 0.6 & 0.4 & 0.4 \\ 0.8 & 0.8 & 0.64 & 0.36 & 0.2 \end{bmatrix}$$

$$= \begin{bmatrix} 0.36 & 0.4 & 0.6 & 0.8 & 1 \end{bmatrix}$$

将 $\underset{\sim}{B}_1^*$ 与已知模糊集合 $\underset{\sim}{B}_{中}$ 比较，可得出输出 $\underset{\sim}{B}_1^*$ 近似于"重"的结论。

同理，可计算 $\underset{\sim}{A}_2^* = \underset{\sim}{A}_{重}$ 所对应的模糊集合 $\underset{\sim}{B}_2^*$，用矩阵表示如下：

$$\underset{\sim}{B}_2^* = \underset{\sim}{A}_2^* \circ \underset{\sim}{R} = \begin{bmatrix} 0.8 & 0.8 & 0.64 & 0.6 & 0.6 \end{bmatrix}$$

输出 $\underset{\sim}{B}_2^*$ 近似于 $\underset{\sim}{B}_{不非常重}$。

同理，可计算 $\underset{\sim}{A}_3^* = \underset{\sim}{A}_{极重}$ 所对应的模糊集合 $\underset{\sim}{B}_3^*$，用矩阵表示如下：

$$\underset{\sim}{B}_3^* = \underset{\sim}{A}_3^* \circ \underset{\sim}{R} = \begin{bmatrix} 0.8 & 0.8 & 0.64 & 0.36 & 0.2 \end{bmatrix}$$

输出 $\underset{\sim}{B}_3^*$ 在 $\underset{\sim}{B}_{轻} = \begin{bmatrix} 1 & 0.8 & 0.6 & 0.4 & 0.2 \end{bmatrix}$ 与 $\underset{\sim}{B}_{很轻} = \begin{bmatrix} 1 & 0.64 & 0.36 & 0.16 & 0.04 \end{bmatrix}$ 之间，可以认为 $\underset{\sim}{B}_3^*$ 近似于 $\underset{\sim}{B}_{比较轻}$。

(3) IF $\underset{\sim}{A}$ AND $\underset{\sim}{B}$ THEN $\underset{\sim}{C}$。设 $\underset{\sim}{A}$、$\underset{\sim}{B}$、$\underset{\sim}{C}$ 分别为论域 U、V、W 上的模糊集合，其中 $\underset{\sim}{A}$、$\underset{\sim}{B}$ 是模糊控制的输入模糊集合。$\underset{\sim}{C}$ 是其输出模糊集合。

已知逻辑关系：$(\underset{\sim}{A}$ AND $\underset{\sim}{B}) \to \underset{\sim}{C}$ 以及 $\underset{\sim}{A}^*$ 和 $\underset{\sim}{B}^*$，求 $\underset{\sim}{C}^*$。

$\underset{\sim}{R} = (A \times B) \times \underset{\sim}{C}$

$\mu_{\underset{\sim}{R}}(x, y, z) = \mu_{\underset{\sim}{R}}(x) \wedge \mu_B(y) \wedge \mu_{\underset{\sim}{C}}(z)$

$\underset{\sim}{C}^* = (A^* \times B^*) \circ [(A \times B) \times \underset{\sim}{C}]$

$$\mu_{\underset{\sim}{C}}(z) = \bigvee_{x \in U, y \in V} \{[\mu_{A^*}(x) \wedge \mu_{B^*}(y)] \wedge [(\mu_R(x) \wedge \mu_B(y)) \wedge \mu_C(z)]\}$$

$$= \bigvee_{x \in U} \{\mu_{A^*}(x) \wedge [\mu_R(x) \wedge \mu_C(z)]\} \wedge \bigvee_{y \in V} \{[\mu_{B^*}(y) \wedge \mu_B(y)] \wedge \mu_C(z)\}$$

$$= \{\bigvee_{x \in U} [\mu_{A^*}(x) \wedge \mu_R(x)] \wedge \mu_C(z)\} \wedge \{\bigvee_{y \in V} [\mu_{B^*}(y) \wedge \mu_B(y)] \wedge \mu_C(z)\}$$

$$= (a_{\underset{\sim}{A}} \wedge \mu_{\underset{\sim}{C}}(z)) \wedge (a_{\underset{\sim}{B}} \wedge \mu_{\underset{\sim}{C}}(z))$$

$$= (a_{\underset{\sim}{A}} \wedge a_{\underset{\sim}{B}}) \wedge \mu_{\underset{\sim}{C}}(z)$$

其中：$a_{\underset{\sim}{A}} = \underset{x \in U}{\vee}(\mu_{\underset{\sim}{A}^*}(x) \wedge \mu_{\underset{\sim}{R}}(x))$ 系指模糊集合 $\underset{\sim}{A}^*$ 与 $\underset{\sim}{A}$ 交集的高度，亦可看成是 $\underset{\sim}{A}^*$ 对 $\underset{\sim}{A}$ 的适配程度。

$a_{\underset{\sim}{B}} = \underset{y \in V}{\vee}(\mu_{\underset{\sim}{B}^*}(y) \wedge \mu_{\underset{\sim}{B}}(y))$ 系指模糊集合 $\underset{\sim}{B}^*$ 与 $\underset{\sim}{B}$ 交集的高度，亦可看成是 $\underset{\sim}{B}^*$ 对 $\underset{\sim}{B}$ 的适配程度。

不难看出，在求 $a_{\underset{\sim}{A}}$ 和 $a_{\underset{\sim}{B}}$ 以后，取这两个适配度中较小的一个值作为总的模糊控制推理前件的适配度，然后再以此为基础去切割后件的隶属函数，便得到结论 $\underset{\sim}{C}^*$，其推理过程如图 4-6 所示。

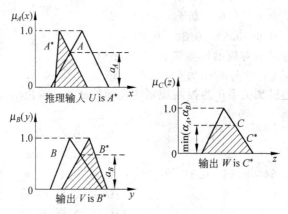

图 4-6 模糊条件语句的推理过程

例 4-3 设论域 $X = \{a_1, a_2, a_3\}$ 及 $Y = \{b_1, b_2, b_3\}$，$Z = \{c_1, c_2, c_3\}$，$\underset{\sim}{A} = 1/a_1 + 0.4/a_2 + 0/a_3$，$\underset{\sim}{B} = 0.1/b_1 + 0.6/b_2 + 1/b_3$，$\underset{\sim}{C} = 0.3/c_1 + 0/c_2 + 1/c_3$。

试确定 "IF $\underset{\sim}{A}$ AND $\underset{\sim}{B}$ THEN $\underset{\sim}{C}$" 所决定的模糊关系 $\underset{\sim}{R}$，以及输入 $\underset{\sim}{A}^* = 1/a_1 + 0.5/a_2 + 0.1/a_3$，$\underset{\sim}{B}^* = 0.1/b_1 + 0.5/b_2 + 0.7/b_3$ 所决定的输出 $\underset{\sim}{C}^*$。

解 求 $\underset{\sim}{R}$，由于矩阵 $\underset{\sim}{R} = \underset{\sim}{A} \times \underset{\sim}{B} \times \underset{\sim}{C}$，故先求 $\underset{\sim}{A} \times \underset{\sim}{B}$ 有

$$\underset{\sim}{R}_1 = \underset{\sim}{A} \times \underset{\sim}{B} = \begin{bmatrix} 0.1 & 0.6 & 1 \\ 0.1 & 0.4 & 0.4 \\ 0 & 0 & 0 \end{bmatrix}$$

把 $\underset{\sim}{R}_1$ 写成列向量，有

$$\underset{\sim}{R} = \underset{\sim}{R}_1^T \times \underset{\sim}{C} = \begin{bmatrix} 0.1 \\ 0.6 \\ 1 \\ 0.1 \\ 0.4 \\ 0.4 \\ 0 \\ 0 \\ 0 \end{bmatrix} \times [0.3 \ 0 \ 1] = \begin{bmatrix} 0.1 & 0 & 0.1 \\ 0.3 & 0 & 0.6 \\ 0.3 & 0 & 1 \\ 0.1 & 0 & 0.1 \\ 0.3 & 0 & 0.4 \\ 0.3 & 0 & 0.4 \\ 0 & 0 & 0 \\ 0 & 0 & 0 \\ 0 & 0 & 0 \end{bmatrix}$$

当输入 $\underset{\sim}{A}^*$ 和 $\underset{\sim}{B}^*$ 时，有矩阵

$$\underset{\sim}{A}^* \times \underset{\sim}{B}^* = \begin{bmatrix} 1 \\ 0.5 \\ 0.1 \end{bmatrix} \circ [0.1 \quad 0.5 \quad 0.7] = \begin{bmatrix} 0.1 & 0.5 & 0.7 \\ 0.1 & 0.5 & 0.5 \\ 0.1 & 0.1 & 0.1 \end{bmatrix}$$

将 $\underset{\sim}{A}^* \times \underset{\sim}{B}^*$ 展成如下行向量,并以 $\underset{\sim}{R}_2^T$ 表示,即

$$\underset{\sim}{R}_2^T = (\underset{\sim}{A}^* \times \underset{\sim}{B}^*)^T = [0.1 \quad 0.5 \quad 0.7 \quad 0.1 \quad 0.5 \quad 0.5 \quad 0.1 \quad 0.1 \quad 0.1]$$

最后得 $\underset{\sim}{C}^*$:

$$\underset{\sim}{C}^* = [0.1 \quad 0.5 \quad 0.7 \quad 0.1 \quad 0.5 \quad 0.5 \quad 0.1 \quad 0.1 \quad 0.1] \circ \begin{bmatrix} 0.1 & 0 & 0.1 \\ 0.3 & 0 & 0.6 \\ 0.3 & 0 & 1 \\ 0.1 & 0 & 0.1 \\ 0.3 & 0 & 0.4 \\ 0.3 & 0 & 0.4 \\ 0 & 0 & 0 \\ 0 & 0 & 0 \\ 0 & 0 & 0 \end{bmatrix}$$

$$= [0.3 \quad 0 \quad 0.7]$$

即

$$\underset{\sim}{C}^* = 0.3/c_1 + 0/c_2 + 0.7/c_3$$

求得 $\underset{\sim}{C}^*$ 的另一种方法是先求 $a_{\underset{\sim}{A}}$ 和 $a_{\underset{\sim}{B}}$。

$$a_{\underset{\sim}{A}} = \bigvee_{x \in U} (\mu_{\underset{\sim}{A}^*}(x) \wedge \mu_{\underset{\sim}{R}}(x))$$
$$= (1 \wedge 1) \vee (0.5 \wedge 0.4) \vee (0.1 \wedge 0)$$
$$= 1$$
$$a_{\underset{\sim}{B}} = \bigvee_{y \in V} (\mu_{\underset{\sim}{B}^*}(y) \wedge \mu_{\underset{\sim}{B}}(y))$$
$$= (0.1 \wedge 0.1) \vee (0.5 \wedge 0.6) \vee (0.7 \wedge 1)$$
$$= 0.7$$

再求

$$\mu_{\underset{\sim}{C}^*}(z) = (a_{\underset{\sim}{A}} \wedge a_{\underset{\sim}{B}}) \wedge \mu_{\underset{\sim}{C}}(z) = (1 \wedge 0.7) \wedge \mu_{\underset{\sim}{C}}(z)$$
$$= 0.7 \wedge (0.3/c_1 + 0/c_2 + 1/c_3)$$
$$= 0.3/c_1 + 0/c_2 + 0.7/c_3$$

最后得

$$\underset{\sim}{C}^* = 0.3/c_1 + 0/c_2 + 0.7/c_3$$

两输入推理可容易地推广到多输入情况下的推理,只要分别求出各个输入对推理前件中相应条件的适配度,再取其中最小的一个作为总的模糊推理前件的适配度,取切割推理后件的隶属函数,便可得到推理的结论。

4.3 模糊控制系统概述

模糊控制是以模糊集合论,模糊语言变量和模糊逻辑推理为基础的微机数字控制,它是模拟人的思维,构造一种非线性控制,以满足复杂的、不确定的过程控制的需要。它属于智

能控制范畴。

4.3.1 模糊控制系统的构成

模糊控制系统类似于常规的微型计算机控制系统,如图 4-7 所示,一般由 4 部分构成。

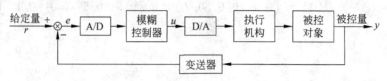

图 4-7 模糊控制系统的构成

(1) 模糊控制器。它是一台微型计算机,完成模糊推理与模糊控制的工作。

(2) 输入输出接口装置。它完成模数、数模转换,电平转换,信号采样与滤波。

(3) 广义对象。它包括被控对象与执行机构,被控对象为复杂的工业过程,它可以是线性的或非线性的,也可能存在各种干扰,是模糊的、不确定的、没有精确的数学模型的过程。

(4) 测量元件传感器。它将被控对象输出信号转换为相应的电信号,测量元件的精度往往直接影响控制系统的精度,要注意选择既符合工程精度要求又稳定可靠的测量元件。

由以上 4 部分构成一个负反馈模糊控制系统。

4.3.2 模糊控制系统的原理

首先叙述一个晶闸管闭环直流调速模糊控制系统,如图 4-8 所示。该系统当工作机构的负载转矩 T_d 增大时,在直流电动机励磁磁通 Φ 和电枢电压 u_d 不变的情况下,其电枢回路中流过的工作电流 i_d 相应增大,根据他励直流电动机的转矩方程和电枢回路电压平衡方程:

$$T_d = C_T \Phi i_d \tag{4-9}$$

$$n_d = (u_d - i_d r)/C_e \Phi \tag{4-10}$$

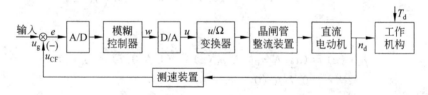

图 4-8 速度模糊控制系统

可知,电动机转速 n_d 将要降低。式中 r 为电枢回路电阻,C_e、C_T 分别为直流电动机电动势与转矩系数,同时由测速装置检测得到的速度信号 u_{CF} 亦将随之减少。为了保持工作机构的运行速度 n_d 不变,必须将 u_{CF} 信号和给定电压 u_g 相比较,得到的偏差 e 也将增大,经过 A/D 转换作为模糊控制器的输入量,由模糊控制器的输入接口将该确定量模糊化成相应的模糊量,误差 e 的模糊量可用相应的模糊语言子集 $\underset{\sim}{e}$ 来表示。再由 $\underset{\sim}{e}$ 和模糊控制规则 $\underset{\sim}{R}$,根据推理的合成规则进行模糊决策,得到模糊控制量 $\underset{\sim}{\omega}$,即:

$$\underset{\sim}{\omega} = \underset{\sim}{e} \circ \underset{\sim}{R} \tag{4-11}$$

为了将模糊控制量 $\underset{\sim}{\omega}$ 转换为精确量,由模糊控制器的输出接口作"解模糊"处理,得到的数字量经 D/A 转换成模拟量 u,再由电压移相脉冲变换器使晶闸管触发脉冲的触发角 α 相应变小,从而增大晶闸管整流装置输出电压,调节直流电动机转速,使其维持在负载增加以前的转速值。同理,改变给定电压 u_g 值,也可以改变直流电动机转速的设定值。

假定该工作机构的负载扰动有很大的随机性,为了保持直流电动机转速为 1kr/min,按照人工操作的一般经验,有一些控制规则,例如:

若电动机转速 n_d 低于 1krpm,则应该升高电压 u_d,n_d 低得越多,u_d 升得越高。

若电动机转速 n_d 高于 1krpm,则应该降低电压 u_d,n_d 高得越多,u_d 降得越低。

若电动机转速 n_d 等于 1krpm,则应该保持电压 u_d 不变。

据此经验,其控制原理可作如下分析:

(1) 偏差量与控制量。设直流电动机的转速 1krpm 所对应的电压给定值为 u_{g0},测速装置输出电压是 u_{CF},其偏差量为

$$e = u_{g0} - u_{CF}$$

控制量 u 是作为晶闸管触发器的移相电压,直接控制直流电动机的供电电压,而且是连续可调的。

(2) 模糊化。设偏差 e 的模糊集合为

$$\underset{\sim}{e} = \{负大,负小,零,正小,正大\}$$

确定其相应的语言变量,并记作:NB=负大,NS=负小,ZO=零,PS=正小,PB=正大。并将误差 e 的大小量化为 9 个等级,分别表示为 $-4,-3,-2,-1,0,+1,+2,+3,+4$,则其论域 $\underset{\sim}{E}$ 为

$$\underset{\sim}{E} = \{-4,-3,-2,-1,0,+1,+2,+3,+4\}$$

若把控制量 u 的大小也量化为上述 9 个等级(其等级数可以和 e 不同),则其论域 $\underset{\sim}{U}$ 也与 $\underset{\sim}{E}$ 相同(但量化单位不一定相同)。若根据专家经验,这些等级对于模糊集 $\underset{\sim}{e}$ 的隶属度由表 4-5 给出,则可得到相应的隶属函数,如图 4-9 所示。

表 4-5 模糊变量 (e,u) 不同等级的隶属度值

隶属度值 \ 量化等级 语言变量	-4	-3	-2	-1	0	+1	+2	+3	+4
PB	0	0	0	0	0	0.4	0.7	1	1
PS	0	0	0	0.4	0.7	1	0.7	0.4	0
ZO	0	0	0.4	0.7	1	0.7	0.4	0	0
NS	0	0.4	0.7	1	0.7	0.4	0	0	0
NB	1	1	0.7	0.4	0	0	0	0	0

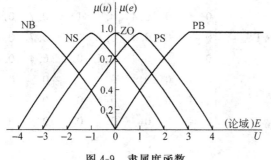

图 4-9 隶属度函数

(3) 模糊规则。根据熟练操作人员手动控制经验,模糊控制语言规则可表示成如下形式:

① IF E=NB THEN U=PB
② IF E=NS THEN U=PS
③ IF E=ZO THEN U=ZO
④ IF E=PS THEN U=NS
⑤ IF E=PB THEN U=NB

或列成模糊状态表,如表 4-6 所示。

表 4-6 一维模糊状态表

e	NB	NS	ZO	PS	PB
u	PB	PS	ZO	NS	NB

(4) 模糊关系。上述模糊控制规则,实际上是一个多重模糊条件语句,它可以用误差论域 E 到控制量论域 U 的模糊关系 R 来表示,即

$$R = (NB_e \times PB_u) \cup (NS_e \times PS_u) \cup (ZO_e \times ZO_u)$$
$$\cup (PS_e \times NS_u) \cup (PB_e \times NB_u) \tag{4-12}$$

其中,直积项按表 4-5 可以用矩阵表示为

$$\mathbf{NB}_e \times \mathbf{PB}_u = [1\ 1\ 0.7\ 0.4\ 0\ 0\ 0\ 0\ 0]^T \times [0\ 0\ 0\ 0\ 0\ 0.4\ 0.7\ 1\ 1]$$

$$= \begin{bmatrix} 0 & 0 & 0 & 0 & 0 & 0.4 & 0.7 & 1 & 1 \\ 0 & 0 & 0 & 0 & 0 & 0.4 & 0.7 & 1 & 1 \\ 0 & 0 & 0 & 0 & 0 & 0.4 & 0.7 & 0.7 & 0.7 \\ 0 & 0 & 0 & 0 & 0 & 0.4 & 0.4 & 0.4 & 0.4 \\ 0 & 0 & 0 & 0 & 0 & 0 & 0 & 0 & 0 \\ 0 & 0 & 0 & 0 & 0 & 0 & 0 & 0 & 0 \\ 0 & 0 & 0 & 0 & 0 & 0 & 0 & 0 & 0 \\ 0 & 0 & 0 & 0 & 0 & 0 & 0 & 0 & 0 \\ 0 & 0 & 0 & 0 & 0 & 0 & 0 & 0 & 0 \end{bmatrix}$$

同理,可得到其他各项为

$$\mathbf{NS}_e \times \mathbf{PS}_u = \begin{bmatrix} 0 & 0 & 0 & 0 & 0 & 0 & 0 & 0 & 0 \\ 0 & 0 & 0 & 0.4 & 0.4 & 0.4 & 0.4 & 0.4 & 0 \\ 0 & 0 & 0 & 0.4 & 0.7 & 0.7 & 0.7 & 0.4 & 0 \\ 0 & 0 & 0 & 0.4 & 0.7 & 1 & 0.7 & 0.4 & 0 \\ 0 & 0 & 0 & 0.4 & 0.7 & 0.7 & 0.7 & 0.4 & 0 \\ 0 & 0 & 0 & 0.4 & 0.4 & 0.4 & 0.4 & 0.4 & 0 \\ 0 & 0 & 0 & 0 & 0 & 0 & 0 & 0 & 0 \\ 0 & 0 & 0 & 0 & 0 & 0 & 0 & 0 & 0 \\ 0 & 0 & 0 & 0 & 0 & 0 & 0 & 0 & 0 \end{bmatrix}$$

$$\mathbf{ZO}_e \times \mathbf{ZO}_u = \begin{bmatrix} 0 & 0 & 0 & 0 & 0 & 0 & 0 & 0 & 0 \\ 0 & 0 & 0 & 0 & 0 & 0 & 0 & 0 & 0 \\ 0 & 0 & 0.4 & 0.4 & 0.4 & 0.4 & 0.4 & 0 & 0 \\ 0 & 0 & 0.4 & 0.7 & 0.7 & 0.7 & 0.4 & 0 & 0 \\ 0 & 0 & 0.4 & 0.7 & 1 & 0.7 & 0.4 & 0 & 0 \\ 0 & 0 & 0.4 & 0.7 & 0.7 & 0.7 & 0.4 & 0 & 0 \\ 0 & 0 & 0.4 & 0.4 & 0.4 & 0.4 & 0.4 & 0 & 0 \\ 0 & 0 & 0 & 0 & 0 & 0 & 0 & 0 & 0 \\ 0 & 0 & 0 & 0 & 0 & 0 & 0 & 0 & 0 \end{bmatrix}$$

$$\mathbf{PS}_e \times \mathbf{NS}_u = \begin{bmatrix} 0 & 0 & 0 & 0 & 0 & 0 & 0 & 0 & 0 \\ 0 & 0 & 0 & 0 & 0 & 0 & 0 & 0 & 0 \\ 0 & 0 & 0 & 0 & 0 & 0 & 0 & 0 & 0 \\ 0 & 0.4 & 0.4 & 0.4 & 0.4 & 0.4 & 0 & 0 & 0 \\ 0 & 0.4 & 0.7 & 0.7 & 0.7 & 0.4 & 0 & 0 & 0 \\ 0 & 0.4 & 0.7 & 1 & 0.7 & 0.4 & 0 & 0 & 0 \\ 0 & 0.4 & 0.7 & 0.7 & 0.7 & 0.4 & 0 & 0 & 0 \\ 0 & 0.4 & 0.4 & 0.4 & 0.4 & 0.4 & 0 & 0 & 0 \\ 0 & 0 & 0 & 0 & 0 & 0 & 0 & 0 & 0 \end{bmatrix}$$

$$\mathbf{PB}_e \times \mathbf{NB}_u = \begin{bmatrix} 0 & 0 & 0 & 0 & 0 & 0 & 0 & 0 & 0 \\ 0 & 0 & 0 & 0 & 0 & 0 & 0 & 0 & 0 \\ 0 & 0 & 0 & 0 & 0 & 0 & 0 & 0 & 0 \\ 0 & 0 & 0 & 0 & 0 & 0 & 0 & 0 & 0 \\ 0 & 0 & 0 & 0 & 0 & 0 & 0 & 0 & 0 \\ 0.4 & 0.4 & 0.4 & 0.4 & 0 & 0 & 0 & 0 & 0 \\ 0.7 & 0.7 & 0.7 & 0.4 & 0 & 0 & 0 & 0 & 0 \\ 1 & 1 & 0.7 & 0.4 & 0 & 0 & 0 & 0 & 0 \\ 1 & 1 & 0.7 & 0.4 & 0 & 0 & 0 & 0 & 0 \end{bmatrix}$$

由以上5个矩阵求并,即求隶属函数最大值可得

$$\mathop{R}\limits_{\sim} = \begin{bmatrix} 0 & 0 & 0 & 0 & 0 & 0.4 & 0.7 & 1 & 1 \\ 0 & 0 & 0 & 0.4 & 0.4 & 0.4 & 0.7 & 1 & 1 \\ 0 & 0 & 0.4 & 0.4 & 0.7 & 0.7 & 0.7 & 0.7 & 0.7 \\ 0 & 0.4 & 0.4 & 0.7 & 0.7 & 1 & 0.7 & 0.4 & 0.4 \\ 0 & 0.4 & 0.7 & 0.7 & 1 & 0.7 & 0.7 & 0.4 & 0 \\ 0.4 & 0.4 & 0.7 & 1 & 0.7 & 0.7 & 0.4 & 0.4 & 0 \\ 0.7 & 0.7 & 0.7 & 0.7 & 0.7 & 0.4 & 0.4 & 0 & 0 \\ 1 & 1 & 0.7 & 0.4 & 0.4 & 0.4 & 0 & 0 & 0 \\ 1 & 1 & 0.7 & 0.4 & 0 & 0 & 0 & 0 & 0 \end{bmatrix} \quad (4-13)$$

(5) 模糊推理。任给出一个偏差结果 $\mathop{e}\limits_{\sim}$ 作为输入,把 $\mathop{R}\limits_{\sim}$ 作为模糊控制器,则得出输出控制量。当 $\mathop{e}\limits_{\sim}=\mathbf{NS}$,可用矩阵表示为

$$u = e \circ R = \begin{bmatrix} 0 & 0.4 & 0.7 & 1 & 0.7 & 0.4 & 0 & 0 & 0 \end{bmatrix}$$

$$\circ \begin{bmatrix} 0 & 0 & 0 & 0 & 0 & 0.4 & 0.7 & 1 & 1 \\ 0 & 0 & 0 & 0.4 & 0.4 & 0.4 & 0.7 & 1 & 1 \\ 0 & 0 & 0.4 & 0.4 & 0.7 & 0.7 & 0.7 & 0.7 & 0.7 \\ 0 & 0.4 & 0.4 & 0.7 & 0.7 & 1 & 0.7 & 0.4 & 0.4 \\ 0 & 0.4 & 0.7 & 0.7 & 1 & 0.7 & 0.7 & 0.4 & 0 \\ 0.4 & 0.4 & 0.7 & 1 & 0.7 & 0.7 & 0.4 & 0.4 & 0 \\ 0.7 & 0.7 & 0.7 & 0.7 & 0.7 & 0.4 & 0 & 0 & 0 \\ 1 & 1 & 0.7 & 0.4 & 0.4 & 0.4 & 0 & 0 & 0 \\ 1 & 1 & 0.7 & 0.4 & 0 & 0 & 0 & 0 & 0 \end{bmatrix}$$

$$= \begin{bmatrix} 0.4 & 0.4 & 0.7 & 0.7 & 0.7 & 1 & 0.7 & 0.7 & 0.7 \end{bmatrix}$$

这里算符。代表 sup←min 合成推理,整个过程也被称为模糊决策。

(6) 解模糊。将模糊推理所决定的控制量表示成模糊集,即

$$u = 0.4/-4 + 0.4/-3 + 0.7/-2 + 0.7/-1 + 0.7/0$$
$$+ 1/+1 + 0.7/+2 + 0.7/+3 + 0.7/+4$$

按隶属度最大原则,应选取控制量为"+1"级,即当直流电动机转速偏高时,应该提高一点输出电压 u,使触发角 α 增大一点,从而降低一些晶闸管整流装置的供电电压 u_d,使直流电动机转速下降。对每个非模糊的观察结果,均可依据 R 确定一个相应值,列成控制表如表 4-7 所示。

表 4-7 控制表

e	−4	−3	−2	−1	0	1	2	3	4
u	4	3	2	1	0	−1	−2	−3	−4

模糊控制系统的动态响应如图 4-10 所示,模糊控制的稳态精度与论域的分级数有关,适当增加分级数可提高系统的稳态精度。

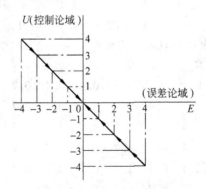

图 4-10 单变量模糊控制器动态响应特性

本节举出以速度偏差为单输入量的模糊控制调速系统,只是为了说明模糊控制系统的基本工作原理,若作为实际系统仅此是不能获得令人十分满意的静态或动态性能的,尚应该引入速度误差变化 e_c,甚至引入加速度误差变化 e_{cc} 作为输入量,在模糊规则和合成推理等

方面还有待进一步完善。

4.4 模糊控制器原理

模糊控制系统不同于通常的微型计算机控制系统,其主要区别是采用了模糊控制器。模糊控制器是模糊控制系统的核心部分,其结构直接影响控制系统的性能。

模糊控制器主要包括输入量模糊化接口、知识库、推理机、输出量清晰化接口4个部分,如图4-11所示。

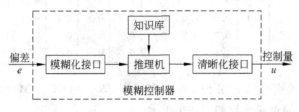

图 4-11 模糊控制器的组成

1. 模糊化接口

在控制系统中,一般将偏差和偏差变化率的实际变化范围称作基本论域。设偏差 x 的基本论域为 $[a,b]$,首先将 $x\in[a,b]$ 变换成 $y\in[-X_e,X_e]$ 的连续区间,变换公式如下:

$$y = \frac{2X_e}{b-a}\left(x - \frac{a+b}{2}\right) \tag{4-14}$$

设偏差所取的模糊集的论域为 $\{-n,-n+1,\cdots,0,\cdots,n-1,n\}$,这里,$n$ 为将 $0\sim X_e$ 范围内连续变化的偏差离散化之后分成的挡数,因此可以得到偏差精确量 y 的模糊化的量化因子为

$$K_e = n/X_e \tag{4-15}$$

在实际系统中,n 值不易划分过细、过密,一般取 $n=6$。

同理,对于偏差变化 $[-X_c,X_c]$,若选择其模糊集的论域为 $\{-m,-m+1,\cdots,0,\cdots,m-1,m\}$,则偏差变化 X_c 的量化因子为

$$K_c = m/X_c \tag{4-16}$$

量化因子 K_c 具有与 K_e 完全相同的特性,一般也取 $m=6$。

通常人们习惯上将 $[-6,+6]$ 之间变化的偏差大小表述为如下几种模糊子集:

在 $+6$ 附近称为正大,记为 PB;

在 $+4$ 附近称为正中,记为 PM;

在 $+2$ 附近称为正小,记为 PS;

稍大于 0 的称为正零,记为 PO;

稍小于 0 的称为负零,记为 NO;

在 -2 附近称为负小,记为 NS;

在 -4 附近称为负中,记为 NM;

在 -6 附近称为负大,记为 NB。

因此,对于偏差 e,其模糊子集 $\underset{\sim}{e}=\{\text{NB},\text{NM},\text{NS},\text{NO},\text{PO},\text{PM},\text{PB}\}$,各个语言变量值的

隶属函数如表 4-8 所示。

表 4-8 偏差 e 的语言变量值隶属度

μ \ e / E	−6	−5	−4	−3	−2	−1	−0	+0	+1	+2	+3	+4	+5	+6
PB	0	0	0	0	0	0	0	0	0	0.1	0.4	0.8	1.0	
PM	0	0	0	0	0	0	0	0	0.2	0.7	1.0	0.7	0.2	
PS	0	0	0	0	0	0	0.3	0.8	1.0	0.5	0.1	0	0	
PO	0	0	0	0	0	0	0	1.0	0.6	0.1	0	0	0	
NO	0	0	0	0	0.1	0.6	1.0	0	0	0	0	0	0	
NS	0	0	0.1	0.5	1.0	0.8	0.3	0	0	0	0	0	0	
NM	0.2	0.7	1.0	0.7	0.2	0	0	0	0	0	0	0	0	
NB	1.0	0.8	0.4	0.1	0	0	0	0	0	0	0	0	0	

同理，可以将偏差变化值 e_c 分为 7 个模糊子集，即 e_c ={NB,NM,NS,NO,PO,PS,PM,PB}各个语言变量值的隶属函数如表 4-9 所示。

表 4-9 偏差变化 e_c 的语言变量值隶属度

μ \ e_c / $\tilde{e}_c$	−6	−5	−4	−3	−2	−1	−0	+0	+1	+2	+3	+4	+5	+6
PB	0	0	0	0	0	0	0	0	0	0.1	0.4	0.8	1.0	
PM	0	0	0	0	0	0	0	0.2	0.2	0.7	1.0	0.7	0.2	
PS	0	0	0	0	0	0	0.9	1.0	1.0	0.7	0.2	0	0	
ZO	0	0	0	0	0.5	1.0	0.5	0	0	0	0	0	0	
NS	0	0	0.2	0.7	1.0	0.9	0	0	0	0	0	0	0	
NM	0.2	0.7	1.0	0.7	0.2	0	0	0	0	0	0	0	0	
NB	1.0	0.8	0.4	0.1	0	0	0	0	0	0	0	0	0	

上述模糊集的隶属函数应根据实际情况来确定。一般有时采用下式来拟和模糊集合的隶属度：

$$\mu_{\underset{\sim}{A}}(x) = \exp\left[-\left(\frac{x-a}{b}\right)^2\right] \tag{4-17}$$

在确定模糊子集的隶属函数 $\mu_{\underset{\sim}{A}}(x)$ 时，应注意以下几个问题。

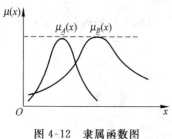

图 4-12 隶属函数图

① 隶属函数对控制效果影响较大。如图 4-12 所示的两种不同形状的隶属函数 $\mu_{\underset{\sim}{A}}$ 和 $\mu_{\underset{\sim}{B}}$。若偏差采用模糊集合 $\underset{\sim}{A}$，由于分辨率较高，偏差控制的灵敏度也较好；若偏差采用模糊集合 $\underset{\sim}{B}$，由于分辨率较低，偏差控制的灵敏度较低，控制特性较平缓，稳定性较好。因此，一般在误差较大时采用低分辨率的隶属函数；误差较小时，宜采用高分辨率的隶属函数。

② 在定义变量的全部模糊集合时，如 PB,…,NB,应该考虑它们对论域[−n,n]的覆盖程度，使论域中的任何一点在这些模糊集合上的隶属度的最大值不能太小。否则有可能在这点上会出现空档，引起失控。因此全部模糊集合所包含的与非零隶属度对应的论域元素个数应当是模糊集合总数的 2~3 倍。

③ 考虑各模糊集合之间的相互影响,可以采用这些模糊集合中任意两个集合的交集中的隶属度的最大值 β 来衡量,β 较小时控制较灵敏,β 较大时模糊控制对于对象参数变化的适应性较强,即鲁棒性较好。一般取 $\beta=0.4\sim0.7$,β 过大将使两个模糊状态无法区分。

2. 知识库

知识库由数据库和规则库两部分组成。

模糊控制器的输入变量、输出变量经模糊化处理后,其全部模糊子集的隶属度或隶属函数存放于模糊控制器的数据库中,如表 4-8 和表 4-9 所示数据,在基于规则推理的模糊关系方程求解过程中,为推理机提供数据。但要说明的是,输入变量和输出变量的测量数据集不属于数据库存放范畴。

规则库就是用来存放全部模糊控制规则的,在推理时为"推理机"提供控制规则。模糊控制器的规则是基于专家知识或手动操作经验来建立的,它是按人的直觉推理的一种语言表示形式。模糊规则通常由一系列的关系词连接而成,如 IF…THEN、ELSE、ALSO、AND、OR 等,关系词必须经过"翻译",才能将模糊规则数值化。如果某模糊控制器的输入变量为偏差 e 和偏差变化 e_c,模糊控制器的输出变量为 u,其相应的语言变量为 E、EC 和 U,给出下述一族模糊规则:

(1) IF E=NB OR NM AND EC=NB OR NM THEN U=PB
(2) IF E=NB OR NM AND EC=NS OR NO THEN U=PB
(3) IF E=NB OR NM AND EC=PS THEN U=PM
(4) IF E=NB OR NM AND EC=PM OR PB THEN U=NO
(5) IF E=NS AND EC=NB OR NM THEN U=PB
(6) IF E=NS AND EC=NS OR NO THEN U=PB
(7) IF E=NS AND EC=PS THEN U=PB
(8) IF E=NS AND EC=PM OR PB THEN U=NO
(9) IF E=NO OR PO AND EC=NB OR NM THEN U=PB
(10) IF E=NO OR PO AND EC=NS THEN U=PB
(11) IF E=NO OR PO AND EC=NO THEN U=NO
(12) IF E=NO OR PO AND EC=PS THEN U=NB
(13) IF E=NO OR PO AND EC=PM OR PB THEN U=NB
(14) IF E=PS AND EC=NB OR NM THEN U=PM
(15) IF E=PS AND EC=NS THEN U=PB
(16) IF E=PS AND EC=NO OR PS THEN U=NB
(17) IF E=PS AND EC=PM OR PB THEN U=NB
(18) IF E=PM OR PB AND EC=NB OR NM THEN U=PB
(19) IF E=PM OR PB AND EC=NS THEN U=PB
(20) IF E=PM OR PB AND EC=NO OR PS THEN U=NB
(21) IF E=NB OR PB AND EC=PM OR PB THEN U=PB

上述 21 条模糊条件语句可归纳为模糊控制规则表如表 4-10 所示。

该规则基本总结了众多被控对象手动操作系统中,各种可能出现的情况和相应的控制策略。例如,锅炉压力与加热的关系;汽轮机转速与阀门开度的关系;反应堆的热交换关系;飞机、轮船和航向与舵的关系;卫星的姿态与作用力的关系等。

表 4-10 模糊控制规则表

E \ U \ E	PB	PM	PS	ZO	NS	NM	NB
PB	NB	NB	NB	NB	NM	ZO	ZO
PM	NB	NB	NB	NB	NM	ZO	ZO
PS	NM	NM	NM	NM	ZO	PS	PS
PO	NM	NM	NS	ZO	PS	PM	PM
NO	NM	NM	NS	ZO	PS	PM	PM
NS	NS	NS	ZO	PM	PM	PM	PM
NM	ZO	ZO	PM	PB	PB	PB	PB
NB	ZO	ZO	PM	PB	PB	PB	PB

3. 推理机

推理机是模糊控制器中,根据输入模糊量和知识库进行模糊推理,求解模糊关系方程,并获得模糊控制量的功能部分。模糊推理有时也称为似然推理,其一般形式如下:

(1) 一维推理。

前提:IF $A=A_1$ THEN $B=B_1$

条件:IF $A=A_2$

结论:THEN $B=?$

(2) 二维推理。

前提:IF $A=A_1$ AND $B=B_1$ THEN $C=C_1$

条件:IF $A=A_2$ AND $B=B_2$

结论:THEN $C=?$

当上述给定条件为模糊集时,可以采用似然推理方法进行推理。在模糊控制中由于控制器的输入变量(如偏差和偏差变化)往往不是一个模糊子集,而是一些孤点(如 $a=a_0$, $b=b_0$)等。因此一般不直接使用这种推理方式,模糊推理方式略有不同,一般可分为以下 3 类,设有两条推理规则:

① IF $A=A_1$ AND $B=B_1$, THEN $C=C_1$

② IF $A=A_2$ AND $B=B_2$, THEN $C=C_2$

推理方式一:又称为 Mamdani 极小运算法。

设 $a=a_0, b=b_0$,则新的隶属度为

$$\mu_C(z) = [\omega_1 \wedge \mu_{C_1}(z)] \vee [\omega_2 \wedge \mu_{C_2}(z)]$$

式中

$$\omega_1 = \mu_{A_1}(a_0) \wedge \mu_{B_1}(b_0)$$
$$\omega_2 = \mu_{A_2}(a_0) \wedge \mu_{B_2}(b_0)$$

该方法常用于模糊控制系统中,直接采用极大极小合成运算法,计算较简便,但在合成运算中,信息丢失较多。

推理方式二:又称为代数乘积运算法。

设 $a=a_0, b=b_0$,有

$$\mu_C(z) = [\omega_1 \mu_{C_1}(z)] \vee [\omega_2 \mu_{C_2}(z)]$$

式中：
$$\omega_1 = \mu_{A_1}(a_0) \wedge \mu_{B_1}(b_0)$$
$$\omega_2 = \mu_{A_2}(a_0) \wedge \mu_{B_2}(b_0)$$

在合成过程中，与方式一比较该种方式丢失信息较少。

推理方式三：该方式由学者 Tsukamoto 提出，适合于隶属度为单调的情况。

设 $a = a_0, b = b_0$，有
$$z_0 = \frac{\omega_1 z_1 + \omega_2 z_2}{\omega_1 + \omega_2}$$

式中：
$$z_1 = [\mu_{C_1}(\omega_1)]^{-1}, \quad z_2 = [\mu_{C_2}(\omega_2)]^{-1};$$
$$\omega_1 = \mu_{A_1}(a_0) \wedge \mu_{B_1}(b_0)$$
$$\omega_2 = \mu_{A_2}(a_0) \wedge \mu_{B_2}(b_0)$$

4. 清晰化接口

由于被控对象每次只能接收一个精确的控制量，无法接收模糊控制量，因此必须经过清晰化接口将其转换成精确量，这一过程又称为模糊判决，也称为去模糊，通常采用下述三种方法：

(1) 最大隶属度方法。若对应的模糊推理的模糊集 C 中，元素 $u^* \in U$ 满足
$$\mu_C(u^*) \geqslant \mu_C(u) \quad u \in U$$

则取 u^* 作为控制量的精确值。

若这样的隶属度最大点 u^* 不唯一，就取它们平均值 $\overline{u^*}$ 或 $[u_1^*, u_p^*]$ 的中点 $(u_1^* + u_p^*)/2$ 作为输出控制量（其中 $u_1^* \leqslant u_2^* \leqslant \cdots \leqslant u_p^*$）。这种方法简单、易行、实时性好，但它概括的信息量少。

例如，若
$$C = 0.2/2 + 0.7/3 + 1/4 + 0.7/5 + 0.2/6$$
则按最大隶属度原则应取控制量 $u^* = 4$。

又如，若
$$C = 0.1/-4 + 0.4/-3 + 0.8/-2 + 1/-1 + 1/0 + 0.4/1$$
则按平均值法，应取：
$$u^* = \frac{0 + (-1)}{2} = \frac{-1}{2} = -0.5$$

(2) 加权平均法。加权平均法是模糊控制系统中应用较为广泛的一种判断方法，该方法有两种形式。

① 普通加权平均法。控制量由下式决定：
$$u^* = \frac{\sum_i \mu_C(u_i) \times u_i}{\sum_i \mu_C(u_i)}$$

例如，若
$$C = 0.1/2 + 0.8/3 + 1.0/4 + 0.8/5 + 0.1/6$$
则
$$u^* = \frac{0.1 \times 2 + 0.8 \times 3 + 1.0 \times 4 + 0.8 \times 5 + 0.1 \times 6}{0.1 + 0.8 + 1.0 + 0.8 + 0.1} = 4$$

② 权系数加权平均法。控制量由下式决定：

$$u^* = \frac{\sum_i k_i u_i}{\sum_i k_i}$$

式中 k_i 为加权系数，根据实际情况决定。当 $k_i = u_{\underset{\sim}{C}}(u_i)$ 时，即为普通加权平均法。通过修改加权系数，可以改善系统的响应特性。

(3) 中位数判决法。在最大隶属度判决法中，只考虑了最大隶属度数值，而忽略了其他信息的影响。中位数判决法是将隶属函数曲线与横坐标所围成的面积平均分成两部分，以分界点所对应的论域元素 u_i 作为判决输出。

设模糊推理的输出为模糊量 $\underset{\sim}{C}$，若存在 u^*，并且使

$$\sum_{u_{\min}}^{u^*} u_{\underset{\sim}{c}}(u) = \sum_{u^*}^{u_{\max}} u_{\underset{\sim}{c}}(u)$$

则取 u^* 为控制量的精确值。

4.5 模糊控制器设计基础

设计一个模糊控制系统的关键是设计模糊控制器，而设计一个模糊控制器就需要选择模糊控制器的结构，选取模糊控制规则，确定模糊化和清晰化的方法，确定模糊控制器的参数，编写模糊控制算法程序。

1. 模糊控制器的结构设计

(1) 单输入单输出结构。在单输入单输出系统中，受人类控制过程的启发，一般可设计成一维或二维模糊控制器。在极少数情况下，才有设计成三维控制器的要求。这里所讲的模糊控制器的维数，通常是指其输入变量的个数。

① 一维模糊控制器。这是一种最简单的模糊控制器，其输入和输出变量均只有一个。假设模糊控制器输入变量为 x，输出变量为 y，此时的模糊规则为

　　　　　　IF x IS $\underset{\sim}{A}_1$ THEN y IS $\underset{\sim}{B}_1$ OR
　　　　　　⋮
　　　　　　IF x IS $\underset{\sim}{A}_n$ THEN y IS $\underset{\sim}{B}_n$

式中的 $\underset{\sim}{A}_1, \cdots, \underset{\sim}{A}_n$ 和 $\underset{\sim}{B}_1, \cdots, \underset{\sim}{B}_n$ 均为输入和输出论域上的模糊子集，这类模糊规则的模糊关系为

$$\underset{\sim}{R}(x,y) = \bigcup_{i=1}^{n} \underset{\sim}{A}_i \times \underset{\sim}{B}_i \tag{4-18}$$

② 二维模糊控制器。该模糊控制器的输入变量有两个，而输出变量只有一个，此时的模糊规则为

　　　　IF x_1 IS $\underset{\sim}{A}_i^1$ AND x_2 IS $\underset{\sim}{A}_i^2$ THEN y IS $\underset{\sim}{B}_i$　　$i = 1, 2, \cdots, n$

式中的 $\underset{\sim}{A}_i^1$、$\underset{\sim}{A}_i^2$ 和 $\underset{\sim}{B}_i$ 均为论域上的模糊子集，这类模糊规则的模糊关系为

$$\underset{\sim}{R}(x,y) = \bigcup_{i=1}^{n} (\underset{\sim}{A}_i^1 \times \underset{\sim}{A}_i^2) \times \underset{\sim}{B}_i \tag{4-19}$$

在实际控制系统中，x_1 一般取为控制误差，x_2 一般取为误差的变化。由于二维模糊控

制器同时考虑到误差和误差变化的影响,因此在性能上一般优于一维模糊控制器。实际上,二维控制结构是模糊控制器中最常用的结构。

(2) 多输入多输出结构。工业过程中的许多被控对象比较复杂,往往具有一个以上的输入和输出变量。以二输入三输出为例,若直接提取成模糊控制规则的话,则有:

IF x_1 IS $\underline{A}_1^i$、x_2 IS $\underline{A}_2^i$ THEN y_1 IS $\underline{B}_1^i$、y_2 IS $\underline{B}_2^i$、y_3 IS $\underline{B}_3^i$　　$i=1,2,\cdots,n$

由于人们对具体事物的逻辑思维一般不超过三维,因而很难对多输入多输出系统直接提取控制规则。为此,必须首先把观察或实验数据进行重组。例如,已有样本数据(x_1,x_2,y_1,y_2,y_3)则可将之变化为$(x_1,x_2,y_1),(x_1,x_2,y_2),(x_1,x_2,y_3)$。这样,首先把多输入多输出系统化为多输入单输出的结构形式,然后用多输入单输出系统的设计方法进行模糊控制器设计。这样做,不仅设计简单,而且经人们的长期实践检验,也是可行的,这就是多变量控制系统的模糊解耦问题。

2. 模糊规则的选择和模糊推理

(1) 模糊规则的选择。

① 模糊语言变量的确定。一般来说,若选择比较多的语言变量的语言值,即用较多的状态来描述每个变量,那么制订规则就比较灵活,形成的规则就比较精确。不过,这种控制规则比较复杂,且不易制订。因此,在选择模糊语言变量时,必须兼顾简单性和灵活性。在实际应用中,通常选取 7~9 个语言值,即正大(PB)、正中(PM)、正小(PS)、零(ZO)或者正零(PO)和负零(NO)、负小(NS)、负中(NM)、负大(NB)。

② 语言值隶属函数的确定。语言值的隶属函数又称为语言值的语义规则,它有时以连续函数的形式出现,有时以离散的量化等级形式出现,两种形式各有特色,连续的隶属函数描述比较准确,而离散的量化等级简洁直观。

③ 模糊控制规则的建立。模糊控制规则的建立常采用经验归纳法和推理合成法。所谓经验归纳法,就是根据人的控制经验和直觉推理,经整理、加工和提炼后构成模糊规则系统的方法,它实质上是感性认识上升到理性认识的一个飞跃过程。推理合成法是建立模糊规则的另一种较为常用的有效方法,其主要思想是根据已有的输入输出数据对,通过模糊推理合成求取被控系统的模糊控制规则。

(2) 模糊推理。模糊规则确定后,接着进行模糊推理。模糊推理有时也称为似然推理,其一般形式如下。

① 一维形式为

IF x IS $\underline{A}$, THEN y IS $\underline{B}$
IF x IS $\underline{A}^*$, THEN y IS?

② 二维形式为

IF x IS $\underline{A}$ AND y IS $\underline{B}_i$, THEN z IS $\underline{C}$
IF x IS $\underline{A}^*$ AND y IS $\underline{B}_i^*$, THEN z IS?

这类推理反映了人们的思维方式,它是传统的形式推理所不能实现的。

3. 清晰化

清晰化的目的是根据模糊推理的结果,求得最能反映控制量的真实分布,目前常用的方法有三种,即最大隶属度法、加权平均法和中位数判决法。

4. 模糊控制器论域及比例因子的确定

众所周知,任何物理系统的信号总是有界的,在模糊系统中,这个有限界一般称为该变量的基本论域,它是实际系统的变化范围。以两输入单输出的模糊控制系统为例,设定误差的基本论域为$[-|e_{max}|,|e_{max}|]$,误差变化的基本论域为$[-|e_{c_{max}}|,|e_{c_{max}}|]$,控制量所取的基本论域为$[-|u_{max}|,|u_{max}|]$,类似地,设误差的模糊论域为

$$E = \{-L, -(L-1), \cdots, 0, 1, 2, \cdots, L\}$$

误差变化的论域为

$$EC = \{-m, -(m-1), \cdots, 0, 1, 2, \cdots, m\}$$

控制量所取的论域为

$$U = \{-n, -(n-1), \cdots, 0, 1, 2, \cdots, n\}$$

在确定了变量的基本论域和模糊集论域后,比例因子也就确定了。若用a_e、a_c、a_u分别表示误差、误差变化和控制量的比例因子,则有:

$$a_e = l/|e_{max}| \tag{4-20}$$

$$a_c = m/|e_{c_{max}}| \tag{4-21}$$

$$a_u = n/|u_{max}| \tag{4-22}$$

须注意的是,误差和误差变化这两个变量的连续值与其论域中的离散值并不是一一对应的。一般来说,若a_e大,则系统上升速率大,但a_e过大将使系统产生较大超调,从而延长过渡过程;若a_e很小,则系统上升较慢,快速性差。与a_e相反,若a_c越大,则系统上升速率越小,过渡过程时间长;若a_c越小,则系统上升速率增加越大,反应加快;但a_c取得太小会产生很大的超调和振荡。尤其是反向超调,这同样使系统的调节时间变长。a_u在系统响应的上升和稳定阶段有不同的影响,在上升阶段,a_u取得越大,上升越快,但也容易引起超调。a_u小,则系统的反应比较缓慢。在稳定阶段,a_u过大会引起振荡。为改善模糊控制器的性能,常用的办法是离线整定a_e和a_c,在线调整a_u。

5. 编写模糊控制器的算法程序

第1步:设置输入、输出变量及控制量的基本论域,即$e \in [-|e_{max}|, |e_{max}|]$,$e_c \in [-|e_{c_{max}}|, |e_{c_{max}}|]$,$u \in [-|u_{max}|, |u_{max}|]$。预置量化的比例因子$a_e$、$a_c$、$a_u$和采样周期$T$。

第2步:判断采样时间到否,若时间已到,则转第3步。

第3步:启动A/D转换,进行数据采集和数字滤波等。

第4步:计算e和e_c,并判断它们是否已超过上(下)限值。若已超过,则将其设定为上(下)限值。

第5步:按给定的输入比例因子a_e、a_c量化(模糊化)并由此查询控制表。

第6步:查得控制量的量化值在清晰化之后,乘上适当的比例因子a_u。若u已超过上(下)限值,则设置为上(下)限值。

第7步:启动D/A转换,作为模糊控制器实际模拟量输出。

第8步:判断控制时间是否已到,若是则停机,否则,转第2步。

4.6 双入单出模糊控制器设计

一般的模糊控制器都是采用双输入单输出的系统,即在控制过程中,不仅对实际误差自动进行调节,还需要对实际误差变化进行调节,这样才能保证系统稳定,不致产生振荡。这

样一个模糊控制系统的框图如图 4-13 所示。

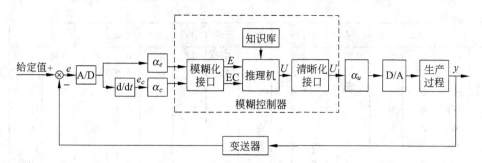

图 4-13 双输入单输出模糊控制系统框图

在图 4-13 中，e 为实际误差；α_e 为误差比例因子，e_c 为实际误差变化；α_c 为误差变化比例因子；u 为控制量，α_u 为控制量的比例因子。

4.6.1 模糊化

设置输入输出变量的论域，并预置常数 α_e、α_c、α_u，若误差 $e \in [-|e_{max}|, |e_{max}|]$，且 $l=6$，则由式(4-20)得误差的比例因子 $\alpha_e = l/|e_{max}|$，这样就有：

$$\underset{\sim}{E} = \alpha_e e$$

采用就近取整原则，得 $\underset{\sim}{E}$ 的论域为：

$$X = \{-6, -5, -4, -3, -2, -1, -0, +0, +1, +2, +3, +4, +5, +6\}$$

而误差的语言变量在论域 X 中有 8 个语言取值，即：

	A_1	A_2	A_3	A_4	A_5	A_6	A_7	A_8
含义：	正大	正中	正小	正零	负零	负小	负中	负大
符号：	PB	PM	PS	PO	NO	NS	NM	NB

若误差的变化 $e_c \in [-|e_{c_{max}}|, |e_{c_{max}}|]$，且 $m=6$。则由式(4-21)采用类似的方法得 EC 的论域为：

$$Y = \{-6, -5, -4, -3, -2, -1, -0, +0, +1, +2, +3, +4, +5, +6\}$$

误差变化的语言变量在论域 Y 中有 7 个语言值，即：

	B_1	B_2	B_3	B_4	B_5	B_6	B_7
含义：	正大	正中	正小	零	负小	负中	负大
符号：	PB	PM	PS	ZE	NS	NM	NB

下面来确定模糊语言变量 $\underset{\sim}{A_i}(i=1,2,\cdots,8)$ 和 $\underset{\sim}{B_j}(j=1,2,\cdots,7)$ 的隶属函数。由于对模糊控制来说，确定模糊语言变量的隶属函数并没有严格的要求，因此可在各模糊语言变量对应的离散论域上直接确定隶属函数值，这种方法既简单又实用，在模糊控制器的设计中被广泛采用。关于误差论域 X 中的每一个模糊集 $\underset{\sim}{A_i}$ 和误差变化论域 Y 中的每一个模糊集 $\underset{\sim}{B_j}$ 的定义如表 4-11 和表 4-12 所示。

同样，可以确定控制量的论域及其所取的语言值，即：

$$Z = \{-7, -6, -5, -4, -3, -2, -1, 0, +1, +2, +3, +4, +5, +6, +7\}$$

表 4-11 误差模糊集的定义

变量		元素												
		−6	−5	−4	−3	−2	−1	−0	+0	+1	+2	+3	+4	+5	+6
A_1	PB	0	0	0	0	0	0	0	0	0	0.1	0.4	0.8	1
A_2	PM	0	0	0	0	0	0	0	0	0.2	0.7	1	0.7	0.2
A_3	PS	0	0	0	0	0	0	0.5	0.8	1	0.5	0.1	0	0
A_4	PO	0	0	0	0	0	0	0	1	0.5	0.1	0	0	0
A_5	NO	0	0	0	0	0.1	0.5	1	0	0	0	0	0	0
A_6	NS	0	0	0.1	0.5	1	0.8	0.5	0	0	0	0	0	0
A_7	NM	0.2	0.7	1	0.7	0.2	0	0	0	0	0	0	0	0
A_8	NB	1	0.8	0.4	0.1	0	0	0	0	0	0	0	0	0

表 4-12 误差变化模糊集的定义

变量		元素												
		−6	−5	−4	−3	−2	−1	0	+1	+2	+3	+4	+5	+6
B_1	PB	0	0	0	0	0	0	0	0	0.1	0.4	0.8	1
B_2	PM	0	0	0	0	0	0	0	0.2	0.7	1	0.7	0.2
B_3	PS	0	0	0	0	0	0.5	1	0.7	0.2	0	0	0
B_4	ZE	0	0	0	0	0.5	1	0.5	0	0	0	0	0
B_5	NS	0	0	0.2	0.7	1	0.5	0	0	0	0	0	0
B_6	NM	0.2	0.7	1	0.7	0.2	0	0	0	0	0	0	0
B_7	NB	1	0.8	0.4	0.1	0	0	0	0	0	0	0	0

控制量 U 在论域 Z 中的有 7 个语言值为：

	C_1	C_2	C_3	C_4	C_5	C_6	C_7
含义：	正大	正中	正小	零	负小	负中	负大
符号：	PB	PM	PS	ZE	NS	NM	NB

模糊集 $C_j (j=1,2,\cdots,7)$ 在论域 Z 中的定义如表 4-13 所示。

表 4-13 控制量模糊集的定义

变量		元素														
		−7	−6	−5	−4	−3	−2	−1	0	+1	+2	+3	+4	+5	+6	+7
C_1	PB	0	0	0	0	0	0	0	0	0	0	0.4	0.4	0.8	1
C_2	PM	0	0	0	0	0	0	0	0	0.2	0.7	1	0.7	0.2	0
C_3	PS	0	0	0	0	0	0	0.4	1	0.8	0.4	0.1	0	0	0
C_4	ZE	0	0	0	0	0	0.5	1	0.5	0	0	0	0	0	0
C_5	NS	0	0	0.1	0.4	0.8	1	0.4	0	0	0	0	0	0	0
C_6	NM	0	0.2	0.7	1	0.7	0.2	0	0	0	0	0	0	0	0
C_7	NB	1	0.8	0.4	0.1	0	0	0	0	0	0	0	0	0	0

4.6.2 模糊控制规则、模糊关系的推理

要实现模糊控制，一般采用以模糊条件语句描述的一组模糊控制规则，即

$$i: \text{IF } \underset{\sim}{E} = \underset{\sim}{A}_i \text{ AND } \underset{\sim}{EC} = \underset{\sim}{B}_i \text{ THEN } \underset{\sim}{U} = \underset{\sim}{C}_i \quad i = 1, 2, \cdots, m \tag{4-23}$$

其中 $\underset{\sim}{A}_i$、$\underset{\sim}{B}_i$、$\underset{\sim}{C}_i$ 分别为误差、误差变化和控制量对应论域上的模糊集，它们代表诸如正大、正中、负大之类的一些词。模糊条件语句式(4-23)可由一个 $X \times Y \to Z$ 的模糊关系 $\underset{\sim}{R}_i$ 来描述。

$$\underset{\sim}{R}_i = (\underset{\sim}{A}_i \times \underset{\sim}{B}_i) \times \underset{\sim}{C}_i \quad i = 1, 2, \cdots, m$$

$$\mu_{\underset{\sim}{R}_i}(x, y, z) = \mu_{\underset{\sim}{R}_i}(x) \wedge \mu_{\underset{\sim}{B}^*}(y) \wedge \mu_{\underset{\sim}{C}_i}(z) \quad i = 1, 2, \cdots, m \tag{4-24}$$

若系统的误差和误差变化分别为模糊集 $\underset{\sim}{A}$ 和 $\underset{\sim}{B}$，则根据推理合成法可得对应于每一条控制规则，控制器的输出 $\underset{\sim}{U}_i$ 为

$$\underset{\sim}{U}_i = (\underset{\sim}{A} \times \underset{\sim}{B}) \circ \underset{\sim}{R}_i$$

$$\mu_{\underset{\sim}{U}_i}(z) = \bigcup_{\substack{x \in X \\ y \in Y}} [(\mu_{\underset{\sim}{A}}(x) \wedge \mu_{\underset{\sim}{B}}(y)) \wedge (\mu_{\underset{\sim}{R}_i}(x) \wedge \mu_{\underset{\sim}{B}^*}(y) \wedge \mu_{\underset{\sim}{C}_i}(z))] \tag{4-25}$$

从而可得控制器的输出 $\underset{\sim}{U}$ 为

$$\underset{\sim}{U} = \bigcup_{i=1}^{m} \underset{\sim}{U}_i$$

为实现模糊控制，也可用一个总的模糊关系 $\underset{\sim}{R}$ 来表示一组模糊条件语句，即

$$\underset{\sim}{R} = \bigcup_{i=1}^{m} \underset{\sim}{R}_i = \bigcup_{i=1}^{m} (\underset{\sim}{A}_i \times \underset{\sim}{B}_i \times \underset{\sim}{C}_i)$$

$$\mu_{\underset{\sim}{R}}(x, y, z) = \bigcup_{i=1}^{m} (\mu_{\underset{\sim}{R}_i}(x) \wedge \mu_{\underset{\sim}{B}^*}(y) \wedge \mu_{\underset{\sim}{C}_i}(z)) \tag{4-26}$$

当模糊控制的输入为 $\underset{\sim}{A}$ 和 $\underset{\sim}{B}$ 时，控制器的输出 $\underset{\sim}{U}$ 为

$$\underset{\sim}{U} = (\underset{\sim}{A} \times \underset{\sim}{B}) \circ \underset{\sim}{R}$$

$$\mu_{\underset{\sim}{U}}(z) = \bigcup_{\substack{x \in X \\ y \in Y}} [(\mu_{\underset{\sim}{A}}(x) \wedge \mu_{\underset{\sim}{B}}(y)) \wedge \bigcup_{i=1}^{m} (\mu_{\underset{\sim}{R}_i}(x) \wedge \mu_{\underset{\sim}{B}^*}(y) \wedge \mu_{\underset{\sim}{C}_i}(z))] \tag{4-27}$$

上述两个算法是等价的，即在输入相同的条件下所求得的控制器输出相同。

本模糊控制器把实际的控制策略归纳为表 4-14 所示的控制规则。

表 4-14 模糊控制规则表

$\underset{\sim}{E}$	$\underset{\sim}{EC}$						
	NB	NM	NS	ZE	PS	PM	PB
NB	PB	PB	PB	PB	PM	ZE	ZE
NM	PB	PB	PB	PB	PM	ZE	ZE
NS	PM	PM	PM	PM	ZE	NS	NS
NO	PM	PM	PS	ZE	NS	NM	NM
PO	PM	PM	PS	ZE	NS	NM	NM
PS	PS	PS	ZE	NM	NM	NM	NM
PM	ZE	ZE	NM	NB	NB	NB	NB
PB	ZE	ZE	NM	NB	NB	NB	NB

若该系统的误差和误差变化分别为 $\underset{\sim}{A}^*$ 和 $\underset{\sim}{B}^*$ 时，可由每一条规则根据推理合成法则求出相应的控制量。

例如，对第一条规则：

$$\text{IF } \underset{\sim}{E} = \text{NB OR NM AND } \underset{\sim}{EC} = \text{NB OR NM THEN } \underset{\sim}{U} = \text{PB}$$

可用模糊关系R_1表示
$$R_1 = [(A_7 \cup A_8) \cap (B_6 \cup B_7)] \times C_1$$
根据推理合成算法有
$$U_1 = (A^* \times B^*) \circ \{[(A_7 \cup A_8) \cap (B_6 \cup B_7)] \times C_1\}$$
其中A^*和B^*在模糊化前均为实际测量值,其分别量化为误差和误差变化论域中心的第i个和第j个元素,因此根据模糊化方法可得
$$A^* = (0,0,\cdots,0,1,0,\cdots,0)$$
$$\qquad\qquad\text{第}\ i\ \text{个}$$
$$B^* = (0,0,\cdots,0,1,0,\cdots,0)$$
$$\qquad\qquad\text{第}\ j\ \text{个}$$
这样,U_1的计算可简化为
$$\mu_U(z) = \bigcup_{\substack{x \in X \\ y \in Y}} \{(\mu_{R^*}(x) \wedge \mu_{B^*}(y)) \wedge [(\mu_{R_7}(x)$$
$$\vee \mu_{R_8}(x)) \wedge (\mu_{B_6}(y) \vee \mu_{B_7}(y)) \wedge \mu_{C_1}(z)]\}$$
$$= 0 \vee 0 \cdots 0 \vee \{(\mu_{R^*}(x_i) \wedge \mu_{B^*}(y_i)) \wedge [(\mu_{R_7}(x_i) \vee \mu_{R_8}(x_i))$$
$$\wedge (\mu_{B_6}(y_i) \vee \mu_{B_7}(y_i)) \wedge \mu_{C_1}(z)]\} \vee 0 \cdots 0 \vee 0$$
$$= 1 \wedge [(\mu_{R_7}(x_i) \vee \mu_{R_8}(x_i)) \wedge (\mu_{B_6}(y_i) \wedge \mu_{B_7}(y_i)) \wedge \mu_{C_1}(z)]$$
$$= \min[\max(\mu_{R_7}(x_i), \mu_{R_8}(x_i)), \max(\mu_{B_6}(y_i), \mu_{B_7}(y_i)), \mu_{C_1}(z)]$$

同样,可以求出$U_2, U_3, \cdots, U_{21}$。因此,相对于A^*和B^*的控制器输出U为
$$U = \bigcup_{i=1}^{21} U_i$$

此处U为一个模糊集,必须经过模糊判决后,才能得到确切的控制量,以此施加到被控对象上去,完成控制任务。当然控制器的输出U亦可采用式(4-26)和式(4-27)求得。

由上述求解步骤不难看出,要实现这一过程是非常费时的,以致不可能在微型计算机实时控制中在线运行。为便于控制,可事先对各种误差和误差变化用计算机离线计算好一个控制表,如表4-15所示。将此控制量查询表存放在控制微型计算机中,按测量输入的误差和误差变化,查控制表就可输出控制量,适于实时控制。一个可用于工业过程控制的查询表,必须经过严格的实践检验和反复修改才能获得。

表 4-15　控制量查询表

E	EC												
	−6	−5	−4	−3	−2	−1	0	+1	+2	+3	+4	+5	+6
−6	7	7	7	7	7	7	7	4	4	2	0	0	0
−5	7	7	7	7	7	7	7	4	4	2	0	0	0
−4	6	6	6	6	6	6	6	4	4	2	0	0	0
−3	6	6	6	6	6	6	6	3	2	0	−1	−1	−1
−2	4	4	4	4	4	4	4	1	0	0	−1	−1	−1
−1	4	4	4	4	4	4	1	0	0	0	−3	−2	−1
−0	4	4	4	4	4	1	0	−1	−1	−1	−4	−4	−4
+0	4	4	4	4	4	1	0	−1	−1	−1	−4	−4	−4

续表

E	EC											
	−6	−5	−4	−3	−2	−1	0	+1	+2	+3	+4	+5	+6
+1	2	2	2	2	0	0	−1	−4	−4	−4	−4	−4	−4
+2	1	1	1	1	0	−3	−4	−4	−4	−4	−4	−4	−4
+3	0	0	0	0	−3	−3	−6	−6	−6	−6	−6	−6	−6
+4	0	0	0	−2	−4	−4	−6	−6	−6	−6	−6	−6	−6
+5	0	0	0	−2	−4	−4	−6	−6	−6	−6	−6	−6	−6
+6	0	0	0	−2	−4	−4	−7	−7	−7	−7	−7	−7	−7

4.6.3 清晰化

采用隶属度最大的规则进行模糊决策,将 $\utilde{U}$ 经过清晰化转换成相应的确定量。系统运行时通过查表得到的输出控制量,还需乘上适当的比例因子 α_u,其结果用来进行 D/A 转换输出控制,完成控制生产过程的任务。

4.6.4 控制表计算程序

上述控制量查询表的计算是非常费时的,必须用微型计算机离线计算,下面给出该表的计算程序框图如图 4-14 和图 4-15 所示。

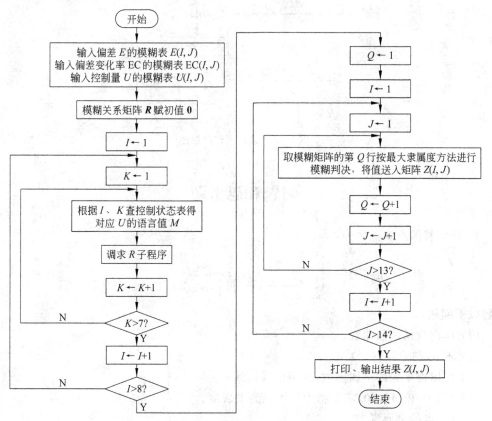

图 4-14 控制表计算程序框图

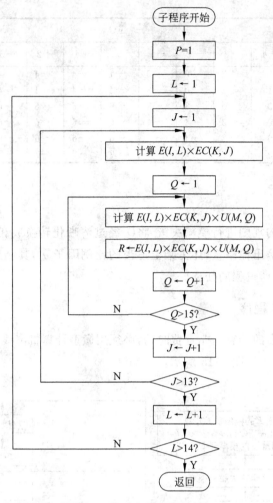

图 4-15 求 R 子程序框图

习题和思考题

1. 设年轻的隶属函数为：

$$u_A(x) = \begin{cases} 1, & 0 \leqslant x \leqslant 25 \\ \left[1 + \left(\dfrac{x-25}{5}\right)^2\right]^{-1}, & 25 < x \leqslant 100 \end{cases}$$

求解以下问题：

(1) 作出隶属函数曲线；

(2) 求 $u_A(30), u_A(40), u_A(50)$；

(3) 写出很年轻的隶属函数，并画出其曲线；

(4) 对 $x = 30, 40, 50$，求出属于很年轻的隶属度。

2. 设年老的隶属度为

$$u_{\underset{\sim}{B}}(x) = \begin{cases} 1, & 0 \leqslant x \leqslant 50 \\ \left[1+\left(\dfrac{x-50}{5}\right)^2\right]^{-1}, & 50 < x \leqslant 100 \end{cases}$$

求解以下问题：
(1) 作出隶属函数曲线；
(2) 求 $\underset{\sim}{A} \cap \underset{\sim}{B}, \underset{\sim}{A} \cup \underset{\sim}{B}, \overline{\underset{\sim}{A}}, \overline{\underset{\sim}{B}}$ 的隶属函数并画出曲线；
(3) 对 $x=30, 40, 45$，分别求对上述模糊集合的隶属度。

3. 设某省两所重点中学，在 $(x_1 \sim x_5)$ 五年高考中，考生正常发挥的隶属函数值分别为 0.85, 0.93, 0.89, 0.91, 0.96 和 0.92, 0.96, 0.87, 0.93, 0.94。试研究该省重点中学高考考生水平发挥的状况。

4. 设 P、Q、R、S 相应的模糊矩阵 $\underset{\sim}{P}$、$\underset{\sim}{Q}$、$\underset{\sim}{R}$、$\underset{\sim}{S}$ 分别为

$$\underset{\sim}{P} = \begin{bmatrix} 0.6 & 0.9 & 0.3 \\ 0.2 & 0.7 & 0.8 \\ 0.4 & 0.6 & 0.4 \end{bmatrix} \quad \underset{\sim}{Q} = \begin{bmatrix} 0.5 & 0.7 & 0.2 \\ 0.1 & 0.4 & 0.8 \\ 0.3 & 0.5 & 0.3 \end{bmatrix}$$

$$\underset{\sim}{R} = \begin{bmatrix} 0.2 & 0.3 & 0.8 \\ 0.7 & 0.6 & 0.4 \\ 0.5 & 0.1 & 0.9 \end{bmatrix} \quad \underset{\sim}{S} = \begin{bmatrix} 0.1 & 0.2 & 0.7 \\ 0.6 & 0.5 & 0.3 \\ 0.4 & 0.3 & 0.8 \end{bmatrix}$$

求 $\underset{\sim}{P} \cap \underset{\sim}{Q} \cap \underset{\sim}{R}, \underset{\sim}{P} \cup \underset{\sim}{Q} \cup \underset{\sim}{R}, \underset{\sim}{P} \cap (\underset{\sim}{Q} \cup \underset{\sim}{R}), (\underset{\sim}{P} \cap \underset{\sim}{Q}) \cup (\underset{\sim}{P} \cap \underset{\sim}{R}), \underset{\sim}{P} \cup (\underset{\sim}{Q} \cap \underset{\sim}{R}), (\underset{\sim}{P} \cup \underset{\sim}{Q}) \cap (\underset{\sim}{P} \cup \underset{\sim}{R})$。

5. 设 P、Q、R、S 相应的模糊矩阵 $\underset{\sim}{P}$、$\underset{\sim}{Q}$、$\underset{\sim}{R}$、$\underset{\sim}{S}$ 分别为

$$\underset{\sim}{P} = \begin{bmatrix} 0.6 & 0.9 \\ 0.2 & 0.7 \end{bmatrix} \quad \underset{\sim}{Q} = \begin{bmatrix} 0.5 & 0.7 \\ 0.1 & 0.4 \end{bmatrix}$$

$$\underset{\sim}{R} = \begin{bmatrix} 0.2 & 0.3 \\ 0.7 & 0.6 \end{bmatrix} \quad \underset{\sim}{S} = \begin{bmatrix} 0.1 & 0.2 \\ 0.6 & 0.5 \end{bmatrix}$$

求 $(\underset{\sim}{P} \circ \underset{\sim}{Q}) \circ \underset{\sim}{R}, \underset{\sim}{P} \circ (\underset{\sim}{Q} \circ \underset{\sim}{R}), (\underset{\sim}{P} \cup \underset{\sim}{Q}) \circ \underset{\sim}{R}, (\underset{\sim}{P} \circ \underset{\sim}{R}) \cup (\underset{\sim}{Q} \circ \underset{\sim}{R})$。

6. 设有论域 $X = \{a_1, a_2, a_3\}, Y = \{b_1, b_2, b_3\}, Z = \{c_1, c_2, c_3\}$。已知模糊集合：

$$\underset{\sim}{A} = \frac{0.4}{a_1} + \frac{1}{a_2} + \frac{0.4}{a_3}, \quad A \in X$$

$$\underset{\sim}{B} = \frac{0.1}{b_1} + \frac{0.4}{b_2} + \frac{0.7}{b_3}, \quad B \in Y$$

$$\underset{\sim}{C} = \frac{0.9}{c_1} + \frac{0.6}{c_2} + \frac{0.3}{c_3}, \quad C \in Z$$

试求：
(1) 若 x 为 $\underset{\sim}{A}$ 且 y 为 $\underset{\sim}{B}$，则 z 为 $\underset{\sim}{C}$ 所决定的模糊关系 $\underset{\sim}{R}$；
(2) 及 $\underset{\sim}{A}^* = \frac{1}{a_1} + \frac{0.4}{a_2} + \frac{1}{a_3}, B^* = \frac{0.7}{b_1} + \frac{0.4}{b_2} + \frac{0.1}{b_3}$，所决定的输出 $\underset{\sim}{C}^*$。

7. 设论域 $U = V = \{1, 2, 3, 4, 5\}$，定义：[低]$=(1, 0.7, 0.4, 0.1, 0) = \underset{\sim}{A}$，[高]$=(0, 0.2, 0.5, 0.8, 1) = \underset{\sim}{B}$。

(1) 试确定"若 u 低，则 v 高，否则 v 不很高"所决定的模糊关系 $\underset{\sim}{R}$。
(2) 若上述模糊关系 $\underset{\sim}{R}$ 反映的是温控炉某段炉温 u 和其控制装置指令电压 v 之间的关系时，当炉温 u[偏低]或[高]时，指令电压 v 该如何呢？

(3) 炉温在什么情况下,指令电压 v 应该给定为[不高]或[低]呢?

8. 简述模糊控制器主要组成部分及工作原理。

9. 设计如图 4-16 所示的模糊控制器。该系统含有一个上水箱、一个下水箱及一个锥形的中间蓄水容器。锥形容器上有一个进水阀 V_1 和一个出水阀 V_2,其中进水阀是电磁阀,由计算机控制,而出水阀为手动阀,它作为一种扰动量。下水箱内的水经循环泵送至上水箱。

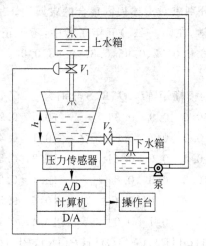

图 4-16 液位计算机控制系统

设误差和控制量增量的语言值记为:

$$\{NB, NS, ZO, PS, PB\}$$

其论域分别为 X 和 Y,它们均量化为 7 个等级:

$$X = Y = \{-3, -2, -1, 0, 1, 2, 3\}$$

X、Y 上各模糊子集的隶属度可由专家经验确定;本设计可选择一维控制器。

第 5 章　神经网络技术

神经网络是由众多简单的神经元连接而成的一个网络。尽管每个神经元结构、功能都不复杂,但网络的整体动态行为却是极为复杂的,可以组成高度非线性动力学系统,从而可以表达很多复杂的物理系统。神经网络的下列特性对控制是至关重要的。

(1) 并行分布处理。神经网络具有高度的并行结构和并行实现能力,因而能够有较好的耐故障能力和较快的总体处理能力,这特别适于实时控制和动态控制。

(2) 非线性映射。神经网络具有固有的非线性特性,这源于其近似任意非线性映射(变换)能力,这一特性给非线性控制问题带来新的希望。

(3) 通过训练进行学习。神经网络是通过所研究系统过去的数据记录进行训练的,一个经过适当训练的神经网络具有归纳全部数据的能力,因此,神经网络能够解决那些数学模型或描述规则难以处理的控制过程问题。

(4) 适应与集成。神经网络能够适应在线运行,并能同时进行定量和定性操作,神经网络的强适应和信息融合能力使得网络过程可以同时输入大量不同的控制信号,解决输入信息间的互补和冗余问题,并实现信息集成和融合处理。这些特性特别适于复杂、大规模和多变量系统的控制。

(5) 硬件实现。神经网络不仅能通过软件而且可借助硬件实现并行处理。近年来,由一些超大规模集成电路实现的硬件已经面市,这使得神经网络成为具有快速和大规模处理能力的网络。

很显然,神经网络由于其学习和适应、自组织以及大规模并行处理等特点,在自动控制领域展现了广阔的应用前景。

5.1　神经网络基础

5.1.1　生物神经元结构

从生物控制与信息处理的角度看,神经元结构如图 5-1 所示,它由细胞体、树突和轴突组成。细胞体由细胞核、细胞质和细胞膜组成。由细胞体向外伸出的最长的一条分支称为

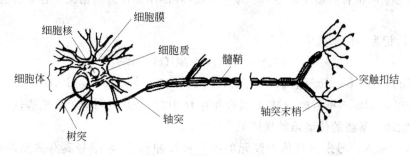

图 5-1　生物神经元结构

轴突，即神经纤维。远离细胞体一侧的轴突端部有许多分支，称轴突末梢，其上有许多扣结称突触扣结。轴突通过轴突末梢向其他神经元传出神经冲动。由细胞体向外伸出的其他许多较短的分支称为树突。树突相当于细胞的输入端，它用于接受周围其他神经细胞传入的神经冲动。神经冲动只能由前一级神经元的轴突末梢传向下一级神经元的树突或细胞体，不能作反方向的传递。

神经元具有两种常规工作状态：兴奋与抑制，即满足"0-1"律。当传入的神经冲动使细胞膜电位升高超过阈值时，细胞进入兴奋状态，产生神经冲动并由轴突输出；当传入的神经冲动使膜电位下降低于阈值时，细胞进入抑制状态，没有神经冲动输出。

5.1.2 神经元数学模型

根据神经元的结构和功能，从 20 世纪 40 年代开始先后提出的神经元模型有几百种之多。下面介绍一种基于控制观点的神经元的数学模型，它由三部分组成，即加权加法器、线性动态系统和非线性函数映射，如图 5-2 所示，图中，y_i 为神经元的输出，w_i 为神经元的阈值，a_{ij}、b_{ik} 为权值，$u_k(k=1,2,\cdots,M)$ 为外部输入；$y_j(j=1,2,\cdots,N)$ 为其他神经元的输出。

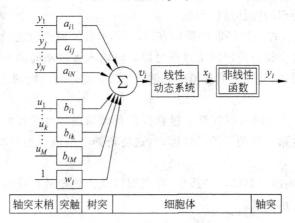

图 5-2 神经元数学模型

1. 加权加法器

加权加法器用来实现一个神经细胞对接收来自四面八方信号的空间整合功能，即

$$v_i(t) = \sum_{j=1}^{N} a_{ij} y_j(t) + \sum_{k=1}^{M} b_{ik} u_k(t) + w_i \tag{5-1}$$

其中，$v_i(t)$ 为空间整合后输出信号；w_i 为一常数，其作用是在某些情况下控制神经元保持某一状态。

式(5-1)记为矩阵形式为

$$V(t) = AY(t) + BU(t) + W \tag{5-2}$$

其中，$A=\{a_{ij}\}_{N\times N}$，$B=\{b_{ij}\}_{M\times M}$，$V=[v_1,\cdots,v_N]^T$，$Y=[y_1,\cdots,y_N]^T$，$U=[u_1,\cdots,u_M]^T$，$W=[w_1,\cdots,w_N]^T$。N 维常向量 W 可以合并在 U 中，但分开列写对于清楚表达是有用的。

2. 线性动态系统的传递函数描述

神经元的输入信号来自其他神经元的各种神经冲动，这种信号具有典型的脉冲特点。因此，从控制系统的角度，可以让经过加权加法器空间整合后的信号 $v(t)$ 通过一个单输入

单输出线性系统,该系统对于单位脉冲函数的响应就完成了时间整合作用。该线性动态系统的脉冲函数的响应为卷积积分,即

$$x_i(t) = \int_{t_0}^{t} h(t-t') v_i(t') dt', \quad t \geqslant t_0 \tag{5-3}$$

依卷积定理可得:

$$X_i(s) = H(s) V_i(s) \tag{5-4}$$

式中,$H(s)$ 为线性动态系统的网络函数,通常取为 $1, \dfrac{1}{s}, \dfrac{1}{1+Ts}, e^{-Ts}$。

在时域中,相应的线性动态系统的输入 $v_i(t)$ 和输出 $x_i(t)$ 的关系分别为:

$$\left. \begin{array}{l} ① \quad x_i(t) = v_i(t) \\ ② \quad \dot{x}_i(t) = v_i(t) \\ ③ \quad T\dot{x}_i(t) + x_i(t) = v_i(t) \\ ④ \quad x_i(t) = v_i(t-T) \end{array} \right\} \tag{5-5}$$

3. 常用的非线性函数

图 5-2 中的非线性函数实际上是神经元模型的输出函数,它是一个非动态的非线性函数,用以模拟神经细胞的兴奋、抑制以及阈值等非线性特性。

经过加权加法器和线性动态系统进行时空整合的信号 x_i,再经非线性函数 $g(\cdot)$ 后即为神经元的输出 y_i,即

$$y_i = g(x_i)$$

常用的非线性函数如表 5-1 所示。

表 5-1 神经元模型中常用的非线性函数

名称	阈值函数	双向阈值函数	S型函数	双曲正切函数	高斯函数
公式 $g(x)$	$g(x) = \begin{cases} 1, & x>0 \\ 0, & x \leqslant 0 \end{cases}$	$g(x) = \begin{cases} +1, & x>0 \\ -1, & x \leqslant 0 \end{cases}$	$g(x) = \dfrac{1}{1+e^{-x}}$	$g(x) = \dfrac{e^x - e^{-x}}{e^x + e^{-x}}$	$g(x) = e^{-(x^2/\sigma^2)}$
图形					
特征	不可微,类阶跃,正值	不可微,类阶跃,零均值	可微,类阶跃,正值	可微,类阶跃,零均值	可微,类脉冲

上述非线性函数具有两个显著的特征,一是它的突变性,二是它的饱和性,这正是为了模拟神经细胞兴奋过程中所产生的神经冲动以及疲劳等特性。

5.2 神经网络的结构和学习规则

5.2.1 神经网络的结构

如果将大量功能简单的基本神经元通过一定的拓扑结构组织起来,构成群体并行分布

式处理的计算结构,那么这种结构就是神经网络结构。

根据神经元之间连接的拓扑结构上的不同,可将神经网络结构分为两大类:层状结构和网络结构。层状结构的神经网络是由若干层组成,每层中有一定数量的神经元,相邻层中神经元单向联接,一般同层内的神经元不能联接;网状结构的神经网络中,任何两个神经元之间都可能双向联接。下面介绍几种常见的网络结构。

1. 前向网络(前馈网络)

前向网络通常包含许多层,如图 5-3 所示为含有输入层、隐层和输出层的三层网络,该网络中有计算功能的结点称为计算单元,而输入结点无计算功能。

2. 反馈网络

反馈网络从输出层到输入层有反馈,既可接收来自其他结点的反馈输入,又可包含输出引回到本身输入构成的自环反馈,如图 5-4 所示,该反馈网络每个结点都是一个计算单元。

输入层　隐层　输出层

图 5-3　前向网络

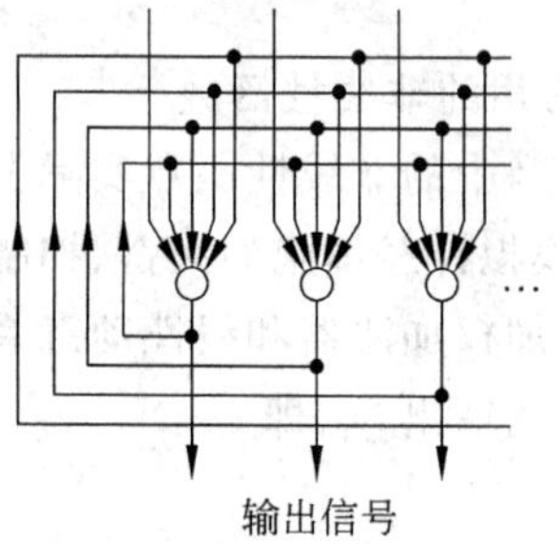

图 5-4　反馈网络

3. 相互结合型网络

相互结合型网络如图 5-5 所示,它是属于网状结构,构成网络中的各个神经元都可能相互双向联接。在前向网络中,信息处理是从输入层依次通过隐层到输出层,最后处理结束;而在相互结合型网络中,若某一时刻从神经网络外部施加一个输入,各个神经元一边相互作用,一边进行信息处理,直到使网络所有神经元的活性度或输出值收敛于某个平均值作为信息处理的结束。

4. 混合型网络

混合型网络联接方式介于前向网络和相互结合型网络之间,如图 5-6 所示。这种在前向网络的同一层神经元之间有互联的结构,称为混合型网络。这种在同一层内的互连,目的是为了限制同层内神经元同时兴奋或抑制的神经元数目,以完成特定的功能。

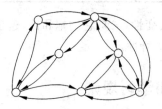

图 5-5　相互结合型网络

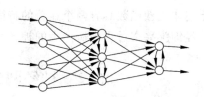

图 5-6　混合型网络

5.2.2 神经网络的学习

学习是神经网络最重要的特征之一。神经网络能够通过训练、改变其内部表征,使输入输出间变换朝好的方向发展。

神经网络的学习过程就是不断调整结构网络的连接权值,以获取期望输出。下面介绍常用的神经网络的学习规则。

1. 联想式学习——Hebb 规则

Hebb 学习规则可以描述为:如果神经网络中某一神经元与另一直接与其相连的神经元同时处于兴奋状态,那么这两个神经元间的连接强度应该加强,如图 5-7 所示,从神经元 u_j 到神经元 u_i 的连接强度,即权值变化 Δw_{ij} 可用下式表达

$$\Delta w_{ij} = G[a_i(t), t_i(t)] \times H[\bar{y}_j(t), w_{ij}] \tag{5-6}$$

式中,$t_i(t)$ 是神经元 u_i 的教师信号;函数 G 是神经元 u_i 的活性度 $a_i(t)$ 和教师信号 $t_i(t)$ 的函数;H 是神经元 u_j 的输出 $\bar{y}_j$ 和连接权值 w_{ij} 的函数。

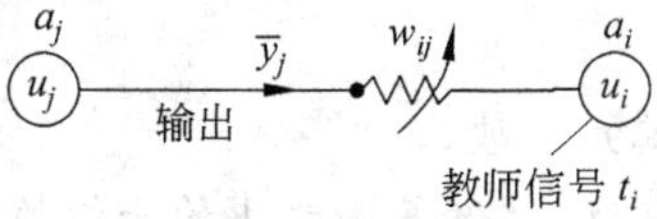

图 5-7 Hebb 学习规则

输出 $\bar{y}_j(t)$ 与活性度 $a_j(t)$ 之间满足非线性关系,即

$$\bar{y}_j(t) = f_j[a_j(t)] \tag{5-7}$$

当上述的教师信号 $a_i(t)$ 没有给出时,函数 H 又只与输出 $\bar{y}_j$ 成正比,于是式(5-6)可变为更简单的形式为

$$\Delta w_{ij} = \eta a_i \bar{y}_j \tag{5-8}$$

其中:η 是学习率常数($\eta > 0$)。

上式表明,对一个神经元较大的输入或该神经元活性度大的情况,它们之间的联接权值会更大。

2. 误差传播式学习——delta 规则

根据 Hebb 学习规则,考虑到下面问题。

(1) 函数 G 与教师信号 $t_i(t)$ 和神经元 u_i 实际的活性度 $a_i(t)$ 的差值成比例;

(2) 函数 H 和神经元的输出 $\bar{y}_j(t)$ 成比例,可得

$$\Delta w_{ij} = \eta[t_i(t) - a_i(t)] \bar{y}_j(t) \tag{5-9}$$

式中,η 为学习率常数($\eta > 0$)。

在式(5-9)中,若将教师信号 $t_i(t)$ 作为期望输出 d_i,而把 $a_i(t)$ 理解为实际输出 y_i,则该式变为

$$\Delta w_{ij} = \eta(d_i - y_i) \bar{y}_j(t) = \eta \delta \times \bar{y}_j(t) \tag{5-10}$$

其中,$\delta = d_i - y_i$ 为期望输出与实际输出的差值,称式(5-10)为 δ 规则,又称为误差修正规则。根据这个规则的学习算法,通过反复迭代运算,直到求出使 δ 达到最小时的 w_{ij} 权值。

上述 δ 规则只适用于线性可微函数,不适用于多层网络非线性可微函数。

3. 竞争式学习

竞争式学习是属于无教师学习方式。竞争学习网络的核心——竞争层，是许多神经网络的重要组成部分。基本竞争学习网络由两层组成。第一层为输入层，由接收输入模式的处理单元组成；第二层为竞争层，竞争单元争相响应输入模式，胜者表示输入模式的所属类别。输入层单元与竞争层单元的连接为全互连方式，连接权是可调节的。

竞争单元的处理分为两步：首先计算每个单元输入的加权和；然后进行竞争，产生输出。对于第 j 个竞争单元，其输入总和为

$$s_j = \sum_j w_{ij} x_j \tag{5-11}$$

当竞争层所有单元的输入总和计算完毕，便开始竞争。竞争层中具有最高输入总和的单元被定为胜者，其输出状态为 1，其他各单元输出状态为 0。对于某一输入模式，当获胜单元确定后，便更新权值。也只有获胜单元的权值才增加一个量，使得再次遇到该输入模式时，该单元有更大的输入总和。权值更新规则表示为

$$\Delta w_{ij} = \eta \left(\frac{x_j}{m} - w_{ij} \right) \tag{5-12}$$

式中：η 为学习因子，$0 < \eta \leqslant 1$；

m 为输入层状态为 1 的单元个数。

注意：各单元初始权值的选取，是选其和为 1 的一组随机数。

5.2.3 神经网络的记忆

神经网络的记忆包含两层含义：信息的存储与回忆。网络通过学习将所获取的知识信息分布式存储在连接权的变化上，并具有相对稳定性。一般来讲，存储记忆需花较长时间，因此这种记忆称为长期记忆，而学习期间的记忆保持时间很短，称为短期记忆。

5.3 典型前向网络——BP 网络

5.3.1 感知机

基本感知机是一个两层网络，分为输入层和输出层，每个可由多个处理单元构成，如图 5-8 所示。感知机的学习是典型的有教师学习（训练）。训练要素有两个：训练样本和训练规则。当给定某一训练模式时，输出单元会产生一个实际的输出向量，用期望输出与实际输出之差修正网络权值。权值修正采用 δ 学习规则，因此感知机的学习算法为

$$y_j(t) = f\left[\sum_{i=1}^{n} w_{ij}(t) x_i - \theta_j \right] \tag{5-13}$$

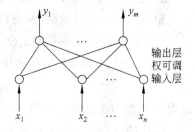

图 5-8 基本感知机结构

式中，$y_j(t)$ 为 t 时刻输出；

x_i 为输入向量的一个分量；

$w_{ij}(t)$ 为 t 时刻第 i 个输入的加权值；

θ_j 为阈值；

$f[\cdot]$ 为阶跃函数。

$$w_{ij}(t+1) = w_{ij}(t) + \eta[d_j - y_j(t)]x_i \qquad (5\text{-}14)$$

式中，η 为学习因子，在 $(0,1]$ 区间取值；

d_i 为期望输出（教师信号）；

$y_j(t)$ 为实际输出。

令

$$\delta_j = d_j - y_j(t) = \begin{cases} 1, & d_j = 1 \\ 0, & d_j = y_j(t) \\ -1, & d_j = 0, y_j(t) = 1 \end{cases}$$

输入状态为

$$x_i = 1 \text{ 或 } 0$$

可见，权值变化量与三个量有关：输入状态 x_i、输出误差 δ 及学习因子 η。当且仅当输出单元有输出误差且相连输入状态为 1 时，修正权值，或增加一个量或减小一个量。学习因子 η 控制每次的误差修正量。η 的取值一般不能太大，也不能太小，太大会影响学习的收敛性，太小会使权值的收敛速度太慢，训练时间太长。

5.3.2 BP 网络

1. BP 网络模型

通常所说的 BP 模型，即误差后向传播神经网络，是神经网络模型中使用最广泛的一类。从结构上看，BP 网络是典型的多层网络。它分为输入层、隐层和输出层。层与层之间多采用全互连方式。同一层单元之间不存在相互连接，如图 5-9 所示，BP 网络的基本处理单元（输入层单元除外）为非线性输入输出关系，一般选用 S 型作用函数，即

$$f(x) = \frac{1}{1 + e^{-x}}$$

且处理单元的输入、输出值可连续变化。

BP 网络模型实现了多层网络学习的设想。当给定网络的一个输入模式时，它由输入层单元传到隐层单元，经隐层单元逐层处理后再送到输出层单元，由输出层单元处理后产生一个输出模式，故称为前向传播。如果输出响应与期望输出模式有误差，且不满足要求，那么就转入误差后向传播，即将误差值沿连接通路逐层向后传送，并修正各层连接权值。

2. 学习算法

一般 BP 神经网络是多层前向网络，其结构如图 5-10 所示。设 BP 神经网络具有 m 层，第一层称为输入层，最后一层称为输出层，中间各层称为隐层。输入信息由输入层向输

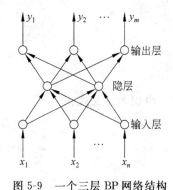

图 5-9 一个三层 BP 网络结构　　　　图 5-10 BP 神经网络结构

出层逐层传递。各个神经元的输入输出关系函数是 f，由 $k-1$ 层的第 j 个神经元到 k 层的第 i 个神经元的连接权值 w_{ij}，输入输出样本为 $\{x_{si}, y_i\}$，$i=1,2,\cdots,n$。并设第 k 层第 i 个神经元输入的总和为 u_i^k，输出为 y_i^k，则各变量之间的关系为

$$y_i^k = f(u_i^k)$$
$$u_i^k = \sum_j w_{ij} y_j^{k-1} \quad k=1,2,\cdots,m \tag{5-15}$$

BP 学习算法是通过反向学习过程使误差最小，因此选择目标函数为：

$$J = \frac{1}{2} \sum_{j=1}^n (d_j - y_j)^2 \tag{5-16}$$

即选择神经网络权值使期望输出 d_j 与实际输出 y_j 之差的平方和最小。这种学习算法实际上是求误差函数 J 的极小值，约束条件是式(5-15)，可以利用非线性规划中的"快速下降法"，使权值沿误差函数的负梯度方向改变，因此，权值的修正量为：

$$\Delta w_{ij} = -\varepsilon \frac{\partial J}{\partial w_{ij}} \quad (\varepsilon > 0) \tag{5-17}$$

式中，ε 为学习步长。

下面推导 BP 学习算法。先求 $\frac{\partial J}{\partial w_{ij}}$，即有

$$\frac{\partial J}{\partial w_{ij}} = \frac{\partial J}{\partial u_i^k} \frac{\partial u_i^k}{\partial w_{ij}} = \frac{\partial J}{\partial u_i^k} \frac{\partial}{\partial w_{ij}} \left(\sum_j w_{ij} y_j^{k-1} \right) = \frac{\partial J}{\partial u_i^k} y_j^{k-1}$$

令

$$d_i^k = \frac{\partial J}{\partial u_i^k} = \frac{\partial J}{\partial y_i^k} \frac{\partial y_i^k}{\partial u_i^k}$$

则由式(5-17)得：

$$\Delta w_{ij} = -\varepsilon d_i^k y_j^{k-1}$$

下面推导 d_i^k 的计算公式：

$$d_i^k = \frac{\partial J}{\partial u_i^k} = \frac{\partial J}{\partial y_i^k} \frac{\partial y_i^k}{\partial u_i^k} = \frac{\partial J}{\partial y_i^k} \frac{\mathrm{d} f(u_i^k)}{\mathrm{d} u_i^k}$$

取 $f(\cdot)$ 为 S 型函数，即

$$y_i^k = f(u_i^k) = \frac{1}{1+\mathrm{e}^{-u_i^k}}$$

$$\frac{\partial y_i^k}{\partial u_i^k} = \frac{\mathrm{d} f(u_i^k)}{\mathrm{d} u_i^k} = \frac{\mathrm{e}^{-u_i^k}}{[1+\mathrm{e}^{-u_i^k}]^2} = y_i^k(1-y_i^k)$$

$$d_i^k = y_i^k(1-y_i^k) \frac{\partial J}{\partial y_i^k}$$

下面分为两种情况求 $\frac{\partial J}{\partial y_i^k}$。

① 当 i 为输出层（第 m 层）的神经元，即 $k=m$，$y_i^k = y_i^m$。由误差定义式得

$$\frac{\partial J}{\partial y_i^k} = \frac{\partial J}{\partial y_i^m} = y_i^m - d_i$$

则

$$d_i^m = y_i^m(1-y_i^m)(y_i^m - d_i)$$

② 若 i 为隐单元层 k，有

$$\frac{\partial J}{\partial y_i^k} = \sum_l \frac{\partial J}{\partial u_l^{k+1}} \frac{\partial u_l^{k+1}}{\partial y_i^k} = \sum_l w_{li} d_l^{k+1}$$

则

$$d_i^k = y_i^k(1-y_i^k)\sum_l w_{li} d_l^{k+1}$$

综上所述，BP 学习算法可以归纳为：

$$\left.\begin{array}{l} \Delta w_{ij} = -\varepsilon d_i^k y_j^{k-1} \\ d_i^m = y_i^m(1-y_i^m)(y_i^m - d_i) \\ d_i^k = y_i^k(1-y_i^k)\sum_l w_{li} d_l^{k+1} \end{array}\right\} \tag{5-18}$$

从以上公式可以看出，求 k 层的误差信号 d_i^k，需要上一层的 d_l^{k+1}，因此，误差函数的求取是一个始于输出层的反向传播的递归过程，所以称为反向传播学习算法。通过多个样本的学习，修改权值，不断减少偏差，最后达到满意的结果。BP 学习算法的程序框图如图 5-11 所示。

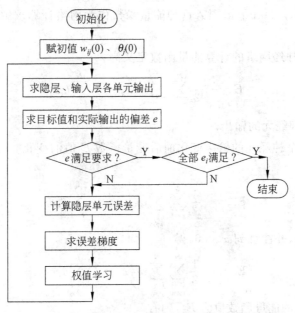

图 5-11 BP 算法程序框图

5.4 典型反馈网络——Hopfield 网络

前述的前向网络是单向连接没有反馈的静态网络，从控制系统的观点看，它缺乏系统动态处理能力。美国物理学家 Hopfield 对神经网络的动态性能进行了深入研究，在 1982 年和 1984 年先后提出离散型 Hopfield 神经网络和连续型 Hopfield 神经网络，引入"计算能量函数"的概念，给出了网络稳定性判据，尤其是给出了 Hopfield 神经网络的电子电路实现，为神经计算机的研究奠定了基础，同时开拓了神经网络用于联想记忆和优化计算的新途径，从而有力地推动了神经网络的研究。

5.4.1 离散型 Hopfield 网络

Hopfield 神经网络是全互连反馈神经网络,它的每一个神经元都和其他神经元相连接。n 阶离散 Hopfield 神经网络 N,可由一个 $n \times n$ 阶矩阵 $\boldsymbol{W} = [w_{ij}]$ 和一个 n 维向量 $\theta = [\theta_1, \cdots, \theta_n]$ 所唯一确定,记为 $\boldsymbol{N} = (\boldsymbol{W}, \theta)$,其中,$w_{ij}$ 表示神经元 i 与 j 的连接强度,θ_i 表示神经元 i 的阈值。若用 $x_i(t)$ 表示 t 时刻神经元所处的状态(可能为 1 或 -1),即 $x_i(t) = \pm 1$,那么神经元 i 的状态随时间变化的规律(又称演化律)为

$$x_i(t+1) = \operatorname{sgn}(H_i(t)) = \begin{cases} 1, & H_i(t) \geqslant 0 \\ -1, & H_i(t) < 0 \end{cases} \tag{5-19}$$

其中

$$H_i(t) = \sum_{j=1}^{n} w_{ij} x_j(t) - \theta_i \quad i = 1, 2, \cdots, n$$

Hopfield 神经网络是一个多输入多输出带阈值的二态非线性动力学系统,因此存在一种所谓能量函数。在满足一定参数条件下,该能量函数值在网络运行过程中不断降低,最后趋于稳定的平衡状态。Hopfield 引入这种能量函数作为网络计算求解的工具,因此常常称它为计算能量函数。

离散 Hopfield 神经网络的计算能量函数定义为

$$E = -\frac{1}{2} \sum_{i=1}^{N} \sum_{\substack{j=1 \\ j \neq i}}^{N} w_{ij} x_i x_j + \sum_{i=1}^{N} \theta_i x_i \tag{5-20}$$

其中,x_i、x_j 是各个神经元的输出。

下面考察第 m 个神经元的输出变化前后能量函数 E 值的变化。设 $x_m = 0$ 的能量函数值为 E_1,则

$$E_1 = -\frac{1}{2} \sum_{i=1}^{N} \sum_{\substack{j=1 \\ j \neq i}}^{N} w_{ij} x_i x_j + \sum_{i=1}^{N} \theta_i x_i$$

将 $i = m$ 项分离出来,并注意到 $x_m = 0$,得

$$E_1 = -\frac{1}{2} \sum_{\substack{i=1 \\ i \neq m}}^{N} \sum_{\substack{j=1 \\ j \neq i}}^{N} w_{ij} x_i x_j + \sum_{\substack{i=1 \\ i \neq m}}^{N} \theta_i x_i \tag{5-21}$$

类似地,当 $x_m = 1$ 时的能量函数值为 E_2,则有

$$E_2 = -\frac{1}{2} \sum_{\substack{i=1 \\ i \neq m}}^{N} \sum_{\substack{j=1 \\ j \neq i}}^{N} w_{ij} x_i x_j + \sum_{\substack{i=1 \\ i \neq m}}^{N} \theta_i x_i - \frac{1}{2} \sum_{\substack{j=1 \\ j \neq m}}^{N} w_{mj} x_j + \theta_m \tag{5-22}$$

当神经元状态由"0"变为"1"时,能量函数 E 值的变化量 ΔE 为

$$\Delta E = E_2 - E_1 = -\left(\frac{1}{2} \sum_{\substack{j=1 \\ j \neq m}}^{N} w_{mj} x_j - \theta_m \right) \tag{5-23}$$

由于此时神经元的输出是由 0 变为 1,因此满足神经元兴奋条件

$$\frac{1}{2} \sum_{\substack{j=1 \\ j \neq m}}^{N} w_{mj} x_j - \theta_m > 0 \tag{5-24}$$

所以由式(5-23)得：
$$\Delta E < 0$$
当神经元状态由 1 变为 0 时，能量函数 E 值的变化量 ΔE 为
$$\Delta E = E_1 - E_2 = \frac{1}{2}\sum_{\substack{j=1\\j\neq m}}^{N} w_{mj} x_j - \theta_m \tag{5-25}$$
由于此时神经元的输出是由 1 变为 0，因此
$$\frac{1}{2}\sum_{\substack{j=1\\j\neq m}}^{N} w_{mj} x_j - \theta_m < 0 \tag{5-26}$$
所以也有
$$\Delta E < 0$$
综上所述，总有 $\Delta E<0$，这表明神经网络在运行过程中能量将不断降低，最后趋于稳定的平衡状态。

5.4.2 连续型 Hopfield 网络

1984 年，Hopfield 又提出一种连续时间神经网络模型及其电子线路实现。其中，每一个神经元由电阻 R_i 和电容 C_i 以及具有饱和非线性特性的运算放大器模拟，输出 v_i 同时还反馈至其他神经元，但不反馈自身。U_i 表示神经元 i 的膜电位状态；v_i 表示它的输出；C_i 表示细胞膜的输入电容；R_i 表示细胞膜的传递电阻；电阻 R_i 和电容 C_i 并联模拟了生物神经元输出的时间常数；而输出 u_i 对 $u_j(j=1,2,\cdots,N)$ 的影响则模拟了神经元之间互联的突触特性；运算放大器模拟神经元的非线性特性。

由基尔霍夫电流定律，连续性 Hopfield 神经网络动力学系统方程为
$$\frac{1}{R_i}u_i + C_i\frac{\mathrm{d}u_i}{\mathrm{d}t} = I_i + \sum_{j=1}^{N} w_{ij} v_j$$
$$v_i = f(u_i) = \frac{1}{1+\mathrm{e}^{-2u_i/u_o}}, \quad i=1,2,\cdots,n \tag{5-27}$$
式中，I_i 为系统外部的输入；

$w_{ij} = 1/R_{ij}$ 为模拟神经元之间互连的突触特性；

$f(u_i)$ 为放大器的非线性饱和特性，近似于 S 型函数。

连续型 Hopfield 神经网络模型，在简化了生物神经元性质的同时，重点突出了以下重要特性：

① 神经元作为一个输入输出变换，其传输特性具有 S 特性；
② 细胞膜具有时空整合作用；
③ 神经元之间存在着大量的兴奋和抑制性联结，这种联结主要是通过反馈来实现的；
④ 具有既代表产生动作电位的神经元，又代表按渐近方式工作的神经元的能力。

因此，连续型 Hopfield 神经网络准确地保留了生物神经网络的动态和非线性特征，有助于理解大量神经元之间的协同作用是怎样产生巨大的计算能力的。

连续型 Hopfield 神经网络的计算能量函数 $E(t)$ 定义为
$$E(t) = -\frac{1}{2}\sum_{i=1}^{n}\sum_{j=1}^{n} w_{ij} V_i(t) V_j(t) - \sum_{i=1}^{n} V_i(t) I_i + \sum_{i=1}^{n} \frac{1}{R_i}\int_0^{V_i(t)} f^{-1}(v)\mathrm{d}v \tag{5-28}$$

假设连接强度矩阵 W 为对称阵($w_{ij}=w_{ji}$),$f^{-1}(v)$ 为单调递增的连续函数,易证

$$\frac{\mathrm{d}E(t)}{\mathrm{d}t}=-\sum_{i=1}^{n}C_i\frac{\mathrm{d}f^{-1}(V_i)}{\mathrm{d}V_i}\left(\frac{\mathrm{d}V_i}{\mathrm{d}t}\right)^2\leqslant 0 \qquad (5-29)$$

当所有的 $\frac{\mathrm{d}V_i}{\mathrm{d}t}=0$(其中 $i=1,2,\cdots,n$)时,有 $\frac{\mathrm{d}E_i(t)}{\mathrm{d}t}=0$。

式(5-29)表明,计算能量函数 E 具有负的时间梯度。这样,随着时间的推移,网络状态方程式(5-27)的解总是朝着使系统计算能量减小的方向运动,网络的平衡点就是 E 的极小点。

5.5 应用神经网络产生模糊集的隶属函数

本节介绍应用神经网络产生模糊集的隶属函数之方法。该方法的基础是利用对输入数据集的分类来确定模糊集的隶属函数。选择若干输入数据集,并把它们分为训练数据集和验证数据集。训练数据集用来训练神经网络。考虑如图 5-12 所示的一输入数据集。表 5-2 显示了所考虑的不同数据点的坐标值,如图 5-12(a)中的 x。每个数据点被表达为两个坐标值,这是因为图 5-12(a)表达了一个二维问题。通过传统的聚类方法,数据点首先分为各种不同的类。

表 5-2 用来描述训练集中的数据点的变量

数据点	1	2	3	4	5	6	7	8	9	10
x_1	0.05	0.09	0.12	0.15	0.20	0.75	0.80	0.82	0.90	0.95
x_2	0.02	0.11	0.20	0.22	0.25	0.75	0.83	0.80	0.89	0.89

如图 5-12(a)所示。数据点被分成三类:R^1,R^2,R^3。现考虑数据点 1,其中 $x_1=0.7$,$x_2=0.8$。设定此数据点在 R^2 中的隶属度为 1,而在 R^1 和 R^3 中为 0。同样,其他的数据点

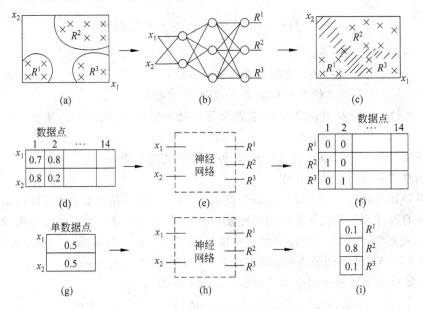

图 5-12 应用神经网络来确定隶属函数

因属于各类的程度不同而被赋予对应的隶属度。用标号1的数据和它在各类中隶属度去模拟坐标位置和隶属度之间的关系,这样就建立了一个神经网络。用5-12(c)表示神经网络的下一个输出,输出把数据点分类成三部分中的一个。神经网络用下一个数据集(如点2)和隶属度值进一步训练网络,如图5-12(d)所示。这个过程反复进行,直到神经网络能模拟所有的输入输出数据值。神经网络的性能通过验证数据集来验证。一旦神经网络已完善,它的最终结构就能用来决定任一输入数据在不同类中的隶属度。注意图5-12(i)表中的数据点实际上是图5-12(g)中的数据点在各类中的隶属度。这能绘成图5-13所示的隶属函数。不同数据点在不同模糊集中的隶属度映射图能被用来决定不同模糊类的重叠情况,例如图5-12(c)中阴影部分显示了三个模糊类的重叠情况。若看完下述的例子后,上述步骤会更加明了易懂。

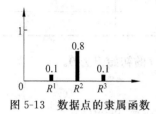

图 5-13　数据点的隶属函数

考察由表 5-2 和表 5-3 显示的用二维格式(二维变量)描述的具有 20 个数据点的一个系统。用聚类方法把这些数据点分成两个模糊集 R^1 和 R^2。现构造能确定任一数据点在两模糊类中的隶属度的神经网络。用表 5-2 中的数据点训练神经网络,用表 5-3 中的数据点检验神经网络的性能。表 5-4 中的隶属度值用来训练和验证神经网络的性能。用来训练和验证网络性能的数据按最初的赋值而一致地把属于各类的隶属度赋值为 1 或 0,见表 5-4。

表 5-3　用来描述验证集中的数据点的变量

数据点	11	12	13	14	15	16	17	18	19	20
x_1	0.09	0.10	0.14	0.18	0.22	0.77	0.79	0.84	0.94	0.98
x_2	0.04	0.10	0.21	0.24	0.28	0.78	0.81	0.82	0.93	0.99

表 5-4　训练和验证集中的数据点之隶属度值

数据点	1 和 11	2 和 12	3 和 13	4 和 14	5 和 15	6 和 16	7 和 17	8 和 18	9 和 19	10 和 20
x_1	1.0	1.0	1.0	1.0	1.0	0.0	0.0	0.0	0.0	0.0
x_2	0.0	0.0	0.0	0.0	0.0	1.0	1.0	1.0	1.0	1.0

现选择一个 2×3×3×2 的神经网络来模拟数据点和它们在模糊类中的隶属度关系,如图 5-14 所示。每个数据点的坐标值 x_1 和 x_2 用作输入值,神经网络的输出值为其隶属度值。

表 5-5 列出了图 5-14 所示网络的初始值。取第一个数据点($x_1=0.05, x_2=0.02$)作为网络的输入,使用 sigmoid 函数:

$$O = \frac{1}{1+\exp(-\sum x_i w_{ij} - \theta)} \quad (5-30)$$

式中,O 为输入;

　　x_i 为输入;

　　w_i 为权值;

　　θ 为阈值。

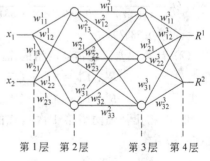

图 5-14　神经网络结构

表 5-5 随机初始值表

$w_{11}^1=0.5$	$w_{11}^2=0.10$	$w_{11}^3=0.30$	$w_{23}^1=0.2$	$w_{23}^2=0.35$	$w_{32}^3=0.30$
$w_{12}^1=0.4$	$w_{12}^2=0.55$	$w_{12}^3=0.35$		$w_{31}^2=0.25$	
$w_{13}^1=0.1$	$w_{13}^2=0.35$	$w_{21}^3=0.35$		$w_{32}^2=0.15$	
$w_{21}^1=0.2$	$w_{21}^2=0.20$	$w_{22}^3=0.25$		$w_{33}^2=0.60$	
$w_{22}^1=0.6$	$w_{22}^2=0.45$	$w_{31}^3=0.45$			

(1) 第 1 次迭代。应用式(5-30)来计算神经网络的输出,置 θ 的初始值为 0。

第 2 层输出：

$$O_1^2 = \frac{1}{1+\exp[-(0.05\times 0.5)-(0.02\times 0.20)-0.0]} = 0.507249$$

$$O_2^2 = \frac{1}{1+\exp[-(0.05\times 0.4)-(0.02\times 0.60)-0.0]} = 0.507999$$

$$O_3^2 = \frac{1}{1+\exp[-(0.05\times 0.10)-(0.02\times 0.2)-0.0]} = 0.502250$$

第 3 层输出：

$$O_1^3 = \frac{1}{1+\exp[-(0.507249\times 0.10)-(0.507999\times 0.20)-(0.502250\times 0.25)-0.0]}$$
$$= 0.569028$$

$$O_2^3 = \frac{1}{1+\exp[-(0.507249\times 0.55)-(0.507999\times 0.45)-(0.502250\times 0.15)-0.0]}$$
$$= 0.641740$$

$$O_3^3 = \frac{1}{1+\exp[-(0.507249\times 0.35)-(0.507999\times 0.35)-(0.502250\times 0.60)-0.0]}$$
$$= 0.658516$$

第 4 层输出：

$$O_1^4 = \frac{1}{1+\exp[-(0.569028\times 0.30)-(0.641740\times 0.35)-(0.658516\times 0.45)-0.0]}$$
$$= 0.666334$$

$$O_2^4 = \frac{1}{1+\exp[-(0.569028\times 0.35)-(0.641740\times 0.25)-(0.658516\times 0.30)-0.0]}$$
$$= 0.635793$$

(2) 计算误差。将神经网络的输出与期望输出比较,以计算神经网络的最终误差。

$$R^1: E_1^4 = O_1^4 - O_{1\ \text{actual}}^4 = 0.666334 - 1.0 = -0.333666$$

$$R^2: E_2^4 = O_2^4 - O_{2\ \text{actual}}^4 = 0.635793 - 0.0 = 0.635793$$

现在,得出神经网络第 1 次迭代的最后误差,将此误差传播到网络的其他结点,依据式(5-18)有

$$E_i^k = O_i^k(1-O_i^k)\sum_l w_{il}^k E_l^{k+1}$$

首先将误差传递给第 3 层结点：

$$E_1^3 = O_1^3(1-O_1^3)(w_{11}^3 E_1^4 + w_{12}^3 E_2^4)$$

$$\begin{aligned}
&= 0.569028 \times (1-0.569028) \times [0.30 \times (-0.333666) + 0.35 \times 0.635793] \\
&= 0.030024
\end{aligned}$$

$$\begin{aligned}
E_2^3 &= O_2^3(1-O_2^3)(w_{21}^3 E_1^4 + w_{22}^3 E_2^4) \\
&= 0.641740 \times (1-0.641740) \times [0.35 \times (-0.333666) + 0.25 \times 0.635793] \\
&= 0.009694
\end{aligned}$$

$$\begin{aligned}
E_3^3 &= O_3^3(1-O_3^3)(w_{31}^3 E_1^4 + w_{32}^3 E_2^4) \\
&= 0.658516 \times (1-0.658516) \times [0.45 \times (-0.333666) + 0.30 \times 0.635793] \\
&= 0.009127
\end{aligned}$$

接着,传递给第2层结点:

$$\begin{aligned}
E_1^2 &= O_1^2(1-O_1^2)(w_{11}^2 E_1^3 + w_{12}^2 E_2^3 + w_{13}^2 E_3^3) \\
&= 0.507249 \times (1-0.507249) \times [0.10 \times 0.030024 \\
&\quad + 0.5 \times 0.009694 + 0.35 \times 0.009127] \\
&= 0.002882
\end{aligned}$$

$$\begin{aligned}
E_2^2 &= O_2^2(1-O_2^2)(w_{21}^2 E_1^3 + w_{22}^2 E_2^3 + w_{23}^2 E_3^3) \\
&= 0.507999 \times (1-0.507999) \times [0.20 \times 0.030024 \\
&\quad + 0.45 \times 0.009694 + 0.35 \times 0.009127] \\
&= 0.003390
\end{aligned}$$

$$\begin{aligned}
E_3^2 &= O_3^2(1-O_3^2)(w_{31}^2 E_1^3 + w_{32}^2 E_2^3 + w_{33}^2 E_3^3) \\
&= 0.502250 \times (1-0.502250) \times [0.25 \times 0.030024 \\
&\quad + 0.15 \times 0.009694 + 0.60 \times 0.009127] \\
&= 0.003609
\end{aligned}$$

既然知道神经网络中每个结点的误差,现在可以通过调整相应的权值,使网络的输出更逼近期望输出。使用下式更新权值:

$$w_{il}^k(\text{new}) = w_{il}^k(\text{old}) + \alpha E_l^{k+1} x_{il}^{k,k+1} \tag{5-31}$$

其中,w_{il}^k表示第k层第i个结点与第$(k+1)$层的第l个结点之间的连接权值;$\alpha=0.3$表示学习速率;E_l^{k+1}表示第$(k+1)$层第l个结点的误差;$x_{il}^{k,k+1}$表示从第k层第i个结点到第$(k+1)$层第l个结点的输入。

(3) 更新权值。更新第3层与第4层相连的权值如下:

$$w_{11}^3 = w_{11}^3(\text{old}) + \alpha E_1^4 x_{11}^{34} = 0.3 + 0.3 \times (-0.333666) \times 0.569028 = 0.234040$$

$$w_{21}^3 = w_{21}^3(\text{old}) + \alpha E_1^4 x_{21}^{34} = 0.35 + 0.3 \times (-0.333666) \times 0.641740 = 0.285762$$

$$w_{31}^3 = w_{31}^3(\text{old}) + \alpha E_1^4 x_{31}^{34} = 0.45 + 0.3 \times (-0.333666) \times 0.658516 = 0.384083$$

$$w_{12}^3 = w_{12}^3(\text{old}) + \alpha E_2^4 x_{12}^{34} = 0.35 + 0.3 \times 0.635793 \times 0.569028 = 0.458535$$

$$w_{22}^3 = w_{22}^3(\text{old}) + \alpha E_2^4 x_{22}^{34} = 0.25 + 0.3 \times 0.635793 \times 0.641740 = 0.372404$$

$$w_{32}^3 = w_{32}^3(\text{old}) + \alpha E_2^4 x_{32}^{34} = 0.30 + 0.3 \times 0.635793 \times 0.658516 = 0.425604$$

再更新第2层与第3层相连的权值如下:

$$w_{11}^2 = w_{11}^2(\text{old}) + \alpha E_1^3 x_{11}^{23} = 0.10 + 0.3 \times 0.030024 \times 0.507249 = 0.104968$$

$$w_{21}^2 = w_{21}^2(\text{old}) + \alpha E_1^3 x_{21}^{23} = 0.20 + 0.3 \times 0.030024 \times 0.507999 = 0.204576$$

$$w_{31}^2 = w_{31}^2(\text{old}) + \alpha E_1^3 x_{31}^{23} = 0.25 + 0.3 \times 0.030024 \times 0.502250 = 0.254524$$

$$w_{12}^2 = w_{12}^2(\text{old}) + \alpha E_2^3 x_{12}^{23} = 0.55 + 0.3 \times 0.09694 \times 0.507249 = 0.551475$$

$$w_{22}^2 = w_{22}^2(\text{old}) + \alpha E_2^3 x_{22}^{23} = 0.45 + 0.3 \times 0.09694 \times 0.507999 = 0.451477$$

$$w_{32}^2 = w_{32}^2(\text{old}) + \alpha E_2^3 x_{32}^{23} = 0.15 + 0.3 \times 0.09694 \times 0.502250 = 0.151461$$
$$w_{13}^2 = w_{13}^2(\text{old}) + \alpha E_3^3 x_{13}^{23} = 0.35 + 0.3 \times 0.09127 \times 0.507249 = 0.351389$$
$$w_{23}^2 = w_{23}^2(\text{old}) + \alpha E_3^3 x_{23}^{23} = 0.35 + 0.3 \times 0.09127 \times 0.507999 = 0.351391$$
$$w_{33}^2 = w_{33}^2(\text{old}) + \alpha E_3^3 x_{33}^{23} = 0.60 + 0.3 \times 0.09127 \times 0.502250 = 0.601375$$

最后,更新第1层与第2层相连的权值如下:
$$w_{11}^1 = w_{11}^1(\text{old}) + \alpha E_1^2 x_{11}^{12} = 0.5 + 0.3 \times 0.002882 \times 0.05 = 0.500043$$
$$w_{21}^1 = w_{21}^1(\text{old}) + \alpha E_1^2 x_{21}^{12} = 0.2 + 0.3 \times 0.002882 \times 0.02 = 0.200017$$
$$w_{12}^1 = w_{12}^1(\text{old}) + \alpha E_2^2 x_{12}^{12} = 0.40 + 0.3 \times 0.003390 \times 0.05 = 0.400051$$
$$w_{22}^1 = w_{22}^1(\text{old}) + \alpha E_2^2 x_{22}^{12} = 0.60 + 0.3 \times 0.003390 \times 0.02 = 0.600020$$
$$w_{13}^1 = w_{13}^1(\text{old}) + \alpha E_3^2 x_{13}^{12} = 0.10 + 0.3 \times 0.003609 \times 0.05 = 0.100054$$
$$w_{23}^1 = w_{23}^1(\text{old}) + \alpha E_3^2 x_{23}^{12} = 0.20 + 0.3 \times 0.003609 \times 0.02 = 0.200022$$

至此,神经网络中所有权值都已更新。把输入数据点($x_1 = 0.05, x_2 = 0.02$)再输入网络中进行计算。再执行上述步骤,计算出误差。重复此过程直至误差在允许范围之内。接着,再用下一个数据点训练网络,直至训练完所有的数据点为止。然后用验证数据集中的数据点验证神经网络的性能。

从上述过程可知,应用神经网络生成模糊集的隶属函数不失为一种新方法。

5.6 神经网络控制原理

5.6.1 神经网络控制的基本思想

传统的基于模型的控制方式,是根据被控对象的数学模型及对控制系统要求的性能指标来设计控制器,并对控制规律加以数学解析描述;模糊控制是基于专家经验和领域知识总结出若干条模糊控制规则,构成描述具有不确定性复杂对象的模糊关系,通过被控系统输出误差、误差变化和模糊关系的推理合成获得控制量,从而对系统实施控制。这两种控制方式都具有显示表达知识的特点,而神经网络不善于显示表达知识,但是它具有很强的逼近非线性函数的能力,即非线性映射能力。把神经网络用于控制正是利用它的这个独特优点。

图 5-15 给出了一般反馈控制系统的原理图,图 5-16 采用神经网络去替代图 5-15 中的控制器,所完成得是同一控制任务,现分析神经网络是如何工作的。

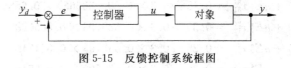

图 5-15 反馈控制系统框图

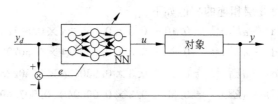

图 5-16 神经网络控制系统框图

设被控对象的输入 u 和系统输出 y 之间满足如下非线性函数关系

$$y = g(u) \tag{5-32}$$

控制的目的是确定最佳的控制量输入 u，使系统的实际输出 y 等于期望的输出 y_d。在该系统中，可把神经网络的功能看做是输入输出的某种映射，或称函数变换，并设它的函数关系为

$$u = f(y_d) \tag{5-33}$$

为了满足系统输出 y 等于期望的输出 y_d，将式(5-33)代入式(5-32)，可得

$$y = g[f(y_d)] \tag{5-34}$$

显然，当 $f(\cdot) = g^{-1}(\cdot)$ 时，满足 $y = y_d$ 的要求。

由于要采用神经网络控制的被控对象一般是复杂的且多具有不确定性，因此非线性函数 $g(\cdot)$ 是难以建立的，但可以利用神经网络具有逼近非线性函数的能力来模拟 $g^{-1}(\cdot)$。尽管 $g(\cdot)$ 的形式未知，通过系统的实际输出 y 与期望输出 y_d 之间的误差调整神经网络中的连接权值，即通过神经网络的学习，直至使误差趋于零。这个过程就是神经网络模拟 $g^{-1}(\cdot)$ 的过程，也是对被控制对象的一种求逆的过程，该过程可由神经网络的学习算法来实施，这就是神经网络实现直接控制的基本思想。这里：

$$e = y_d - y \to 0 \tag{5-35}$$

5.6.2 神经网络在控制中的作用

神经网络在控制中的作用分为以下几种：
(1) 在基于精确模型的各种控制结构中充当对象的模型；
(2) 在反馈控制系统中直接充当控制器；
(3) 在传统控制系统中起优化计算作用；
(4) 在与其他智能控制方法和优化算法的融合中，为其提供非参数化对象模型、优化参数、推理模型及故障诊断等。

神经网络具有大规模并行处理，信息分布存储，连续时间的非线性动力学特性，高度的容错性和鲁棒性，自组织、自学习和实时处理等特点，因而神经网络在控制系统中得到了广泛的应用。

5.7 神经网络在工程中的应用

5.7.1 基于神经网络的系统辨识

1. 系统辨识的基本概念

在系统理论中，描述系统最常用的形式是微分方程或差分方程。对于离散系统，描述系统的差分方程可表示为

$$\begin{cases} \boldsymbol{x}(k+1) = \varphi[\boldsymbol{x}(k), \boldsymbol{u}(k)] \\ \boldsymbol{y}(k) = \varphi[\boldsymbol{x}(k)] \end{cases} \tag{5-36}$$

其中，$\boldsymbol{x}(k)$、$\boldsymbol{u}(k)$ 和 $\boldsymbol{y}(k)$ 分别代表系统的状态序列、输入序列和输出序列。当系统为线性非时

变系统时,可用下式描述系统:

$$\begin{cases} x(k+1) = A \cdot x(k) + B \cdot u(k) \\ y(k) = C \cdot x(k) \end{cases} \quad (5-37)$$

其中,A、B、C分别为$n \times n$维、$n \times p$维、$m \times n$维矩阵。

设有一个离散非时变因果系统,其输入和输出分别为$u(k)$和$y_p(k)$,辨识问题可描述为寻求一个数学模型,使得模型的输出$\hat{y}_p(k)$与被辨识系统的输出$y_p(k)$之差,满足规定的要求,如图5-17所示。从图中可以看出,辨识系统和被辨识系统模型具有相同的输入,$\hat{y}_p(k)$和$y_p(k)$之差为

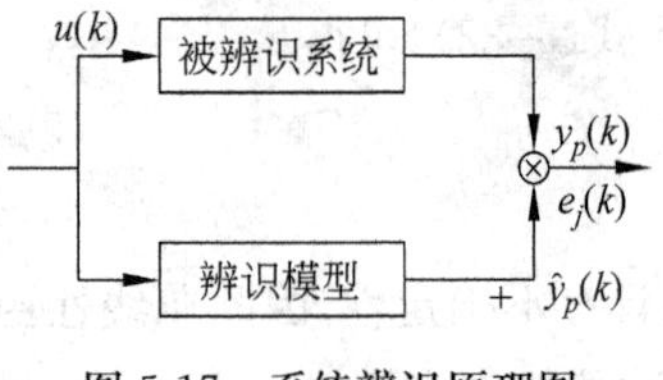

$$e_j(k) = \hat{y}_p(k) - y_p(k)$$

图 5-17 系统辨识原理图

对于非线性系统,虽然可以建立一组非线性差分方程,但是求解这组非线性差分方程却是很困难的。

L. A. Zadeh曾给辨识下过定义:"辨识就是在输入和输出数据的基础上,从一组给定的模型中,确定一个与所测系统等价的模型。"根据辨识定义,在构造辨识系统时要遵循下列基本构成原则。

(1) 模型的选择原则。模型只是在某种意义下实际系统的一种近似描述,它的确定要兼顾其精确性和复杂性,选择在满足给定的误差准则下逼近原系统的最简单模型。

(2) 输入信号的选择原则。为了能够辨识实际系统,对输入信号的最低要求是在辨识时间内,系统的动态过程必须被输入信号持续激励,反映在频谱上,要求输入信号的频谱必须足以覆盖系统的频谱,更进一步的要求是输入信号的选择应能使给定问题的辨识模型精度最高。

(3) 误差准则的选择原则。误差准则是用来衡量模型接近实际系统的标准,它通常表示为一个误差的泛函,记作

$$J(\theta) = \sum_{k=1}^{L} f[e(k)] \quad (5-38)$$

其中:$f(\cdot)$是$e(k)$的函数,一般选平方函数,即

$$f[e(k)] = e^2(k) \quad (5-39)$$

根据前面的定义,$e(k)$为

$$e(k) = \hat{y}_p(k) - y_p(k) \quad (5-40)$$

它通常是模型参数的非线性函数。因此,在这种误差准则意义下,辨识问题归结为非线性最优化问题。

2. 基于神经网络的非线性系统辨识

神经网络具有逼近任意非线性函数的能力,所以可用它建立非线性系统的模型。

(1) 前向模型辨识。神经网络前向建模就是利用系统的输入输出数据训练一个神经网络,使神经网络具有与系统相同的输入输出关系,其结构如图5-18所示。

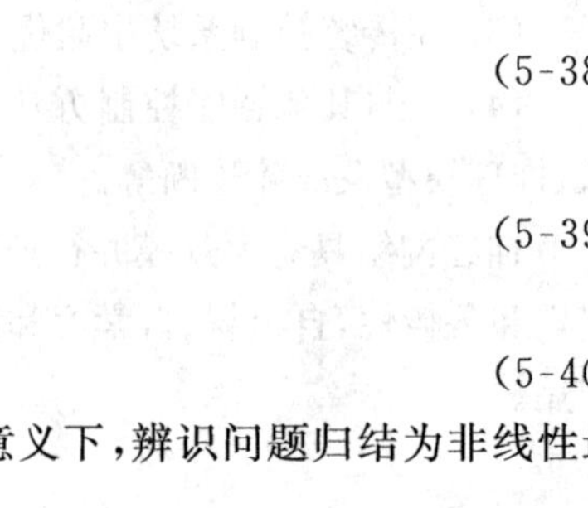

神经网络模型与被建模的对象并联,建模对象输出与网络输出之差(预测误差)作为网络的训练信号。这种学习结构是监督学习,被建模的对象是教师,直接地提供

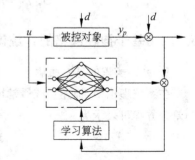

图 5-18 前向模型辨识结构图

一个目标值(系统输出)。

设系统由下列非线性差分方程描述：

$$y_p(t+1) = f[y_p(t),\cdots,y_p(t-n+1);u(t),\cdots,u(t-m+1)] \quad (5-41)$$

对象在 $t+1$ 时刻的输出值 $y_p(t+1)$ 取决于过去 n 个输出值和 m 个输入值，选择神经网络的输入输出结构与建模对象的输入输出结构相同，记网络的输出为 y_m，则有

$$y_m(t+1) = \hat{f}[y_p(t),\cdots,y_p(t-n+1);u(t),\cdots,u(t-m+1)] \quad (5-42)$$

其中，$\hat{f}$ 是 f 的近似，表示神经网络的输入输出的非线性关系。假设神经网络经过一段时间的训练以后已经较好地描述了被控对象，即 $y_m \approx y_p$。为了再进一步训练，网络输出本身也可以反馈到网络输入，这样网络模型可以描述为

$$y_m(t+1) = \hat{f}[y_m(t),\cdots,y_m(t-n+1);u(t),\cdots,u(t-m+1)] \quad (5-43)$$

(2) 反向模型辨识。动态系统的反向(逆)模型在自动控制中是非常重要的。基于神经网络的反向建模方法如图 5-19 所示，图中，作为对象 p 的逆模型的神经网络 C 位于对象之前，网络模型的输出 u 作为被控对象的输入。若 C 为 p 的逆模型，则应有 $y_p = r$，否则，学习算法根据其偏差调整神经网络 C 的权值，使 $y_p \approx r$。

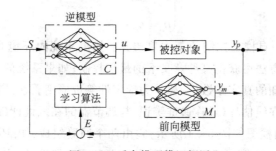

图 5-19 反向模型辨识框图

在该结构中也可以再包含一个被控对象的前向模型。误差信号可以取 $E = r - y_p$；当存在噪声时也可以取 $E = r - y_m$。因为学习过程是基于对象的理想输出和实际输出的偏差，所以是有目的的学习。

5.7.2 基于神经网络的自适应控制

1. 自适应控制

目前，自适应控制的研究主要有两个方面：一个是模型参考自适应控制；另一个是自校正控制。

(1) 模型参考自适应控制。它的基本思想就是使过程输出与模型输出相一致，即调整调节器的参数，使过程输出最后以零误差跟踪参考模型输出，其结构如图 5-20 所示。它由两个控制回路组成：内回路是过程与调节器；外回路则为调整控制器或调节器参数。

参考模型和被控对象可由下述方程描述：

$$\begin{cases} \dot{x}_m = -a_m x_m + b_m r \\ \dot{x}_p = -a_p x_p + b_p u \end{cases} \quad (5-44)$$

其中，a_m、b_m 为期望模型参数，a_p、b_p 为未知系统参数，而闭环系统方程为

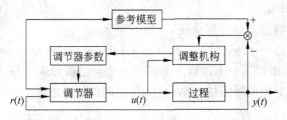

图 5-20 模型参考自适应控制框图

$$\dot{x}_p = -\hat{a}x_p + \hat{b}r \tag{5-45}$$

式中

$$\begin{cases} \hat{a} = b_p(a_p + f) \\ \hat{b} = b_p g \end{cases} \tag{5-46}$$

定义输出误差和参数误差分别为

$$\begin{cases} e = x_m - x_p \\ \alpha = a_m - \hat{a} \\ \beta = b_m - \hat{b} \end{cases} \tag{5-47}$$

(2) 自校正控制。自校正控制的基本思想是：如果系统的环境和模型中的参数已知，那么采用适当的设计方法可获得某种意义下的最优控制；如果系统的参数未知，则可用参数的在线估计来代替未知的真实参数值，称其为确定性等价原则。在计算出控制器的参数后，即可进行实时控制。在线估计(或称递推辨识)与调节器的在线设计(或计算)是自校正调节器实现的关键，其控制框图如图 5-21 所示，它由两个回路组成：内环由过程和线性反馈组成；外环则负责调节器的参数实现，即由参数估计器和调节器设计(或计算)两部分组成。参数估计器用以执行递推估计，而调节器设计则对给定参数进行在线计算。

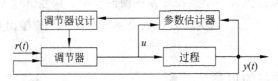

图 5-21 自校正调节器的控制框图

考虑具有未知参数 a 和 b 的一阶离散系统：

$$x(k+1) = ax(k) + bu(k) \tag{5-48}$$

式中：$x(k)$ 为系统的输出；

$u(k)$ 为系统的输入。

相应的控制问题可描述为：希望通过具有不同参数 c 和 d 的相同系统来描述相应的闭环系统性能，以获得期望的输出响应：

$$x(k+1) = cx(k) + dr(k) \tag{5-49}$$

式中：$r(k)$ 为参考输入。

若系统参数已知，则

$$u(k) = \frac{c-a}{b}x(k) + \frac{d}{b}r(k) \tag{5-50}$$

若系统参数未知,则需要通过系统辨识方法对参数 a、b 进行估计,相应的控制规律为:

$$u(k) = \frac{c-\hat{a}}{\hat{b}}x(k) + \frac{d}{\hat{b}}r(k) \tag{5-51}$$

其中,$\hat{a}$、$\hat{b}$ 分别为参数 a 和 b 的估计值。

自校正调节器的优点是算法和结构简单,且对最小相位系统有很好的控制效果。它的缺点是不能保证系统的稳定性,另外还要求假设受控系统结构已知,否则容易出现失配问题。

2. 神经网络模型参考自适应控制

神经网络模型参考自适应控制的结构形式与线性系统的模型参考自适应控制相同,只是通过神经网络给出被控对象的辨识模型。根据结构不同可分为直接型与间接型两种模型,分别示于图 5-22 中。间接型比直接型多采用了一个神经网络辨识器,其余部分相同。

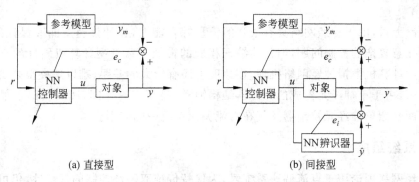

图 5-22 神经网络模型参考自适应控制结构框图

神经网络控制器的权重修正目标是使输出误差 $e_c = y - y_m \to 0$ 或二次型指标最小。对于直接型,由于未知的非线性对象处于 e_c 和神经网络控制器的中间位置,给参数修正造成困难。为了避免这一问题,增加神经网络辨识器,此种方式其权值修正目标是使

$$e_i = \hat{y} - y \to 0$$

3. 神经网络自校正控制

基于神经网络的自校正控制有两种类型,直接自校正控制和间接自校正控制。

(1) 神经网络直接自校正控制。该控制系统由一个常规控制器和一个具有离线辨识能力的识别器组成,后者具有很高的建模精度。神经网络直接自校正控制的结构基本上与图 5-19 相同。

(2) 神经网络间接自校正控制。该控制系统由一个神经网络控制器和一个能够在线修正的神经网络辨识器组成,图 5-23 示出了神经网络间接自校正控制器的结构。一般,假设被控对象(装置)为式(5-52)所示的单变量非线性系统:

$$y(k+1) = f[y(k)] + g[y(k)]u(k) \tag{5-52}$$

其中:$f[y(k)]$ 和 $g[y(k)]$ 为非线性函数。令 $\hat{f}[y(k)]$ 和 $\hat{g}[y(k)]$ 分别代表 $f[y(k)]$ 和 $g[y(k)]$ 的估计值。若 $f[y(k)]$ 和 $g[y(k)]$ 是由神经网络离线辨识的,则能够得到足够近似

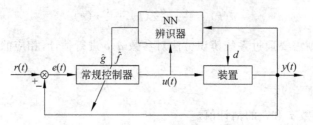

图 5-23 神经网络(NN)间接自校正控制

精度的 $\hat{f}[y(k)]$ 和 $\hat{g}[y(k)]$,而且可直接给出常规控制规律为:

$$u(k) = \{y_d(k+1) - \hat{f}[y(k)]\}/\hat{g}[y(k)] \tag{5-53}$$

式中,$y_d(k+1)$ 为在 $k+1$ 时刻的期望输出。

5.8 单神经元控制的直流调速系统

从理论上讲,由于神经网络具有很强的信息综合能力,在计算速度能够保证的条件下,可以解决任意复杂的控制问题,但目前缺乏相应的神经网络微型计算机硬件的支持。利用已有的微型计算机模拟神经网络机理,在速度上还有较大的差距,难以解决很多实时控制问题。近年来,由于单神经元构成的控制器结构简单,易于实时控制,所以获得了很多成功的应用。下面介绍单神经元控制器及其在直流调速系统中的应用。

5.8.1 系统组成

将神经网络理论用于直流调速系统时,为保持传统双闭环控制的优越性,仍可采用转速电流双闭环结构。为了提高系统响应的快速性和限流的必要性,电流环仍然采用传统的 PI 调节器,而转速环则采用神经元控制器以提高其鲁棒性。本系统结合传统 PID 控制机理,构成了单神经元 PID 控制器,如图 5-24 所示。

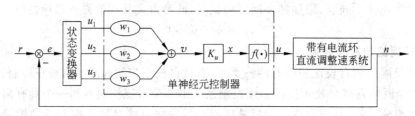

图 5-24 单神经元控制器

5.8.2 单神经元控制器及其学习算法设计

在图 5-24 中,神经元的特性取为

$$x(k) = K_u \Big(\sum_{i=1}^{3} w_i(k) u_i(k)\Big) \Big/ \sum_{i=1}^{3} \|w_i(k)\| \tag{5-54}$$

$$u(k) = f[x(k)] = U_{max} \frac{1 - e^{-x(k)}}{1 + e^{-x(k)}} \tag{5-55}$$

其中，U_{max}是控制量的最大限幅值，在本例中，该值为最大转矩给定值。

数字PID控制算法的基本表达式为：

$$u(k) = K_P e(k) + K_I T \sum_{i=1}^{k} e(i) + \frac{K_D}{T}[e(k) - e(k-1)] \quad (5\text{-}56)$$

其中，K_P是比例系数；$K_I = K_P/T_I$是积分系数；$K_D = K_P T_D$是微分比例系数。为了使单神经元控制器具有PID特性，可以在图5-24的系统中分别取状态量

$$\begin{cases} u_1(k) = T \sum_{i=1}^{k} e(i) \\ u_2(k) = e(k) \\ u_3(k) = [e(k) - e(k-1)]/T = \Delta e(k) \end{cases} \quad (5\text{-}57)$$

其中，$u_1(k)$反映了系统误差的累积（相当于积分项）；$u_2(k)$反映了系统误差；$u_3(k)$反映了系统误差的一阶差分（相当于比例项），这说明$u_i(k)(i=1,2,3)$具有明显的物理意义。$w_i(k)(i=1,2,3)$分别对应于$u_i(k)$的权值。

针对直流调速系统的特点，不难得出神经元控制器的学习算法

$$v_i(k) = e(k) \mid u(k) \mid u_i(k) \quad (5\text{-}58)$$

$$w_i(k+1) = w_i(k) + \eta_i v_i(k) \quad (5\text{-}59)$$

这种学习规则有利于让神经元控制器在与被控对象的交互作用中，不断地增加学习能力，实现实时控制。考虑到电动机正转或反转两种运行状况，式(5-58)中$u(k)$取绝对值，以保证学习规则的收敛性。

不难看出，式(5-54)和式(5-59)表明单神经元控制器依照学习信号所反映的误差与环境的变化，对相应的积分、比例、微分系数进行在线调整，产生自适应控制作用，具有很强的鲁棒性，控制器还利用了神经元的非线性特性，突破线性调节器的局限，实现转速环的饱和非线性控制。

5.8.3 单神经元直流调速系统参数设计

采用单神经元控制器的双闭环直流调速系统的结构如图5-25所示。电流环采用PI调节器，并校正成典型I型系统，转速环则采用单神经元自适应PID控制器。

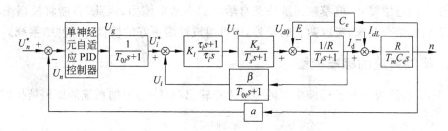

图5-25 基于单神经元的直流调速系统结构框图

T_{0i}为电流环滤波时间常数；T_s为整流装置滞后时间常数；T_l为电动机电磁时间常数；T_m为电动机机电时间常数；K_s为晶闸管装置放大倍数；R为电枢回路总电阻；β为电流反馈中系数；a为转速反馈系数，C_e为反电动势系数。

单神经元自适应PID控制器设计涉及控制器比例因子、学习速率、加权系数初值、采样周期等参数的取值，它们对学习和控制效果有一定影响。下面给出参数调整规律。

① 初始加权系数 $w_1(0)$、$w_2(0)$、$w_3(0)$ 可以任意选取。

② K 值的选择：一般 K 值偏大将引起系统超调过大，而 K 值偏小会使过渡过程加长。因此，可预先确定一个增益 K，再根据仿真和实控结果调整。

③ 学习速率 $\eta_i(i=1,2,3)$，即 η_P、η_I、η_D 的选择：由于采用了规范化学习算法，学习速率可取得较大。选取 K 使过程的超调不太大，若此时过程从超调趋向平稳的时间太长，可增加 η_P、η_D；若超调迅速下降而低于给定值，此后又缓慢上升到稳态的时间太长，则可减少 η_P，增加积分项的作用。对于大时延系统，为了减少超调，η_P、η_D 应选得大一些。

用于仿真的实际参数如下：

直流电动机：220V，136A，1460r/min，$C_e=0.132$V·r/min，允许过载倍数 $\lambda=1.5$，$T_{0i}=2$ms，$T_s=1.7$ms，$T_m=180$ms，$K_s=40$，$R=0.5\Omega$，$\beta=0.05$V/A，$\alpha=0.007$V·r/min，$K_i=1.103$，$T_i=30$ms。期望给定：考虑到电动机的过载能力，取 $U_{max}=10$V。

仿真试验曲线如图 5-26 所示。图中，曲线①是在传统的 PI 调节器下的转速曲线，曲线②是在单神经元自适应 PID 控制器下的转速曲线。

仿真结果表明，基于单神经元自适应 PID 控制器具有很强的鲁棒性和自适应性。仿真结果还表明，基于单神经元自适应 PID 控制器直流调速系

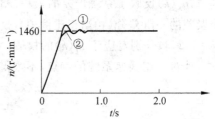

图 5-26 仿真试验曲线

统，在允许负载、电枢电阻和转动惯量变化的范围内，都能保持响应的快速性以及无静差、无超调的优良性能。

5.9 模糊神经网络

神经网络具有并行计算、分布式信息存储、容错能力强以及具备自适应学习等优点，但神经网络不适于表达基于规则的知识，因此在对神经网络进行训练时，由于不能很好地利用已有的经验知识，常常只能将初始权值取为零或随机数，从而增加了网络的训练时间或陷入并非所要的局部极值；而模糊逻辑比较适合于表达那些模糊或定性的知识，其推理方式也比较类似于人的思维模式，但模糊系统缺乏自学习和自适应能力；因此，若能将模糊逻辑与神经网络适当地结合起来，吸取两者的长处，则可组成性能更好的模糊神经网络系统。

5.9.1 模糊系统的标准模型

图 5-27 所示为一基于标准模型的多输入单输出（MISO）模糊系统的原理结构图。

图 5-27 基于标准模型的模糊系统原理结构图

其中，$x \in R^n$，$y \in R$。

设输入向量 $\boldsymbol{x}=[x_1 x_2 \cdots x_n]^T$，每个分量均为模糊语言变量，并设

$$T(x_i) = \{A_i^1, A_i^2, \cdots, A_i^{m_i}\} \quad i = 1, 2, \cdots, n$$

其中，$A_i^j (j=1,2,\cdots,m_i)$ 是 x_i 的第 j 个语言变量值，它是定义在论域 U_i 上的一个模糊集合，相应的隶属函数为

$$\mu_{A_i^j}(x_i) \quad i = 1,2,\cdots,n; j = 1,2,\cdots,m_i$$

输出量 y 也为模糊语言变量且 $T(y) = \{B^1, B^2, \cdots, B^{m_y}\}$。其中 $B^j(j=1,2,\cdots,m_y)$ 是 y 的第 j 个语言变量值，它是定义在论域 U_g 上的模糊集合，相应的隶属函数为 $\mu_{B^j}(y)$。设描述输入输出关系的模糊规则为

$$R_i: 若\ x_1\ 是\ A_1^i\ \text{and}\ x_2\ 是\ A_2^i \cdots\ \text{and}\ x_n\ 是\ A_n^i\ 则\ y\ 是\ B^i$$

其中：$i=1,2,\cdots,m$；m 表示规则总数，$m \leqslant m_1 m_2 \cdots m_n$。

若输入量采用单点模糊集合的模糊化方法，则对于给定的输入 x，可以求得对于每条规则的适用度为

$$\alpha_i = \mu_{A_1^i}(x_1) \wedge \mu_{A_2^i}(x_2) \wedge \cdots \wedge \mu_{A_n^i}(x_n)$$

或

$$\alpha_i = \mu_{A_1^i}(x_1) \mu_{A_2^i}(x_2) \cdots \mu_{A_n^i}(x_n)$$

通过模糊推理可得对于每一条模糊规则的输出量模糊集合 B_i 的隶属函数为

$$\mu_{B_i} = \alpha_i \wedge \mu_{B^i}(y)$$

或

$$\mu_{B_i} = \alpha_i \mu_{B^i}(y)$$

从而输出量总的模糊集合为

$$B = \bigcup_{i=1}^{m} B_i$$

$$\mu_B(y) = \bigcup_{i=1}^{m} \mu_{B_i}(y)$$

若采用加权平均的清晰化方法，则可求得输出的清晰化量为

$$y = \frac{\int_{u_y} y \mu_B(y) \mathrm{d}y}{\int_{u_y} \mu_B(y) \mathrm{d}y}$$

由于计算上式的积分很麻烦，实际计算时通常用下面的近似公式：

$$y = \frac{\sum_{i=1}^{m} y_{C_i} \mu_{B_i}(y_{C_i})}{\sum_{i=1}^{m} \mu_{B_i}(y_{C_i})}$$

5.9.2 模糊神经网络的结构

根据模糊系统的标准模型，可设计出如图 5-28 所示的模糊神经网络结构。图中所示为 MIMO 系统，它是 MISO 情况的简单推广。

图中第 1 层为输入层。该层的各个结点直接与输入向量的各分量 x_i 连接，它起着将输入值 $x = [x_1\ x_2\ \cdots\ x_n]^\mathrm{T}$ 传送到下一层的作用，该层的结点数 $N_1 = n$。

第 2 层每个结点代表一个语言变量值，如 NB、PS 等。它的作用是计算各输入分量属于

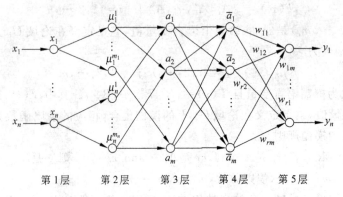

图 5-28 基于标准模型的模糊神经网络结构

各语言变量模糊集合的隶属函数 μ_i^j，其中

$$\mu_i^j \triangleq \mu_{\tilde{A}_i^j}(x_i)$$

表示第 i 个输入量 x_i 属于第 j 个语言变量对应的模糊集合的隶属度，$i=1,2,\cdots,n;j=1,2,\cdots,m_i$。$n$ 是输入量的维数，m_i 是 x_i 的模糊分割数。例如，若隶属函数采用高斯函数表示的铃形函数，则

$$\mu_i^j = e^{-\frac{(x_i - C_{ij})^2}{\sigma_{ij}^2}}$$

其中，C_{ij} 和 σ_{ij} 分别表示隶属函数的中心和宽度。该层的结点总数 $N_2 = \sum_{i=1}^{n} m_i$。

第 3 层的每个结点代表一条模糊规则，它的作用是用来匹配模糊规则的前件，计算出每条规则的适用度。即

$$\alpha_j = \min\{\mu_1^{i_1}, \mu_2^{i_2}, \cdots, \mu_n^{i_n}\}$$

或

$$\alpha_j = \mu_1^{i_1} \mu_2^{i_2} \cdots \mu_n^{i_n}$$

其中，$i_1 \in \{1,2,\cdots,m_1\}; i_2 \in \{1,2,\cdots,m_2\}; \cdots; i_n \in \{1,2,\cdots,m_n\}; j=1,2,\cdots,m; m = \prod_{i=1}^{n} m_i$。该层的结点总数 $N = m$。对于给定的输入，只有在输入点附近的那些语言变量值才有较大隶属度值，远离输入点的语言变量值的隶属度或者很小（高斯隶属函数）或者为 0（三角形隶属函数）。当隶属度值很小时（例如小于 0.05）时近似取为 0。因此，在 α_j 中只有少量结点输出非 0，而多数结点的输出为 0。

第 4 层的结点数与第 3 层相同，即 $N_4 = N_3 = m$，它所实现的是归一化计算，即

$$\overline{\alpha}_j = \alpha_j \bigg/ \sum_{i=1}^{m} \alpha_i \quad j = 1, 2, \cdots, m$$

第 5 层是输出层，它所实现的是清晰化计算，即

$$y_i = \sum_{j=1}^{m} w_{ij} \overline{\alpha}_j \quad i = 1, 2, \cdots, r$$

与前面所给出的标准模糊模型的清晰化计算相比较，这里的 w_{ij} 相当于 y_i 的第 j 个语言变量的模糊集合相应的隶属函数值，上式写成向量形式为

$$\boldsymbol{Y} = \boldsymbol{W}\overline{\alpha}$$

$$Y = \begin{bmatrix} y_1 \\ y_2 \\ \vdots \\ y_m \end{bmatrix} \quad W = \begin{bmatrix} w_{11} & w_{12} & \cdots & w_{1m} \\ w_{21} & w_{22} & \cdots & w_{2m} \\ \vdots & \vdots & \ddots & \vdots \\ w_{r1} & w_{r2} & \cdots & w_{rm} \end{bmatrix} \quad \bar{\alpha} = \begin{bmatrix} \overline{\alpha_1} \\ \overline{\alpha_2} \\ \vdots \\ \overline{\alpha_m} \end{bmatrix}$$

5.9.3 学习算法

假设各输入分量的模糊分割数是预先确定的，则需要学习的参数主要是最后一层的连接权 $w_{ij}(i=1,2,\cdots,r;j=1,2,\cdots,m)$，以及第 2 层的隶属函数中心值 C_{ij} 和宽度 $\sigma_{ij}(i=1,2,\cdots,n;j=1,2,\cdots,m)$。

采用误差反传的迭代算法，为此对每个神经元的输入输出关系加以形式化描述。设图 5-29 表示模糊神经网络中第 q 层第 j 个结点。其中，结点的纯输入等于 $f^{(q)}(x_1^{(q-1)},x_2^{(q-1)},\cdots,x_{n_{q-1}}^{(q-1)};w_{j1}^{(q)},w_{j2}^{(q)},\cdots,w_{jn_{q-1}}^{(q)})$，结点的输出等于 $x_j^{(q)} = g^{(q)}(f^{(q)})$。对一般的神经元结点，通常有

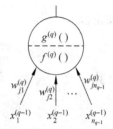

图 5-29 单个神经元结点的基本结构

$$f^{(q)} = \sum_{i=1}^{n_q-1} w_{ji}^{(q)} x_i^{(q-1)}$$

$$x_j^{(q)} = g^{(q)}(f^{(q)}) = \frac{1}{1+e^{-\mu f^{(q)}}}$$

而对于图 5-28 所示的模糊神经网络，其神经元结点的输入输出函数则具有较为特殊的形式。下面具体给出它的每一层的结点函数。

第 1 层，传递层：
$$f_i^{(1)} = x_i^{(0)} = x_i \quad x_i^{(1)} = g_i^{(1)} = f_i^{(1)} \quad i=1,2,\cdots,n$$

第 2 层，非线性运算层：
$$f_{ij}^{(2)} = -\frac{(x_i^{(1)} - C_{ij})^2}{\sigma_{ij}^2}$$

$$x_{ij}^{(2)} = \mu_i^j = g_{ij}^{(2)} = e^{f_{ij}^{(2)}} = e^{-\frac{(x_k^{(1)} - C_{ij})^2}{\sigma_{ij}^2}} \quad i=1,2,\cdots,n;j=1,2,\cdots,m_i$$

第 3 层，即取小运算层：
$$f_j^{(3)} = \min\{x_{1i_1}^{(2)}, x_{2i_2}^{(2)}, \cdots, x_{ni_n}^{(2)}\} = \min\{\mu_1^{i_1}, \mu_2^{i_2}, \cdots, \mu_n^{i_n}\}$$

或者
$$f_j^{(3)} = x_{1i_1}^{(2)} x_{2i_2}^{(2)} \cdots x_{ni_n}^{(2)} = \mu_1^{i_1} \mu_2^{i_2} \cdots \mu_n^{i_n}$$

$$x_j^{(3)} = \alpha_j = g_j^{(3)} = f_j^{(3)} \quad j=1,2,\cdots,m; m = \prod_{i=1}^{n} m_i$$

第 4 层，即归一化层：
$$f_j^{(4)} = x_j^{(3)} \Big/ \sum_{i=1}^{m} x_i^{(3)} = \alpha_j \Big/ \sum_{i=1}^{m} \alpha_i$$

$$x_j^{(4)} = \overline{\alpha_j} = g_j^{(4)} = f_j^{(4)} \quad j=1,2,\cdots,m$$

第 5 层，即清晰化层：
$$f_j^{(5)} = \sum_{j=1}^{m} w_{ij} x_j^{(4)} = \sum_{j=1}^{m} w_{ij} \overline{\alpha_j}$$

$$x_i^{(5)} = y_i = g_i^{(5)} = f_i^{(5)} \quad i=1,2,\cdots,r$$

设取误差代价函数为：

$$E = \frac{1}{2}\sum_{i=1}^{r}(y_{di} - y_i)^2$$

其中，y_{di} 和 y_i 分别表示期望输出和实际输出。下面给出误差反传算法来计算 $\frac{\partial E}{\partial w_{ij}}$、$\frac{\partial E}{\partial C_{ij}}$ 和 $\frac{\partial E}{\partial \sigma_{ij}}$，然后利用一阶梯度寻优算法来调节 w_{ij}、C_{ij} 和 σ_{ij}。

首先计算

$$\delta_i^{(5)} = -\frac{\partial E}{\partial f_i^5} = -\frac{\partial E}{\partial y_i} = y_{di} - y_i$$

进而求得

$$\frac{\partial E}{\partial w_{ij}} = \frac{\partial E}{\partial f_i^{(5)}}\frac{\partial f_i^{(5)}}{\partial w_{ij}} = -\delta_i^{(5)} x_j^{(4)} = -(y_{di} - y_i)\overline{\alpha_j}$$

再计算

$$\delta_j^{(4)} = -\frac{\partial E}{\partial f_j^{(4)}} = -\sum_{i=1}^{r}\frac{\partial E}{\partial f_i^{(5)}}\frac{\partial f_i^{(5)}}{\partial g_j^{(4)}}\frac{\partial g_j^{(4)}}{\partial f_j^{(4)}} = \sum_{i=1}^{r}\delta_i^{(5)} w_{ij}$$

其中，r 表示输出端个数。

$$\delta_j^{(3)} = -\frac{\partial E}{\partial f_j^{(3)}} = -\sum_{k=1}^{m}\frac{\partial E}{\partial f_k^{(4)}}\frac{\partial f_k^{(4)}}{\partial g_j^{(3)}}\frac{\partial g_j^{(3)}}{\partial f_j^{(3)}}$$

$$= \frac{1}{\left(\sum_{i=1}^{m}\alpha_i\right)^2}\left(\sum_{k=1}^{m}\delta_k^{(4)}\sum_{\substack{i=1\\i\neq k=j}}^{m}\alpha_i - \sum_{\substack{k=1\\i\neq k=j}}^{m}\delta_k^{(4)}\alpha_k\right)$$

其中，m 表示规则总数。

$$\delta_{ij}^{(2)} = -\frac{\partial E}{\partial f_{ij}^{(2)}} = -\sum_{k=1}^{m}\frac{\partial E}{\partial f_k^{(3)}}\frac{\partial f_k^{(3)}}{\partial g_{ij}^{(2)}}\frac{\partial g_{ij}^{(2)}}{\partial f_{ij}^{(2)}} = \sum_{k=1}^{m}\delta_k^{(3)} S_{ij} e^{-\frac{(x_i - C_{ij})^2}{\sigma_{ij}^{(2)}}}$$

当 $f_k^{(3)}$ 采用取小运算时，则当 $g_{ij}^{(2)} = \mu_i^j$ 是第 k 个规则结点输入的最小值时

$$S_{ij} = \frac{\partial f_k^{(3)}}{\partial g_{ij}^{(2)}} = \frac{\partial f_k^{(3)}}{\partial \mu_i^j} = 1$$

否则

$$S_{ij} = \frac{\partial f_k^{(3)}}{\partial g_{ij}^{(2)}} = \frac{\partial f_k^{(3)}}{\partial \mu_i^j} = 0$$

当 $f_k^{(3)}$ 采用相乘运算时，则当 $g_{ij}^{(2)} = \mu_i^j$ 是第 k 个规则结点的一个输入时

$$S_{ij} = \frac{\partial f_k^{(3)}}{\partial g_{ij}^{(2)}} = \frac{\partial f_k^{(3)}}{\partial \mu_i^j} = \prod_{\substack{j=1\\j\neq i}}^{n}\mu_j^{i_j}$$

否则

$$S_{ij} = \frac{\partial f_k^{(3)}}{\partial g_{ij}^{(2)}} = \frac{\partial f_k^{(3)}}{\partial \mu_i^j} = 0$$

从而可得所求一阶梯度为

$$\frac{\partial E}{\partial C_{ij}} = \frac{\partial E}{\partial f_{ij}^{(2)}}\frac{\partial f_{ij}^{(2)}}{\partial C_{ij}} = -\delta_{ij}^{(2)}\frac{2(x_i - C_{ij})}{\sigma_{ij}^2}$$

$$\frac{\partial E}{\partial \sigma_{ij}} = \frac{\partial E}{\partial f_{ij}^{(2)}}\frac{\partial f_{ij}^{(2)}}{\partial \sigma_{ij}} = -\delta_{ij}^{(2)}\frac{2(x_i - C_{ij})^2}{\sigma_{ij}^{(3)}}$$

在求得所需的一阶梯度后,最后可给出参数调整的学习算法为

$$w_{ij}(k+1) = w_{ij}(k) - \beta \frac{\partial E}{\partial w_{ij}}, \quad i=1,2,\cdots,r \quad j=1,2,\cdots,m$$

$$C_{ij}(k+1) = C_{ij}(k) - \beta \frac{\partial E}{\partial C_{ij}}, \quad i=1,2,\cdots,n \quad j=1,2,\cdots,m_i$$

$$\sigma_{ij}(k+1) = \sigma_{ij}(k) - \beta \frac{\partial E}{\partial \sigma_{ij}}, \quad i=1,2,\cdots,n \quad j=1,2,\cdots,m_i$$

其中,$\beta>0$ 为学习率。

该模糊神经网络和 BP 网络等一样,本质上也是实现从输入到输出的非线性映射,在结构上也都是多层前馈网络,学习算法都是通过误差反传的方法。

5.9.4 应用模糊神经网络在线检测参数

直接转矩控制系统(DTC)在低速运行时,电动机定子电阻的变化影响了系统的性能。由于定子电阻的变化随端部绕组温度及其变化率的变化关系具有非线性、时变性等特点,难以建立精确的数学模型。若采用模糊电阻观察器对定子电阻进行在线检测,由于输入语言变量的隶属函数的选取及控制规则的确立都受人为因素影响,若选择不当,不仅达不到期望的目的,甚至可能完全破坏系统的性能;若采用一个三层 BP 神经网络构成神经网络定子电阻检测器,由于它不能将已有的经验知识利用起来,训练时间较长且易陷入局部极小点。因此采用模糊神经网络可以利用神经网络的自组织学习的特点,对隶属函数及模糊规则进行优化学习,从而克服模糊电阻检测器和神经网络电阻检测器各自存在的不足,实现对定子电阻的精确检测以提高 DTC 系统的低速性能。

根据电动机绕组允许温升,确定定子绕组端部温度变化范围为:0~110℃,温度变化率的范围为:$-3\sim3$℃/min。ΔR 的变化范围为:$0\sim2.3\Omega$。为便于处理和训练,将三个量转化为论域为[$-1\sim+1$]的语言变量值。对温度 T 和温度变化率 ΔT 的语言变量各取 7 个模糊子集:

$$T = \Delta T = \{NL\ NM\ NS\ ZO\ PS\ PM\ PL\}$$

确定各个模糊子集的隶属度函数为均匀分布的铃形函数:

$$\mu(x) = \exp\left(-\frac{(x-c)^2}{\sigma^2}\right)$$

根据以上的模糊模型建立了一个基于标准模型的双输入单输出模糊神经网络。

第 1 层为输入层。该层结点对应输入变量,为便于计算,将输入量变为[$-1\ +1$]间的语言量 $X_1 = T = \frac{T'-55}{55}$;$X_2 = \Delta T = \frac{\Delta T'}{3}$。

第 2 层实现输入变量的模糊化,每个结点对应一个语言变量值,如 PL、PM 等。计算各个输入变量属于各个语言变量值模糊集合的隶属度函数为

$$\mu_i^j = \exp\left(-\frac{(x_i - c_{ij})^2}{\sigma_{ij}^2}\right), \quad i=1,2 \quad j=1,\cdots,7$$

其中,c_{ij} 和 σ_{ij} 分别为隶属度函数的中心和宽度。

第 3 层的结点代表模糊规则,用来匹配模糊规则的前件,共有 49 条规则,对应 49 个结点。该层各结点的输出为

$$a_j = \mu_1^{i_1} \mu_2^{i_2}; \quad i_1, i_2 = 1, \cdots, 7; j = 1, \cdots, 49$$

第4层实现归一化计算：

$$\bar{a}_j = a_j \Big/ \sum_{i=1}^{49} a_i; \quad j = 1, 2, \cdots, 49$$

第5层是输出层。将上层结点输出值取加权和，得到最后一层输出，$y = \sum_{j=1}^{49} \omega_j \bar{a}_j$；这里的 ω_j 相当于输出 y 的第 j 个语言值隶属函数的中心值。至此，基于标准模型的模糊神经网络已经基本建立起来了。

训练样本由实验得到。根据一阶梯度参数调整学习算法对网络的各参数进行学习。训练后的电阻检测器在线检测出定子电阻的变化值，在定子电阻的冷态值基础上进行补偿（电阻冷态值 $R_s = 5.739\Omega$ 是折算到 $0℃$ 温度下的定子电阻值）。

本实验采用断电后测量多点的电阻值来推算断电瞬间电阻值的方法。温度测量采用热电偶测温法，用电位差计测量热电偶两端的电势差；利用双臂电桥测量定子绕组的电阻值。首先，让电动机运行一段时间后，测量并记录电位差计的值，10min 后，测量电位差计的值，同时断电，立即测量定子电阻值并记录断电瞬间的时间间隔，随后，每隔十几秒后测量一次电阻值，共测量三组。改变电动机的负载或电源电压或频率，重复以上的步骤，观察温度上升和下降，得到不同温度和温度变化率对应的电阻值。温度的变化率由 $\Delta T' = \dfrac{T'(k+1) - T'(k)}{t}$ 求得，$t = 10\text{min}$。断电瞬间的电阻值由断电后测量的电阻值经过推算获得，该部分可进行编程计算。实验获得 1500 个数据，其中 1000 个作为网络的训练样本，另外的 500 个作为测试数据。

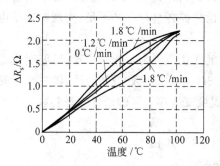

图 5-30 定子电阻值的变化曲线

图 5-30 给出利用模糊神经网络检测的定子电阻变化值在温度变化率为 $1.8℃/\text{min}$、$1.2℃/\text{min}$、$0℃/\text{min}$、$-1.8℃/\text{min}$ 随温度变化的曲线。该曲线表明电阻变化值与温度和温度变化率的关系呈非线性，随温度及温度变化率增大而增大。

表 5-6 是经过训练后用于模糊神经网络电阻检测器的检测结果和实验数据的对比（ΔR_s 是实验数据，$\Delta R_s'$ 是检测器检测值）。测试结果表明检测误差在 5% 之内，可见，该检测器能够精确地检测定子电阻。

表 5-6 检测值与实验数据的测试

$T/℃$	$\Delta T'/℃ \cdot \text{min}^{-1}$	$\Delta R_s/\Omega$	$\Delta R_s'/\Omega$	$T/℃$	$\Delta T'/℃ \cdot \text{min}^{-1}$	$\Delta R_s/\Omega$	$\Delta R_s'/\Omega$
90	10	2.08	2.112	55	0.6	1.32	1.305
84	-1.8	1.62	1.682	36	2.2	1.06	1.095
66	1.0	1.78	1.814				

仿真电动机参数为：$P_N = 1.1\text{kW}$，$J = 0.0267\text{kg} \cdot \text{m}^2$，$p = 2$，$n_p = 1500\text{r/m}$，$R_s$（冷态）$= 5.739\Omega$，$R_r = 3.421\Omega$，$L_m = 0.363\text{H}$，$L_r = L_s = 0.386\text{H}$，$T_1 = 7\text{N}$。仿真是在 Matlab/Simulink 环境下进行的。在仿真过程中，改变电阻值，观察磁链运行轨迹情况。假定定子

电阻增加了 40%,当转速为 100rpm,磁链给定 4.5wb 时将定子电阻当作冷态常值和加入定子电阻检测器所得磁链曲线如图 5-31 所示。由图 5-31 看出在低速时,磁链运行轨迹发生偏移,幅值减小,圆心漂移,磁链的畸变严重,这种情况下,定子电阻的检测变得尤为重要。定子电阻检测器的加入使系统在定子电阻变化时,磁链幅值大小基本保持不变,保持了良好的特性。图 5-32 是稳态下,将定子电阻当作冷态常值和带有定子电阻模糊神经网络检测器的直接转矩控制系统的两种转矩仿真对比曲线,经比较可清楚地看出,定子电阻模糊神经网络检测器的加入使转矩脉动幅值减小,系统具有更加良好的动态性能。

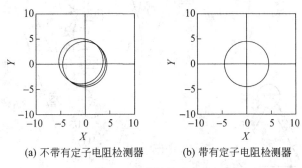

图 5-31 磁链仿真曲线

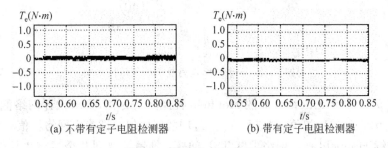

图 5-32 转矩稳态仿真曲线

习题和思考题

1. 何谓神经网络？它有哪些特性？
2. 神经元由哪几部分构成？它每一部分的作用是什么？它有哪些特性？
3. 神经网络按连接方式有哪几类,按学习方式又有哪几类？
4. 如图 5-33 所示的多层前向传播神经网络,假设对期望输入 $[x_1, x_2] = [1, 3]$,其期望输出为 $[y_{d1}, y_{d2}] = [0.9, 0.3]$。网络权值的初始值如图所示。

试用 BP 算法训练此网络,并详细写出第一次迭代学习的计算结果。这里取神经元非线性激励函数为 $f(x) = \dfrac{1}{1+e^{-x}}$。

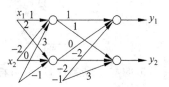

图 5-33 习题 4 的神经网络结构图

5. 用 C 语言编写一套计算机程序,用于执行 BP 网络逼近非线性函数 $f(x)$ 的学习算法。其中:

$$f(x) = e^{[-1.9(x+0.5)]} \sin(10x)$$

6. 什么是网络的稳定性？Hopfield 网络模型分为哪两类？两者的区别是什么？

7. 假设一个 3 结点的离散 Hopfield 神经网络，已知网络权值和阈值如图 5-34 所示，试计算状态转移关系，并确定该网络的稳定状态。

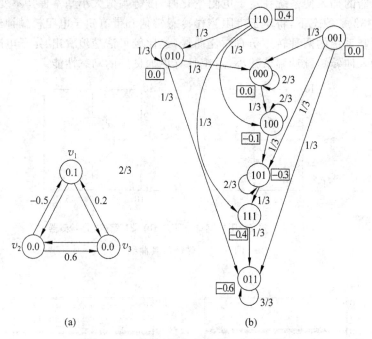

图 5-34　一个三结点离散 Hopfield 网络

8. 以图 5-35 所示的三结点离散 Hopfield 神经网络为例，要求设计网络能量最小状态为 $y_1\ y_2\ y_3=010$ 或 111，权值、阈值可在 $[-1,1]$ 区间取值。试确定网络权值和阈值。

9. 用连续 Hopfield 神经网络求解 TSP 问题：推销员要到几个城市去推销产品，要求推销员每个城市都要去到，且只能去一次，如何规划路线才能使所走的路程最短？

10. PID 神经网络结构如图 5-36 所示，试写出关系式，并推导出该神经网络的学习算法。

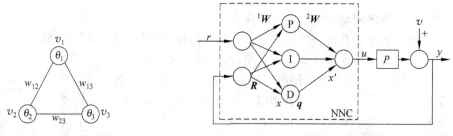

图 5-35　三结点离散 Hopfield 神经网络模型　　　图 5-36　PID 神经网络结构

11. 试述神经网络控制的基本思想，并说明神经网络在控制中的作用。

12. 何谓神经网络前向辨识模型、神经网络反向辨识模型？试画出结构图说明之。

13. 考虑非线性函数。
$$y(x_1,x_2)=x_1+x_1^2+x_1^2 x_2+x_1 x_2^2$$

其中,$x_1 \in [-1,1]$,$x_2 \in [-0.5,0.5]$,要求用 BP 网络来辨识这一非线性函数。取网络结构为 $2 \times 6 \times 1$,训练数据采用 21 对均匀分布的数据对$((x_1,x_2),y)$。若增加训练样本数和学习训练次数,逼近效果如何?

14. 用 PID 神经网络进行单变量非线性系统的控制。

单变量非线性系统模型为:
$$y(k+1) = 0.8\sin(y(k)) + 1.2u(k)$$
系统输入单位阶跃信号:
$$r(k) = 1(k)$$
输出端有阶跃干扰:
$$v(k) = 0.1 \quad k > 40$$

15. 设有如下的二维非线性函数
$$f(x_1, x_2) = \sin(\pi x_1)\cos(\pi x_2)$$
其中,$x_1 \in [-1,1]$,$x_2 \in [-1,1]$。试用模糊神经网络来实现该非线性映射。

设输入量 x_1 和 x_2 均分为 8 个模糊等级,各个模糊等级的隶属函数如图 5-37 所示。训练样本按 $\Delta x_1 = \Delta x_2 = 0.1$ 的间隔均匀选取。

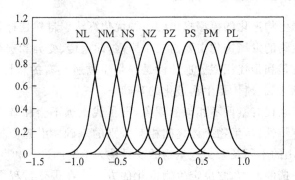

图 5-37 输入 x_1 和 x_2 的隶属函数

第6章 遗传算法

遗传算法(genetic algorithms,GA)是人工智能的重要新分支,是基于达尔文进化论,在微型计算机上模拟生命进化机制而发展起来的一门新学科。它根据适者生存、优胜劣汰等自然进化规则来进行搜索计算和问题求解。对许多用传统数学难以解决或明显失效的非常复杂问题,特别是最优化问题,GA提供了一个行之有效的新途径。近年来,由于遗传算法求解复杂优化问题的巨大潜力及其在工业控制工程领域的成功应用,这种算法受到了广泛的关注。

6.1 遗传算法的基本原理

6.1.1 遗传算法的基本遗传学基础

遗传算法是根据生物进化的模型提出的一种优化算法。自然选择学说是进化论的中心内容,根据进化论,生物的发展进化主要由三个原因,即遗传、变异和选择。

遗传是指子代总是和亲代相似。遗传性是一切生物所共有的特性,它使得生物能够把它的特性、性状传给后代。遗传是生物进化的基础。

变异是指子代和亲代有某些不相似的现象,即子代永远不会和亲代完全一样。它是一切生物所具有的共有特性,是生物个体之间相互区别的基础。引起变异的原因主要是生活环境的影响、器官使用的不同及杂交。生物的变异性为生物的进化和发展创造了条件。

选择是指具有精选的能力,它决定生物进化的方向。在进化过程中,有的要保留,有的要被淘汰。自然选择是指生物在自然界的生存环境中适者生存,不适者被淘汰的过程。通过不断的自然选择,有利于生存的变异就会遗传下去,积累起来,使变异越来越大,逐步产生了新的物种。

生物就是在遗传、变异和选择三种因素的综合作用过程中,不断地向前发展和进化。选择是通过遗传和变异起作用的,变异为选择提供资料,遗传巩固与积累选择的资料,而选择则能控制变异与遗传的方向,使变异和遗传向着适应环境的方向发展。遗传算法正是吸取了自然生物系统"适者生存、优胜劣汰"的进化原理,从而使它能够提供一个在复杂空间中随机搜索的方法,为解决许多传统的优化方法难以解决的优化问题提供了新的途径。

6.1.2 遗传算法的原理和特点

遗传算法将生物进化原理引入待优化参数形成的编码串群体中,按着一定的适值函数及一系列遗传操作对各个体进行筛选,从而使适值高的个体被保留下来,组成新的群体,新群体包含上一代的大量信息,并且引入了新的优于上一代的个体。这样周而复始,群体中各个体适值不断提高,直至满足一定的极限条件。此时,群体中适值最高的个体即为待优化参数的最优解。正是由于遗传算法独具特色的工作原理,使它能够在复杂空间进行全局优化搜索,并且具有较强的鲁棒性;另外,遗传算法对于搜索空间,基本上不需要什么限制性的假设(如连续、可微及单峰等)。

同常规划优化算法相比,遗传算法有以下特点。

(1) 遗传算法是对参数的编码进行操作,而非对参数本身。遗传算法首先基于一个有限的字母表,把最优化问题的自然参数集编码为有限长度的字符串。例如,一个最优化问题:在整数区间[0,31]上求函数$f(x)=x^2$的最大值。若采用传统方法,需不断调节x参数的取值,直至得到最大的函数值为止。而采用遗传算法,优化过程的第一步是把参数x编码为有限长度的字符串,常用二进制字符串,设参数x的编码长度为5,"00000"代表0,"11111"代表31,区间[0,31]上的数与二进制编码之间采用线性映射方法;随机生成几个这样的字符串组成初始群体,对群体中的字符串进行遗传操作,直至满足一定的终止条件;求得最终群体中适值最大的字符串对应的十进制数,其相应的函数值则为所求解。可以看出,遗传算法是对一个参数编码群体进行操作,这样提供的参数信息量大,优化效果好。

(2) 遗传算法是从许多点开始并行操作,并非局限于一点,从而可有效防止搜索过程收敛于局部最优解。

(3) 遗传算法通过目标函数计算适值,并不需要其他推导和附加信息,因而对问题的依赖性较小。

(4) 遗传算法的寻优规则是由概率决定的,而非确定性的。

(5) 遗传算法在解空间进行高效启发式搜索,而非盲目地穷举或完全随机搜索。

(6) 遗传算法对所求解的优化问题没有太多的数学要求。由于它的进化特性,它在解的搜索中不需要了解问题的内在性质。遗传算法可以处理任意形式的目标函数和约束,无论是线性的还是非线性的,离散的还是连续的,甚至是混合的搜索空间。

(7) 遗传算法具有并行计算的特点,因而可通过大规模并行计算来提高计算速度。

6.1.3 遗传算法的基本操作

一般的遗传算法都包含三个基本操作:复制(reproduction)、交叉(crossover)和变异(mutation)。

1. 复制

复制(又称繁殖),是从一个旧种群(old population)中选择生命力强的个体位串或称字符串(individual string)产生新种群的过程。或者说,复制是个体位串根据其目标函数f(即适值函数)复制自己的过程。直观地讲,可以把目标函数f看做是期望的最大效益的某种量度。根据位串的适值所进行的复制,意味着具有较高适值的位串更有可能在下一代中产生一个或多个子孙。显然,在复制操作过程中,目标函数(适值)是该位串被复制或被淘汰的决定因素。

复制操作的初始种群(旧种群)的生成往往是随机产生的。例如,通过掷硬币20次产生维数$n=4$的初始种群如下(正面=1,背面=0):

$$01101$$
$$11000$$
$$01000$$
$$10011$$

显然，该初始种群可以看成是一个长度为5位的无符号二进制数，将其编成4个位串，并解码为十进制的数：

位串1： 01101 13
位串2： 11000 24
位串3： 01000 8
位串4： 10011 19

通过一个5位无符号二进制数，可以得到一个从0到31的数值x，它可以是系统的某个参数。计算目标函数或适值$f(x)=x^2$，其结果如表6-1所示。计算种群中所有个体位串的适值之和，同时，计算种群全体的适值比例，其结果也示于表6-1中。

表6-1　种群的初始位串及对应的适值

编号	位串(x)	适值$f(x)=x^2$	占总数的百分比(%)
1	01101	169	14.4
2	11000	576	49.2
3	01000	64	5.5
4	10011	361	30.9
总和(初始种群整体)		1170	100.0

遗传算法的每一代都是从复制开始的。复制操作可以用多种算法的形式实现，使用较为普通的一种是转轮法。转轮法把种群中所有个体位串适值的总和看做一个轮子的圆周，而每个个体位串按其适值在总和中所占的比例占据轮子的一个扇区。按表6-1可绘制如图6-1所示的转轮。

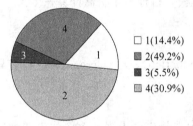

图6-1　按适值所占比例划分的转轮

复制时，只要简单地转动这个按权重划分的转轮4次，从而产生4个下一代的种群。例如对于表6-1中的位串1，其适值为169，为总适值的14.4%。因此，每旋转一次转轮指向该位串的概率为0.144。每当需要下一个后代时，就旋转一下这个按权重划分的转轮，产生一个复制的候选者。这样位串的适值越高，在其下代中产生的后代就越多。当一个位串被选中时，此位串将被完整地复制，然后将复制位串送入匹配集(缓冲区)中。旋转4次转轮即产生4个位串。这4个位串是上代种群的复制，有的位串可能被复制一次或多次，有的可能被淘汰。在本例中，位串3被淘汰，位串4被复制一次。如表6-2所示，适值最好的有较多的副本，即给予适合于生存环境的优良个体更多繁殖后代的机会，从而使优良特性得以遗传，反之，最差的则被淘汰。

2. 交叉

简单的交叉操作分两步实现。在由等待配对的位串所构成的匹配集中，第一步是将新复制产生的位串个体随机两两配对；第2步是随机选择交叉点，对匹配的位串进行交叉繁殖，产生一对新的位串。具体过程如下：

表 6-2　复制操作之后的各项数据

串号	随机生成的初始群体	x 值(无符号数)	$f(x)=x^2$	选择复制的概率 $f_i\Big/\sum f_i$	期望的复制数 $f_i\Big/\sum \overline{f}_i$	实际得到的复制数
1	01101	13	169	0.14	0.58	1
2	11000	24	576	0.49	1.97	2
3	01000	8	64	0.06	0.22	0
4	10011	19	361	0.31	1.23	1
总　计			1170	1.00	4.00	4
平均值			293	0.25	1.00	1
最大值			576	0.49	1.97	2

设位串的字符长度为 l，在 $[1,l-1]$ 的范围内，随机地选取一个整数值 k 作为交叉点。将两个配对串从第 k 位右边部分的所有字符进行交换，从而生成两个新的位串。例如，在表 6-2 中，已知位串的字符长度 $l=5$，随机选取 $k=4$，对两个初始的位串个体 A_1 和 A_2 进行配对，交叉操作的位置用分隔符"|"表示为

$$A_1 = 0110 \mid 1$$
$$A_2 = 1100 \mid 0$$

交叉操作后产生了两个新的字符串为

$$A'_1 = 01100$$
$$A'_2 = 11001$$

一般的交叉操作过程可用图 6-2 所示的方式进行。

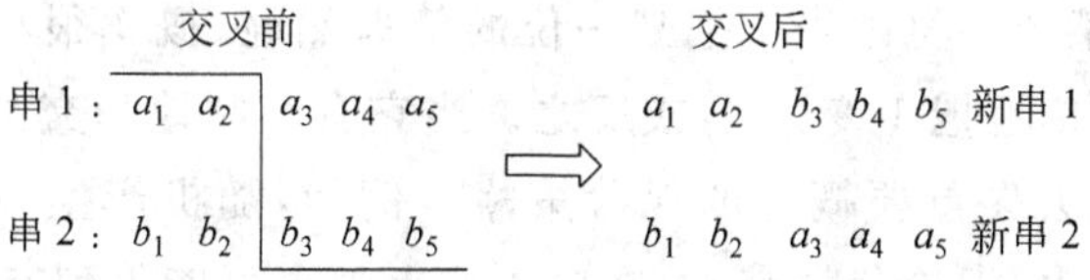
交叉前
交叉后
串 1：a_1 a_2 a_3 a_4 a_5
串 2：b_1 b_2 b_3 b_4 b_5
a_1 a_2 b_3 b_4 b_5 新串 1
b_1 b_2 a_3 a_4 a_5 新串 2

图 6-2　交叉操作

遗传算法的有效性主要来自于复制和交叉操作。复制操作虽然能够从旧种群中选择出优秀者，但不能创造新的个体；交叉操作模拟生物进化过程中的繁殖现象，通过两个个体的交换组合，来创造新的优良个体。

表 6-3 列出了交叉操作之后的结果数据，从中可以看出交叉操作的具体过程。首先，随机配对匹配集中的个体，将位串 1、2 配对，位串 3、4 配对；然后，随机选取交叉点，设位串 1、2 的交叉点为 $k=4$，二者只交换最后一位，从而生成两个新的位串，即

$$\begin{matrix}\text{串 1:}\\\text{串 2:}\end{matrix}\begin{pmatrix}0 & 1 & 1 & 0 & \vdots & 1\\1 & 1 & 0 & 0 & \vdots & 0\end{pmatrix}\Rightarrow\begin{pmatrix}0 & 1 & 1 & 0 & 0\\1 & 1 & 0 & 0 & 1\end{pmatrix}\begin{matrix}\text{新串 1}\\\text{新串 2}\end{matrix}$$

位串 3、4 的交叉点为 $k=2$，二者交换后三位，结果生成两个新的位串，即

$$\begin{matrix}\text{串 3:}\\\text{串 4:}\end{matrix}\begin{pmatrix}1 & 1 & \vdots & 0 & 0 & 0\\1 & 0 & \vdots & 0 & 1 & 1\end{pmatrix}\Rightarrow\begin{pmatrix}1 & 1 & 0 & 1 & 1\\1 & 0 & 0 & 0 & 0\end{pmatrix}\begin{matrix}\text{新串 3}\\\text{新串 4}\end{matrix}$$

表 6-3　交叉操作之后的各项数据

新串号	复制后的匹配池（"丨"为交叉点）	配对对象（随机选择）	交叉点（随机选择）	新种群	x 值	$f(x)=x^2$
1	0110丨1	2	4	01100	12	144
2	1100丨0	1	4	11001	25	625
3	11丨000	4	2	11011	27	729
4	10丨011	3	2	10000	16	256
总　　计						1754
平　　均						439
最大值						729

上述例子中交叉的位置是一个，称为单纯交叉，或称单点交叉。即指个体切断点有一处，由于进行个体间的组合替换生成两个新个体，位串个体长度为 l 时，单点交叉可能有 $l-1$ 个不同的交叉。

多点交叉是允许个体的切断点有多个，每个切断点在两个个体间进行个体的交叉，生成两个新个体，在 2 点交叉时，可能有 $(l-2)\times(l-3)$ 个不同的交叉。多点交叉又称复点交叉。

3. 变异

尽管复制和交叉操作很重要，在遗传算法中是第一位的，但不能保证不会遗漏一些重要的遗传信息。在人工遗传系统中，变异用来防止这种不可弥补的遗漏。在简单遗传算法中，变异就是在某个字符串当中把某一位的值偶然地（概率很小的）、随机地改变，即在某些特定位置上简单地把 1 变为 0，或反之。当它有节制地和交叉一起使用时，它就是一种防止过度成熟而丢失重要概念的保险策略。例如，随机产生一个种群，如表 6-4 所示。在该表所列种群中，无论怎样交叉，在第 4 位上都不可能得到有 1 的位串。若优化的结果要求该位串中该位是 1，显然仅靠交叉是不够的，还需要有变异，即特定位置上的 0 和 1 之间的转变。

表 6-4　随机种群

编号	位串	适值	编号	位串	适值
1	01101	169	3	00101	25
2	11001	625	4	11100	784

变异在遗传算法中的作用是第二位的，但却是必不可少的。变异运算用来模拟生物在自然界的遗传环境中由于各种偶然因素引起的基因突变，它以很小的概率随机改变遗传基因（即位串个体中某一位）的值。通过变异操作，可确保种群中遗传基因类型的多样性，以使搜索能在尽可能大的空间中进行，避免丢失在搜索中有用的遗传信息而陷入局部解。根据统计，变异的概率为 0.001，即变异的频率为每千位传送中只变异一位。在表 6-3 的种群中

共有 20 个字符（每位串的长度为 5 个字符）。期望变异的字符串位数为 $20\times 0.001=0.02$（位），所以在此例中无位值的改变。

例 6-1 求使函数 $f(x)=x^2$ 在 $[0,31]$ 上取得最大值的点 x_0。下面用遗传算法求解此函数的优化问题。

（1）确定适当的编码。在区间 $[0,31]$ 上的变量 x 可用一个 5 位的二进制位串进行编码，x 的值直接对应二进制位串的数值为

$$x = 0 \Leftrightarrow 0\,0\,0\,0\,0$$
$$x = 31 \Leftrightarrow 1\,1\,1\,1\,1$$

（2）选择初始种群。用抛硬币的方法随机产生一个由 4 个位串组成的初始种群，见表 6-1。

（3）计算适值及选择概率。

① 对初始种群中的各位串个体解码，求出其二进制位串等价的十进制数，即参数 x 的值。

② 再由 x 值计算目标函数值 $f(x)=x^2$。

③ 由目标函数值得到相应位串个体的适值（直接取目标函数值）。

④ 计算相应的选择概率 P_s：

$$P_s = \frac{f_i}{\sum f_i}$$

⑤ 计算期望的复制数 $f_i/\bar{f}_i$，计算结果如表 6-1 所示。

（4）复制。运算结果如表 6-2 所示。

（5）交叉。运算结果如表 6-3 所示。

（6）变异。此例中变异概率取为 0.001。由于种群中 4 个位串个体总共有 20 位代码，变异的期望次数为 $20\times 0.001=0.02$ 位，这意味着本群体不进行变异。因此，此例中没有进行变异操作。

从表 6-2 和表 6-3 可以看出，虽然仅进行一代遗传操作，但种群适值的平均值和最大值却比初始种群有了很大的提高，平均适值由 293 变到 439，最大值由 576 变到 729。这说明随着遗传运算的进行，种群正向着优化的方向发展。

通过上面简单的例子可以看出，遗传算法在以下几个方面不同于传统优化方法：

（1）遗传算法只对参数集的编码进行操作，而不是参数集本身。

（2）遗传算法的搜索始于解的一个种群，而不是单个解，因而可以有效地防止搜索过程收敛于局部最优解。

（3）遗传算法只使用适值函数，而不使用导数和其他附属信息，从而对问题的依赖性小。

（4）遗传算法采用概率的而不是确定的状态转移规则，即具有随机操作算子。

图 6-3 是遗传算法的工作原理示意图。

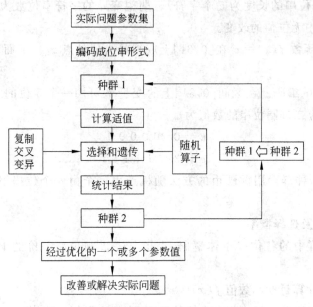

图 6-3 遗传算法工作示意图

6.2 遗传算法的模式理论

在上一节简单遗传算法的操作中,可以看到寻优问题的性能是朝着不断改进的方向发展的。但如何知道对某一特定问题使用遗传算法会得到优化或接近优化的解呢?或者说,在仅仅利用适值进行搜索的过程中,遗传算法到底是利用了种群中位串及相应目标函数中的什么信息来引导和改善它的搜索呢?本节将进一步分析遗传算法的工作原理。

6.2.1 模式

一个模式(schemata)就是一个描述种群在位串的某些确定位置上具有相似性的一组符号串。

在表 6-2 中有以下情况:

位串	适值
01101	169
11000	576
01000	64
10011	361

在上列种群中的各位串之间,可以发现所具有的某种相似性以及该相似性与高适值之间所具有的某种因果关系。例如,凡是以"1"开始的位串,其适值就高;以"0"开始的位串,其适值就低。这种相似性正是遗传算法有效工作的因素。根据对种群中高适值位串之间的相似性的分析,Holland 提出了遗传算法的模式。

为了描述一个模式,在用以表示位串的两个字符 $\{0,1\}$ 中加入一个通配符"*",就构成了一个表示模式用的 3 个字符的符号表$\{0,1,*\}$。因此用三个元素符号表$\{0,1,*\}$可以构造出任意一种模式。当一个模式与一个特定位串相匹配时,意味着该模式中的1与位串中的1相匹配,模式中的0与位串中的0相匹配,模式中的"＊"与位串中的0或1相匹配。例如,模式00＊00匹配了两个位串,即{00100,00000};模式＊111可以和{01110,01111,11110,11111}中的任何一个位串相匹配;模式0＊1＊＊则匹配了长度位5,第一位为0、第三位为1的8个位串,即{00100,00101,00110,00111,01100,01101,01110,01111}。

模式的思路提供了一种简单而有效的方法,使能够在有限符号表的基础上讨论有限长位串的严谨定义的相似性。应强调的是,"＊"只是一个代表其他符号的一个元符号,它不能被遗传算法直接处理,但可以据此计算出所有可能的模式。

一般地,假定符号表的基数为k,例如{0,1}的基数是2,则定义在该符号表上的长度为l的位串中,所有可能包含的最大模式数为$(k+1)^l$,原因是在l个位置中的任何一个位置上即可以取k个字符中的任何一个又可以取通配符"＊",即共有$k+1$个不同的表示,则l个位置的全排列数为$(k+1)^l$。例如,对长度$l=5,k=2$(对应0,1),则会有$3\times3\times3\times3\times3=3^5=243=(k+1)^l$种不同的符号串,而位串的数量仅为$k^l=2^5=32$。可见,模式的数量要大于位串的数量。

对于由0、1和＊定义且长度为l的符号串所能组成的最大模式数为$(2+1)^l$。对于任一长度为l的给定位串,当任一位置上只有两种不同表示时,所含模式数为2^l个,因此对于含有n个位串个体的种群可能包含的模式数在$2^l \sim n\times 2^l$之间。不难看出,遗传算法正是利用种群中位串之间的众多的相似性以及适值之间的相关性,来引导遗传算法进行有效地搜索。

为论述方便,首先定义一些名词术语。为不失一般性,考虑在二进制符号表$V=\{0,1\}$上构造位串的表示。用大写字母表示一个位串,如$A=1010011$。一个长度为l的位串表达式为:

$$A = a_1 a_2 \cdots a_{l-1} a_l \quad a_i \in V$$

其中,$a_i(i=1,2,\cdots,l)$具有二值特性,a_i又可称为基因。相应地,若一个模式是定义在$V_+=\{0,1,*\}$之上的,则用大写字母H表示,如$H=10**11*$。

在第t代的种群用$A(t)$表示,种群中的位串个体分别用$A_j(j=1,2,\cdots,n)$表示。

为了区分不同类型的模式,对模式H定义两个量:模式位数(order)和模式的定义长度(defining length)分别表示为$O(H)$和$\delta(H)$。$O(H)$是H中有定义的非"＊"位的个数,如$H=00*1*0$,则$O(H)=4$。模式的定义长度$\delta(H)$是指H中左右两端有定义位置之间的距离。例如$H=011*1**$,则$\delta(H)=5-1=4$;若$H=**11***$,则$\delta(H)=4-3=1$;又若$H=*******$,则$\delta(H)=0$。这两个量为分析位串的相似性及分析遗传操作对重要模式(称为建筑块(building blocks)模式)的影响提供了基本手段。

6.2.2 复制对模式的影响

设在给定时间(代)t,种群$A(t)$包含m个特定模式H,记为

$$m = m(H,t)$$

在复制过程中,$A(t)$中的任何一个位串A_i以概率$P_i=f_i/\sum f_i$被选中并进行复制。假如选择是有放回的抽样,且两代种群之间没有交叠(即若$A(t)$的规模为n,则在产生$A(t+1)$时,必须从$A(t)$中选n个位串进匹配集),可以期望在复制完成后,在$t+1$时刻,特定模式H的

数量为：

$$m(H,t+1) = m(H,t)nf(H)\Big/\sum f_i$$

其中，$f(H)$ 是在 t 时刻对应于模式 H 的位串的平均适值，因为整个种群的平均适值 $\bar{f} = \sum f_i/n$，则上式又可写为

$$m(H,t+1) = m(H,t)\frac{f(H)}{\bar{f}} \tag{6-1}$$

可见，经过复制操作后，下一代中特定模式的数量 H 正比于所在位串的平均适值与种群平均适值的比值。若 $f(H)>\bar{f}$，则 H 的数量将增加，若 $f(H)<\bar{f}$，则 H 的数量将减少。种群 $A(t)$ 中的任一模式 H 在复制中都按式(6-1)的规律变化。即若包含 H 的个体位串的平均适值高于当前种群中所有个体位串的平均适值，则种群包含的特定模式在下一代中的数量将增加；反之，将减少。操作中模式的增减在复制中是并行的，这恰恰表现了遗传算法隐含的并行性。方程式(6-1)即是复制操作对模式 H 数量影响的定量描述。

为了进一步分析高于平均适值的模式数量的增长，假设 $f(H)-\bar{f}=c\bar{f}$（c 是一个大于零的常数），则式(6-1)可重写为：

$$m(H,t+1) = m(H,t)\frac{\bar{f}+c\bar{f}}{\bar{f}} = (1+c)\,m(H,t) \tag{6-2}$$

从原始种群开始($t=0$)，并假定是一个稳态的值，则有

$$m(H,t+1) = m(H,0)\,(1+c)^t$$

可见，对于高于平均适值的模式数量将按指数规律增长($c>0$)。

从对复制的分析可以看到，虽然复制过程成功地以并行方式控制着模式数量以指数规律增减，但由于复制只是将某些高适值个体全盘复制，或者淘汰某些低适值个体，而决不会产生新的模式结构，因而性能的改进是有限的。

6.2.3 交叉对模式的影响

交叉过程是位串之间有组织的随机的信息交换。交叉操作对一个模式 H 的影响与模式的定义长度 $\delta(H)$ 有关，$\delta(H)$ 越大，模式 H 被分裂的可能性就越大，因为交叉操作要随机选择出进行匹配的一对位串上的某一随机位置进行交叉。显然 $\delta(H)$ 越大，H 的跨度就越大，随机交叉点落入其中的可能性就越大，从而 H 的存活率就降低。例如位串长度 $l=7$，有如下包含两个模式的位串 A 为

$$A = 0\,1\,1\,1\,0\,0\,0$$
$$H_1 = *\,1\,*\,*\,*\,*\,0, \quad \delta(H_1) = 5$$
$$H_1 = *\,*\,*\,1\,0\,*\,*, \quad \delta(H_2) = 1$$

随机产生的交叉位置在 3 和 4 之间

$$A = 0\,1\,1\,\vdots\,1\,0\,0\,0$$
$$H_1 = *\,1\,*\,\vdots\,*\,*\,*\,0, \quad P_d = 5/6$$
$$H_1 = *\,*\,*\,\vdots\,1\,0\,*\,*, \quad P_d = 1/6$$

模式 H_1 的定义长度 $\delta(H_1)=5$，若交叉点始终是随机地从 $l-1=7-1=6$ 个可能的位置选取，则模式 H_1 被破坏的概率为

$$P_d = \delta(H_1)/(l-1) = 5/6$$

它的存活概率为

$$P_s = 1 - P_d = 1/6$$

类似的，模式 H_2 的定义长度 $\delta(H_2)=1$，它被破坏的概率为 $P_d=1/6$，它的存活概率为 $P_s=1-P_d=5/6$。

因此，模式 H_1 比模式 H_2 在交叉中更容易受到破坏。

推广到一般情况，可以计算出任何模式的交叉存活概率的下限为

$$P_s \geqslant 1 - \frac{\delta(H)}{l-1}$$

在上面的讨论中，均假设交叉的概率为1。若交叉的概率为 P_c（即在选出进匹配集的一对位串上发生交叉操作的概率），则存活率由下式表示为

$$P_s \geqslant 1 - P_c \frac{\delta(H)}{l-1}$$

结合式(6-1)，在复制、交叉操作之后，模式 H 的数量为

$$m(H,t+1) = m(H,t) \frac{f(H)}{\bar{f}} P_s$$

即

$$m(H,t+1) \geqslant m(H,t) \frac{f(H)}{\bar{f}} \left[1 - P_c \frac{\delta(H)}{l-1} \right] \tag{6-3}$$

因此，在复制和交叉的综合作用之下，模式 H 的数量变化取决于其平均适值的高低（$f(H)>\bar{f}$ 或 $f(H)<\bar{f}$）和定义长度 $\delta(H)$ 的长短，$f(H)$ 越大，$\delta(H)$ 越小，则 H 的数量就越多。

6.2.4 变异对模式的影响

变异是对位串中的单个位置以概率 P_m 进行随机替换，因而它可能破坏特定的模式。一个模式 H 要存活，意味着它所有的确定位置都存活。因此，由于单个位置的基因值存活的概率为 $1-P_m$（保持率），而且由于每个变异的发生是统计独立的，因此，一个特定模式仅当它的 $O(H)$ 个确定位置都存活时才存活，从而得到经变异后，特定模式的存活率为

$$(1-P_m)^{O(H)}$$

即 $(1-P_m)$ 自乘 $O(H)$ 次，由于一般情况下 $P_m \ll 1$，H 的存活率可表示为

$$(1-P_m)^{O(H)} \approx 1 - O(H) P_m$$

综合考虑复制、交叉和变异操作的共同作用，则模式 H 在经历了复制、交叉、变异操作之后，在下一代中的数量可表示为

$$m(H,t+1) \geqslant m(H,t) \frac{f(H)}{\bar{f}} \left[1 - P_c \frac{\delta(H)}{l-1} \right] [1 - O(H) P_m]$$

上式也可近似表示为

$$m(H,t+1) \geqslant m(H,t) \frac{f(H)}{\bar{f}} \left[1 - P_c \frac{\delta(H)}{l-1} - O(H) P_m \right] \tag{6-4}$$

由上述分析可以得出结论：定义长度短的、确定位数少的、平均适值高的模式数量将随

着代数的增加呈指数增长。这个结论称为模式理论(schema theory)或遗传算法的基本定理(the fundamental theorem of genetic algorithms)。

根据模式理论,随着遗传算法一代一代地进行,那些定义长度短的、位数少的、高适值的模式将越来越多,因而可期望最后得到的位串(即这些模式的组合)的性能越来越得到改善,并最终趋向于全局的最优点。

6.2.5 遗传算法有效处理的模式数量

根据前面的分析可知,当位串长度为 l 时,一个包含 n 个位串的种群中含有的模式个数在 $2^l \sim n \times 2^l$ 之间。由于定义长度较长、确定位数较多的模式存活率较低,那么如何估计在新一代产生过程中经历了复制、交叉和变异之后被处理模式的个数呢?

在有 n 个长度为 l 的位串的种群中,现仅考虑存活率大于 P_s(一个给定的常数)的模式,即死亡率 $\varepsilon < 1 - P_s$。若变异概率很小,可忽略变异操作,则经过交叉操作,某一模式 H 的死亡率 $P_d = \delta(H)/(l-1)$。

为了保证其存活率大于 P_s,有 $P_d < \varepsilon$,即

$$\frac{\delta(H)}{l-1} < \varepsilon$$

或为

$$\delta(H) < \varepsilon(l-1)$$

所以模式 H 的长度 l_s(为定义长度加 1,即 $\delta(H)+1$)应满足下式:

$$l_s < \varepsilon(l-1) + 1$$

下面在一个长度为 l 的位串中,计算模式长度 $\leq l_s$ 的模式个数。

假设 $l=10, l_s=5$,有如下位串:

$$1\ 0\ 1\ 1\ 1\ \ 0\ 0\ 0\ 1\ 0$$

先计算确定位处在前 5 个位置上的模式

$$\boxed{1\ 0\ 1\ 1\ 1}\ 0\ 0\ 0\ 1\ 0$$

即形如

$$\boxed{0/1\ 0/1\ 0/1\ 0/1\ 0/1}\ *\ *\ *\ *\ *$$

的模式个数,其中 0/1 表示该位要么取原位串的值(0 或 1),要么取 $*$。显然,该模式共有 2^{l_s} 个,然后将框架向右移一位,计算 5 个位置上的模式

$$1\ \boxed{0\ 1\ 1\ 1\ 0}\ 0\ 0\ 1\ 0$$

即形如

$$*\ \boxed{0/1\ 0/1\ 0/1\ 0/1\ 0/1}\ *\ *\ *\ *$$

的模式个数,亦有 2^{l_s} 个。依次类推,一共计算 $l-l_s+1$ 次,故总共的模式数为 $2^{l_s}(l-l_s+1)$。但在这些模式中,有近一半是重复的,故对于具有 n 个位串的种群,总模式数的上限就为 $n \times 2^{l_s-1}(l-l_s+1)$,但一般达不到这个数量。确定位数少的模式在一个较大的种群中会有重复。为了能较准确地估算,可选取一个适当的种群规模 $n=2^{l_s/2}$。之所以这样做,是因为期望确定的位数 $\geq l_s/2$ 的模式不多于一个。在一个长度为 l_s 的模式中,确定位数 $< l_s/2$ 的模式数和确定位数 $> l_s/2$ 的模式数,结果相同。

若选择计算确定位数$\geqslant l_s/2$的模式数(确定位数少的模式重复的可能性大),且根据$n=l_s/2$的假设,可得总模式数的下限值n_s为:

$$n_s \geqslant n2^{l_s-1}(l-l_s+1)/2$$

即

$$n_s \geqslant n2^{l_s-2}(l-l_s+1)$$

将$n=2^{l_s/2}$代入,且取等号,有

$$n_s = \frac{l-l_s+1}{4}n^3$$

即

$$n_s = cn^3 \tag{6-5}$$

所以在产生新一代的过程中,遗传算法处理的模式数的数量级为$O(n^3)$,这是遗传算法的一个重要特性。尽管只完成了正比于种群规模n的计算量,但处理的模式数却正比于种群规模的立方。这就是遗传算法隐含的并行机制。遗传算法正是通过定义长度短、确定位数少、适值高的模式(即建筑块),经反复抽样、增减、组合等处理来存优去劣,寻找最佳匹配点,进行高质量的问题求解。

6.3 遗传算法应用中的一些基本问题

在遗传算法的应用中,除了复制、交叉和变异等基本操作外,还必须考虑目标函数到个体适值的映射、适值的调整、编码原则和多参数编码映射方法等基本问题。

6.3.1 目标函数值到适值形式的映射

适值是非负的,任何情况下总希望越大越好;而目标函数有正、有负甚至可能是复数值;且目标函数和适值间的关系也多种多样。如求最大值对应点时,目标函数和适值变化方向相同;求最小值对应点时,变化方向恰好相反;目标函数值越小的点,适值越大。因此,存在目标函数值向适值映射的问题。

首先应保证映射后的适值是非负的,其次目标函数的优化方向应对应于适值增大的方向。

对最小化问题,一般采用如下适值函数$f(x)$和目标函数$g(x)$的映射关系:

$$f(x) = \begin{cases} c_{\max} - g(x), & g(x) < c_{\max} \\ 0, & \text{其他} \end{cases} \tag{6-6}$$

其中,$c_{\max}$可以是一个输入参数,或是理论上的最大值,或是到目前所有代(或最近的k代)之中见到的$g(x)$的最大值,此时$c_{\max}$随着代数会有所变化。

对最大化问题,一般采用下述方法:

$$f(x) = \begin{cases} g(x) - c_{\min}, & g(x) > c_{\min} \\ 0, & \text{其他} \end{cases} \tag{6-7}$$

式中,$c_{\min}$既可以是输入值也可以是当前最小值或最近的k代中的最小值。

对指数函数问题,一般采用下述方法:

$$f(x) = c^y$$

$$y = g(x)$$

其中，c 一般取 1.618 或 2（最大化）、0.618（最小化）。这样，既保证了 $f(x) \geqslant 0$，又使 $f(x)$ 的增大方向与优化方向一致。

6.3.2 适值的调整

为了使遗传算法有效地工作，必须保持种群内位串的多样性和位串之间的竞争机制。现将遗传算法的运行分为开始、中间和结束三个阶段来考虑：在开始阶段，若一个规模不太大的种群内有少数非凡的个体（适值很高的位串），按通常的选择方法（选择复制的概率为 $f_i/\sum f_i$，期望的复制数为 $f_i/\overline{f_i}$），这些个体会被大量地复制，在种群中占有大的比重，这样就会减少种群的多样性，导致过早收敛，从而可能丢失一些有意义的搜索点或最优点，而进入局部最优；在结束阶段，即使种群内保持了很大的多样性，但若所有或大多数个体都有很高的适值，从而种群平均适值和最大适值相差无几，则平均适值附近的个体和具有最高适值的个体，被选中的机会相同，这样选择就成了一个近乎随机的步骤，适值的作用就会消失，从而使搜索性能得不到明显改进。因此，有必要对种群内各位串的适值进行有效调整，既不能相差太大，又要拉开档次，强化位串之间的竞争性。现将适值三种调整方法：窗口法、函数归一化法和线性调整法简介如下。

1. 窗口法

它是一种简单有效的适值调整方法，调整后的个体适值为

$$F_j = f_j - (f_{\min} - a) \tag{6-8}$$

其中，f_j 为原来个体的适值；$f_{\min}$ 为每代种群中个体适值的最小值；a 为一常数。在进化的后期窗口法增加了个体之间的差异。

2. 函数归一化法

该法是将个体适值转换到最大值与最小值之间成一定比例的范围之内，这一范围由选择压力 k_{sp} 决定。具体步骤如下。

（1）根据给定的选择压力 k_{sp}，求种群中适值调整后的适值最小值为

$$F_{\min} = \frac{f_{\min} + f_{\max}}{1 + k_{sp}} \tag{6-9}$$

其中，$f_{\min}$ 和 $f_{\max}$ 是调整前种群个体适值的最小值和最大值。适值调整后种群中适值最大值为

$$F_{\max} = k_{sp} F_{\min} \tag{6-10}$$

（2）计算线性适值转换的斜率为

$$\Delta F = \frac{F_{\max} - F_{\min}}{f_{\max} - f_{\min}} \tag{6-11}$$

（3）计算每个个体的新适值为

$$F_j = F_{\min} + \Delta F(f_j - f_{\min}) \tag{6-12}$$

其中，f_j 为调整前第 j 个个体适值。在进化的早期，函数归一化法缩小了种群内个体之间的差异，而在进化的后期又适当增大了性能相似个体之间的差异，加快了收敛速度。

3. 线性调整法

线性调整是一个有效的调整方法。设 f 是原个体适值，F 是调整后个体的适值

$$F = af + b \tag{6-13}$$

系数 a、b 可通过多种方法选取。不过，在任何情况下均要求 F_{avg} 应与 f_{avg} 相等，即应满足的条件为

$$\begin{cases} F_{avg} = f_{avg} \\ f_{max} = c_{mult} F_{avg} \end{cases} \tag{6-14}$$

其中，c_{mult} 是最佳种群所要求的期望副本数，是一个经验值，对于一个不大的种群（$n=50\sim 100$）来说，可在 $1.2\sim 2$ 的范围内取值。

正常条件下的线性调整方法如图 6-4 所示。

线性调整在遗传算法的后期可能产生的一个问题是，一些个体的适值远远小于平均适值与最大适值，而往往平均适值与最大适值又十分接近，c_{mult} 的这种选择方法将原始适值函数伸展成负值，如图 6-5 所示。解决的方法是，当无法找到一个合适的 c_{mult} 时，仍保持 $F_{avg}=f_{avg}$，而将 f_{min} 映射到 $F_{min}=0$。

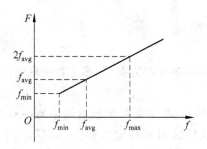

图 6-4　正常条件下的线性调整法

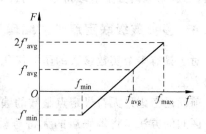

图 6-5　线性映射方法之一

6.3.3　编码原则

遗传算法参数编码原则有两种：深层意义上的建筑块原则和最小符号表原则。而后者是一种应用广泛的实用原则。

最小符号表原则要求选择一个使问题得以自然表达的最小符号编码表。在前面讨论中使用的都是二进制符号编码表 $\{0,1\}$，任何一个长度为 l 的位串都包含在 $\{0,1\}^l$ 中。根据遗传算法的模式理论，遗传算法能有效工作的根本原因，在于其能有效地处理种群中的大量模式，尤其是那些定义长度短、确定位数少、适值高的模式（即建筑块）。因此，编码应使确定规模的种群中包含尽可能多的模式。

表 6-5 给出了一个参数的二进制编码和非二进制编码的对比情况，即将 $[0,31]$ 上的二进制整数一一对应地映射到一个有 32 个字母的符号表中，这个符号表包含 26 个英文字母（A～Z）和 6 个数字（1～6）。在二进制编码中，通过代码表中小部分关键代码可以找到重要的相似性而在非二进制编码中，只能看到单一代码的符号表，看不出代码中的相似性。

表 6-5　二进制与非二进制编码

二进制	非二进制
00000	A
00001	B
⋮	⋮
11001	Z
11010	1
11011	2
⋮	⋮
11111	6

为了进一步了解二进制编码的数学意义，假设有一

个非二进制的包含 k 个字母编码的符号表 V' 及二进制编码的符号表 V，即

$$V' = \{a_1, a_2, \cdots, a_k\}$$
$$V = \{0, 1\}$$

为了表达同样多的点数，在各自的空间中两种编码的长度分别为 l' 和 l，即有

$$k^{l'} = 2^l$$

此时，在二进制编码中包含的模式数（单个位串）为 3^l。在非二进制编码中，单个位串包含的模式数为 $(k+1)^{l'}$。可以证明，当 $k>2$ 时，$3^l > (k+1)^{l'}$。下面举例说明。

取 $V' = \{0,1,2,3\}$，$V = \{0,1\}$，由于 $4^{l'} = 2^l$，则当 $l=6$ 时，有 $l'=3$，因此，非二进制编码模式数为

$$(k+1)^{l'} = (4+1)^{l'} = 5^3 = 125$$

二进制编码模式数为

$$(2+1)^l = 3^6 = 729$$

显然，二进制编码方案能取得最大的模式数。

6.3.4 多参数级联定点映射编码

对于具有多个实数参数的函数优化问题，一个实用的编码方案是，多参数级联定点映射编码方法。

前面已考虑过无符号定点整数的编码，$x \in [0, 2^l]$。若要求在参数空间编码，一种改造这一区间的方法是将解码后的无符号整数 $[0, 2^l]$ 线性映射到特定区间 $[U_{\min}, U_{\max}]$ 上。这样，就可以仔细控制一些决定性变量的变化范围和精度，其映射代码的精度为：

$$\delta = \frac{U_{\max} - U_{\min}}{2^l - 1} \tag{6-15}$$

为了设计多参数编码，可把相互关联的参数按要求简化成若干单一参数代码。每个代码可以有它自己的子长度，如图 6-6 所示。

```
         单参数 x_1   (l_1=4)
         0 0 0 0 → U_min
         1 1 1 1 → U_max
         （中间值线性映射）

         多参数编码（10个参数）
       ┌──────┬──────┬─────┬──────┬──────┐
       │ 0001 │ 0101 │ ··· │ 1100 │ 1111 │
       │  x_1 │  x_2 │     │  x_9 │ x_10 │
       └──────┴──────┴─────┴──────┴──────┘
```

图 6-6 多参数级联定点映射编码

假设有几个参数需要编码：

$$x_1 \in [U_{\min}^{(1)}, U_{\max}^{(1)}]$$
$$x_2 \in [U_{\min}^{(2)}, U_{\max}^{(2)}]$$
$$\vdots$$
$$x_n \in [U_{\min}^{(n)}, U_{\max}^{(n)}]$$

采用二进制编码，先对各参数分别编码：

$$x_1: l_1 \text{位}, U^{(1)} \in [0, 2^{l_1}-1]; \quad \delta_1 = \frac{U_{\max}^{(1)} - U_{\min}^{(1)}}{2^{l_1} - 1}$$

$$x_2: l_2 \text{位}, U^{(2)} \in [0, 2^{l_2}-1]; \quad \delta_2 = \frac{U_{\max}^{(2)} - U_{\min}^{(2)}}{2^{l_2} - 1}$$

$$\vdots$$

$$x_n: l_n \text{位}, U^{(n)} \in [0, 2^{l_n}-1]; \quad \delta_n = \frac{U_{\max}^{(n)} - U_{\min}^{(n)}}{2^{l_n} - 1}$$

建立映射:

$$x_i = U_{\min}^{(i)} + U^{(i)} \delta_i \quad i = 1, 2, \cdots, n \tag{6-16}$$

将级联各编码参数构成一个整体,即

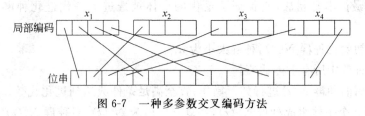

其中,$b_{ij} \in [0,1]$。

图 6-7 是一种多参数交叉编码方法。

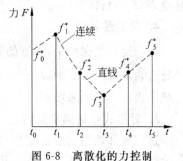

图 6-7　一种多参数交叉编码方法

许多优化问题,不仅有单个控制参数而且还有控制函数,它必须以连续形式在每一点指定,为了使遗传算法能应用于这些优化问题,必须在函数编码之前,将它简化成有限的参数形式。换句话说,必须将最优连续函数的搜索通过离散化变换成函数上多点搜索。例如,假定要将二点之间自行车旅行时间缩至最短,并且要求所加力的时间连续函数 $f(t)$,满足 $f(t) \leqslant f_{\max}$。为了用遗传算法来寻找这样一个函数,就应该将连续的力函数离散成按相等时间间隔、所加力为 f_i 的有限参数形式。例如,在力控制问题中,最优连续函数 $f(t)$ 的搜索可变成 6 个参数 f_0、f_1、$\cdots$、f_5 的搜索。然后,通过编码过程,将有限参数编成位串形式。当有限参数的最优值 f_i^* 找到时,则用某种函数的形式来拟合多点 f_i^*,此例用线性插值函数来逼近该控制问题中的连续力函数如图 6-8 所示。

图 6-8　离散化的力控制

6.4　高级遗传算法

前面介绍的遗传算法仅包含复制、交叉和变异三种遗传算子,其交叉和变异概率是固定不变的,这样的遗传算法被称为简单遗传算法(SGA)。随着遗传算法研究的进展,人们在 SGA 基础上提出了多种复制方法和高级遗传运算,从而形成了各种较为复杂的遗传算法,称为高级遗传算法(refine genntic algorithms,RGA)。

6.4.1 改进的复制方法

在简单的遗传算法中,采用转轮法来选择后代,使适值高的个体具有较高的复制概率,此法的优点是实现简单。其潜在的问题是,种群中最好的个体可能产生不了后代,造成所谓随机误差。现在已有几种复制方法,可避免转轮法即一般复制法所带来的随机误差。

1. 稳态复制法

该方法保证种群中最优秀的个体在进化过程中不被删除,这在很大程度上减少了有效基因的丢失。在经过交叉、变异产生的新种群中,只有一个或两个优秀个体被选进下一代种群,替代原有种群中的最差个体。

2. 代沟法

代沟法类似于稳态法,只是选择新种群中一部分优良个体替代原有种群中的较差个体,以构成下一代进化种群。

3. 选择种子法

该法也称最优串复制法,它保证了最优的个体被选进下一代进化种群。其执行过程如下:

(1) 随机初始化种群 $N(0)$,种群大小为 n。

(2) 计算种群中所有个体适值。

(3) 对以后的种群 $N(t)$ 进行如下操作,直至满足条件或达到进化代数。根据个体适值大小随机选出 n 个个体组成种群 $N^0(t)$,并复制一份为 $N^1(t)$,对种群 $N^0(t)$ 实施交叉操作,对种群 $N^1(t)$ 实施基因突变,用以防止有效基因丢失。

(4) 计算种群 $N^0(t)$、$N^1(t)$ 和 $N(t)$ 的个体适值,从中选出最好的 n 个个体构成下一代种群 $N(t+1)$,转至(3)。

4. 确定性复制法

在确定性复制法中,复制的概率按常规计算为:$P_i = f_i / \sum f_i$。对个体 A_i,其期望的后代数目 e_i,计算为:$e_i = nP_i$。每一位串个体按 e_i 的整数部分分配后代数,种群的其余部分按顺序表由高到低来填充。

5. 置换式余数随机复制法

这方法开始与上述确定性复制法一样,期望的个体数如前分配为 e_i 的整数部分;但 e_i 的余数部分用来计算转轮法中的权值,以补充种群总数。

6. 非置换式余数随机复制法

这方法开始也与上述确定性复制法一样,而 e_i 的余数部分按概率来处理。换句话说,个体至少复制一个与 e_i 整数部分相等的后代,然后以 e_i 的余数部分为概率来复制其余的后代,直至种群的总数达到 n。例如一个具有期望复制值为 1.5 的个体,它可以复制产生一个后代,并以 0.5 概率产生另一个后代。试验表明,这种方法优于其他复制方法。因此,非置换式余数随机复制法广泛应用于各种领域。

7. 排序法

排序法的基本思想是,将种群中的个体从好到坏进行排序,按照它们在顺序中的位置而不是按原适值指定复制概率。通常采用的两种方法为:线性排序和指数排序。

(1) 线性排序。设 P_k 为种群中排在第 k 位，个体的复制概率、线性排序取如下形式：
$$P_k = q - (k-1)r$$
其中，q 为最好个体的复制概率。设 q_0 为最坏个体的复制概率，则参数 r 按下式确定：
$$r = \frac{q - q_0}{n - 1}$$
中间的个体按其位置成比例地从 q 减到 q_0。

(2) 指数排序。它取如下形式：
$$P_k = q^{k-1}$$
其中，q 一般约为 0.99，最好的个体的标定适值接近 1，而最坏的个体为 q^{n-1}。

6.4.2 高级 GA 算法

为改善 SGA 的鲁棒性，在复制、交叉和变异运算的基础上，再考虑两种类型的基因运算，即为微运算和宏运算。多点交叉微运算是在个体级别上的运算，重组宏运算是在种群级别上的运算。

1. 多点交叉微运算

交叉运算的目的是把个体中性能优良的欲交叉的两个位串，遗传到下一代某个个体中，使之具有父辈个体的优良性能。但是，在某些情况下，一点交叉运算无法达到这个目的。例如：设有两个父辈个体 A_1 和 A_2：

$$A_1 : 10110001100$$
$$A_2 : 00101101001$$

设 A_1 含有性能优良的模式 1*1 及 **0；A_2 中含有性能优良的模式 1*1 及 1**1。若对 A_1 和 A_2 进行一点交叉运算，则无论交叉点选在何处，都可能使这些优良模式由于交叉运算而被分割或丢弃，不能遗传到下一代。而采用二点交叉就可以避免这个问题。设两个交叉点选择如下：

$$A_1 : 1011 ⋮ 0001 ⋮ 100$$
$$A_2 : 0010 ⋮ 1101 ⋮ 001$$

则二点交叉运算就是交换 A_1 和 A_2 两个交叉点之间的部分，得到两个子辈个体 A_1' 及 A_2' 如下：

$$A_1' : 1011 ⋮ 1101 ⋮ 100$$
$$A_2' : 0010 ⋮ 0001 ⋮ 001$$

可见，子辈个体 A_1' 中继承了父辈个体中性能优良的模式。从这个例子也可以看到多点交叉的优越性。

多点交叉是单点交叉的推广，其交叉点数设为 N_c，当 $N_c = 1$ 时，就简化为单点交叉。当 N_c 为偶数时，个体位串可以看做是首尾相接的环，无起点也无终点，交叉点以随机方式环绕圆周均匀地选择。图 6-9(a) 表示了 $N_c = 4$ 的多点交叉情况，随机选择 4 个交叉点，获得两个新的环。若 N_c 为奇数，默认的交叉点常常假定为 0 位置（个体位串的开始）。图 6-9(b) 表示 $N_c = 3$ 的情况。

另外一种多点交叉运算的方法为一致性交叉。在该方法中，选择两个父辈个体并产生两个子辈个体。按照随机产生的模板，随机地决定对父辈个体中的哪一位进行交换，下面是

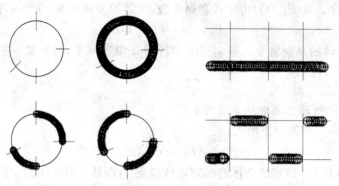

(a) 随机取 4 点交叉的 2 个新环　　(b) 随机取 3 点交叉的 2 个新环

图 6-9　多点交叉操作

一个交叉的例子：

$$A_1: 01100111 \sim 父辈1$$
$$A_2: 11010001 \sim 父辈2$$

模板：01101001

$$A_1': 11110001 \sim 子辈1$$
$$A_2': 01000111 \sim 子辈2$$

该例表明，模板为 1 的各位，父辈个体之间不进行交换；模板为 0 的各位，父辈个体之间进行交换，于是产生两个新的子辈。

虽然多点交叉能解决上述单点不能解决的问题，但使用时必须小心。经验表明，随着交叉点 N 的增加，GA 的性能会变坏，其理由是，随着 N_c 增大，多点交叉像随机洗牌一样，使优秀的模式在减少。

2. 重组宏运算

重组宏运算在遗传算法中是种群级别上的宏运算。这种宏运算考虑了自然界中种族间变演（特化作用）的现象。在自然界中，族间变演是通过物种形成和小生镜开拓而实现的。在遗传算法中，可以促进小生镜和物种形成的一个模式是共享函数。共享函数确定种群中每一个体位串共享程度和领域。一个简单的共享函数如图 6-10 所示。图中 $d(x_i,x_j)$ 是两个位串 x_i 和 x_j 之间的汉明距。对给定的某个个体，其共享度是由种群中所有其他位串所提供的共享函数值之和来决定。接近于该个体的位串具有高的共享度（接近于 1），而远离该个体的位串，具有很小的共享度（接近于 0）。以这种方式累计共享总数之后，一个个体所降低的适值由下式计算：

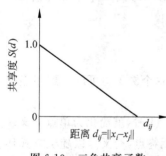

图 6-10　三角共享函数

$$f_s(x_i) = f(x_i) \Big/ \sum_{j=1}^{n} S(d(x_i,x_j)) \quad (6\text{-}17)$$

即潜在（未共享）适值除以累计的共享值。当许多个体处于相近区域时，它们相互降低适值，这样就可限制种群内部特殊个体的不可控的长势。

共享函数的效果如图 6-11 所示，从图 6-11(a) 可以看出，在 100 代后每个峰区有偶数个分布点；作为比较，无共享的简单 GA 的结果示于图 6-11(b)中，从图中可见，简单的无共享的 GA 所产生的个体分布集中，减少了个体的多样性。

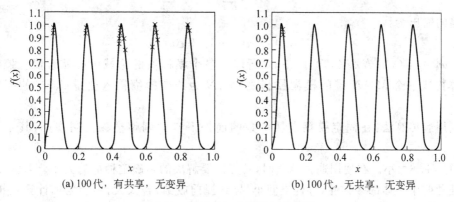

(a) 100代，有共享，无变异　　　(b) 100代，无共享，无变异

图 6-11　简单 GA 在等峰上的特性

6.5　基于遗传算法的模糊控制

运用遗传算法进一步提高模糊控制器的动静态性能具有重要的应用价值。一般基于遗传算法的模糊控制器，考虑最为常用的二维模糊控制的结构，如图 6-12 实线部分所示。模糊控制器的输入量为偏差 $e(k)$ 和偏差变化 $e_c(k)$，输出为控制变化 $\Delta u(k)$，其中偏差 $e(k) = y_d(k) - y(k)$，$e_c(k) = e(k) - e(k-1)$，$y_d(k)$ 为期望输入，$y(k)$ 为系统实际输出。被控对象为工业中常用的带有纯滞后的对象：

$$G(s) = \frac{K}{1+Ts}e^{-\tau s} \tag{6-18}$$

其中，$K=1$，$T=50$，$\tau=2$。

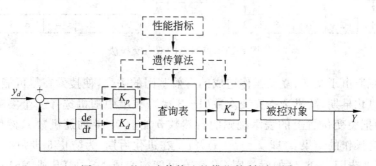

图 6-12　基于遗传算法的模糊控制原理图

模糊系统共有 n 条 IF…THEN 形式的规则，若第 i 条规则被描述为：

$$R_i:\text{IF } \underset{\sim}{E} \in \underset{\sim}{A_i} \text{ AND } \underset{\sim}{EC} \in \underset{\sim}{B_i} \text{ THEN } \underset{\sim}{\Delta U} \in \underset{\sim}{\Delta U_i}$$

其中，$\Delta \underset{\sim}{U}$ 为控制器增量输出模糊语言变量；$\underset{\sim}{E}$、$\underset{\sim}{EC}$ 为控制器输入模糊语言变量；$\underset{\sim}{A_i}$、$\underset{\sim}{B_i}$ 和 $\underset{\sim}{\Delta U_i}$ 为相应的模糊子集，其分别在 NL(负大)、NM(负中)、NS(负小)、ZE(零)、PS(正小)、PM(正中)和 PL(正大)中取值。模糊隶属函数从常用的三角形、梯形和高斯函数形中确定采用等腰三角形，并在寻优过程中保持不变。如果存在输入 $e=a^*$，$e_c=b^*$，则控制器的增量输出为：

$$\Delta u(k) = \left(\sum_{i=1}^{n} w_i c_i\right) \Big/ \sum_{i=1}^{n} w_i \tag{6-19}$$

控制器的输出为：

$$u(k) = u(k-1) + \Delta u(k) \tag{6-20}$$

其中，$w_i = \mu_{A_i}(a^*) \wedge \mu_{B_i}(b^*)$，$c_i$ 是 U_i 所取的各个模糊值的论域中心元素值。控制规则的全体构成一个 $M \times N$ 维的模糊控制表，M、N 为两个模糊输入变量 E、EC 的模糊子集个数。

利用遗传算法，在固定模糊隶属函数的前提下自动调整模糊控制规则，其主要操作如下：

(1) 种群大小。在使用遗传算法时，首先需要解决的是确定种群的大小。若太小，则不能保证种群中个体的多样性，寻优空间小，导致提前收敛；若太大，则会增加计算负担，降低了遗传算法的效率。因此，一般兼顾二者取种群大小为 50。

(2) 参数编码。对模糊控制规则采用自然数编码。对 $M \times N$ 维规则表中的 $M \times N$ 个语言变量值 NL、NM、NS、ZE、PS、PM、PL 分别用 0、1、2、3、4、5、6 表示。这样，在计算机中每个个体可以用一个 $M \times N$ 行、两列的数组表示。

(3) 复制。采用不同的复制方法即一般复制法、稳态复制法、代沟法和选择种子法，以期对寻优速度和寻优精度进行比较，研究结果表明，选择种子法能保证全局收敛，稳态复制法适合于非线性较强的问题，代沟法的寻优效果一般，一般复制法效果最差。

(4) 交叉和变异。交叉操作是产生新个体增大搜索空间的重要手段，但同时容易造成对有效模式的破坏，针对模糊规则表采用自然编码的特点，采用点对点的双点交换方法如图 6-13 所示。

图 6-13 点对点的双点交换法

变异能克服由于交叉、复制操作造成的有效基因的丢失，使搜索在尽可能大的寻优空间中进行。在进化早期，随机选择突变次数（1~3 次），在串中随机选择一个突变位置，进行 6 步距突变，即把突变位置上的表示规则的自然数 b 加上 0~6 的随机数 s，然后将和除以 7，取余数即突变操作的结果 a，即 $a = (b+s) \% 7$。在进化后期，为防止 6 步距突变造成个体性能恶化，采用 2 步距突变，例如对规则 ZE 将有可能突变成 NS 或 PS 或 NM 或 PM，而对规则 NL 将有可能变成 NM 或 NS。另外，根据模糊控制器设计的一般常识对如下 3 条规则不作突变操作：

IF $E \in$ NL AND $EC \in$ NL THEN $\Delta U \in$ PL
IF $E \in$ ZE AND $EC \in$ ZE THEN $\Delta U \in$ ZE
IF $E \in$ PL AND $EC \in$ PL THEN $\Delta U \in$ NL

(5) 适值调整。为防止种群进化过程中提前收敛以及提高进化后期的收敛速度，扩大寻优空间和提高寻优精度，采用窗口法和函数归一法进行适值调整。

(6) 个体目标函数估计。个体是模糊控制器参数的编码,个体目标函数用来估价该控制器的性能,本控制器采用的个体目标函数如下:

$$J = \sum_{k=1}^{t_s} [a_u |u(k) - u(k-1)| + a_y |e(k)| + a_e |e_c(k)|] \quad (6-21)$$

其中,t_s 是控制器作用于对象的持续时间,a_u、a_y、a_e 为式(6-21)中相应项的加权系数,它们分别决定了 $|u(k)-u(k-1)|$、$|e(k)|$、$|e_c(k)|$ 项在个体目标函数中所占的比重,其值越大对该项的重视程度越高,其中 $a_e |e_c(k)|$ 项的引入主要是防止输出响应超调量过大。进而,得到个体适值为

$$f_j = \sum_{i=1}^{N} J_i / J_j \quad (6-22)$$

其中,N 为种群大小,J_j 为第 j 个个体的目标函数值。

(7) 寻优过程中期望输入的选择。令期望输入 $y_d = 1$,式(6-21)中 $t_s = 100s$,利用遗传算法寻优,将得到的模糊控制器用于系统控制,其响应曲线如图 6-14 所示,显而易见,当 $t > 135s$ 时,控制效果变差。其主要原因是由于在寻优过程中,种群个体没有对系统输出在不同区域、不同变化速率的情况都进行目标函数估价。采用变期望输入的方法使控制器在寻优过程中能够对系统绝大部分状态变化做出响应。此时,期望输入按下式选取:

$$y_d = \begin{cases} 1 & 0 < t \leqslant 40 \\ 0.5 & 40 < t \leqslant t_s \end{cases} \quad (6-23)$$

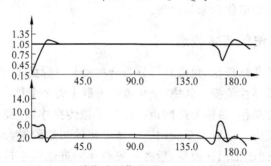

图 6-14 单位阶跃期望输入下的寻优结果

基于函数归一化适值调整法和稳态复制法寻优得到的模糊规则表、系统输出响应分别如表 6-6 和图 6-15 所示。从图 6-15 中可以看出当 $y_d = 1$ 时,系统输出很好地跟踪了期望输入,其过渡过程短、稳态误差小,对其他的期望输入都有较好的输出响应。

表 6-6 寻优得到的控制规则表

EC/E	NL	NM	NS	ZE	PS	PM	PL
NL	pl	nl	ps	ps	ps	nl	pl
NM	pm	pm	nm	ps	ns	ns	ps
NS	ps	ps	ps	ze	pm	nm	nl
ZE	pl	pl	ps	ze	nm	nm	pm
PS	ze	pl	nm	ze	nm	nm	pm
PM	ps	pm	pl	ze	ns	pl	pl
PL	ns	ze	ze	nl	nm	ps	nl

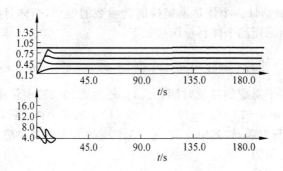

图 6-15 函数归一化和稳态复制法作用下的寻优结果

6.6 免疫遗传算法

免疫遗传算法是一种基于免疫的改进遗传算法，它是生命科学中免疫原理与传统遗传算法的结合。算法的核心在于免疫算子的构造，而免疫算子又是通过接种疫苗和免疫选择两个步骤来完成的。大量研究表明，仅仅依赖于以遗传算法为代表的进化算法在模拟人类智能化处理事物能力方面还远远不足，还需要更深入地挖掘和利用人类的智能资源，而免疫遗传算法可以进一步提高算法的整体性能，并有选择、有目的地利用待求解问题中的一些特征信息来抑制优化过程中退化现象的出现。

6.6.1 免疫遗传算法的基本概念

类似于生命科学的免疫理论，免疫算子分为全免疫和目标免疫，两者分别对应于生命科学中非特异性免疫和特异性免疫。其中，全免疫指种群中每个个体在遗传算子作用后，对其每一环节进行一次免疫操作；目标免疫则指在进行了遗传操作后，经过一定的判断，个体仅在作用点处发生免疫反应。前者主要应用于个体进化的初始阶段，而在进化过程中基本上不发生，否则将很有可能产生同化现象；后者一般将伴随进化的全过程，它是免疫的一个基本算子。

实际的操作过程中，首先对所求解的问题（即抗原）进行具体分析，从中提取最基本的特征信息（即疫苗）；其次，对特征信息进行处理，将其转化为求解问题的一种方案（由此方案得到的所有解的集合称为基于上述疫苗所产生的抗体）；最后，将此方案以适当的形式转化为免疫算子，以实施具体操作。需说明的是，待求解的特征信息往往不只一个，也就是说针对某一特定的抗原所能提取的疫苗也可能不只一个，这样，接种疫苗时可随机地选取一种疫苗进行注射，也可将多个疫苗按一定的逻辑关系进行组合后再注射。总之，免疫是在合理提取疫苗的基础上，通过接种疫苗和免疫选择两个操作来完成的。前者以提高适值，后者以防止种群的退化。

1. 接种疫苗

对于个体 x，对它接种疫苗是指按照先验知识来修改其某些基因位的基因，使所得个体以较大的概率具有更高的适值。

实现时须考虑以下两种极端情况。

(1) 若个体 y 的每一基因位上的信息都是错误的，即每一位码都与最佳个体不同，则对

任一个体 x，x 转移 y 的概率为 0。

(2) 若个体 y 的每一基因位上的信息都是正确的，即 y 已是最佳个体，则对任一个体 x，x 转移 y 的概率为 1。

假设种群 $C=\{x_1,x_2,\cdots,x_{n_a}\}$，对种群 C 接种疫苗是指在 C 中按比例 $\alpha(0<\alpha\leqslant1)$ 随机抽取 $n_a=\alpha n$ 个个体而进行的操作。疫苗是从对问题的先验知识中提炼出来的，它所包含的信息量及其正确性对算法的性能起着重要的作用。

2. 免疫选择

该操作分为两步完成。

(1) 免疫检测。即对接种了疫苗的个体进行检测，若其适值仍不如父辈，则说明在交叉、变异的过程中出现了严重的退化现象。此时该个体将被父辈中所对应的个体所取代；若子辈适值优于父辈则进行第 2 步处理。

(2) 退火选择。即在当前子辈种群 $E_k=\{x_1,x_2,\cdots,x_{n_0}\}$ 中以概率

$$P(x_i)=\frac{e^{\frac{f(x_i)}{T_k}}}{\sum_{i=1}^{n_0}e^{\frac{f(x_i)}{T_k}}}$$

选择个体 x_i 进入新的父辈种群，其中 $f(x_i)$ 为 x_i 的适值，$\{T_k\}$ 为趋于 0 的温度序列。

至此，给出免疫遗传算法如下。

① 随机产生初始父辈种群 A_1。
② 根据先验知识抽取疫苗。
③ 若当前种群中包含了最佳个体，则结束算法；否则进行以下步骤。
- 对当前第 k 代父辈种群 A_k 进行交叉操作，得到种群 B_k。
- 对种群 B_k 进行变异操作，达到种群 C_k。
- 对种群 C_k 进行接种疫苗操作得到新种群 D_k。
- 对种群 D_k 进行免疫选择操作，得到新一代父辈种群 A_{k+1}，返回上一步。

免疫遗传算法的流程如图 6-16 所示。

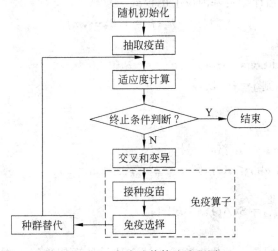

图 6-16 免疫遗传算法流程图

6.6.2 免疫算子的机理与构造

1. 免疫算子的机理

免疫算子是由接种疫苗和免疫选择两部分操作构成的。其中,疫苗指的是依据人们对待求问题所具备的先验知识而从中提取出的一种基本的特征信息,抗体是指根据这种特征信息而得出的一类解。前者可看做是对待求的最佳个体所能匹配模式的一种估计,后者是对这种模式进行匹配而形成的样本。从对算法的描述中不难发现,疫苗的正确选择对算法运行效率至关重要,它如同遗传算法的编码一样,是免疫操作得以有效发挥作用的基础和保障。但需说明的是,免疫算子中接种疫苗作用的发挥与选取疫苗的优劣、生成抗体的好坏直接相关;免疫遗传算法的收敛性靠免疫算子中的免疫选择来保证。

在免疫选择作用下,若疫苗使抗体适值得到提高,且高于当前群体的平均适值,则疫苗所对应的模式将在群体中呈指数级扩散;否则,它将被遏制或呈指数级衰减。

可见,免疫选择在加强接种疫苗方面具有积极作用,在消除其负面影响方面具有鲁棒性。考虑到免疫遗传算法的应用对象主要是非多项式确定问题,而这类问题在规模较小时一般易于求解,或者说易于发现其局部条件下的求解规律。因此,在选取疫苗时,既可以根据问题的特征信息来制作免疫疫苗,也可以在具体分析的基础上考虑降低原问题的规模,增设一些局部条件来简化问题,用简化后的问题求解规律来作为选取疫苗的一种途径。一般,可以根据对原问题局域化处理的具体情况,选用目前通用的一些迭代优化算法来提取疫苗。

2. 免疫算子的执行算法

为表述方便,令 $a_{H,k}^i$ 为第 k 代第 i 个个体 a_k^i 接种疫苗后所得到的抗体,P_I 为个体接种疫苗的概率,P_v 为更新疫苗的概率,$V(a_k^i, h_j)$ 表示按模式 h_j 修改个体 a_k^i 上基因的接种疫苗操作,n 和 m 分别为群体和疫苗的规模。至此,在针对某一待求问题而构造和应用免疫算子时所进行的过程可表示如下。

(1) 抽取疫苗。

① 分析待求问题。

② 依据特征信息估计特定基因位上的模式:
$$H = \{h_j; j = 1, 2, \cdots, m\}$$

(2) 令 $k=0, j=0$。

(3) WHILE(conditions=true)

① 若 $\{P_I\}$=true,则 $j=j+1$;

② $i=0$;

③ FOR ($i \leqslant n$)

    {接种疫苗:$a_{H,k}^i = V_{\{P_I\}}\{a_k^i, h_j\}$;

    免疫检验:若 $a_{H,k}^i < a_{k-1}^i$,则 $a_k^i = a_{k-1}^i$;否则 $a_k^i = a_{H,k}^i$;

    $i = i+1$;

    退火选择:$A_{k+1} = S(A_k), k = k+1$;

    }

其中,停机条件可以采用最大迭代次数或统计个体最佳适值连续不变的最大次数。这里模拟退火算法是基于迭代求解策略的一种随机寻优算法,其出发点是基于物理中固体物质的退火过程与一般组合优化问题之间的相似性。它在某一初温下,伴随温度参数的不断下降,结合概率突跳特性在解空间中随机寻找目标函数的全局最优解,即局部最优解能概率性跳出并最终趋于全局最优。

3. 免疫疫苗的选取示例

在此结合 TSP 问题具体讨论免疫疫苗选取的具体过程与步骤。

(1) 搜索特征信息。假设在某一时刻,从一城市出发欲前往下一个目标城市,一般首先考虑距离当地路程最近的城市;若它被访问过,则剔除该城,然后选择该城之外的距离最小的城市;并以此类推。尽管这种贪婪策略不能保证全局最优,但在仅包含几个城市的一个很小范围内,往往不失为一个较好的策略。当然,能否作为最终的解决方案,还需要进一步的判断。

(2) 制作免疫疫苗。就 TSP 问题的特点而言,在最终的最佳路径解决方案中,必然包括且尽可能包括相邻城市间距离最短的路径。显然,这种特点可作为求解问题时提供参考的一种特征信息或知识,这也是从问题中抽取疫苗的一种信息途径。因此,在具体实施过程中,只需使用一般的循环迭代方法找出所有城市的邻近城市即可(当然,某一城市可能是两个或多个城市的邻近城市,也可能都不是)。需强调的是,疫苗不是一个个体,故不能作为问题的解,它仅仅具备个体在某些基因位上的特征。

(3) 接种免疫疫苗。为不失一般性,设 TSP 问题中所有与城市 A_i 距离最近的城市为 A_j,且二者并非直接连接而是处于某一路径的两段:

$A_{i-1}—A_i—A_{i+1}$ ① 段

$A_{j-1}—A_j—A_{j+1}$ ② 段

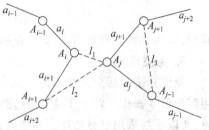

图 6-17 TSP 问题的疫苗作用机理示意图

如图 6-17 中实线所示。当前的遍历路径为 $\pi = \{A_0,\cdots,A_{i-1},A_i,A_{i+1},\cdots,A_{j-1},A_j,A_{j+1},\cdots,A_N\}$,其对应的路径长度为

$$D_\pi = \sum_{k=1}^{i} a_k + a_{i+1} + \sum_{k=i+2}^{j-2} a_k + a_{j-1} + a_j + \sum_{k=j+1}^{N} a_k$$

在免疫概率 P_i 发生条件下,对城市 A_i 而言,免疫算子将把其邻近城市 A_j 排列为其下一个城市,而使原先的遍历路径调整为

$$\pi_c = \{A_0,\cdots,A_{i-1},A_i,A_{i+1},\cdots,A_{j-1},A_j,A_{j+1},\cdots,A_N\}$$

相应的路径长度变化为

$$D_{\pi_c} = \sum_{k=1}^{i} a_k + l_1 + l_2 + \sum_{k=i+2}^{j-1} a_k + l_3 + \sum_{k=j+2}^{N} a_k$$

比较两路径长度,因为 A_j 是所有城市中(即全局中)与城市 A_i 距离最近的点,在由 $A_{i-1}—A_i—A_{i+1}$ 所构成的三角形中 l_1 一定为最短边或次短边(此时 l_2 一定为最短边,因为若 $a_{i+1} < l_1$,则与 A_i 最近的城市为 A_{i+1} 而非 A_j);而在 A_{j-1}、A_j 和 A_{j+1} 之间都不一定具有这个性质。所以在多数情况下,l_3 较 $(a_j + a_{j+1})$ 的减少量要大于 $(l_1 + l_2)$ 较 a_{i+1} 的增加量,重要的是在这一个局部环境内,算子对路径做了一次最佳调整。当然,这次调整完其能否对整个路径有所贡献,还有待于选择机制的进一步判断。但是,从分析过程中不难得出 $P(D_{\pi_c} < D_\pi) \gg P(D_{\pi_c} > D_\pi)$,其中 $P(A)$ 表示事件 A 发生的概率。上述所谓的调整过程,即为 TSP 问题求

解时基于某一特定疫苗的免疫注射过程。

6.6.3 TSP 问题的免疫遗传算法

以平面 TSP 问题为例,介绍免疫遗传算法的一种实现方法。

1. 编码与适值函数

为方便与直观起见,可采用 N 个城市的访问次序为问题的编码。适值函数的计算可采用下式:

$$f(\pi) = 76.5 \times L \frac{\sqrt{N}}{D_\pi}$$

其中,L 为包含所有城市的最小正方形的边长,D_π 是排列为 π 的路径长度,N 为访问城市总数。

2. 交叉与变异算子

采用两点交叉,其中交叉点的位置随机确定。对于变异操作,算法中加入了对遗传个体基因型特征的继承性和对进一步优化所需个体特征的多样性进行评测的环节,为此设计一种部分路径变异法。该方法每次选取全长路径的一段,路径子段的起点与终点由评测的结果估算确定。具体操作为采用连续 n 次的调整方式,其中 n 的大小由遗传代数 K 决定

$$n = \left[\frac{N}{M} + e^{-\alpha k}\right]$$

其中,M 为路径子段的数目,α 为表示快慢程度的常数。

3. 免疫算子

免疫算子包括全免疫和目标免疫两种,对具体问题应视所能提取疫苗的性质而决定采用何种免疫操作。对于 TSP 问题,要找到适用于整个抗原(即全局问题求解)的疫苗极为困难,所以不妨采用目标免疫。具体而言,在求解问题之前先从每个城市点的周围各点中选取一个路径最近的点,以此作为算法执行过程中对该城市点进行免疫操作时所注入的疫苗。每次遗传操作后,随机抽取一些个体注射疫苗,然后进行免疫检测,即对接种了疫苗的个体进行检测:若适值提高,则继续;反之,说明在交叉、变异的过程中出现了严重的退化现象,这时该个体将被父辈中对应的个体所取代。在选择阶段,先计算其被选中的概率,后进行相应的条件判断。

4. 仿真研究

以著名的 75 城市 TSP 为例,取群体规模为 100,交叉概率在 0.5~0.85,变异概率在 0.2~0.01,个体接种疫苗概率在 0.2~0.3,更新疫苗概率在 0.5~0.8 之间随进化过程自行调整;M 和 α 分别取 10 和 0.04,退温函数为 $T_k = \ln\left(\frac{T_0}{k} + 1\right)$,$T_0 = 100$,其中 k 为进化代数。在基本参数保持不变的前提下,对通用遗传算法和免疫算法进行比较,若群体的最佳适值在连续 100 次迭代中保持不变则认为搜索结束。同时,计算过程中每隔 10 代记录一次进化结果。图 6-18 显示了免疫遗传算法优化 75 城市 TSP 问题的免疫疫苗和优化结果。

仿真结果表明,免疫遗传算法经 940 代首次出现后来被认定的最佳个体,而通用遗传算法经 3550 代才出现该最佳个体,同时发现免疫遗传算法对提高搜索效率,消除通用遗传算法在后期的振荡现象具有明显的效果。

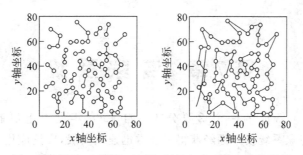

图 6-18 优化 75 城市 TSP 问题的免疫疫苗和优化结果

习题和思考题

1. 什么是遗传算法？
2. 遗传算法的特点是什么？
3. 考虑 3 个数字串 $A_1=11101111$、$A_2=00010100$ 和 $A_3=01000011$ 和 6 个模式 $H_1=1*******$、$H_2=0*******$、$H_3=******11$、$H_4=***0*00*$、$H_5=1*****1*$、$H_6=1110**1*$。哪些模式与哪些串匹配？各模式的模式位数和定长为多少？当从单个变异的概率 $P_m=0.001$ 时，计算在该变异率的条件下，各模式的存活概率。当交叉概率为 $P_c=0.85$ 时，计算在该交叉概率的条件下，各模式的存活概率。
4. 用遗传算法求函数 $y(x)=x\sin(1/x)$ 在 $x\in[0.05,0.5]$ 间的极小值。取种群大小 $M=10$，$P_c=0.8$，$P_m=0.01$。
5. 假定要使 3 个变量的函数 $f(x_1,x_2,x_3)$ 极大化，各变量的论域分别为：$x_1\in[-30,150]$，$x_2\in[-0.5,0.5]$，$x_3\in[0,10^5]$，对 x_1、x_2 和 x_3 要求的精度分别为 0.1、0.001 和 1000。

(1) 对上述问题设计一个串连的多参数映射定点编码。

(2) 为得到所要求的精度，最少需要多少位？

(3) 利用所设计方法，写出代表以下各点的数字串：(x_1,x_2,x_3)：$(-30,0.5,0)$，$(10.5,0.008,52000)$，$(72.8,0.357,72000)$，$(150,0.5,100000)$。

6. 试归纳利用遗传算法优化模糊控制器的主要操作，结合一个具体实例，给出仿真优化结果；再利用免疫遗传算法针对同一实例进行优化，给出仿真结果；最后对这两种结果进行比较分析。

第7章 专家系统

专家系统是人工智能的一个重要分支。自1968年世界上研制第一个专家系统DENDRAL以来,专家系统技术已经获得了非常迅速地发展,广泛应用于医疗诊断、图像处理、石油化工、地质勘探、金融决策、实时监控、分子遗传工程、教学、军事等多种领域中,产生了巨大的社会效益和经济效益,同时也促进了人工智能基本理论和基本技术的发展,计算机的应用已经历了数值计算、数据处理、知识处理三个阶段,专家系统作为知识处理阶段的成功代表,必将具有更强的生命力。

7.1 专家系统的概念

7.1.1 什么是专家系统

迄今为止,关于专家系统尚无统一且精确的定义。专家系统的奠基人费根鲍姆(E. A. Feigenbaum)认为:"专家系统是一种智能的计算机程序,它运用知识和推理步骤解决只有专家才能解决的复杂问题"。也就是说,专家系统是一个智能程序系统;具有相关领域内大量的专家知识;能应用人工智能技术模拟人类专家求解问题的思维过程进行推理,解决相关领域内的困难问题,并且达到领域专家的水平。

例如,在医学界有许多医术高明的医生,他们治病救人的医疗实践经验丰富、有妙手回春的绝招,若把某一具体领域的医疗经验集中起来,并以某种模式存储到计算机中形成知识库,然后再把专家们运用这些知识诊断治疗疾病的思维过程编成程序构成推理机,使得计算机能像人类专家那样诊断疾病,则此程序系统就是一个专家系统。专家系统和传统的计算机"应用程序"有着本质的不同,专家系统所要解决的问题一般没有算法解,并且经常要在不完全、不精确或不确定的信息基础上做出结论。

7.1.2 专家系统的产生和发展

专家系统的第一个里程碑是美国斯坦福大学费根鲍姆教授于1965年开发的DENDRAL系统,该系统是一个化学专家系统,它能根据化合物的分子式和质谱数据推断化合物的分子结构。化合物的分子结构问题是一个很困难的问题,通常由人类化学专家来进行这一工作。

专家系统的诞生,使人工智能的研究以推理为中心转向以知识为中心,从而为人工智能的研究开辟了新的方向和道路。

MYCSYMA系统是由美国麻省理工大学于1971年开发成功并投入应用的专家系统,它是一个大型的人机交互式系统,可帮助人们求解多种数学问题,其中包括微积分、解方程和方程组、泰勒级数展开、矩阵运算、向量代数分析等,同时还具有一些诸如分类推导、性质继承等简单推理功能。

DENDRAL 和 MYCSYMA 系统是专家系统第一阶段的代表作,它们的特点是,高度的专业化,专门问题求解能力强;但结构、功能不完整,移植性差,缺乏解释功能。

20 世纪 70 年代中期,以 MYCIN、PROSPECTOR、AM、CASNET 等为代表的系统便可称为第二代专家系统。MYCIN 系统是由美国斯坦福大学研制的用于诊断和治疗感染性疾病的医疗专家系统,它不仅能对传染性疾病做出专家水平的诊断和治疗选择,而且便于使用、理解、修改和扩充。它可以使用自然语言(英语)同用户对话,并回答用户提出的问题;还可以在专家的指导下学习新的医疗知识。它第一次使用了知识库的概念,并使用了似然推理技术。因此,MYCIN 是一个对专家系统的理论和实践都有较大贡献的专家系统。PROSPECTOR 系统是美国斯坦福研究所开发研制的第一个地质方面的专家系统,并首次用于实地分析华盛顿州菜山区一带的地质资料,发现了开采价值在 1 亿美元以上的一个钼矿床。目前 PROSPECTOR 系统已存入了 20 多位第一流的地质专家的知识。这一阶段专家系统的特点是:单学科专业型专家系统;系统结构完整,功能较全面,移植性好;具有推理解释功能,透明性好;采用启发推理,不精确推理;用产生式规则、框架、语义网络表达知识;用限定性英语进行人机交互。

进入 20 世纪 80 年代,专家系统的应用领域迅速扩大,如超大规模集成电路设计系统 KBV-LSI、自动程序设计系统 PSI 等设计型专家系统;遗传学设计系统 MOLGEN、安排机器人行动步骤的 NOAH 等规划型专家系统;感染疾病诊断治疗教学系统 GUIDON、蒸汽动力设备操作教学系统 STEAMER 等教育型专家系统;军事冲突预测系统 I&W 和暴雨预报系统 STREAMER 等预测型专家系统。与此同时,专家系统的研制和开发明显地趋于商品化,例如美国卡内基-梅隆大学与 DEC 公司合作开发的 XCON 专家系统,用于完成 VAX 系列计算机的配置,节约资金近 1 亿美元,产生了明显的经济效益。

另一方面,这一时期适于专家系统开发的程序语言和高级工具也相继问世,特别是专家系统工具的出现又大大加快了专家系统的开发速度,进一步普及了专家系统的应用。

我国在专家系统领域也取得了不少成就,比较突出的要算农业咨询、天气预报、地质勘探、故障诊断和中医诊断等方面的专家系统。例如,由中科院自动化所涂序彦教授研制的关幼波肝病诊断治疗专家系统,是世界上第一个中医专家系统,该系统通过基于"图灵测试"的双盲测试,即任选一个病人在隔离的两个房间里,先后由该专家系统和关幼波大夫独立诊断开处方,结果竟完全相同。

7.1.3 专家系统的特点

(1) 启发性。专家系统能运用专家的知识与经验进行推理、判断和决策。世界上的大部分工作和知识都是非数学性的,只有一小部分人类活动是以数学公式为核心的(约占 8%)。

(2) 透明性。专家系统能够解释本身的推理过程和回答用户提出的问题,以便让用户能够了解推理过程,提高对专家系统的依赖性。

(3) 灵活性。专家系统能不断地增长知识,修改原有知识,不断更新。由于这一特点使得专家系统具有十分广泛的应用领域。

(4) 能根据不确定(不精确)的知识进行推理,善于解决那些不确定性的、非结构化的、没有算法解或虽有算法解但在现有的机器上无法实施的困难问题。

(5) 能提高效率,准确、周到、迅速和不知疲倦地进行工作;解决实际问题时不受周围环境的影响,既不可能遗漏、忘记又便于推广珍贵和奇缺的专家知识与经验。

7.1.4 专家系统的类型

1. 按用途分类

按用途分类,专家系统可分为诊断型、解释型、预测型、决策型、设计型、规划型、控制型和调度型,等等。其中所谓的解释是对仪器仪表的检测数据进行分析、推测,并做出某种结论,例如通过对一个人的心电图波形数据进行分析,从而对该人的心脏生理病理情况做出某种结论;而所谓的规划是为完成某任务安排的一个行动序列,例如安排机器人做某事以较小的代价达到给定目标的行动计划等。

2. 按输出结果分类

(1) 分析型。其工作性质属于逻辑推理,其输出结果一般是个"结论",如按用途分类中的前4种,就都是分析型的,它们都是通过一系列推理而完成任务的。

(2) 设计型。其工作性质属于某种操作,其输出结果一般是个"方案",如按用途分类中的后4种,就都是设计型的,它们都是通过一系列操作而完成任务的。

当然,也有分析型和设计型兼顾的综合型专家系统,例如医疗诊断专家系统即是,诊断病症时要分析、推理,开处方时要设计、操作。

3. 按知识表示分类

可分为基于产生式规则的专家系统、基于一阶谓词的专家系统、基于框架的专家系统以及基于语义网络的专家系统。当然,也存在相应的综合型专家系统。

4. 按知识分类

知识可分为确定性知识和不确定性知识,所以,专家系统又可以分为精确推理型和不精确型推理型(如模糊专家系统)。

5. 按技术分类

(1) 符号推理专家系统。它是把专家知识以某种逻辑网络(如:由产生式构成的显示或隐式的推理树、状态图、与或图,由框架构成的框架网络,还有语义网络等)存储,依据形式逻辑的推理规则,采用符号模式匹配的方法,进行推理、搜索的专家系统。

(2) 神经网络专家系统。它是把专家知识以神经网络形式存储,再基于神经网络,依据神经元特性函数,采用神经计算的方法实现推理搜索的专家系统。

6. 按规模分类

(1) 大型协同式专家系统。它是由多学科、多领域的多名专家相互配合、通力协作的大型专家系统,它一般是由多个子系统构成的一个综合集成系统,它所解决的是大型的、复杂的综合型问题,如工程、社会、经济、生态、军事等方面的问题。

(2) 微专家系统。它是可固化在一个芯片上的超小型专家系统,一般用于仪器、仪表、设备或装置上,完成控制、监测等功能。

7. 按结构分类

可分为集中式和分布式、单机型和网络型(即网上专家系统)。

7.1.5 专家系统与知识系统

专家系统能有效地解决问题的主要原因在于它拥有专家知识,而这其中主要是经验性知识。近年来发展起来的一种称为知识系统的智能系统,其中的知识已不限于人类专家的经验知识,而可以是领域知识或通过机器学习所获得的知识等。所以,对于这种广义的知识系统来说,专家系统是一种特殊的知识系统。

但现在,"专家系统"这一名词有时也泛指各种知识系统。就是说,狭义地讲,专家系统是人类专家智慧的副本,是人类专家的某种化身。广义地讲,专家系统也泛指那些具有"专家级"水平的知识系统,甚至是各种知识系统。

7.1.6 专家系统与知识工程

由于专家系统是基于知识的系统,则建造专家系统就涉及知识获取、知识表示、知识的组织与管理和知识的利用等一系列关于知识处理的技术和方法,特别是一般知识库系统的建立,更加促进了这些技术的发展。因此,关于知识处理的技术和方法已形成了一个称为"知识工程"的学科领域。专家系统一方面促使了知识工程的诞生和发展,另一方面知识工程又是为专家系统服务的。由于二者的密切关系,"专家系统"与"知识工程"现在几乎已成为同义语。

专家系统是智能计算机系统,因为从学科范畴讲,专家系统属于人工智能应用性最强、应用范围最广的一个重要分支,所以专家系统既是系统名称又是一个学科名称,它已成为当前计算机应用的一个热门研究方向。

7.2 专家系统的结构与工作原理

7.2.1 专家系统的一般结构

从专家系统的概念可知,专家系统的主要组成部分是知识库和推理机。不同的专家系统其功能和结构有可能不同,但一般都应包括人机接口、推理机、知识库、动态数据库、知识获取机构和解释机构这6个部分,如图7-1所示。

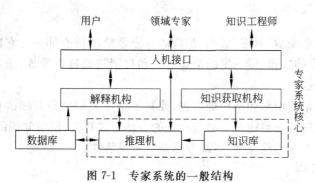

图 7-1 专家系统的一般结构

7.2.2 专家系统的工作原理

图7-1给出了专家系统的各个组成部分及各部分之间的相互关系。专家系统的核心是知识库和推理机,其工作过程是根据知识库中的知识和用户提供的事实进行推理,不断地由已知的前提推出未知的结论即中间结果,并将中间结果放到数据库中,作为已知的新事实进

行推理，从而把求解的问题由未知状态转换为已知状态。在专家系统的运行过程中，会不断地通过人机接口与用户进行交互，向用户提问，并向用户做出解释。下面对系统的各个部分进行简要介绍。

1. 知识库

知识库主要用来存放领域专家提供的专门知识。其知识来源于知识获取机构，同时又为推理机提供求解问题所需的知识。

建立知识库必须解决如何以计算机能够存储的形式来表达知识。

（1）知识表达方法的选择。要建立数据库，必须要选择合适的知识表达方法，一般说来，应从以下4个方面进行考虑。

① 充分表示领域知识。为此需深入了解领域知识的特点及每一种表示方法的特征，以便做到"对症下药"，达到"取长补短"的效果。

② 能充分、有效地进行推理。利用其表示方法合适的知识，在求解问题中进行推理，不仅可确保推理的正确性，而且还可提高推理的效率。

③ 便于对知识的组织、维护与管理。为了把知识存储到计算机中去，除了需要用合适的方法表示知识，还需要用合理的方式组织知识。因此在设计或选择知识表达法时应充分考虑对知识的组织方式。另外，专家系统建成后，有时还需要增补一些新知识，或者需要修改甚至删除某些已有的知识，在进行知识的维护与管理中，要确保知识的一致性、完整性。

④ 便于理解与实现。它主要体现在便于推理机制的实现，便于有效地获取知识，便于在推理过程中提供清晰的解释和便于知识库的扩充等方面。

（2）知识库管理。知识库管理系统负责对知识库中的知识进行组织、检索和推理等。专家系统中任何其他部分要与知识库发生联系，必须通过该管理系统来完成，以实现对知识库的统一管理和使用。在进行知识库维护时，知识库管理系统应能消除知识的冗余和矛盾，确保知识库的一致性和完整性，同时，还要确保知识库的安全性。一般，知识库的安全保护可像数据库系统那样，通过设置口令验证操作者的身份，对于不同的操作者设置不同的操作权限等技术来实现。

2. 推理机

推理机是专家系统的"思维"机构，是构成专家系统的核心部分。它能根据当前已知的事实，利用知识库中的知识，按一定的推理方法和控制策略进行推理，求得问题的答案或证明某个假设的正确性。

推理方法包括精确推理和不精确推理，控制策略主要指推理方向的控制及推理规则的选择策略。推理机的性能与构造一般与知识的表达方法有关，但与知识的内容无关，这有利于保证推理机与知识库的独立性，提高专家系统的灵活性。

3. 知识获取机构

知识获取是专家系统的"瓶颈"，是建造和设计专家系统的关键。其基本任务是把知识输入到知识库中，并负责维护知识的一致性和完整性，建立起性能良好的知识库。在不同的系统中，知识获取的功能及实现方法差别较大，有的系统首先由知识工程师向领域专家获取知识，然后再通过相应的知识编辑软件把知识送入到知识库中；有的系统自身具有部分学习功能，由系统直接与领域专家对话获取知识，或者通过系统的运行实践归纳、总结出新的知识。有关知识获取内容，在后面将作进一步的介绍。

4. 人机接口

人机接口是专家系统与领域专家、知识工程师、一般用户间进行交互的界面，由一组程序及相应的硬件组成，用于完成输入输出工作。领域专家或知识工程师通过它输入知识，更新、完善知识库；一般用户通过它输入欲求解的问题、已知的事实以及向系统提出的询问或者向用户索取进一步的事实。

在输入输出过程中，人机接口需要进行内部形式的转换。如在输入时，它将把领域专家、知识工程师或一般用户输入的信息转换为系统的内部表示形式，然后分别交给相应的机构去处理；输出时，它将把系统要输出的信息由内部形式转换为人们易理解的外部形式显示给相应的用户。

在不同的系统中，由于硬件、软件环境不同，接口的形式与功能有较大的差别。随着计算机硬件和自然语言理解技术的发展，有的专家系统已可用简单的自然语言与系统交互。但有的系统只能通过菜单方式、命令方式、简单的问答方式与用户进行交互。

5. 数据库

数据库又称为"黑板"、"综合数据库"或"动态数据库"，主要用于存放用户提供的初始事实、问题描述及系统运行过程中得到的中间结果、最终结果等信息。

数据库的内容是不断变化的。在求解问题的开始时，用来存放用户提供的初始事实；在推理过程中，它存放每一步推理所得的结果。推理机根据数据库的内容从知识库选择合适的知识进行推理，然后又把推出的结果存入数据库中。由此可以看出，数据库是推理机不可缺少的工作场地，同时由于它可记录推理过程中的各种有关信息，所以又为解释机构提供了回答用户咨询的依据。数据库是由数据库管理系统进行管理的，它负责对数据库中的知识进行检索、维护等。

6. 机构

解释机构回答用户提出的问题，解释系统的推理过程使系统对用户透明。解释机构由一组程序组成，它能跟踪并记录推理过程，当用户提出的询问需要给出解释时，它将根据问题的要求分别作相应的处理，最后把解答用约定的形式通过人机接口输出给用户。

上面所讨论的专家系统只是它的基本形式，在具体建造时，随着系统的要求不同，可在此基础上作适当修改。

7.3 知识的获取

知识获取是指在人工智能或知识工程系统中，通过非自动方法或自动方法实现计算机从知识源获取知识的过程。知识源包括专家、书本、数据库以及人们的经验等。知识获取的目的是通过计算机对人类专家的丰富知识高速度地加以收集、整理，通过建立各种高性能的知识系统，以帮助人类解决那些单靠人自己难以解决或解决起来太慢、效率太低的各种问题。

在基于知识的系统中，尤其是在专家系统中，知识的获取是一个十分困难的问题。一直被公认为是一个"瓶颈"，许多人工智能学者致力于开展这方面的研究工作，也取得了一些成果，但距离知识完全自动获取这一目标，还有许多理论及技术上的困难问题尚待解决。在早期专家系统的建立过程中，知识获取工作主要是由知识工程师与领域专家密切配合，以人工方式实现的。知识的采集、提炼、表示、编码以及调试修改都是由知识工程师完成的。为了减轻知识工程师的负担,加快知识获取的进程,目前,人们将智能化编辑和编译技术应用于知识系统,它负责把知识转换为计算机可存储的内部形式,然后存入知识库,从而构成非自动型的知识获取方式。下面将主要介绍非自动、自动两种知识获取方式。

7.3.1 知识获取的方式

1. 非自动知识获取

非自动知识获取方式分两步进行。

(1) 由知识工程师从领域专家或有关的技术文献那里获取知识。

(2) 由知识工程师用某种知识编辑软件输入到知识库中,其工作方式如图 7-2 所示。

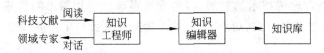

图 7-2 非自动知识获取

非自动方式是专家系统建造中用得较为普遍的一种知识获取方式。在非自动知识获取方式中,知识工程师起着关键作用,因为领域专家一般不熟悉知识工程,不能强求他们把自己的知识按专家系统的要求抽取并表达出来,所以熟悉知识表示和知识推理的知识工程师在知识获取阶段任务艰巨。知识工程师的主要任务如下。

(1) 组织调查。以反复提问的方式启发领域专家按知识处理的要求回答问题,并详细记录专家的答案。

(2) 理解和整理材料。在充分理解的基础上对从领域专家处或书本上得到的答案进行选择、整理、分类、汇集并形成用自然语言表达的知识条款。

(3) 修改和完善知识。把整理分类好的知识条款反馈给领域专家,进行修改、完善和精化,最终的结果要得到领域专家的认可。

(4) 知识的编码。把最终由专家认可的知识条款按一定的表达方式或知识表示语言进行编码,得到知识编辑器所能接受的知识条款。

知识编辑是一种用于知识输入的软件,包括以下一些功能。

① 语法检查。即编辑器使用语法结构知识来帮助用户以正确的拼写格式输入规则。

② 一致性检查。检查输入的规则和数据是否与系统中已存在的知识相矛盾;报告产生错误的原因,以便进行改正。

③ 自动簿记。记录用户对规则修改的相关信息。

④ 知识抽取。帮助用户将新知识输入到系统中去。

2. 自动知识获取

自动知识获取就是让计算机直接从环境中获取全部信息。要实现完全自动的知识获取,涉及机器感知(主要是计算机视觉与听觉)、机器识别和机器学习等研究领域的问题。图 7-3 给出了完全自动的知识获取的过程框图。

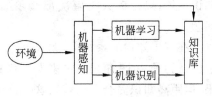

图 7-3 全自动知识获取模型

由机器感知接受外部环境的信息(语言、文字、图像等),经过感知系统的初步处理后,可得到一些简单的事实性知识。

若要得到进一步的知识,必须经过机器学习系统和机器识别系统处理。经过机器识别系统处理后可以得到信息的分类知识、信息的特征以及信息的结构知识等。而机器学习系统可以提供更高层次的知识,它可以根据环境信息形成概念,进行归纳推理、文法推断、假设猜想乃至科学发现等一系列高层次的知识。机器学习是一门研究机器获取新知识和新技能,并识别现有知识的学问。这里所说的机器就是指计算机。

7.3.2 知识获取的步骤

知识获取是一个不断循环和不断完善的过程,应当分阶段完成。图 7-4 给出了知识获取过程的分阶段流程图。从图中可以看出,整个知识获取由 5 个阶段(步骤)构成,即问题识别、概念化、形式化、实现和测试。

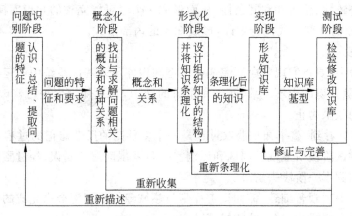

图 7-4 知识获取的步骤

1. 问题识别阶段

这是知识获取的第一阶段,它的主要任务是对问题的各主要方面进行了解,通过认识和分析问题,建立一些基本概念和术语,了解问题所涉及的各个子问题及其相互间的关系,在概括性、全面了解的基础上确定信息源。在把握知识库规模、范围和目标的基础上,总结和提取问题的基本特征和要求。

2. 概念化阶段

这一阶段的工作在于把上一阶段确定的一些对象、概念、术语及相互之间的关系等加以明确定义。利用所定义的概念和关系为原始系统建立必要的永久性的概念集。一旦一些重要的概念和关系能够用图表语言阐述出来,就能得到许多信息。为了对概念化的过程进行有效的指导,知识工程师应尽力设想一些描述问题的思路和手段。若把领域专家所关注的或知识源所涉及的对象、概念及其相互关系和信息流向都搞清楚了,这就相当于基本上把领域知识抽取出来了。下一步的工作就是用某种工具如何把它们形式化地表示出来。

3. 形式化阶段

形式化阶段是把概念化阶段总结出来的各种知识进行提炼、组织,形成合适的结构和规则等,继而再将其映射到该问题所选定的知识表示框架中,转化成一种最终可由知识处理系统所能接受的知识表示形式。

该阶段的任务是去粗取精,去伪存真。知识工程师应该发挥其主观能动性,根据问题的性质和特点,选择或设计最合适的知识表示模型,把概念化阶段抽取出来的知识以最佳的方式表现出来。在选取知识模型时,知识工程师既要注意所选的表示模式对特定领域知识的适应性,又要考虑诸如设备条件及经费等资源的约束,还要与今后要准备开发的知识处理系统类型统筹考虑。

经过这一阶段的工作,求解问题的知识就更加系统化和结构化了。

4. 实现阶段

在这一阶段,要求知识工程师将已形式化的知识通过编辑器输入到计算机中去,形成知识库外部形式的基础。具体任务如下。

① 设计知识库的结构。要求按模块化的结构进行设计,以便于修改和补充。

② 排除知识库的各种描述及表达上的错误。如格式、语法错误等,同时也要注意排除知识库中的不一致性、矛盾性和冗余性,从而形成一个尽可能完整的知识库模型。

③ 将知识库的外部形式进行编译,形成知识的内部形式。

5. 测试阶段

在这一阶段中,要将实现阶段所完成的基型知识库装入智能系统中试运行,结合实例运行验证,逐步消除知识库中不一致、冗余和矛盾的知识,并对知识库进行修改、扩充和完善,直至达到满意的效果为止。

由图 7-4 可以看到,整个知识获取过程是一个多环路的反馈修正的过程,而所有的反馈通道都来源于测试阶段所发现的问题和漏洞。一旦发现问题或错误,经过甄别,是哪一阶段的问题就应返回到哪一阶段去解决。

知识获取是一项艰苦细致,需知识工程师与领域专家密切配合来完成的工作,它只有从方法和工具多个方面进行优化,才能提高效率。

7.4 专家系统的建造与评价

目前,关于专家系统的设计与建造方法尚未形成规模,尽管费根鲍姆在 1977 年的第五届国际人工智能大会上提出了"知识工程"的概念,但至今尚未系统化、理论化,专家系统的构造方法及建造过程也还没有实现工程化、规范化。尽管如此,经过 30 多年来的研究与实践,人们对专家系统的建造原则、建造过程、建造方法及评价标准均有了较为深入的认识,下面将就此进行简要的介绍。

7.4.1 专家系统的建造原则

1. 恰当地划定求解问题的领域

专家系统总是面向某一问题领域的,因此在建造专家系统之前首先要确定所面向的问题领域。问题领域既不能太窄又不能太宽。如何恰当地确定问题领域呢?可从以下两个方面进行考虑。

(1) 系统的设计目标。系统的设计目标是确定问题求解领域的基本出发点,应使所建立的系统能求解设计目标所规定的各种问题。

(2) 领域专家的知识及水平。专家系统的知识主要来源于领域专家,因此专家系统知识的质量与数量客观上受到领域专家知识面及水平的制约。若专家的知识面比较窄,达不到系统设计目标的要求,则除了需要另外开辟知识源外,就只能缩小问题求解的领域,降低设计目标的要求。

2. 获取完备的知识

知识是专家系统的基础。为了建立高效、实用的专家系统,就必须使它具有完备的知识。

所谓完备的知识是指其数量能满足问题求解的需要,质量上要保证知识的一致性及完整性等。为此,除了知识工程师与领域专家通力合作,建立起初始知识库外,还应使系统在运行过程中具有获取知识的能力以及对知识进行动态检测和及时修正错误的能力。

3. 知识库与推理机分离

知识库与推理机分离这不仅便于对知识库进行维护管理,而且可把推理机设计的更灵活,便于控制,当对推理机的程序做某些修改时不致影响到知识库。

4. 选择、设计合适的知识表示方式

在选择或设计知识表示方式时,一方面应充分考虑领域问题的特点,使之能将领域知识充分地表示出来;另一方面应把知识表示方式与推理模型结合起来,使两者能密切配合,高效地对领域问题进行求解。

5. 推理应能模拟领域专家求解问题的思维过程

为了要使专家系统能像专家那样地工作,除了充分吸收专家的知识外,还应能模拟专家求解问题的独特思维方式,从而能像专家那样利用知识、思维判断,一步步求得问题的解。

6. 建立友好的交互环境

在设计及建造专家系统时,要充分了解未来用户的实际情况、知识水平,建立起适于用户方便使用的友好接口。交换方式是目前颇受人们欢迎的一种人机接口方式,一般用户可通过它与系统对话,求解需要解决的问题,领域专家也可用它来充实、完善知识库。

7. 渐增式的开发策略

专家系统的开发过程通常采用渐增式的开发策略,先建立一个专家系统原型,对系统采用的各种技术进行实验,在取得经验的基础上再实现实用的专家系统,其原因如下。

(1) 系统本身比较复杂,需要设计并建立知识库,编写知识获取、推理机、解释等模块的程序,工作量较大。

(2) 所设计的知识表示方式及推理模型不一定完全符合领域问题的实际情况,需要边建立、边验证、边修改、边完善。

(3) 参加开发专家系统的人员存在如何协调关系、密切合作、知识沟通等问题。

7.4.2 专家系统的建造步骤

成功地建立专家系统的关键在于尽可能早地着手建立专家系统,先从一个比较小的专家系统开始,然后再逐步扩充为一个具有相当规模和日臻完善的实验专家系统。建立专家系统的一般步骤如下。

1. 设计初始知识库

知识库的设计是建立专家系统最重要和最艰巨的任务。初始知识库的设计包括以下几个环节。

① 问题知识化。辨别所研究问题的实质,如要解决的任务是什么?它是如何定义的?可否把它分解为子问题或子任务?它包括哪些典型数据?

② 知识概念化。概括知识表示所需要的关键概念及关系,如数据类型、已知条件(状态)和目标(状态)、提出的假设以及控制策略等。

③ 概念形式化。确定用来组织知识的数据结构,应用人工智能中各种知识表示方法把与概念化过程有关的关键概念、子问题及信息流特征等变换为比较正式的表达,它包括假设空间、过程模型和数据特性等。

④ 形式规则化。编制规则、把形式化了的知识变换为由编程语言表示的可供计算机执行的语句和程序。

⑤ 规则合法化。确认规则化了的知识的合理性,检验规则的有效性。

2. 原型机的开发与实验

在选定知识表示方法后,即可着手建立整个系统所需要的实验子集,它包括整个模型的典型知识,而且只涉及与实验有关的足够简单的任务和推理过程。

3. 知识库的改进与归纳

反复对知识库及推理规则进行改进实验,归纳出更完善的结果。经过相当长时间(例如数月至两三年)的努力,使系统在一定范围内达到人类专家的水平。这种设计与建立步骤如图 7-5 所示。

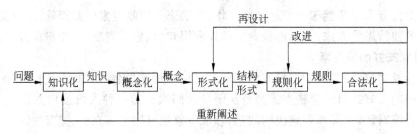

图 7-5 建立专家系统的步骤

7.4.3 专家系统的评价

设计和建立一个专家系统是一个通过考虑下述问题,对系统不断地进行评价的过程。

(1) 所用的知识表示方法是否合适,或它是否需要扩展或修改?

(2) 这个系统能否进行正确的推理并提供准确的答案?

(3) 存入系统的知识是否和专家的知识一致?

(4) 使用者需要系统提供什么方便和要求系统具有什么能力?

(5) 使用者和系统相互联系是否方便?

1. 专家系统的评价方法

从本质上说,实验和评价专家系统与实验和评价专家是同样非常困难的问题,目前基本上有两种方法。

(1) "轶事"的方法。该种方法是简单地启发式利用一组例子来说明系统的性能,描述在哪些情况下系统工作良好。这和人们常常靠一些医生成功地治愈的那些疑难杂症来说明医生的医术非常相像。

(2) 实验的方法。该种方法强调用实验的方法来评价系统在处理各种储存在数据库中的问题事例时的性能。为此必须规定某种严格的实验过程,以便把系统产生的解释与独立得到的对相同问题事例已确认的解释进行比较。虽然实验的方法要比轶事的方法优越,但在具体实现这种方法和得到有代表性的事例方面,常常会遇到严重的困难。在某些领域,例如医学,对一些常见病可能收集比较多的事例;但对一些不常见的疾病,为进行有充分根据的评价,要收集足够多的和有代表性的事例就很困难。另外,对每个存放在数据库中的事例,必须知道正确的结论,然后才能在绝对的尺度上判断专家系统正确决定与错误决定的比例;然而,并非所有的问题都可以很容易地按这种方式来分类。在这种情况下,通常的做法是,把专家系统产生的结果给专家看,询问他们是否同意这些结论,出于实际的理由,这是最经常用的评价方法。

2. 专家系统的评价内容

当专家系统完成时,应对系统的各个方面做出正式的评价,其中包括以下内容。

(1) 知识的完备性。

① 是否具有完善的知识,即它是否具有求解领域问题的全部知识,包括领域知识及求解问题时运用知识的知识,即元知识。

② 其知识是否与领域专家的知识保持一致,即是否正确理解了领域专家的知识。

③ 知识是否一致、完整,即是否存在冗余、矛盾和环路等问题。

(2) 表示方法及组织方法的适当性。

① 能否充分表达领域知识,尤其是对不确定性知识的表示是否准确、合理。

② 是否有利于对知识的利用,有利于提高搜索及推理的效率。

③ 若问题领域要求用多种方式表示知识,则其表示方法与组织方法是否便于对这种知识的表示与组织。

④ 是否便于对知识的维护与管理。

(3) 求解问题的质量。关于求解问题的质量,一般有两种衡量标准:一种是推出的结论与客观实际的符合程度,称为准确率;另一种是与领域专家所得结论的符合程度,称为符合率。一般来说,这两者应该是一致的,若不一致,则以领域专家的结论作为衡量的标准。因为专家系统的智能水平还不是很高,因此要求专家系统具有超越人类专家的能力还不现实。

当然,当问题发生时,知识工程师应与领域专家一起分析产生错误的原因,找出改进的方法,以便使系统真正能够实用,只有实用的系统才是有生命力的。

(4) 系统的效率。系统的效率是指系统运行时对系统资源的利用率以及时、空开销。一个效率不高的系统是用户难以接受的。

(5) 人机交互的便利性。一个专家系统建成后,最终是要交给用户使用的,若人机接口的质量不高,使用起来不方便,就不能被用户接受。另外,在系统运行过程中总要进行一些维护工作,简易、方便的人机接口也将为领域专家及知识工程师带来方便。为了设计出方便的人机接口,在系统设计之前就要对用户的情况进行了解,听取他们的意见,根据他们对计算机的认识程度,设计并实现他们认为方便的接口方式。

(6) 系统的研制时间与效率。一个专家系统的研制时间应与系统的规模、复杂性相适应,一般说来一个专家系统都要经过几个人的研制和若干年的使用才能成为一个实用的系统。所谓效益是指社会效益及经济效益两个方面,有些系统虽然没有明显的经济效益,但有较大的社会效益或者对人工智能的研究有新的贡献,这同样是值得赞许的。

关于参加系统评价的人员,在评价的不同阶段可由不同的人员组成。在最后评价时,应有各方面的人员参加,以便从不同的角度评价系统的性能。例如领域专家主要评价知识的正确性及利用的准确性;用户主要评价系统的求解结果是否符合实际情况以及接口方式的便利性、运行效率等;计算机专业人员从系统设计、程序设计等方面进行评价,等等。

7.5 专家系统设计举例

为了使读者对专家系统有一个具体认识,本节给出两个例子。

7.5.1 动物识别系统

这是一个用以识别虎、金钱豹等 7 种动物的小型专家系统,其知识在例 2.10 中已经给出,下面讨论该系统的模块结构、知识表示、推理机制等。

1. 系统结构

该系统由主控模块、创建知识库模块、建立数据库模块、推理机和解释机构等功能模块组成,如图 7-6 所示。

创建知识库模块用于知识获取,建立知识库,并且把各条知识用链连接起来,形成"知识库规则链表"。此外,它还对包含最终结论的规则进行检测,做上标志。建立数学库模块用于把用户提供的已知事实以及推理中推出的新事实放入数据库中,并分别形成"已知事实链表"和"结论事实链表"。推理机用于实现推理,推理中凡是被选中参加推理的规则形成"已使用规则链表"。解释机构用于回答用户的问题,它将根据"已使用规则链表"进行解释。

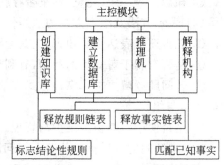

图 7-6 动物识别系统结构

2. 知识表示

知识用产生式规则表示,相应地用 Visual C++ 编程的数据结构如下:
```
struct RULE-TYPE{
    char  * result;              ~规则结论的字符串的描述
    int    lastflag;             ~结论性规则标志
    struct CAUSE-TYPE * cause-chain;   ~前提链表
    struct RULE-TYPE * next      ~指向下一条规则
};
```
已知事实用字符串描述,并且连成链表,相应的数据结构如下:
```
struct   CAUSE-TYPE {
    char   cause;                ~事实的字符串描述
```

```
    struct    CAUSE-TYPE   * next          ～指向下一个事实
};
```

3. 适用知识的选取

为了进行推理,就需要根据数据库中的已知事实从知识库中选用合适的知识,本系统采用精确匹配的方法做这一工作,即若知识的前提条件所要求的事实在数据库中都存在,就认为它是一条适用知识。

4. 推理的结束条件

如何控制推理的终止,是推理必须解决的问题。一般来说,当有如下两种情况中的某一种出现时可终止推理。

(1) 知识库中再无可适用的知识。

(2) 经推理求得了问题的解。

对于前一种情况,很容易进行检测,只要检查一下当前知识库中是否还有其前提条件可被数据库的已知事实满足,且为未使用过的知识就可得知。对于后一种情况,其关键在于如何让系统知道怎样才算是求得了问题的解。一般情况下,可扫描知识库的每一条规则,若一条规则的结论在其他规则的前提条件中都不出现,则这条规则的结论部分就是最终结论,含有最终结论的规则称为结论规则。对结论性规则,为它作一标志,每当推理机用到带标志的规则进行推理时,推出的结论必然是最终结论,此时就可终止推理过程。

5. 推理过程

本系统采用正向推理,条件匹配采用字符串的精确比较方式。其推理过程如图 7-7 所示。

6. 程序

该系统的程序用 Visual C++ 编写,其中用到如下一些数据结构。

(1) 规则库规则链表。每一个结构单元为一条规则,所有规则构成知识库。

(2) 已知事实链表。每一个结构为一个已知事实,所有事实构成数据库。

(3) 结论事实链表。每一个结构单元里的事实都为已匹配成功的规则的结论,且与已知事实不相同。

(4) 已使用规则链表。每一个结构单元为一条规则,且已匹配成功。

7.5.2 专家生产指导系统

本节讨论的专家生产指导系统的工业应用对象水泥回转窑,它是水泥生产中最重要的过程水泥熟料煅烧所用的关键设备。

采用回转窑煅烧熟料,需利用一个倾斜的回转圆筒(斜度一般在 2°～5°),生料由圆筒的高端(一般称为窑尾)加入。由于圆筒具有一定的斜度且不断回转,物料由高端向低端(一般称为窑头)逐渐运动;这时高温气体沿物料在筒体内的相反方向运动;在运动过程中二者进行热量交换;经过一系列的物理化学变化后,生料被煅烧成熟料。

由水泥回转窑的生产工艺和要求可以知道,水泥回转窑这种大型、连续的生产过程,具有控制对象复杂、生产任务复杂、系统环境复杂的特点,使其控制难度很大。

本节主要讨论采用专家生产指导的方法,基于专家系统的推理、判断,实时地向生产人员提供水泥煅烧窑内的工况,并提出相应的生产操作方法,用于指导生产。

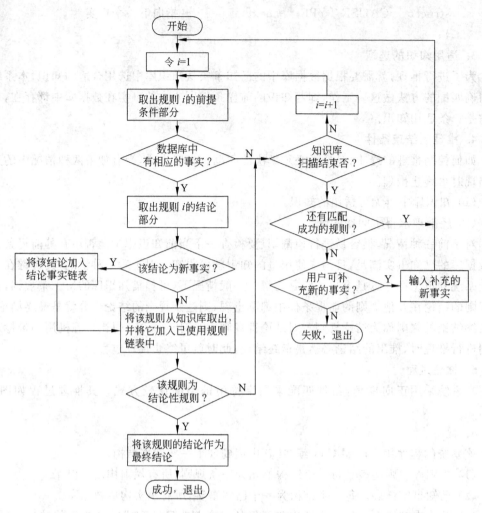

图 7-7 动物识别系统推理过程

1. 系统总体结构

专家生产指导系统总体结构如图 7-8 所示,包括数据处理、实时数据库、神经网络、预处理器、知识库、推理机、全局数据库、解释模块、输出模块等部分。各部分主要功能如下。

(1) 数据库处理模块。主要用来对实时数据库中的数据作数据处理,提取所需特征值。

(2) 实时数据库。用来存放各种实时数据,主要有从中位机传来的仪表测量数据;窑胴体红外扫描数据;图像处理以及数据处理模块提取的特征值。

(3) 神经网络预处理器。采用 BP 网络,用来从生产数据中提取模糊规则和修改隶属度函数。这一部分是离线设计、在线使用。

(4) 知识库。知识库主要用来存放领域专家提供的专门知识。包括以产生式规则的形式存入知识库中的水泥回转窑生产操作规则和方法;还包括由神经网络预处理器从生产数据中获取的模糊规则和隶属度函数。

(5) 推理机。推理机的功能是专门采用一定的推理策略从知识库中选择有关知识,根据全局数据库中的内容进行推理。根据实时专家系统的特点,本系统采用数据驱动的前向

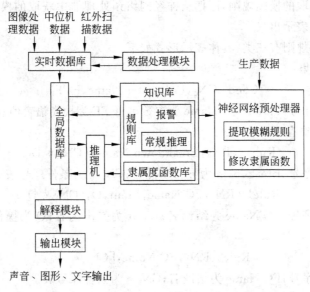

图 7-8 专家生产指导系统总体结构

推理方法,推理由时间驱动。

(6) 全局数据库。各种先验数据、实时数据库中的数据以及推理过程中产生的各种中间结果都记录在全局数据库中。这里,全局数据库是一个黑板结构,在推理过程中起监控作用。

(7) 解释模块。对推理过程做出解释。

(8) 输出模块。即用户窗口,向生产操作人员输出图形、文字和语音的生产操作建议等。

专家生产指导系统的工作过程可简述如下:中位机传来的实时数据、图像特征值、窑筒体表面红外扫描数据,以及经数据处理模块提取的特征值,均存放在实时数据库中,待下一推理时刻到来后,进入全局数据库(黑板模型)中。根据系统定时和全局数据库中的数据共同确定知识库中的哪个知识源将被激活,知识源被激活后,再从全局数据库中提取该知识源所需的数据,这些数据经过处理,作为推理机的输入,进行推理,推理的中间结果再反馈给全局数据库,最后根据原始数据及中间结果,自动导出推理结果(各种正常/异常工况),并输出相应的生产操作指导建议。当用户需要时,解释部分可负责以声音、图形、文字等形式解释工况及操作,以语音播放操作建议及报警等。

下面对专家生产指导系统中的主要模块进行说明。

2. 知识库

一般,专家生产指导系统的知识库与推理机是完全分开的、相互独立的。专家系统的知识存储于知识库中,要扩充和修改专家系统,只需对知识库进行修改即可。这样,系统的性能就随着知识库的丰富而增强。这种设计方法使系统易于扩充。

水泥回转窑知识库结构采用模块化形式,它的知识库是静态的,包括规则库和隶属度函数库两部分。其中规则库主要存放过程性知识,即状态转移、工况变化等规则,它来源于领域专家在长期从事生产操作和生产管理中积累的丰富经验和处理问题的诀窍;隶属度函数库主要存放从中提取的模糊规则,即把从神经网络预处理器中获取的模糊产生式规则以模糊语言逻辑的形式表示出来。

知识库内部的规则有三类,具体表示形式如下:

(1) 条件规则集:

$$Cond(CN_0, Parameter\ Name, FTF)$$

其中,CN_0 为条件序号;Parameter Name 为参数名;FTF 为模糊语言值。

(2) 判断规则集有三种格式:

$$Rule0(RN_0, Breakdown\ Name, [CN_0 *])$$

其中,RN_0 为规则序号;Breakdown 为异常工况名;$CN_0 *$ 为条件序号表。

$$Rule1(RN_1, FC\ Name, Limit, O, [CN_1 *])$$

其中,RN_1 为规则序号;FC Name 为结论名;Limit 为受限内容;O 为操作标志;$CN_1 *$ 为条件序号表。

$$Rule2(RN_2, FC\ Name, [CN_2 *])$$

其中,RN_2 为规则序号;FC Name 为结论名;$CN_2 *$ 为条件序号表。

(3) 操作规则集有三种格式:

$$Operate0(TN_0, Breakdown\ Name, Alarm)$$

其中,TN_0 为序号;Breakdown Name 为异常工况名;Alarm 为报警内容。

$$Operate1(TN_1, FC\ Name, Operation, Otr, OP_1)$$

其中,TN_1 为序号;FC Name 为结论名;Operation 为操作内容;Otr 为强度等级;OP_1 为操作标志。

$$Operate2(TN_2, Operation_1, Otr_1, Operation_2, Otr_2, OP_2)$$

其中,TN_2 为序号;$Operation_1$ 为操作内容1;Otr_1 为操作等级强度1;$Operation_2$ 为操作内容2;Otr_2 为操作等级强度数;OP_2 为操作标志。

下面举例说明上述3类规则集。

(1) 条件规则集举例。该集存放了所有模糊产生式规则的前提,例如:

$$cond(1,"烧成带温度(比色高温计读数)", NB)$$

该式代表了一个模糊命题,即

$$烧成带温度(比色高温计读数) is\ NB$$

(2) 判断规则集举例。该集存放了所有工况判断的规则,现举例说明。

例 7-1 若判断规则和具有的条件分别为:

$$\begin{cases} Rule0(2,"冷却机一室箅板坏",[3]) \\ Cond(3,"冷却机一室箅下温度", PB) \end{cases}$$

则有工况判断模糊产生式规则:

IF 冷却机一室箅下温度 IS PB,THEN 冷却机一定箅板损坏

例 7-2 若判断规则和具有的条件分别为:

$$\begin{cases} Rule1(4,"入窑煤粉流量","已达上限","+",[5]) \\ Cond(5,"入窑煤粉流量", PB) \end{cases}$$

则有工况判断规则:

IF 入窑煤粉流量 IS PB,THEN 入窑煤粉流量已达上限,不能再加

例 7-3 若判断规则和具有的两个条件分别为:

$$\begin{cases} \text{Rule2}(6,"入窑物料分解极不完全",[7,8]) \\ \text{Cond}(7,"入窑物料分解率",NB) \\ \text{Cond}(8,"窑尾烟室温度",NB) \end{cases}$$

则有工况判断规则:

IF 入窑物料分解率 IS NB AND 窑尾烟室温度 IS NB

THEN 入窑物料分解极不完全

(3) 操作规则集举例。该集存放了所有紧急工况报警及操作指导规则,现举例说明。

例 7-4 若规则为:

Operate0(9,"窑内处于还原状态","注意改善窑内通风状况,加大排风")

则有规则如下操作规则:

IF 窑内处于还原状态,

THEN 报警:"注意改善窑内通风状况,加大排风!"

例 7-5 若规则为:

Operat1(10,"入窑物料分解极不完全","入沸腾炉煤矿粉流量",PB,"+")

则有如下操作规则:

IF 入窑物料分解不完全,

THEN 操作:加大入沸腾炉煤矿粉流量(等级:PB)

例 7-6 若规则为:

Operate2(11,"窑转速",PS,"生料流量",PS,"+")

则有如下操作规则:

IF 有操作:加大窑转速(等级:PS),

THEN 操作:加大生料流量(等级:PS)

规则库的组织形式是和它的结构相关的,整个规则库分为报警和常规推理两个知识库,它们分别存放并相互独立。

报警部分由 Cond、Rule0 和 Operate0 组成;常规推理部分由 Cond、Rule1、Rule2、Operate1 和 Operate2 组成。常规推理部分又可具体分为相互关联的 11 个子集,它们是控制量状态判别子集;工况判别子集;窑煤调节子集;炉煤调节子集;高温风机调节子集;余风风机调节子集;窑尾电收尘风机调节子集;冷箅床速度调节子集;窑速调节子集;生料调节子集及辅助操作子集。

3. 实时数据库

专家生产指导系统的实时数据来源于以下 4 处。

(1) 从中位机 120 多个检测量中选出与窑系统生产密切相关的 37 个过程量,通过 RS-232C 串行通信,从监测管理级发送到生产指导级计算机中。

(2) 中位机传送过来的 37 个检测量经数据处理模块后,提取与窑系统有关的特征量,保存到实时数据库中。

(3) 从工业摄像机来的视频图像信号,经生产指导级视频图像处理模块处理,提取出与窑系统生产有关的 8 个特征值,以供专家系统推理所用。这 8 个特征值直接送入实时数据库中。

(4) 窑胴体红外扫描仪监测窑胴体外表面湿度,扫描仪数字信号通过中断方式从串行口送入专家生产指导系统。

专家生产指导系统选择上述 4 类数据作为数据来源,是为了更好地模仿生产操作人员的决策行为。以往,生产操作人员依据各检测仪表的数据显示、红外扫描仪信号以及窑头看火情况综合分析、判断工况,而后采取相应的生产操作。现在,专家系统中位机发送来的检测量及数据处理后提取的特征值替代仪表显示;用图像处理提取的特征值模拟窑头看火的结果;再加上窑胴体红外扫描仪送来的数字信号,尽可能完备地把推理所涉及的各个量包括到实时数据库中。

专家系统中的实时数据库,可用 C 语言中的结构表示。例如,可将中位机发送来的检测量、图像处理特征值及红外扫描信号分别定义 3 个结构如下:

检测量{烧成带温度[];
　　　　五级旋风筒入口压力[];
　　　　废气CO含量[];
　　　　熟料立升重;
　　　　…
　　　}

特征值{最高窑温[];
　　　　平均窑温[];
　　　　物料平均温度[];
　　　　物料高度[];
　　　　填充率[];
　　　　…
　　　　分解率状态持续时间[];
　　　　窑负荷状态持续时间[];
　　　}

红处扫描{1号区域[];
　　　　　2号区域[];
　　　　　3号区域[];
　　　　　…
　　　　}

这里,中位机送来的检测量是经滤波处理的 2min 内的平均值,2min 更新一次;图像处理提取的特征值每分钟更新一次;红处扫描数字信号不断送入实时数据库,窑转过一周时,全部数据完全更新一遍。实时数据库采用这种结构形式放入内存,既清楚又速度快。实时数据库中的数据每 2min 送入全局数据库一次,以备推理之用。

4. 全局数据库

专家生产指导系统全局数据库是一个全局数据结构,各种先验数据、实时数据库中的数据以及推理过程中产生的各种中间结果都记录在全局数据库中。全局数据库还是一个黑板结构,通过黑板上的控制流确定哪个知识源被激活,在推理过程中起着监控作用,已如前面知识库部分所述。

5. 推理机

推理机的任务是根据知识库中的一系列条件、规则,推导出工况及生产操作建议等结论信息。专家生产指导系统中的推理机采用数据驱动的前向推理方法,逐次判断知识库中的规则,推导过程如下。

(1) 推理由系统定时控制,用定时中断的方法控制实时数据的更新。当全局数据库检测到实时数据更新标志后,系统便启动一次新的推理过程。规则库中的条件集被激活,根据实时数据库及隶属度函数库,计算各条件中变量在模糊子集中的相应隶属度值。例如:若有

$$\begin{cases} \text{Cond}(18,"废气 CO 含量",\text{PB}) \\ 废气\ CO\ 含量 = 1000 \times 10^{-6} \text{PPm} \\ \mu_{\text{PB}}(x) = (1+\exp[-0.22(x-800)])^{-1} \end{cases}$$

则可计算出 $\mu_{\text{PB}}=1.0$,并把计算结果写入全局数据库。

(2) 激活知识库中报警模块。报警策略规定,当规则可信度超过预先设定的阈值(现取该阈值为 0.9)时报警。推理机在知识库中选择一条 Rule0 规则,根据条件序号表找到规则的前提条件,计算规则前提匹配程度。现以 Rule0(19,"断料",[5,7])为例说明:从全局数据库找到条件 5 的隶属度值为 0.9,条件 7 的隶属度值为 0.95,则 match=min(0.9,0.95)=0.9。取规则可信度 CF 等于前提的匹配程度,即 CF=0.9。若 CF<0.9,则计算下一条 Rule0 规则可信度;若 CF≥0.9,则根据异常工况名在 Operate0 中搜索相关规则,把报警序号写入全局数据库中。例如,若有

$$\text{Operate0}(2,"断料",\cdots)$$

则把报警序号"2"写入全局数据库中的报警序列表中。继续上述推理过程。直到 Rule0 检索完毕。

(3) 全局数据库查看前台程序编码,若生产指导画面占据前台屏幕,则激活常规推理模块;否则,这一轮推理结束。

常规推理部分本身是一个一阶的智能系统,用于决定如何选择目标级系统中的规则。控制性知识包括规则集激活/锁定控制和竞争消解策略。

首先激活控制量状态判断子集,计算各规则 Rule1 的可信度 CF。若 CF<0.9,取下一条 Rule1 规则;若 CF≥0.9,锁定相应的操作规则子集。例如,若有

$$\begin{cases} \text{Rule1}(5,"入窑煤粉流量",[3]) \\ \text{CF}=0.95 \end{cases}$$

则锁定入窑煤粉调节子集中的各规则,即在全局数据库中相应的"active"单元写入"5"。若所有 Rule1 规则匹配完毕,则激活工况判断子集。

在工况判断子集中,找出可信度大于 0.8 的规则,若没有找到,本次推理结束。否则,从这些规则中选出 CF 值最大的一条规则。若有几条规则的 CF 值一样大(都等于最大 CF 值 $\text{CF}_{\max}$),则产生竞争现象,在本系统中采用如下竞争消除策略。

① 前提条件数目多者为胜。

② 若 ①无法消解,则视规则在规则库中的位置而定,前面的规则优先级别高,为胜。

然后,把获胜的工况判断规则的序号写入全局数据库中。激活未被锁定的操作规则子

集。根据全局数据库中记载的获胜工况判断序号找出工况判断信息,并以此为依据找出相应的操作规则。激活辅助操作子集,找出相应的辅助操作规则。操作规则序号、辅助操作规则序号写入全局数据库。至此,推理结束。

6. 解释模块

推理过程结束之后,推理结果和中间结果都写入全局数据库。据此回溯推理链,便可找到工况、操作及前提条件信息,解释这一次推理的结果。例如,根据全局数据库中操作规则序号1和辅助操作规则2,找到

$$Operate1(1,"沸腾炉内温度非常低","入沸腾炉煤粉流量",PB,"+")$$
$$Operate2(2,"入沸腾炉煤粉流量",PB,"高温风机转速",PM,"+")$$

由工况判断规则序号3找到:

$$Rule2(3,"沸腾炉内温度非常低",[4])$$

又有

$$Cond(4,"涡流室温度",NB)$$

且实时数据库送来的"涡流室温度"值=700℃,则获得如下结果。

工况报告:涡流室温度=700℃,沸腾炉内温度非常低。

操作建议:加大沸腾炉煤粉流量(等级PB);增大高温风机转速(等级PM)。

把上述工况报告和操作建议写入全局数据库,以备系统输出。

7. 软件总体结构

系统软件结构框图如图7-9所示,可分为系统初始化和主控循环两大部分。

系统初始化,系统上电启动后先显示程序主页,用立体图形和文字表述该系统的名称、应用厂家、设计单位、版本号等;同时用声音播放相关内容,然后执行各初始化程序模块:视频图像处理初始化模块;音频信号处理初始化模块;生产指导初始化模块;显示主画面模块;接管键盘和时钟中断模块。

系统初始化后即进入主控循环程序,首先判断当前是否在主画面,若是,则检查是否有箭头键按下,若有,则在键盘中断服务程序中用相应的全局变量作为标志记录下该键,并移动主菜单(用→←键)或子菜单(用↑↓键)上的光标条。

然后执行三个基本模块:生产指导基本模块、视频图像处理模块和胴体图像处理基本模块。基本模块是每次主控循环都要执行的部分。下面主要介绍专家生产指导模块。

8. 专家生产指导模块

专家生产指导模块主要程序流程如图7-10所示。系统的生产指导推理运算是按定时方式进行的,当用户不选在"生产操作指导"画面时,只进行实时数据更新,并完成报警部分的各种操作运算,给出报警信息;当用户选在"生产操作指导"画面时,按前述原理进行专家系统推理,输出生产指导的信息,以图、文、声的多媒体形式实时向操作人员报告窑系统的运行和控制情况,告诉操作人员在当前情况下应怎样进行操作或对生产过程进行监督、干预,指导操作人员进行生产。下面是一个生产指导输出信息的实例。

图:显示有关量(烧成带最高温度、物料平均温度、CO含量等)在8小时内的变化趋势。

文:当前窑况:烧成带最高温度1385℃,物料平均温度1298℃,CO含量2300×10^{-6},烧成带温度低。

操作指导:入窑煤粉量增加,高温风机转速略增,并适当加风。

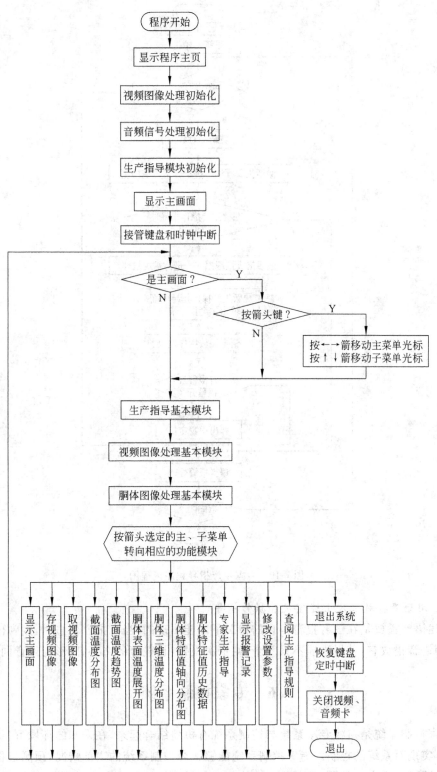

图 7-9　生产指导系统软件结构框图

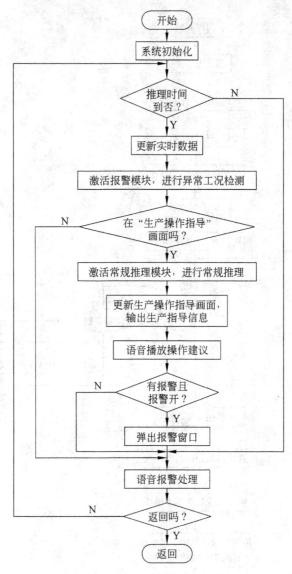

图 7-10 专家生产指导程序流程图

声：用语音播放三次上述窑况和操作指导。

上述语音播放是在没有报警信息的情况下才能出现的；当有报警信息时，则弹出报警画面，并用语音播放它；若报警项不只一个，则依次报警，且报警的文字、图形与声音同步。

7.6 专家控制系统

专家控制系统是指将专家系统与控制系统有机地结合起来，在未知的环境下，仿效专家的智能，实现对系统的控制。专家控制系统能够解释控制系统的当前情况，预测过程的未来行为，诊断可能发生的问题，不断修正和执行控制计划，也就是说，专家控制系统具有解释、预报、诊断、规划和执行等功能。专家控制系统实现的理想目标如下。

(1) 能够满足任意动态过程的控制需要。

(2) 控制系统的运行可以利用对象或过程的一些先验知识,而且只需要最少量的先验知识。

(3) 不断地增加、积累有关对象或过程的知识,据此以改进系统的操作性能。

(4) 有关控制的潜在知识以透明的方式存放,且易于修改和扩充。

(5) 用户可以对控制系统的性能进行定性的说明,例如:"速度尽可能快","超调量要小"等。

(6) 控制性能方面的问题能够得到诊断,控制闭环中的单元,包括传感器和执行机构等的故障可以得到检测。

(7) 用户可以访问系统内部的信息,并进行交互,例如对象或过程的动态特性,控制性能的统计分析,影响控制性能的因素,以及对当前采用的控制作用的解释等。

专家控制系统虽然引用了专家系统的思想和方法,但它与一般的专家系统还有重要的差别。

(1) 通常的专家系统只完成专门领域问题的咨询功能,它的推理结果一般用于辅助用户的决策;而专家控制系统则要求能对控制动作进行独立的、自动的决策,它的功能一定要具有连续的可靠性,较强的抗干扰性。

(2) 通常的专家系统一般都是以离线方式工作的,对系统运行速度没有很高的要求;而专家控制系统则要求在线动态地采集数据,处理数据,进行推理和决策,对过程进行及时的控制,因此一定要具有使用的灵活性和控制的实时性。

7.6.1 专家控制系统的工作原理

目前,专家控制系统还没有统一的体系结构。图 7-11 所示是一个专家控制系统的典型结构图。

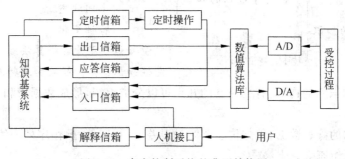

图 7-11 专家控制系统的典型结构图

1. 专家控制系统的工作原理

从图 7-11 可知,专家控制系统有知识基系统、数值算法库和人机接口三个并发运行的子过程。系统的 3 个运行子过程之间的通讯是通过下列 5 个"信箱"进行的。

(1) 出口信箱。将控制配置命令、控制算法的参数变更值以及信息发送请求从知识基系统送往数值算法部分。

(2) 入口信箱。将算法执行结果、检测预报信号,对于信息发送请求的回答,用户命令,以及定时、中断信号分别从数值算法,人机接口,以及定时操作部分送往知识基系统。这些信息具有优先级说明,并形成先入先出的队列。在知识基系统内部另有一个邮箱,进入的信息按照优先级排序插入待处理处,以便尽快处理最重要的问题。

(3) 应答信箱。传送数值算法对知识基系统的信息发送请求的通讯应答信号。

(4) 解释信箱。传送知识基系统发出的人机通讯结果,包括用户对知识库的编辑、查询、算法执行原因、推理根据以及推理过程跟踪等系统运行情况的解释。

(5) 定时器信箱。用于发送知识基系统内部推理过程需要的定时等待信号,供定时操作部分使用。

系统的控制器主要由数值算法部分和知识基子系统部分组成。数值算法部分实际上是一个算法库,由控制、辨识和监控等算法构成。

(1) 控制算法。它是根据控制配置命令(来自知识基系统)和测量信号来计算控制信号,例如 PID 算法、极点配置算法、离散滤波器算法和最小方差算法等,每次运行一种控制算法。

(2) 辨识算法和监控算法。在某种意义上它们是从数值信号流中抽取特征信息,可看作是滤波器或特征抽取器,仅当系统运行状况发生某种变化时,才往知识基系统中发送信息。在稳态运行期间,知识基系统是闲置的,整个系统按传统控制方式运行。辨识、监控算法中可包括延时反馈算法、递推最小二乘算法、水平交叉检测器等。

知识基子系统所包含的是定性的启发式知识,进行符号推理,按专家系统的设计规范编码,它通过数值算法与受控过程间接相连。

2. 知识基系统的内部组织和推理机制

(1) 控制的知识表示。专家控制系统总的被看做是基于知识的系统,系统所包含的知识信息内容可表示如下:

按照专家系统知识库的构造,有关控制的知识可以分类组织,形成数据库和规则库。

① 数据库。

事实。已知的静态数据,例如传感器测量误差,运行阈值,操作序列的约束条件,受控对象或过程的单元组态等。

证据。测量到的动态数据,例如传感器的输出值,仪器仪表的测量结果等。证据的类型是各异的,常常带有噪声、延迟,也可能是不完整的,甚至相互之间伴有冲突。

假设。由事实和证据推导得到的中间状态,作为当前事实集合的补充,例如通过各种参数估计算法推得的状态估计等。

目标。系统的性能目标,例如对稳定性的要求,对静态工作点的寻优,对现有控制规律是否需要改进的判断等。目标既可以是预定的(静态目标),也可以根据外部命令或内部运行状况在线建立的(动态目标)。各种目标实际上是形成了一个大的阵列。

② 规则库。它实际上是专家系统中判断性知识集合及其组织结构的代名词。对于控

制问题中各种启发式控制逻辑,一般常用产生式规则表示:

$$\text{IF(控制局势) THEN(操作结论)}$$

其中,控制局势即为事实、证据、假设和目标等各种数据项表示的前提条件,而操作结论即为定性的推理结果,它可以是对原有控制局势知识条目的更新,也可以是某种控制、估计算法的激活。

专家控制系统中的规则库常常构造成"知识源"的组合。一个知识源中包括了同属于某个子问题的规则,它实际上是基本问题求解单元的一种广义化知识模型。对于控制问题来说,它综合表达了形式化的控制操作经验和技巧,可供选用的一些解析算法,对这些算法运用时机和条件的判断逻辑,以及系统监控和诊断的知识等。

(2) 控制的推理模型。专家控制系统中的问题求解机制可表示为如下的推理模型:

$$U = f(E, K, I)$$

其中,$U=\{u_1, u_2, \cdots, u_m\}$ 为控制器的输出作用集;$E=\{e_1, e_2, \cdots, e_n\}$ 为控制器的输入集;$K=\{k_1, k_2, \cdots, k_p\}$ 为系统的数据项集;$I=\{i_1, i_2, \cdots, i_q\}$ 为具体推理机构的输出集。而 f 为一种智能算子,它一般可表示为:

$$\text{IF } E \text{ AND } K \text{ THEN (IF } I \text{ THEN } U\text{)}$$

即根据输入信息 E 和系统中的知识 K 进行推理,然后根据推理结果 I 确定相应的控制行为 U。在此智能算子的含义用了产生式的形式,这是因为产生式结构的推理机制能够模拟任何一般问题的求解过程。实际上智能算子也可以基于其他知识表达形式来实现相应的推理方法,如语义网络、谓词逻辑和过程等。

专家控制系统的推理机制的控制策略一般仅仅用到正向推理是不够的;当一个结论不能自动得到推导时,就需要使用反向推理的方式,去调用前链控制的产生式规则知识源或过程式知识源来验证这一结论。

(3) 知识基系统的组成。知识基系统主要由一组知识源、黑板机构和调度器三部分组成,如图 7-12 所示。整个知识基系统是基于所谓的黑板模型进行问题求解的。

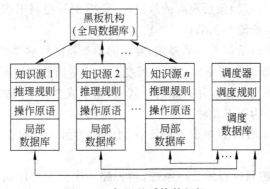

图 7-12 知识基系统的组织

① 黑板模型。黑板模型是一种高度结构化的问题求解模型,用于"适时"问题求解,即在最适当时机运用知识进行推理。它的特点是能够决定什么时候使用知识、怎样使用知识。黑板模型除了将适时推理作为运用知识的策略外,还规定了领域知识的组织方法,其中包括知识源这种知识模型,以及数据库的层次结构等。

② 知识源。知识源是与控制问题子任务有关的一些知识模块,可以把它们看做是不同子任务问题领域的小专家。知识源所表示的是各种数值算法所涉及的启发式逻辑,而不是算法本身的具体内容。每个知识源都具有比较完整的知识库结构。

- 推理知识。"IF-THEN"产生式规则,条件部分是全局数据库(黑板)或是局部数据库(知识源内设)中的状态描述,动作、结论部分主要是对黑板信息或局部数据库内容的添加和修改。这些规则可按前向链或后向链方式控制推理。推理知识也可以用过程式表示。
- 局部数据库。存放与子任务相关的中间推理结果,用框架表示,其中各个槽的值即为这些中间结果。
- 操作原语。一类是对全局或局部数据库内容的增添、删除和修改操作;另一类是对本知识源或其他知识源的控制操作,包括激活、终止、固定时间间隔等待或条件等待。

③ 黑板机构。黑板是一个全局数据库,即各个知识源都可以访问的公共关系数据库。它存放、记录了包括事实、证据、假设和目标所说明的静态、动态数据。这些数据分别为不同的知识源所关注。通过知识源的访问,整个数据库起到在各个知识源之间传递信息的作用;通过知识源的推理,数据信息得到增删、修改和更新。

在专家控制系统中,黑板信息有时被类似地组成若干个数据平面。

事件表是最重要的数据平面。事件可以是知识源对原有事件的操作结果,也可以是从外部进入的处理过程。根据进入事件表的事件特征,在监控作用的引导下将提出合适的动作。事件的类型主要有:受控过程的某些阈值,操作人员的指令,对于受控过程状况的新假设,对原有假设的修改,改变控制方式的请求等。

假设表是另一种重要的数据平面。假设是对于受控过程运行状态的理解和推测,将各类假设进行适当的组织就形成了假设表。较低层次的假设,主要涉及对于传感器数据的直接推导;较高层次的假设可以是对受控过程当前稳定性程度的估计,这类假设要利用数值计算或启发式经验规则;对于抽象层次高的假设,一般要求与控制工程师进行交换,以便将他的推断能力与机器的推断能力相融合。

黑板知识库的知识表示都采用框架式,复杂的框架系统能够提供合适的层次结构。

④ 调度器。调度器的作用是根据黑板的变化激活适当的知识源,并形成有次序的调度队列。激活知识源可采用串行或并行激活方式,从而形成多种不同的调度策略。

串行激活方式又分为以下几种。

- 相继触发。一个激活的知识源的操作结果作为另一个知识源的触发条件,自然激活,此起彼伏。
- 预定顺序。按控制过程的某种原理,预先编一个知识源序列,依次触发。例如初始调节、在检测到不同的报警状态时系统返回到稳态控制方式等情况。
- 动态生成顺序。对知识源的激活顺序进行在线规划。每个知识源都可附上一个目标状态和一个初始状态,激活一个知识源即为系统的一次状态转移,通过逐步地比较系统的期望状态与知识源目标状态,以及系统的当前状态与知识源的初始状态,就可以规划出状态转移的序列,即动态生成了知识源的激活序列。

并行激活方式即为同时激活一个以上的知识源。例如系统处于稳态控制方式时,一个知识源负责实际控制算法的执行,而另外一些知识源同时实现多方面的监控作用。

调度器的结构类似于一个知识库。其中包括一个调度数据库,用框架形式记录着各个知识源的激活状态的信息,以及某些知识源等待激活的条件信息。调度器内部的规则库包括了体现各种调度策略的产生式规则,例如:

IF **KS** IS ready AND NO other **KS** IS running THEN run this **KS**

整个调度器的工作所需要的时间信息(知识源等待激活,彼此中断等)是由定时操作部分提供的。

7.6.2 专家控制系统的类型

在智能控制中,专家控制系统有时也称为基于知识的控制系统。根据专家系统方法和原理设计的控制器称之为基于知识的控制器。按照基于知识控制器在整个系统中的作用,专家控制系统分为直接专家控制和间接专家控制两类。在直接专家控制系统中,控制器向系统提供控制信号,并直接对受控过程产生作用,如图 7-13(a)所示。在间接专家控制系统中,控制器间接地对受控过程产生作用,如图 7-13(b)所示。间接专家控制系统又称为监控式专家系统或参数自适应控制系统。

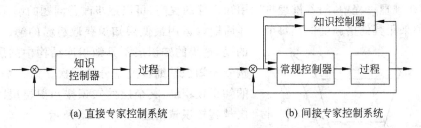

(a) 直接专家控制系统　　(b) 间接专家控制系统

图 7-13　两种专家控制系统

上述两种专家控制系统的主要区别是在知识的设计目标上。在直接专家控制系统中,知识控制器直接模仿人类专家或人类的认识能力,并为控制器设计两种规则:训练规则和机器规则。训练规则是由一系列产生式规则组成,它们把控制误差直接映射为受控对象的作用;机器规则是由积累和学习人类专家的控制经验得到的动态规则,并用于实现机器的学习过程。在间接专家控制系统中,知识控制器用于调整常规控制器的参数,监控受控对象的某些特征,如超调量、上升时间和稳定时间等,然后拟定校正 PID 参数的规则,以保证控制系统处于稳定和高质量的运行状态。

7.6.3 直接专家控制系统

直接专家控制系统一般用于具有高度非线性或难以用数学解析式描述的对象或过程的控制。在直接专家控制系统中,知识库、推理机和数据库仍然是它的基本组成部分,推理机在每个采样周期内,根据当前数据库的内容和知识库中的知识进行推理,改变数据库的内容,并最后产生控制信号,加到被控对象上。专家控制器通常不直接通过接口与用户交互,而是与被控对象交互,其输入为对象的过程变量、设定值以及控制变量等,其输出为对象的控制变量,除非在特殊情况下才需要用户进行干预。与传统控制器相比较,专家控制器的输入不仅包括控制的误差和误差的导数,而且还包括反映过程特征的各种信息,如控制变量等,并对各种过程信息进行加工处理和特性识别后再用于系统的推理,而推理的输出,也需经过控制决策才能转换为控制信号。直接专家控制系统的基本结构如图 7-14 所示。

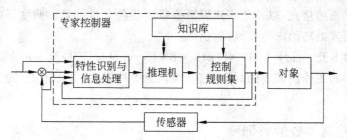

图 7-14　直接专家控制系统的典型结构

专家控制器对于被控制对象进行实时控制,必须要在规定时间内给出控制信号,但在某些采样周期却有可能无正常的控制信号输出。为了解决这个问题,确保在每个采样周期提供有效的控制信号,而且还要有尽可能好的质量,专家控制器可以采用逐步推理方法,逐步地改善控制信号的精度。

逐步推理方法是将专家的知识分成不同的知识层,不同的知识层求解问题解的精度不同。这样在推理过程中,随着推理机运用知识层的提高,可以逐步改善问题的解。这里的前提是,必须采用其他措施确保在每个采样周期内运用最低层知识获取粗糙的解。值得指出的是,这里的知识层不是知识库结构中的层次,而是按专家知识精细程度划分的层次。第一个知识层中的知识较粗糙,其余层的知识按知识层层次划分,层次越高知识越精细,如图 7-15 所示。

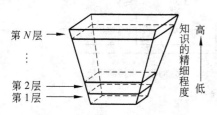

图 7-15　知识层次结构示意图

每个知识层可分别建立相应知识库的一个子库。推理机推理时,首先运用第一个知识层的知识子库进行搜索,获得一个较粗糙的解,由于该知识子库规模较小,因此,在一个采样周期内肯定可以完成搜索过程,确保了在该采样周期内有控制信号产生。然后,若该采样周期尚未结束,推理机再逐步运用具有更高一层知识层的知识子库进一步搜索,逐步获得更精确的解,并取代较粗糙的解,直到该采样周期结束时,按最终获得的较精确解给出控制信号,使控制信号的质量尽可能得高。

下面介绍采用逐步推理方法的直接控制专家系统。

1. 系统结构

采用逐步推理方法的直接专家控制系统包括推理机、知识库、数据库、调节器、用户接口等,其系统结构如图 7-16 所示。

在逐步推理的直接专家系统中计算机系统具有以下功能。

(1) 与被控过程的输入输出接口。

(2) 定时/计数功能。

(3) 处理多任务能力,如实时环境部分和推理机,能明显地并行运行。

(4) 中断功能,要能在必要时使推理机结束推理。

(5) 有决定某知识子库被运用或不被运用的能力,保证只打开当前被运用的唯一知识子库。

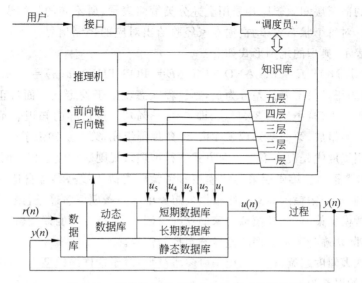

图 7-16　逐步推理的直接专家控制系统结构图

（6）用户的输入装置及接口。

2. 逐步推理系统设计

逐步推理系统把知识库既可按知识层分为 5 个子库；又可按控制策略分为分类策略、模型策略和监控策略 3 种，现分述如下。

（1）分类策略及知识表示。在前三个知识层中，使用相同的控制策略，称为分类策略，该策略的主要控制步骤如下。

① 确定基本信息。一般选择误差 E 和它的一阶差分 ΔE 作为基本信息量。

② 过程状态的符号描述。控制系统的操作者的知识通常用定性的语言表达，相应的专家系统则用符号进行描述。因此，必须对过程状态的数字表示转换成符号信息，专家系统才能进行推理。例如，"误差是正的，且非常大"，"误差是负的，且比较小"，"差分是正的，且数值较小"等，在专家系统中均用符号表示。

③ 确定因果关系。控制专家可很容易地根据上面的分类确定控制操作。例如，过程状态属于"误差为正且值较大，误差差分为正且值较小"一类时，专家则确定出应该"给控制信号再加大一点"的控制操作。以过程状态的分类为前提，以专家确定的控制操作为结论的这种因果关系可以用产生式规则表示，以构成该知识层的知识子库。

④ 产生控制信号。步骤③得到的是以符号表示控制操作的定性描述，但要变成控制动作，还需要将操作的符号信息转换为数字表示的控制信号，控制信号的表达形式一般采用下面三种：

$$u(n) = \alpha U_{\max}, \qquad 0 \leqslant \alpha \leqslant 1$$
$$u(n) = \alpha U_{\min}, \qquad 0 \leqslant \alpha \leqslant 1$$
$$u(n) = u(n-1) + \beta U_{\max}, \qquad 0 \leqslant \beta \leqslant 1$$

其中，$U_{\max}$ 为最大控制量；$U_{\min}$ 为最小控制量；$u(n)$ 为控制信号；$u(n-1)$ 为上一次采样周期的控制信号。根据步骤③得到的因果关系及确定的控制操作，可凭专家经验选用三个表达式之一，并确定相应的加权因子 α（或 β）的值。

逐步推理的前三层知识子库均采用上述分类策略表示,所不同的是知识层次越高其知识表达越精细。对每个状态表,均根据专家经验给出对应的控制信号。于是专家的知识可用产生式规则表示,典型的规则形式如下:

IF $E=$POS AND NOT $E=$BIG AND NOT $\Delta E=$ POS THEN $u(n)= u(n-1)-3\%U_{max}$

它表示"若误差为正且值不大且差分为负,则过程状态就处于设定点下面且正在变化;控制量因此需要减小一点(减小量为 $3\%U_{max}$,即 $\beta=-3\%$)"。按这样的知识表示法,第 1 层知识子库由 8 条规则组成,第 2 层知识子库由 24 条规则组成,第 3 层知识子库由 48 条规则组成。推理机采用深度优先搜索策略正向方式进行推理。规则数对应于相平面分得区域数。

(2) 模型参考策略。第 4 层采用的模型参考策略类似于模型参考自适应控制,它的基本思想是,在控制过程中控制专家始终根据他想象中的一条期望轨迹进行操作,直至过程达到设定点。参考模型策略,就是模拟专家的这种控制行为,把专家的期望轨迹构造成参考模型,然后根据实际轨迹与参考模型的差异确定控制信号。

为避免出现大幅度超调,通常采用一阶参考模型,对于这样的模型用阶跃响应描述其轨迹时,标准化后的误差为:

$$E(t) = e^{-\alpha t}$$

其中,$1/\alpha$ 为时间常数;对 $E(t)$ 离散化,有

$$E(n) = e^{-\alpha nT}$$

其中,T 为采样周期;误差的差分为

$$\Delta E(n) = E(n) - E(n-1) = (1-e^{-\alpha T})e^{-\alpha nT}$$

$$\Delta E(n) = (1-e^{-\alpha T}) E(n)$$

显然,对于一阶参考模型,其期望轨迹在标准相平面上始终是指向原点的直线。一阶参考模型的参数 α 需要在瞬态过程期间在线地估计 n 次,这样可使一阶模型适用于不同的动态过程控制。图 7-17 说明了动态过程中一阶模型的变化过程。

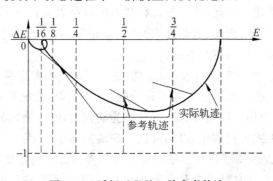

图 7-17 瞬间过程的一阶参考轨迹

梯度误差角 θ 定义为参考轨迹梯度(由实际轨迹上的点指向原点的直线斜率)与实际轨迹上的预报梯度(相应点的实际轨迹斜率,即过该点的切线方向)之夹角。在每一采样开始时刻,首先计算 θ,然后根据 θ 确定控制信号,以便使动态过程跟踪参考轨迹。例如,对于相平面第四象限而言,若 $\theta>0$,则可能出现超调,需减小控制信号;若 $\theta<0$,则控制量不够,需增大控制信号;控制信号表达式为

$$u(n)=(1+\beta)u(n-1), \quad -1\leqslant\beta\leqslant 1$$

其中,控制信号的修正加权因子 β 的确定,由专家对相平面划分的每个网格区分别提供,每个网格区内,需提供两个 β 值,分别用于过调和欠调(由 θ 的正负判断)情况。

模型参考策略是模仿处理系统动态过程"专家"控制行为的一种策略。根据这种策略构造的专家系统称之为模型参考专家系统。这个"专家"只在瞬态过程起作用,当系统进入稳态时,就停止工作了。

(3) 监控策略。第 5 层知识采用监控策略,其作用是对控制系统的运行状态进行监控,并指导分类策略和模型参考策略能够进行更加有效的控制。具体功能如下。

① 对控制系统的运行状态进行监视,通过观测几个采样周期相平面上的响应轨迹,确定系统是"快速"系统还是"慢速"系统。其结论对前面各层的控制性能有特定的影响,例如,对快速系统需要用较谨慎的方法计算控制信号。

② 用于自动调整相平面的边界,它可以呈方形,也可以是椭圆形,长、短轴可以根据具体情况加以调整。

③ 识别过程状态是否进入相平面的稳态区,进入稳态区时,关闭第 4 层知识子库。前三层知识子库的 α 和 β 加权因子都按某个比例因子缩小。

前面 4 个知识层均采用正向方式深度优先策略推理;最后一个知识层采用反向推理,其推理过程中可采用启发式搜索策略,启发式信息来源于过去经验的"备忘录"。

3. 逐步推理系统的实现示例

Broeders 等人对逐步推理的直接专家控制系统进行了很好的实验,他们实现了逐步推理的专家控制器。该专家系统的知识库由 5 个知识子库组成,共有 110 条规则。其中,前三层知识子层分别有 8、24、48 条规则,其余规则分属第 4、5 层。在该系统中,针对着一个二阶对象,其传递函数为

$$G(s) = \frac{2}{(10s+1)(25s+1)}$$

给出了如图 7-18 所示的阶跃响应曲线(相平面表示),从中看出该系统具有良好的控制性能。

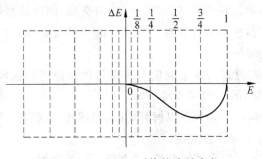

图 7-18　一个二阶系统的阶跃响应

7.6.4　间接专家控制系统

在常规自适应控制中有两个主要缺点,即要求受控对象有精确的关于结构方面的先验知识,又不能设定自适应装置有意义的控制目标。以间接专家控制为基础的专家调节器成为自适应控制发展中一个重要的里程碑。

间接专家控制系统或专家调节器的目的是调节常规 PID 控制器的参数,使得系统闭环阶跃响应能限定在所设定的范围内。专家调节器工作的极限值包括最大上超调量、最大下超调量、阻尼比等。专家调节器把闭环的阶跃响应与所希望的响应曲线进行比较,根据它们之间的差异来更新控制器的参数,使二者能很好地匹配。

图 7-19 示出了一种 PID 专家调节器的任务递阶式的软件结构,具体分解如下。

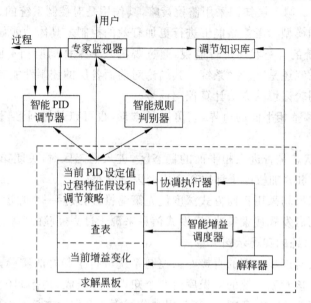

图 7-19　间接专家控制系统(PID 专家调节器)

(1) 专家监视器。它是一个实时的前端机,为专家调节器建立事件的优先级,保证对象的安全,并向系统操作员提供用户友好的界面。

(2) 智能规则判别器。它是一个实时的说明性机构,向用户说明系统的行为特性,说明当前调整(整定)策略使用的理由,提供有关对象的信息。

(3) 智能 PID 调节器。它与求解黑板进行双向交换,用以适当地改变 PID 控制器的参数。该软件应包括处理执行器非线性与饱和特性的小型规则库,带有与实际控制器约束有关的无震荡和无波动的转换策略。

(4) 调节知识库。将过程的瞬态响应与所希望的轨迹进行比较,提供在不同情况下所需的 PID 参数调整(整定)的知识和策略。

(5) 解释器。将知识库的知识予以解释,并转换成相应的程序或数据,通过求解黑板对智能 PID 调节器进行控制和信息交换。

(6) 智能增益调节器。它是实时装置,从系统闭环的数据中,辨识开环的阶跃响应。利用最小二乘法,按自回归滑动模型实时地辨识响应特性。增益调节器存储着对应不同开环阶跃响应特性的 PID 设定值,这些信息可用来建立非线性对象的查询表格或者在调节新的受控对象时,用来设定控制器的初始参数。

(7) 协调执行器。保证在调整策略执行过程中,系统各部分能协调一致地工作。

(8) 信号预处理。图中未画出,它对工程数据进行实时处理,将信号进行滤波、去噪声。

在间接专家控制系统中需用一个重要的知识处理即模式识别技术,而模式识别需要利用元知识,以便专家调节器能够处理不同的对象。元知识可以使用以前用到的经验来解释所发生的情况。每一条元规则包含两方面的信息:闭环瞬态响应特征和开环过程特征。

闭环瞬态响应特征分为:过低单调;过低振荡;下超调和上超调;无上、下超调;上超调,无下超调;无上超调,下超调;上超调-单调;上超调震荡;超过安全极限。

开环过程特征分为:无时延振荡;无时延单调;短时延单调;短时延振荡;中时延单调;中时延振荡;长时延单调;长时延振荡。

上述类别中,所谓短、中和长时延是按对象的纯时延与系统主时间常数之比的大小来考虑的。

闭环瞬态响应特征与开环过程特征密切相关,例如,闭环瞬态响应是"上超调-下超调"型的,开环过程特征是"中时延单调"的,则元知识就引导采用以下规则:

IF 瞬态响应第一次超越设定点后控制量继续增加

THEN 减少积分增益,使

$$K_I = \frac{A_1}{A_1 + A_2 + A_3} K_I$$

其中,A_1、A_2 和 A_3 见图 7-20。

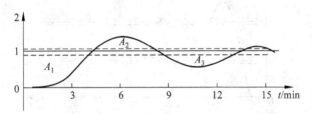

图 7-20 典型的闭环瞬态响应特性

在上述应用中,元规则简化了对调节规则知识库搜索的控制。而且允许系统区分闭环瞬态响应集合之间的差别。

为使专家调节适用于各种类型的对象,需构造一个鲁棒的专家调节器,该调节器需用深层和浅层二种知识以及它们的表示,从而使它本身具有说明和判断能力。

深层知识及相应的深层规则(或元规则)由协调执行器使用,由它建立中间假设,并由推理机使用,以修正控制器的增益。浅层知识及相应的浅层规则(调节规则)只用来改变控制器的增益。协调执行器利用元规则建立有关当前过程特征和当前调节策略的假设,并具有提出和撤销这些假设的功能,它力图保持正在形成的解答有恒定的表示。在协调执行器中由深层表示规则建立的假设包含在求解黑板中,它包括了有关过程特征、当前调节策略以及控制器增益变化的当前趋势的假设等。

整个专家调节器运行过程是:开始执行开环阶跃响应的测试,提出有关过程特征的假设;然后应用合适的元规则(它激发浅层知识库的一个规则)由解释器执行待议事件算法;执行后,协调执行器检验求解黑板的内容并估计使用规则的效果;接着,它实施增益的合理改变,当过程处于稳态时,就开始闭环阶跃响应测试,利用闭环的瞬态响应,协调执行器或验证或修改当前的假设,一旦完成这个过程,解释器又再次执行,整个过程重复进行直至将控制器参数调节到规定的指标。

下面介绍一个基于专家调节器的工业实验装置,其框图如图 7-21 所示。它由动力泵、油槽、液位传感器等组成。输入操作变量是泵的流量 V,受控输出变量是油槽的液面 L。在执行器特性和动态过程中存在严重的非线性。在目前情况下,采样周期选择为 1s。闭环特性指标极限值为:5%最大上超调,5%最大下超调。PI 控制器的初值设定根据开环阶跃响应来决定。按照上述方法,采用间接专家控制器的控制效果分别如图 7-22~图 7-24 所示。图 7-22 是开始时的闭环瞬态响应,图 7-23 是最后调节器得到的闭环特性,图 7-24 是控制器中比例系数(K_1)和积分常数(K_2)的轨迹。

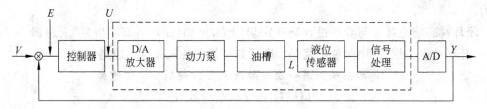

图 7-21 专家调节器的实验框图

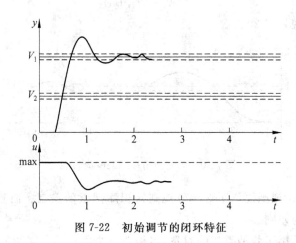

图 7-22 初始调节的闭环特征

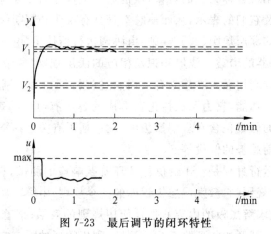

图 7-23 最后调节的闭环特性

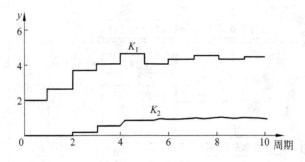

图 7-24 控制器比例(K_1)和积分(K_2)增益的轨迹

上述实时特性表明间接专家控制系统的效果比常规 PID 调节器更加优良。

7.6.5 实时专家控制系统

实时专家控制系统是专家系统、模糊集合和控制理论相结合的产物,是智能控制很有希望的发展方向之一。

1. 实时专家控制系统的特点与要求

若一个控制系统对受控过程表现出预定的足够快的实时行为,且有严格的响应时间限制而与所用算法无关,则这种系统被称为实时控制系统。专家系统与实时系统在控制上综合的实时专家系统能够在广泛的范围内代替或帮助操作人员进行工作,它的具体要求和设计特点如下。

(1) 准确地表示知识与时间的关系。
(2) 具有快速和灵敏的上下文激活规则。
(3) 能够控制任意时变非线性过程。
(4) 能够进行时序推理、并行推理和非单调推理。
(5) 修正序列式基本控制知识。
(6) 具有中断过程和异步事件处理能力。
(7) 及时获取动态和静态过程信息,以便对控制系统进行实时序列诊断。
(8) 对不再需要的存储元件进行有效地回收,并保持传感器的过程。
(9) 接受来自操作者的交互指令序列。
(10) 连接常规控制器和其他应用软件。
(11) 能够进行多专家系统之间以及专家系统与用户之间的通信。

2. 实时专家控制系统的结构

实时专家控制系统的控制方法是以下列技术为基础的:应用专家知识、知识模型、知识库、知识推理、控制决策和控制策略;知识模型与常规数学模型的结合,知识信息处理技术与控制技术的结合;模拟人的智能行为等。此方法能够解决时变大规模系统、复杂系统以及非线性和多扰动实时过程的控制问题。该系统的硬件、软件总体结构分别如图 7-25 和图 7-26 所示。

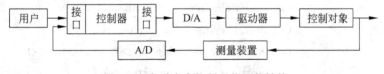

图 7-25 实时专家控制系统硬件结构

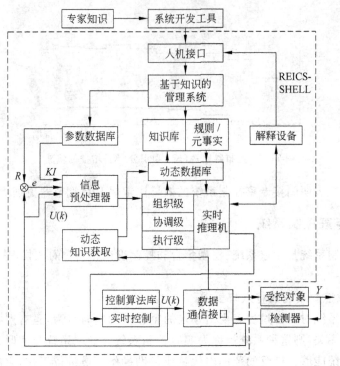

图 7-26 实时专家控制系统软件结构

3. 实时专家控制系统的设计与实现

(1) 知识表示。专家智能控制的关键在于通过问题求解进行智能决策。因此,建造一个好的问题求解知识表示模型对于实现智能控制至关重要。

一条广义产生式规则具有如下形式:

$$\begin{aligned}
&\text{IF } (\text{frame}(x_1 \text{ IS } a_1) \wedge (x_2 \text{ IS } a_2) \wedge \cdots \wedge (x_n \text{ IS } a_n) \rightarrow (y_i \text{ IS } b_i)) \\
&\text{THEN } (\text{IF} < \text{rule}(k_1 \wedge k_2 \wedge \cdots \wedge k_n) \rightarrow P_i \text{ CF}(P_i, K_i) > \\
&\quad \text{THEN} < \text{process}((s_1(t_1) \wedge (s_2(t_2)) \wedge \cdots \\
&\quad\quad \wedge (s_n(t_n)) \rightarrow (u_i(t_i)) >)
\end{aligned} \tag{7-1}$$

其中,y_i 为控制策略,包括 ES-PID、ES-Fuzzy、ES-Predict 和 ES-Adaptive 4 种控制策略,分别表示专家智能 PID 控制、专家模糊控制、专家智能预测控制和专家智能自适应控制;x_i 为控制对象的特征知识;b_i 和 a_i 为模糊集合的变量值;k_i 为先决条件,包括事实、参数和实时采样数据等。P_i 为控制算法、评价算法、控制规则和参数调整规则之组合;$\text{CF}(P_i, K_i)$ 为不精确推理函数;$S(t_i)$ 为定时刻的控制过程;$u_i(t_i)$ 为系统在给定时刻的输出。

组织级的知识表示框架规则具有下列形式:

$$\begin{aligned}
&(< \text{plant} >(< \text{mathematical model } x_1 >< \text{character} >) \\
&\quad (< \text{nonlinearity } x_2 >< \text{character} >) \\
&\quad (< \text{time-delaying } x_3 >< \text{character} >) \\
&\quad (< \text{time-varying } x_4 >< \text{character} >) \\
&\quad (< \text{parameter variation } x_5 >< \text{character} >) \\
&\quad (< \text{inertia } x_6 >< \text{character} >)
\end{aligned}$$

$$(<\text{disturbance } x_7><\text{character}>)$$
$$(<\text{dynamic response } x_8><\text{character}>)$$
$$\vdots$$
$$(<\text{control strategies}><\text{ES-PID}>$$
$$<\text{ES-Fuzzy}>$$
$$<\text{ES-Predict}>$$
$$<\text{ES-Adaptive}>)) \tag{7-2}$$

其中，<plant>代表被控对象。组织级的知识结构对应下列形式：

$$\text{frame}([x_1(a_1),\cdots,x_n(a_n)],y(b_i));\text{predicate} \tag{7-3}$$

其中，$a_i,b_i \in \{\text{BO,MO,SO,ZO,DO}\}$，即$\{$大，中，小，零，不定$\}$，为模糊语言的变量值。

例如，与一个被控对象特性相对应的框架规则为

IF(未知数学模型(ZO)

中等非线性(MO)

大时延(BO)

大的过程参数变化(BO))

THEN(采用控制策略 ES-PID 的可能性大(BO))

上述框架规则可重写为

$$\text{frame}([x_1(\text{ZO}),x_2(\text{NO}),x_3(\text{BO}),x_4(\_),x_5(\text{BO}),\cdots],$$
$$y(\text{ES-PID}),b_i(\text{BO}));\text{predicate} \tag{7-4}$$

协调级的细化规则具有下列形式：

$$\text{rule IF}(a,c(a)) \text{ THEN } (b,c(b)) \text{ CF}(b,a)$$
$$a \in \{k_1 \wedge k_2 \wedge \cdots \wedge k_n\} \quad b \in \{p_1,p_2,\cdots,p_m\}$$
$$\text{CF}(b,a):a \rightarrow b \in [-1,1]$$
$$C(\_):u \rightarrow [0,1] \tag{7-5}$$

其中，a为规则的前件，表示事实、论据、假设、实时数据库和目标等；b为规则的后件，其内容为触发(起动)一个控制或评价的算法，或对知识库加入新元素；$C(\_)$表示论据的不确定程度；$\text{CF}(b,a)$为以规则的置信度来描述知识的不确定性，$\text{CF}(b,a) \in [-1,1]$；若$\text{CF}(b,a)=-1$，则$a$为假，$b$中的操作为绝对否定；若$\text{CF}(b,a)=1$，则$a$为真，$b$中的操作为绝对肯定；若$\text{CF}(b,a)=0$，则$b$与$a$无关。

在实时专家控制系统中，在知识库内存储的有关事实、规则和过程的知识是以谓词形式表示的，且与推理机无关。

事实的谓词形式为

$$\text{data}(n,\text{Exp},\text{Value}) \tag{7-6}$$

其中，n代表规则编号；Exp 为参数表达式；Value 为参数的实时测量数据。

规则的谓词形式为

$$\text{rule }(n,\text{Ex},\text{Action},P,[\text{Premise1},\cdots,\text{Premise }n],\text{CF}) \tag{7-7}$$

其中，Ex 为规则类型；Action 为规则结论；Premise i 为前提条件($i=1,2,\cdots,n$)；P为结论类型。

过程知识是将知识包括在若干过程中，过程通常用子程序或模块实现，当用谓词形式表示后，适于表示动态知识，尤其是实时专家控制知识。

(2) 推理机制。推理机制是实时专家控制系统的核心,它能根据推理策略选择相关知识,对控制算法、事实和由控制专家提供的证据以及实时采样获得的数据进行推理,继而做出控制决策,并用于引导控制。推理机制包括推理方法和控制策略,它具有的能力是:处理不精确知识;进行快速实时推理;在线运行时的高可靠性;广泛的适应性。

推理控制策略的总体流程图如图 7-27 所示,一般推理分三级进行,下面将分别讨论。

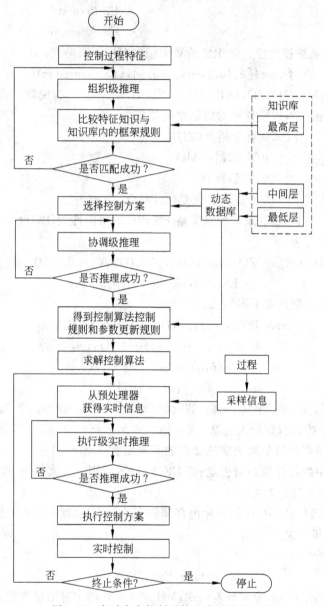

图 7-27 实时专家控制系统程序设计流程图

① 组织控制级的推理。在系统的组织级采用模糊集合的近似推理来处理框架中的模糊知识,应用归约启发式匹配搜索技术来搜索目标,现对此算法解释如下:

匹配用框架搜索规则为

$$\text{frame}(x_1 \text{ IS } \mu_{x11} \land x_2 \text{ IS } \mu_{x12} \land \cdots \land x_n \text{ IS } \mu_{x1n}) \to Y_1 \text{ IS } \mu_{y1}$$

$$\text{frame}(x_1 \text{ IS } \mu_{x21} \wedge x_2 \text{ IS } \mu_{x22} \wedge \cdots \wedge x_n \text{ IS } \mu_{x2n}) \rightarrow Y_1 \text{ IS } \mu_{y2}$$
$$\vdots$$
$$\text{frame}(x_1 \text{ IS } \mu_{xn1} \wedge x_2 \text{ IS } \mu_{xn2} \wedge \cdots \wedge x_n \text{ IS } \mu_{xnn}) \rightarrow Y_1 \text{ IS } \mu_{yn} \tag{7-8}$$

其中：$\mu_{ij} \in [\text{ZO}, \text{SO}, \text{MO}, \text{BO}, \text{DO}]$。

框架关系为

$$\underset{\sim}{R} = \bigvee_{i=1}^{n} (x_1 \times \cdots \times x_n \times y_i) \tag{7-9}$$

近似推理综合为

$$\underset{\sim}{Y_i} = (x_1 \times \cdots \times \underset{\sim}{x_n}) \circ \underset{\sim}{R} \tag{7-10}$$

② 协调控制级的推理。协调控制级即中间层的推理过程是，从组织级的动态数据库取出结论，并用做协调级的假设目标；然后搜索能够达到目标的规则，得出一个结论集；再应用具有不精确推理的细化算法求得一个有希望的最佳规则，并把它作为新的假定目标，继续进行推理，直至求得问题的一个解答为止。

在操作过程中，用户可以通过谓词 why 显示推理过程中的每一步记录。在系统得出结论后，用户还可以通过谓词 how 询问系统是如何得出这个结论的。

具有不精确推理的细化算法提供由证据的不确定性导出的结论的不确定值。细化算法为：

若知识规则的先决条件为多个 AND 的组合，即

$$\text{IF}(E_1 \wedge E_2 \wedge \cdots \wedge E_n) \text{ THEN } C \text{ CF}(C, E)$$

则

$$\text{CF}(E) = \text{CF}\{E_1 \wedge \cdots \wedge E_n\} = \min\{\text{CF}(E_1), \cdots, \text{CF}(E_n)\}$$
$$\text{CF}(C) = \text{CF}(C, E) * \max\{0, \text{CF}(E)\} \tag{7-11}$$

其中，$\text{CF}(E)$ 为证据 E 的置信度；$\text{CF}(C)$ 为结论 C 的置信度；$\text{CF}(C, E)$ 是在给定证据 E 情况下结论 C 的置信度。

若证据是多个 OR 的组合，即

$$\text{IF}(E_1 \vee \cdots \vee E_n) \text{ THEN } C \text{ CF}(C, E)$$

则

$$\text{CF}(E) = \text{CF}\{E_1 \vee \cdots \vee E_n\} = \max\{\text{CF}(E_1), \cdots, \text{CF}(E_n)\}$$
$$\text{CF}(C) = \text{CF}(C, E) * \max\{0, \text{CF}(E)\} \tag{7-12}$$

若一条知识规则具有多个结论，即

$$\text{IF}\{\text{IF } E \text{ THEN}(C_1, \cdots, C_n) \text{ CF}(C, E)\}$$
$$\text{THEN CF}(C_1) = \cdots = \text{CF}(C_n) = \text{CF}(C, E) * \max\{0, \text{CF}(E)\} \tag{7-13}$$

若多条知识规则具有同一结论，则计算两条具有同样结论的规则，然后再进行递归计算，即：

$$\text{IF } E_1 \text{ THEN } C \text{ CF}(C, E_1)$$
$$\text{IF } E_2 \text{ THEN } C \text{ CF}(C, E_2)$$
$$\text{THEN CF}_1(C) = \text{CF}(C, E_1) * \max\{0, \text{CF}(E)\}$$
$$\text{CF}_2(C) = \text{CF}(C, E_2) * \max\{0, \text{CF}(E)\} \tag{7-14}$$

$$CF_{12}(C) = \begin{cases} CF_1(C) + CF_2(C) - CF_1(C) * CF_2(C), & \text{if } CF_1(C) \text{ and } CF_2(C) \geqslant 0 \\ CF_1(C) + CF_2(C) + CF_1(C) * CF_2(C), & \text{if } CF_1(C) \text{ and } CF_2(C) < 0 \\ |CF_1(C) + CF_2(C)| / \{1 - \min(|CF_1(C)|, |CF_2(C)|)\}, & \text{otherwise} \end{cases}$$

其中,$CF(E)$和$CF(C)$意义同前。

③ 实时控制级的推理。在实时操作过程中,实时专家控制系统采用正向推理,即从初始数据到控制目标的推理。首先,以组织级和协调级的推理结果为基础,由信息预处理机提供当前信息 $E = \{e, \dot{e}, Y, U, R, K_p, \cdots\}$,并应用动态数据库作为先决条件;然后,寻求与动态数据库内的先决条件相匹配的控制规则,若匹配成功,找到状态目标,则执行一系列有关规则结论的控制操作,如当前控制参数和控制值的计算,数据采样,D/A 和 A/D 转换,控制作用传递,以及信息接收等;若匹配不成功,则应继续搜索,寻找匹配规则。

④ 评价解释器的设计。为了加快实时专家控制系统的控制响应速度,特设计一个评价解释器,用于评价计算型控制规则、判断逻辑作用以及在正向和反向推理过程中对实时推理的匹配。若规则的成功希望很大,则其结论值(控制量)可直接求出。例如,存在一些规则:

规则100   IF$(-R < e) \wedge (e < R)$ THEN $U_n = K_p * e + K_i * \sum e_i + K_d * \dot{e}$

规则200   IF$((a + b * c/d) \geqslant 0.5 * e)$ THEN $K_n(n+1) = 0.98 * K_p(n-1)$

调用主谓词:
$$\text{expr-eval }("((a + b * c/d) \leqslant 0.5 * e)", TF)$$

若返回 $TF = 1$,则表示该规则的希望是靠得住的;若返回 $TF = -1$,则表示该规则的希望是靠不住的。当希望靠得住时,通过调用评价表达式的主谓词:
$$\text{infix-eval}("0.98 * K_p", A_n)$$

能够求得表达式的值,即返回
$$A_n = (\text{表达式值})$$

4. 实时专家控制系统

对于某个具体应用,必须建造系统的知识库,包括输入控制规则、系统参数和初始值集合,以便进行参数自优化、确定控制算法、计算实时控制值以及输出在线智能控制等。所有这些操作须在主控程序窗口和主系统窗口中加以实现。

实时专家控制系统含有的智能控制系统算法均装于控制算法库内,同时还要输入某些控制规则,如:

rule1: IF$(e > 3R)$ THEN $(U_n = U_m)$ $CF = 0.9$

rule2: IF$(e < -3R)$ THEN $(U_n = -U_m)$ $CF = 0.9$

rule3: IF$(|e| < \delta_1 \wedge |\dot{e}| < \delta_2)$ THEN $(U_n = U_{n-1})$ $CF = 0.95$

rule4: IF$(e * \dot{e} < 0 \wedge |e| < a * \dot{e})$ THEN $(U_n = 2 * P_1)$ $CF = 0.95e$

rule5: IF$(e * \dot{e} < 0 \wedge |e| < b * \dot{e})$ THEN $(U_n = P_1 + K_d * \dot{e})$ $CF = 0.95$

rule6: IF$(e * \dot{e} < 0 \wedge b \leqslant \frac{|e|}{\dot{e}} \leqslant a)$ THEN $(U_n = P_1)$ $CF = 0.94$

$\vdots$

rule50: IF$(e * \dot{e} > 0)$ THEN $(U_n = P_1 + K_p * e + K_i \sum_j e_j + K_d * \dot{e})$ $CF = 0.95$

其中,U_n为实时专家控制系统第n步输出值(控制量);U_{n-1}为第$n-1$步输出值;U_m为最大输出保持值;R 为输入设定值(给定值);e 为控制误差;$\dot{e}$ 为误差变化率;K_p、K_i 和 K_d 分别为比例、积分和微分增益;$\sum_j e_j$ 为误差积累值;δ_1 为误差允许值;δ_2 为误差变化率允许值;$P_1 = r\sum_j e_{mj}$ 为前一步输出的保持值;e_{mj} 第 j 步误差的峰值;r 为权重系数(可在线调整和校正);a、b、α、β 分别为经验系数,可根据专家的知识和经验进行整定和校正。

根据上述规则,系统的控制过程如下。

① 当跟踪误差较大时,加强控制作用,实现快速跟踪调节(rule1、rule2)。

② 当误差及其变化率在允许范围之内时,输出控制作用保持不变(rule3)。

③ 当误差和它的变化率的符号相反,且误差变化率相对较小时,加强原有控制(rule4)。

④ 当误差和它的变化率的符号相反,且误差变化率相对较大时,采用"微分"控制(rule5)。

⑤ 当误差和它的变化率的符号相反,且误差及变化率的幅度均较小时,维持原有的控制(rule6)。

⑥ 当误差和它的变化率的符号相同时,加入"比例、积分、微分"控制,增强控制作用(rule50)。

仿真示例。受控装置(对象)为一具有随机扰动的非线性系统,其数学模型如下:

$$y(t) = \frac{y(t-1)e^{y(t-1)} + u(t-1)}{1 + u(t-1)e^{y(t-1)}} + \omega(t)$$

其中,$\omega(t)$ 为一偏差等于 0.15 的白噪声。

受控装置的阶跃响应见图 7-28 所示。仿真结果表明,与 PID 控制和模糊控制相比,实时专家控制系统对参数变化具有较好的适应性和较强的抗干扰能力。因此它具有比 PID 和模糊控制更强的鲁棒性。

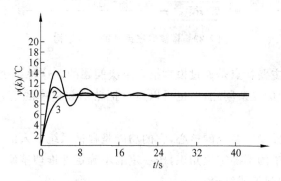

图 7-28 随机扰动非线性系统仿真输出
1—PID 控制;2—模糊控制;3—实时专家控制

7.7 新一代的专家系统

专家控制系统要完全做到实用化,还存在着许多尚待研究和解决的技术课题,诸如知识获取问题、知识的深层次化问题、不确定性推理问题、系统的优化和发展问题、人机界面问题、同其他应用系统的接口与融合问题等。为此,人们针对这些问题,对专家系统作进一步研究，提出了富有特色的所谓新一代专家系统。

7.7.1 深层知识专家系统

深层知识专家系统，不仅具有专家经验性表层知识，而且还具有深层次的专业知识，从而使系统的功能更接近于人类专家的水平。例如一个故障诊断专家系统，若该系统不仅有专家的经验知识，而且也有设备本身的原理性知识，则对于故障判断的准确性将会进一步提高。这里的关键是如何恰当地在知识的表示和运用方面将浅层知识与深层知识进行有机的结合。

7.7.2 模糊专家系统

模糊专家系统是一类在知识获取、知识表示和知识运用过程中全部或部分地采用了模糊技术的专家系统。

基于规则的模糊专家系统通常包括输入输出接口、模糊数据库、模糊知识库、模糊推理、学习模块和解释模块等，其一般体系结构如图 7-29 所示。

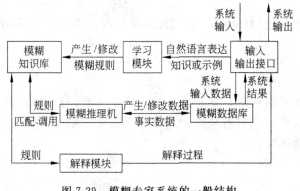

图 7-29　模糊专家系统的一般结构

模糊专家系统的主要特点是通过模糊推理解决问题的。这种系统善于解决那些含有模糊性数据、信息或知识的复杂问题，但也可以通过把精确数据库的信息模糊化，通过模糊推理处理复杂问题。

模糊推理机是模糊专家系统的核心，它的功能是根据系统输入的不确定证据，利用模糊知识库和模糊数据库中的不确定性知识，按一定的不确定性推理策略，解决系统问题域中的问题，给出较为合理的建议或结论。

模糊专家系统在控制领域中非常有用，它现已发展成为智能控制的一个重要分支。

7.7.3 神经网络专家系统

利用神经网络的自学习、自适应、分布存储、联想记忆、并行处理，以及鲁棒性和容错性强等一系列特点，来建造神经网络专家系统是可能的。

神经网络专家系统的一般构造如图 7-30 所示。

这种专家系统的建造过程是，先根据问题的规模，构造一个神经网络，再用专家提供的典型样本事例，对网络进行训练；然后利用学成的网络，对输入的数据进行处理，使之得到所

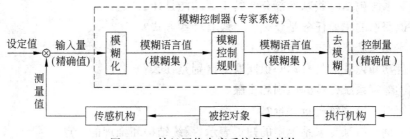

图 7-30 神经网络专家系统概念结构

期望的输出。可以看出,神经网络作为知识库,推导过程就是沿着网络的计算过程,而基于该网络的推理是一种并行推理。这种系统还是自学习的,它将知识获取和知识利用融为一体,所得到的知识往往高于专家知识,其原因是它所获得的知识是从专家提供的特殊知识中归纳出来的一般知识。另外,该专家系统还具有鲁棒性和容错性良好的特点。

神经网络与专家系统两者的集成,可以"取长补短",根据集成时的侧重点不同,一般可分为神经网络支持专家系统、专家系统支持神经网络以及二者对等。把神经网络与专家系统以及再与其他智能技术集成起来,是一件相当有难度的工作,尽管目前已有一些集成系统问世,但规模都比较小,求解的问题也都还比较单一,进一步的应用还需要做更多的研究工作。

7.7.4 大型协同分布式专家系统

这是一种多学科专家联合作业、协同解题的大型专家系统,其体系结构适应分布和网络环境。具体来说,分布式专家系统可以把知识库、推理机分布在计算机网络上。

此外,分布式专家系统还涉及问题分解、问题分布和合作推理技术。所谓问题分解就是把要处理的问题按某种原则分解为若干个子问题;所谓问题分布就是把分解好的子问题分配给各专家子系统去解决;所谓合作推理就是分布在各结点的专家系统通过通信方式,进行协调工作,当发生意见分歧时,甚至还要辩论和折中。

需要指出的是,随着分布式人工智能技术的发展,多智能体(intelligent agent)系统将是分布式专家系统的理想结构模型。

7.7.5 网上专家系统

网上(多媒体)专家系统顾名思义是建在 Internet 上的专家系统,其结构可取浏览器/服务器模式,用浏览器(如 Web 的浏览器)作为人机接口,而知识库、推理机和解释模块则安装在服务器上。多媒体专家系统就是把多媒体技术引入人机界面,使其具有多媒体信息处理功能,并改善人机交互方式,进一步增强专家系统的拟人效果。

将网络与多媒体相结合,则是专家系统的一种理想应用模式,这样的网上多媒体效果将使专家系统的实用性大大提高,并有着广阔的应用前景。

习题和思考题

1. 什么是专家系统?它有哪些基本特点?
2. 专家系统的主要类型有哪些?

3. 专家系统包括哪些基本部分？其主要功能是什么？
4. 知识获取的主要任务是什么？一般有哪些方式？
5. 简述知识获取的主要步骤。
6. 非自动知识获取与自动知识获取的区别是什么？
7. 试述专家系统建造的原则和步骤。
8. 如何对专家系统进行评价？
9. 试举例分析某专家系统中的知识表示、系统结构和推理的特点。
10. 什么是专家控制系统？它与一般的专家系统的重要差别是什么？
11. 专家控制系统的基本构成原理是什么？
12. 什么是黑板机构？什么是事件表？什么是假设表？
13. 专家控制系统的主要类型有哪些？试举例说明。
14. 模糊专家系统的特点是什么？
15. 神经网络与专家系统有哪些集成方式？
16. 何谓问题分解？何谓问题分布？何谓合作推理？

第8章 机器学习

　　机器学习是继专家系统之后人工智能应用的又一重要研究领域,也是人工智能的核心问题之一。现有的计算机系统和人工智能系统只有非常有限的学习能力,因而不能满足科技和生产提出的新要求。但由于专家系统对机器学习需求的增加,使之过去几年的发展引起了人工智能及认知心理学界的极大兴趣,现在它已进入了一个令人鼓舞的发展新时期。

8.1 机器学习的基本概念

8.1.1 什么是机器学习

1. 学习

　　机器学习的核心是学习,关于学习至今还没有一个精确的、能被公认的定义。目前,对学习这一概念研究的观点主要有以下几种。

　　(1) 按照人工智能大师西蒙的观点,学习就是系统在不断重复的工作中对本身能力的增强或改进,使得系统在下一次执行同样任务或类似任务时,会比现在做得更好或效率更高。

　　(2) 从事专家系统研究人们的观点,学习就是获取知识的过程。由于知识获取一直是专家系统建造中的主要问题之一,因此希望通过对机器学习的研究,实现对知识的自动获取。

　　(3) 心理学家对于学习活动有不同的见解,大致分为三派:一派主张学习是条件反射作用;一派主张学习是刺激与反应的联结;一派提出"领悟说",认为学习是重新组织已有的知觉、经验,掌握与领悟情景中各因素间的新关系,导致问题解决。

　　(4) 工程控制专家蔡普金的观点,学习是一种过程,通过对系统重复输入各种信号,并从外部校正该系统,从而系统对特定的输入作用具有特定的响应;自学习就是不具外来校正的学习,即不具奖罚的学习,它不给系统响应正确与否的任何附加信息。

　　综合上述观点可以认为:学习是一个有特定目的的知识获取过程,其内在行为是获取知识、积累经验直至发现规律;其外部表现是改进性能、适应环境和实现系统的自我完善。

2. 机器学习

　　机器学习是研究如何使用计算机来模拟人类学习活动的一门学科。稍严格的提法是,机器学习是一门研究计算机获取新知识和新技能并识别现有知识的方法。

　　机器学习的研究工作主要从以下三个方面进行:学习机理的研究,通过对人类获取知识技能和抽象概念能力的研究,将从根本上解决机器学习中存在的种种问题;学习方面的研究,通过对人类的学习过程、各种可能的学习方法的探索研究,建立起独立于具体应用领域的学习算法;面向任务的研究,通过对特定任务要求的研究,建立起相应的学习系统。

8.1.2 学习系统

所谓学习系统,是指能在一定程度上实现机器学习的系统。1973年萨里斯的定义是,学习系统是一个能够学习有关过程的未知信息,并用所学信息作为进一步决策和控制的经验,从而逐步改善系统的性能。类似的定义是,若一个系统能够学习某一过程或环境的未知特征固有信息,并用所得经验进行估计、分类、决策或控制,使得全系统的品质得到改善,则称该系统为学习系统。

不难理解,一个学习系统应具有如下的条件和能力。

(1) 适当的学习环境。这里所说的环境是指学习系统进行学习时的信息来源,若学习系统不具有适当的环境,则它就失去了学习和应用的基础,不能实现机器学习。对不同的学习系统及不同的应用,其环境一般是不相同的。

(2) 具有一定的学习能力。除了上述的学习环境,为要从中学到有关信息,它还必须有合适的学习方法及一定的学习能力。学习过程是系统与环境相互作用的过程,是边学习、边实践,然后再学习、再实践的过程。学习系统也是通过与环境相互作用逐步学到有关知识的,而且在学习过程中要通过实践验证、评价所学知识的正确性。

(3) 能应用学到的知识求解问题。学习系统应能把学到的信息用于未来的估计、分类、决策或控制,做到学以致用。

(4) 能提高系统的性能。学习系统通过学习应能增长知识,提高技能,改善系统的性能,使它能完成原来不能完成的任务,或比原来做得更好。

8.1.3 机器学习的主要策略

学习是一项复杂的智能活动,学习过程与推理过程二者紧密相连,学习中使用的推理方法称为学习策略。学习系统中的推理过程实际上就是一种变换过程,它将系统外部提供的信息变换为符合系统内部表达的形式,以便对信息进行存储和使用。这种变换的性质决定了学习策略的类型为:机械学习、通过传授学习、类比学习和通过事例学习。

(1) 机械学习。它就是记忆,是最简单的学习策略。这种学习策略不需任何推理过程;外界输入的知识表示方式与系统内部表示方式完全一致,不需要任何处理与转换。虽然机械学习在方法上看似简单,但由于计算机的存储容量相当大,检索速度又相当快,且记忆精度无丝毫误差,所以也能产生难以预料的效果。

(2) 通过传授学习。对于使用该种策略的系统来说,外界输入知识的表达方式与内部表达方式不完全一致,系统接受外部知识时需要一点推理、翻译和转化的工作。

(3) 类比学习。该系统只能得到完成类似任务的有关知识,即在遇到新的问题时,可学习以前解决过的相类似问题的解决办法,来解决当前的问题。所以寻求与当前问题相似的已知问题就很重要,并且必须要能够发现当前任务与已知任务的相似之点,由此制订出完成当前任务的方案。因此,它比上述两种学习策略需要更多的推理。

(4) 通过实例学习。系统事先完全没有完成任务的任何规律性的信息,所得到的只是一些具体的工作例子及工作经验。系统需要对这些例子及经验进行分析、总结和推广,得到完成任务的一般性规律,并在进一步工作中验证或修改规律,因此,它需要的推理是最多的。

8.1.4 机器学习系统的基本结构

以西蒙的学习定义作为出发点,建立起图 8-1 所示的机器学习的基本模型,通过对此模型的讨论,总结出设计学习系统时应当注意的一些原则。该模型中包括了 4 个基本组成环节。环境向系统的学习环节提供某些信息,学习环节利用这些信息修改知识库,以增进系统执行环节完成任务的效能,执行环节根据知识库完成的任务,把获得的信息反映给学习环节。下面对系统中的各个环节进行讨论。

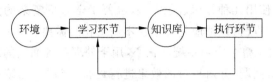

图 8-1 机器学习系统的基本模型

(1) 环境。指系统获取知识和信息的来源以及执行对象等。例如,医疗专家系统的病员、病历档案、医生、诊断书等;模式识别系统的文字、图像、景物;博弈系统的对手、棋局;智能控制系统的被控对象和生产过程等。总之,环境就是为学习系统提供获取知识所需的相关对象的素材或信息,如何构造高质量、高水平的信息,将对学习系统获取知识的能力有很大影响。一般,高水平的信息比较抽象,适用于更广泛的问题;低水平的信息比较具体,仅适用于个别问题。若环境提供的是高水平的信息,与一般原则的差别比较小,则学习环节就比较容易处理,补充一些与该对象相关的细节即可。若环境提供的是指导执行具体动作的杂乱无章的低水平信息,则学习环节需要在获得足够数据之后,删除不必要的细节,进行总结推广,形成指导动作的一般原则,放入知识库,这样学习环节的任务就比较繁重,设计起来也较为困难。

(2) 学习环节。该环节通过对环境的搜索获得外部信息,并将这些信息与执行环节所反馈回来的信息进行比较。一般情况下,环境提供的信息水平与执行环节所需的信息水平之间往往有差距,经分析、综合、类比和归类等思维过程,学习环节就要从这些差距中获取相关对象的知识,并将这些知识存入知识库中。

(3) 知识库。知识库是影响机器学习系统设计的重要因素。知识库中常用的知识表示法有谓词逻辑法、产生式规则法、语义网络法和框架法等。这些表示方法各有特点,在选择表示方法时要考虑以下 4 个方面。

① 表达能力较弱。所选择的知识表示方法要能很容易且较准确地表达有关的知识,不同的表示方法适用于不同的知识对象。例如,框架表示法适用于表达结构性知识,它能够把知识的内部结构关系及知识间的联系表示出来。谓词逻辑表示法则适用于表示具有二值逻辑的精确性知识,并能保证经演绎推理所得结论的精确性。

② 推理难度的大小。在具有较强表达能力的基础上,为了使学习系统的计算代价比较低,总希望知识表示方法能使推理较为容易。例如,要表示"教职员工"和"教师"间的类属关系,并通过这种类属关系推理求解具有某些特性的教师,利用框架法就比较容易实现这种推理,而用谓词逻辑法实现这种推理就比较困难。

③ 知识库修改的难易。学习系统本身要求它能不断地修改自己的知识库,当推理得出

一般的执行规则后,要把它加到知识库中;当发现某些规则不适用时要能将其删除。因此,学习系统的知识表示,一般都采用明确、统一的方式,以利于知识库的修改。显示知识表示方法,如谓词逻辑、产生式规则等就易于实现知识库的修改;隐式知识表示方法,如过程表示、语义网络等,就难于修改。从理论上看,知识库的修改是个较为困难的课题,因为新增加的知识可能与知识库中原有的知识相矛盾,所以有必要对整个知识库做全面调整;由于删除某一知识也可能使许多其他的知识无效,因此需要做进一步全面检查。

④ 知识是否易于扩展。随着系统学习能力的提高,单一的知识表示法已不能满足需要,一个系统有时同时使用几种知识表示方法,以便于学习更复杂的知识;有时还要求系统自己能构造出新的表示方法,以适应外界信息不断变化的需要。

(4) 执行环节。它是整个学习系统的核心,用于处理系统面临的现实问题,即应用知识库中所学到的知识求解问题,并对执行的效果进行评价,将评价的结果反馈回学习环节,以便系统进一步学习。

① 任务的复杂性。解决复杂的任务比解决简单的任务需要更多的知识。例如,二分分类是最简单的任务,仅需要一条规则;稍复杂的玩扑克牌的任务需要大约 20 条规则;复杂的医疗诊断专家系统 MYCIN 需要使用几百条规则。

② 反馈信息。当执行环节解决当前问题后,根据执行的效果,要给学习环节一些反馈信息,以便改善学习环节的性能。所有的学习系统必须以某种方式评价执行环节的效果,一种评价方法是用独立的知识库专门从事这种评价;然而另一种最常用的方法是以外部环境作为客观的评价标准,系统判定执行环节是否按这个预期的标准工作,并由此反馈信息来评价学习环节所学到的知识。

③ 执行过程的透明度。它要求从系统执行部分的动作效果可以很容易地对知识库的规则进行评价。例如,下完一盘棋之后从输赢总的效果判断所走每一步的优劣则比较困难,但若记录了每一步之后的局势,从局势判断优劣则比较直观和容易。

8.2 机械学习

8.2.1 机械学习的模式

机械学习是最简单的机器学习方法。机械学习就是记忆,即把新的知识储存起来,供需要时检索调用,而不需要计算和推理。机械学习又是最基本的学习过程。任何学习系统都必须记住它们所获取的知识。在机械学习系统中,知识的获取是以较为稳定和直接的方式进行的,不需要系统进行过多的加工。而对于其他学习系统,需要对各种建议和训练实例等信息进行加工处理后,才能存储起来。

当机械学习系统的执行元件解决完问题之后,系统就记住该问题及其解。可以把系统的执行元件抽象成某个函数 F,该函数在得到自变量输入值 $(X_1,X_2,\cdots,X_n)$ 之后,计算并输出函数值 $(Y_1,Y_2,\cdots,Y_p)$。若经过评价得知该计算是正确的,则把联想对:

$$[(X_1,X_2,\cdots,X_n),(Y_1,Y_2,\cdots,Y_p)]$$

存入知识库中。以后再次需要 $F(X_1,X_2,\cdots,X_n)$ 时,系统的执行机构就直接从知识库中把 $(Y_1,Y_2,\cdots,Y_p)$ 检索出来而不是重新计算它,这种简单的学习模式如下:

$$(X_1, X_2, \cdots, X_n) \xrightarrow{F} (Y_1, Y_2, \cdots, Y_n) \Longrightarrow \underset{\text{存储}}{[(X_1, X_2, \cdots, X_n), (Y_1, Y_2, \cdots, Y_p)]}$$

假设要设计一个汽车修理成本估算保险程序,它的输入信息是有关待修理汽车的描述,包括制造厂家、出厂日期、车型、汽车损坏的部位以及它的损坏程度,输出则是该汽车的修理成本。为了进行估算,系统必须在其知识库中查找同一厂家、同一出厂日期、同一车型、同样损坏情况的汽车,然后把知识库中对应的数据作为修理成本的估算数据输出给用户。若在系统的知识库中没有找到这样的汽车,则系统使用保险公司公布的赔偿规则估算出一个修理费用,并得到确认,然后把该车的描述与估算出的费用存储到知识库中,以便将来查找使用。

机械式学习实质上是用存储空间来换取处理时间,所以在机械学习中要全面权衡时间与空间的关系,这样才能取得较好的效果。

8.2.2 机械学习的主要问题

(1) 存储结构。只有检索一个项目的时间比重新计算一个项目的时间短时,机械学习才有意义,检索得越快,其意义也就越大,因此,采用适当的存储结构,使检索速度尽可能快,是机械学习中的重要问题。在数据结构与数据库领域,为提高检索速度,人们研究了许多卓有成效的数据存储方式,如索引、排序、杂凑等,在机械学习中可充分利用这些成果。

(2) 环境的稳定性和存储信息的适用性。使用机械学习时,总是认为保存的知识或信息以后仍然有效,若环境急剧变化,保存的知识和信息就会失效而不能再使用。例如,知识库存储的是20世纪90年代计算机的配置及价格,就不能用它来估计21世纪当前的计算机的配置及价格,因为计算机发展得太快了,它的配置和价格目前都已发生了很大的变化。解决这一问题的办法就是随时监视环境的变化,不断更新知识库中保存的信息或知识。

(3) 存储与计算间的权衡。因为机械学习的根本目的是改进系统的执行能力,因此对机械学习来说很重要的一点是它不能降低系统的效率。这种存储与计算之间的权衡问题有两种解决方法:一种方法是估算一下存储信息所要花费的存储空间以及检索信息时所花费的时间,然后将其代价与重新计算所花的代价进行比较,再决定是否存储信息;另一种方法是把信息先存储起来,但为了保证有足够的检索速度,限制了存储信息的量,系统只保留那些最常使用的信息,"忘记"那些不常使用的信息,这种方法也叫"选择忘却"技术。

8.3 指导学习

指导学习又称嘱咐学习或教授学习,在这种学习方式下,有外部环境向系统提供一般性的指示或建议,系统把它们具体地转化为细节知识并送入知识库中。在学习过程中要反复对形成的知识进行评价,使其不断完善。一般说来,指导学习的过程大体由下列步骤组成。

(1) 征询指导者的指示或建议。其征询方式可以是简单的,也可以是复杂的;既可以是主动的,又可以是被动的。所谓简单征询是指由指导者给出一般性的意见,系统将其具体化;所谓复杂征询是指系统不仅要求指导者给出一般性的建议,而且还要具体地鉴别知识库中可能存在的问题,并给出修改意见;所谓被动征询是指系统只是被动地等待指导者提供意见;所谓主动征询是指系统不只是被动地接受指示而且还能主动地提出询问,把指导者的注意力集中在特定的问题上。

理论上讲,为了实现征询,系统应具有识别、理解自然语言的能力,这样才能使系统直接与指导者进行对话。但由于目前还不能完全实现这一要求,因而目前征询通常使用某种约定的语言进行。

(2) 把征询意见转换为可执行的内部形式。征询意见的目的是为了获得知识,以便用这些知识求解问题。为此,学习系统应具有把用约定形式表示的征询意见转化为计算机内部可执行形式的能力,并且能在转化过程中进行语法检查及适当的语义分析。

(3) 并入知识库。经转化后的知识就可并入知识库,在并入过程中要对知识进行一致性检查,以防止出现矛盾、冗余、环路等问题。

(4) 评价。为了检验新并入知识的正确性,需要对它进行评价。最简单也是最常用的评价方法是对新知识进行经验测试,即执行一些标准例子,然后检查执行情况是否与已知情况一致。若出现不一致,则表示新知识中存在某些问题,此时可把有关信息反馈给指导者,请他给出另外的指导意见。

指导学习是一种比较实用的学习方法,可用于专家系统的知识获取。它即可以避免由系统自己进行分析、归纳从而产生新知识所带来的困难,又无须领域专家了解系统内部的知识表示和组织的细节,因此目前应用较多。

8.4 类比学习

类比是人类认识世界的一种重要方法,也是诱导人们学习新事物、进行创造性思维的重要手段。类比学习就是通过类比,即通过对相似事物进行比较所进行的学习。类比学习的基础是类比推理,近年来由于对机器学习需求的增加,类比推理越来越受到人工智能、认知科学等的重视,希望通过对它的研究有助于探讨人类求解问题及学习新知识的机制。

8.4.1 类比推理

所谓类比推理是指,由于新情况与记忆中的已知情况在某些方面相似,从而推出它们在其他相关方面也相似。例如,有人说张三是个活雷锋,你立刻就可知道张三是个乐于助人的人。原因是你把张三的行为和雷锋的行为进行了类比,张三是个什么样的人已在头脑中形成。显然,类比推理是在两个相似域之间进行的:一个是已经认识的域,称为原域 S,它包括过去曾经解决过得相类似的问题以及相关的知识;另一个是当前尚未完全认识的域,称为目标域 T,它是遇到的新问题。类比推理的目的是从 S 中选出与当前问题最近似的问题及其求解方法来求解当前问题,或者建立起目标域中已有命题间的联系,形成新知识。

类比推理的过程可分为以下 4 步。

(1) 回忆与联想。在遇到新情况或新问题时,首先通过回忆与联想在 S 域中找到与当前相似的情况,这些情况是过去已经处理过的,有现成的解决方法及相关的知识。找出的相似情况可能不只一个,可依其相似度从高到低进行排序。

(2) 选择。从上一步找出的相似情况中选出与当前情况最相似的情况及有关知识。在选择时,相似度越高越好,这有利于提高推理的可靠性。

(3) 建立对应关系。这一步的任务是在 S 与 T 的相似情况之间建立相似元素的对应关系,并建立起相应的映射。

(4) 转换。这一步的任务是在上一步建立的映射下,把 S 中的有关知识引到 T 中来,从而建立起求解当前问题的方法或者学习到关于 T 的新知识。

以上每一步都有一些具体的问题需要解决,下面将结合两种具体的类比学习方法进行讨论。

8.4.2 属性类比学习

属性类比学习是根据两个相似事物的属性实现类比学习的。该系统中源域和目标域都是用框架表示的,框架的槽用于表示事物的属性,其学习过程是把源框架中的某些槽值传递到目标框架的相应槽中去,此种传递分为两步。

(1) 利用源框架产生推荐槽,这些槽的值可传送到目标框架。
(2) 利用目标框架中已有的信息来筛选由第一步推荐的相似性。

在"肖锋像辆消防车"这个例子中,考虑肖锋与消防车之间的相似。关于肖锋与消防车的框架如下:

肖锋	是一个(ISA)	人
	性别	男
	活动级	
	音量	
	进取心	中等
消防车	是一辆(ISA)	车辆
	颜色	红
	活动级	快
	音量	极高
	燃烧效率	中等
	梯高	异常(长,短)
	进取心	是一种(ISA)	个人品德

其中,消防车是源框架,肖锋是目标框架,目的是用消防车的信息来扩充肖锋的内容。先得推荐一组槽,它们的值可以传送,为此可用如下启发式规则。

(1) 选择那些用极值填写的槽。
(2) 选择那些已知为重要的槽。
(3) 选择那些与源框架没有密切关系的槽。
(4) 选择那些填充值与源框架没有密切关系的槽。
(5) 使用源框架中的一切槽。

这组规则用来寻找一种好的传递,对上述例题,将有下面一些结果。

(1) 活动级槽和音量级槽填有极值,所以它们首先入选。
(2) 若上述不存在,则根据规则(2)选择那些标记为特别重要的槽。本例无此情况。
(3) 下一规则将选择梯高槽,因为该槽不出现在其他类型的车辆中。
(4) 下一规则将选颜色槽,因为其他车辆都不是红色。
(5) 最后一条规则,若用它,则消防车的所有槽均为可能相似。

在从源框架被选择的槽中建立一组可能的传递框架之后,必须用目标框架的知识来筛选它们。这些知识体现在下面一组筛选启发规则中。

(1) 在目标框架中选择那些尚未填写的槽。
(2) 选择那些在目标框架中为"典型"实例的槽。
(3) 若第(2)步无什么可选,则选那些与目标有密切关系的槽。
(4) 若仍无什么可选,则选那些与目标中的槽相似的槽。
(5) 若仍无什么可选,则选那些与目标有密切关系的槽相似的槽。

在本例中,应用上述规则如下。

(1) 规则(1)将不消除任何推荐的槽。
(2) 规则(2)选了活动级槽和音量槽,因为它们典型地出现在关于人的框架中。如本例所示,尽管没有值,它们还是放在了肖锋的框架中。
(3) 若那些槽未被推荐,后面的规则将选择那些出现在其他关于人的框架中的槽。
(4) 若活动级和音量槽未清楚地标明为典型人的一部分,它们仍会被这规则选上。因存在进取心槽,而进取心表示个人品德这一事实是众所周知的。其他个人品德也该选上。
(5) 若进取心对肖锋是未知的,而对其他人是已知的,则别的个性槽将被选上。

处理结束时,关于肖锋的描述框架如下:

    肖锋   是一个(ISA)   人
           性别   男
           活动级   快
           音量   极高
           进取心   中等

正如已研究过的其他学习过程一样,此过程也依靠:

① 知识表示。用框架来表示要比较的对象,ISA 分层结构,以便找出被比较对象的密切关系。

② 问题求解。采用生成测试法,首先生成可能类似物,再挑最佳物。

因类比是问题求解和学习的有效形式,所以它正引起人们的足够注意。

8.4.3 转换类比学习

转换类比学习方法又称为"中间-结局分析"法,是纽厄尔等人在其完成的通用求解程序 GPS(general problem solver)中提出的一种问题求解模型,它求解问题的基本过程如下。

(1) 把问题的当前状态与目标状态进行比较,找出它们之间的差异。根据差异找出一个可减小差异的算符。

(2) 若该算符可作用于当前状态,则用该算符把当前状态改变为另一个更接近于目标的状态;若该算符不能作用于当前状态,即当前状态所具备的条件与算符所要求的条件不一致,则保留当前状态,并生成一个子问题,然后对此子问题再应用此法。

(3) 当子问题被求解后,恢复保留的状态,继续处理原问题。

转换类比学习由外部环境获得与类比有关的信息,学习系统找出和新问题相似的与旧问题有关的知识,并把这些知识进行转换使之适用于新问题,从而获得新的知识。

转换类比学习主要由回忆过程和转换过程组成。

回忆过程用于找出新、旧问题间的差别,具体如下。
(1) 新旧问题初始状态的差别。
(2) 新旧问题目标状态的差别。
(3) 新旧问题路径约束的差别。
(4) 新旧问题求解问题可应用度的差别。

由这些差别就可求出新、旧问题的差别度,其差别度越小,表示两者越相似。

转换过程把旧问题的求解方法经适当变换后,使之成为求解新问题的求解方法。变换时,其初始状态是与新问题类似的旧问题的解,即一个算符序列,目标状态是新问题的解。变换中要用"中间-结局分析"法来减少目标状态与初始状态间的差异,使初始状态逐步过渡到目标状态,即求出新问题的解。

尽管人类表现出具有从任何任务中吸取经验的普遍能力,而且类比学习具有很多优点,但是,由于类比学习是一种深层知识的学习行为,它需要大量的领域知识,如何表示和检索这些领域知识是一项相当棘手的任务;另外,类比学习不应该作为一种孤立的学习行为而存在,多个类比的结合以及类比和理论知识的结合会更易解决面临的问题;还有,类比本身存在着模糊的、不确定的因素,要在形式系统的范畴下解决类比有效性的问题,是相当困难的。因此,成功的类别学习系统还不多。

8.5 归纳学习

归纳学习是应用归纳推理进行学习的一类学习方法,按其有无教师指导可分为实例学习和观察与发现学习两种形式。

8.5.1 实例学习

实例学习又称示例学习或通过示例学习,它是通过从环境中取得若干与某概念有关的例子(包括正例和反例),经归纳得出一般性概念或规则的学习方法。例如,学习程序要学习"牛"的概念,可以先提供给程序以各种动物,并告知程序哪些动物是"牛",哪些不是"牛",系统学习后便概括出"牛"的概念模型或类型定义,利用这个类型定义就可作为动物世界中识别"牛"的分类准则。又如,教给一个程序下棋的方法,可以提供给程序一些具体棋局及相应的正确走法和错误走法,程序总结这些具体走法,发现一般的下棋策略。因此,实例学习就是要从这些特殊知识中归纳出适用于更大范围的一般性知识,它将覆盖所有的正例并排除所有的反例。

1. 实例学习的学习模型

实例学习的学习模型如图 8-2 所示。其学习过程是,首先从实例空间(环境)中选择合

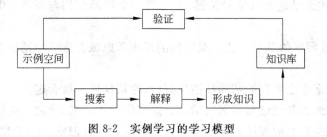

图 8-2　实例学习的学习模型

适的训练实例,然后经解释归纳出一般性的知识,最后再从实例空间中选择更多的示例对它进行验证,直到得到可实用的知识为止。

所谓实例空间是所有可对系统进行训练的实例集合。与实例空间有关的主要问题是示例的质量、数量以及它们在示例空间中的组织,其质量和数量将直接影响到学习的水平,而示例的组织方式将影响到学习的效率。搜索的作用是从实例空间中查找所需的实例。为了提高搜索的效率,需要设计合适的搜索算法,并把它与实例空间的组织进行统筹考虑。解释是从搜索到的示例中抽象出所需的有关信息供形成知识使用。当实例空间中的示例与知识的表示形式有很大差别时,需要将其转换为某种适合于形成知识的过渡形式。形成知识是指把经解释得到的有关信息通过综合、归纳等形成一般性的知识。验证的作用是检验所形成知识的正确性,为此需从实例空间中选择大量的示例。若通过验证发现形成的知识不正确,则需进一步获得实例,对刚才形成的知识进行修正。重复这一过程,直到形成正确的知识为止。

2. 实例学习的学习过程

下面使用温斯顿(Winston)提出的结构化概念学习程序的例子作为模型来说明实例学习的过程。该程序工作在简单的积木世界领域,其目的是构造积木领域中概念定义的表达。它所学习的概念房子、帐篷和拱如图 8-3 所示。图中也表达了每个概念近似物的例子。

程序从积木世界结构的线条画开始,并构造表示物体结构性描述的语义网络,这种结构性描述用作学习程序的输入。本例中房子的结构性描述如图 8-4 所示。

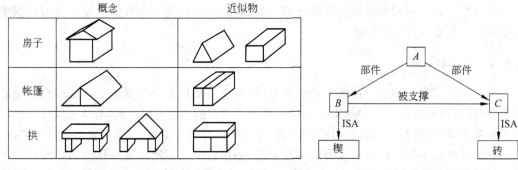

图 8-3　一些积木世界的概念　　　　　　图 8-4　房子的结构描述

结点 A 表示整个结构,它由两部分组成:结点 B(一楔)和结点 C(一砖)。图 8-5 和图 8-6 表示图 8-3 中两个拱形结构的描述。除顶部物体类型(一个顶部是砖,另一个是楔)不同外,其余的描述都相同。不过应注意两个支撑体的关系,除用了左侧和右侧链外,还用了不相接链说明两个支撑体不相接。若两个物体有面相接,且有公共边界,则称它们为相接。相接与否的关系是定义拱形的关键,它是第一个拱形结构与图 8-3 中近似结构的区别所在。

(1) 概念形成问题的基本方法。温斯顿的程序考虑概念形成问题的基本方法可简单描述如下。

① 从一已知概念之实例的结构性描述开始,称该描述为概念定义。

② 检查该概念的其他已知实例的描述。推广①中的定义,使之包含这些实例。

③ 检查近似物概念的描述。限制定义使之排除这些近似物。②步和③步可交替进行。

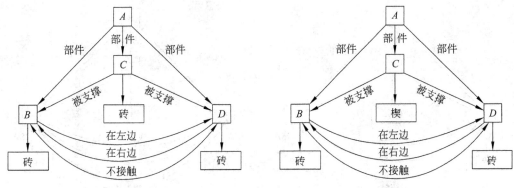

图 8-5　拱 1 的结构描述　　　　　　图 8-6　拱 2 的结构描述

这一过程中的②、③两步在很大程度上依赖于比较,根据比较才能找出结构的相似和差别。这种比较与别的匹配处理方法在很多方面是相同的,如决定一产生式规则是否能应用于具体的状态。因为必须找出相似和差别,所以这个过程不仅必须执行严格的匹配,也要执行近似匹配。比较过程的输出是一个骨架结构,它描述了两个输入结构之间的共性。骨架结构用一组比较点来注释,而这些比较点则描述了在输入之间的具体的相似和差别。

现说明这种方法是如何工作的。假设图 8-5 中关于拱的描述首先出现,则它就变成拱的定义。接着出现图 8-6 关于拱的描述,除用 C 标志的物体不同外,比较程序将返回一个类似于两个输入的结构,如图 8-7 所示。从结点 C 发出的 C-结点链说明比较程序在此发现了差别。它注意到差别出现在 ISA 链上:在第一个结构中,ISA 指向砖;在第二个结构中,ISA 链指向楔。而且若跟随从砖和楔发出的 ISA 链,这些链最终将合并。在合并处,一个关于拱形概念的新描述就产生了。这个新描述只是说 C 点既可为砖形也可为楔形。但由于此具体差别尚无预言的意义,更好的办法是沿着砖或楔的 ISA 结构再上溯直到它们汇合时为止。假若汇合出现在结点"物体"上,则拱的定义可建立为如图 8-8(a)所示。

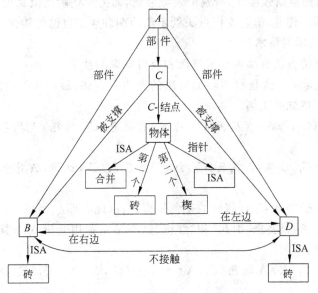

图 8-7　两个拱的比较

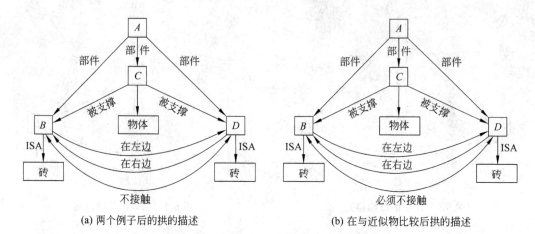

(a) 两个例子后的拱的描述　　　　　(b) 在与近似物比较后拱的描述

图 8-8　拱的两种描述

接着,假若图 8-3 中所示的近似物出现。比较程序注意到近似物与当前定义的差别就是点 B 和点 D 之间的不相接链。但因为这是近似物,所以没有必要推广定义去包含它,而是要限制定义去排除它。为此,着手修改不相接链。因它可能仅仅记录所给定的少数例子中某些偶然 ISA 对的情况,故现在就必须说它一定不相接。这样,拱的描述如图 8-8(b)所示。实际上,"一定不相接"不完全是一新链。在链的类型中,必定存在某个结构反映相接、不相接和一定不相接的关系。

(2) 各种学习程序的差别。上面讨论的实例学习方法已为各种学习程序所使用。尽管这些程序不完全相同,但却具有共同的重要特性,即它们依赖环境给予的输入作为实例学习的事例。但是它们也可能在几个重要方面具有差别。

① 某些程序依赖一个由教师提供,且经过仔细挑选的训练过的事例序列,而另外一些程序则对它们遇到的事例的顺序不敏感。

② 某些程序,如温斯顿程序,特别依赖近似物,而另一些则只依靠正面实例。虽不使用近似物的学习程序已建立,但若推广过头就不能检测和纠正自己的错误。

3. 实例学习的学习技术

利用实例学习的方法有多种形成概念和获得规则的技术。

(1) 变量代换常量。这是枚举归纳常用的方法。例如,假设实例空间中有如下两个关于扑克牌中"同花"概念的实例。

实例 1：花色$(C_1,梅花) \land$ 花色$(C_2,梅花) \land$ 花色$(C_3,梅花) \land$ 花色$(C_4,梅花) \rightarrow$ 同花(C_1,C_2,C_3,C_4)

实例 2：花色$(C_1,红桃) \land$ 花色$(C_2,红桃) \land$ 花色$(C_3,红桃) \land$ 花色$(C_4,红桃) \rightarrow$ 同花(C_1,C_2,C_3,C_4)

其中,花色$(C_1,梅花)$表示 C_1 这张牌的花色是梅花,以此类推。

对于这两个实例,只要把"梅花"和"红桃"这些常量都用变量 X 替换,便得到一条关于同花的一般性规则。

规则 1：花色$(C_1,X) \land$ 花色$(C_2,X) \land$ 花色$(C_3,X) \land$ 花色$(C_4,X) \rightarrow$ 同花(C_1,C_2,C_3,C_4)。

(2) 舍弃条件。舍弃条件是指把实例中的某些无关的子条件舍去。例如对如下实例：

花色$(C_1,红桃)\wedge$点数$(C_1,2)\wedge$花色$(C_2,红桃)\wedge$点数$(C_2,4)\wedge$花色$(C_3,红桃)\wedge$点数$(C_3,6)\wedge$花色$(C_4,红桃)\wedge$点数$(C_4,8)\to$同花(C_1,C_2,C_3,C_4)。

由于"点数"对形成"同花"概念不存在直接的影响,这样可把实例中的"点数"子条件舍去,如若再把"红桃"用变量 X 代换,则可得上述的规则1。

(3) 增加操作。有时需要通过增加操作来形成知识,常用的技术有前件析取法和内部析取法。

前件析取法是通过对实例的前件进行析取操作来形成知识的。例如,设有如下关于"人面牌"的实例,所谓"人面牌"是指点数为 J、Q、K 的牌。

实例1:点数$(C_1,J)\to$人面牌(C_1)

实例2:点数$(C_1,Q)\to$人面牌(C_1)

实例3:点数$(C_1,K)\to$人面牌(C_1)

若将各实例的前件进行析取,则可得如下知识:

规则2:点数$(C_1,J)\vee$点数$(C_1,Q)\vee$点数$(C_1,K)\to$人面牌(C_1)。

内部析取法是在实例的表示中使用集合与集合间的成员关系来形成知识的。例如,设有如下实例:

实例1:点数$(C_1)\in\{J\}\to$人面牌(C_1)

实例2:点数$(C_1)\in\{Q\}\to$人面牌(C_1)

实例3:点数$(C_1)\in\{K\}\to$人面牌(C_1)

用内部析取法可得如下知识:

$$点数(C_1)\in\{J,Q,K\}\to 人面牌(C_1)$$

(4) 合取变析取。这是通过把实例中条件的合取关系变为析取关系来形成一般性知识的。例如,由"男同学与女同学可以组成一个班"可以归纳出"男同学或女同学可以组成一个班"。

(5) 归结归纳。利用归结原理,可得如下形成知识的方法。即,由:

$$P\wedge E_1\to H$$
$$\neg P\wedge E_2\to H$$

可得

$$E_1\vee E_2\to H$$

例如,设有如下两个实例:

实例1:某天下雨,且自行车在路上出了毛病需修理,所以他上班迟到。

实例2:某天没下雨但交通堵塞,所以他上班迟到。

由这两个实例,通过归结归纳,可得如下知识:

若自行车在路上出了毛病需修理,或者交通堵塞,则他有可能上班迟到。

(6) 曲线拟合。假设实例空间存放有如下3个实例:

实例1:$(0,2,7)$

实例2:$(6,-1,10)$

实例3:$(-1,-5,-16)$

这是三个3维向量,表示空间中三个点,现要求出过这三点的曲线。

对于这个问题可采用通常的曲线拟合技术,归纳出规则为

$$(x, y, 2x+3y+1)$$

即

$$z = 2x + 3y + 1$$

8.5.2 观察与发现学习

观察与发现学习是一种无教师指导的归纳学习。观察学习用于对实例进行概念聚类，形成概念描述；发现学习则用于发现规律，产生定律或规则。

1. 概念聚类

概念聚类就是一种观察学习。人类观察周围的事物，对比各种物理的特性，把它们划分为动物、植物和非生物，并给出每一类的定义。这种把观察的事物按一定的方式和标准进行分组，使不同的组代表不同的概念，并对每组进行特征概括，得到相应概念的语义符号，这个过程就是概念聚类。

例如，对如下的一些事物：

喜鹊、麻雀、布谷鸟、乌鸦、鸡、鸭、鹅、啄木鸟…

通过观察，根据它们是否家养分成如下两类：

鸟 = {喜鹊、麻雀、布谷鸟、乌鸦、啄木鸟…}

家禽 = {鸡、鸭、鹅…}

这里，"鸟"和"家禽"就是由分类而得到的新概念，并且根据相应的动物特征还可得知：

"鸟有羽毛、有翅膀、会飞、会叫、野生"

"家禽有羽毛、有翅膀、会飞、会叫、家养"

若把它们的共同特征抽取出来，就可进一步形成"鸟类"的概念。

2. 发现学习

发现学习是系统直接从（数据）环境中归纳总结出规律性知识的一种学习，即是指机器获取知识无须外部拥有该知识的实体的帮助，甚至蕴涵在客观规律中的这类知识至今尚未被人所知。因此发现学习也是一种高级的学习过程，它要求系统具有复杂的问题求解能力，可分为经验发现和知识发现两种。

在目前人工智能的研究中，一个典型的发现学习系统是 AM，该数学发现学习系统从集合论的几个基本概念出发，经过学习可以发现标准数论的一些概念和定理，甚至有一些数学家未提出的概念。另一个是发现物理学中经验性定律的学习系统 BACON.3，若给程序提供一系列气体体积随温度、压力变化的实验数据，系统经过学习概括和归纳推理，可以得出理想气体的波义耳定律；若提供的是电路的电阻、电流和电压的实验数据，则可以发现欧姆定律；这个系统还能归纳出开普勒、伽利略和库仑等物理学基本定律；在 BACON.3 的基础上开发的 BACON.4 不仅可发现欧姆定律、阿基米德定律等物理学定律，还能发现一些早期化学家发现的定律，如普罗斯特定律、盖吕萨克定律、康尼查罗测定法以及普罗斯特的假设等。

8.6 解 释 学 习

解释学习是近年来出现的一种机器学习方法。这种方法是通过运用相关的领域知识，对当前提供的实例进行分析，构造解释结构，然后对解释进行推广得到相应知识的一般性描述。

8.6.1 解释学习的概念

解释学习与类比学习和归纳学习不同,它是通过运用相关的领域知识及一个训练实例来对某一目标概念进行学习,并最终生成这个概念的一般描述的可形式化表示框架。

解释学习的一般框架如下。

给定:领域知识、目标概念、训练实例、操作性准则。

找出:满足操作性准则的关于目标概念的充分条件。

其中,领域知识是相关领域的事实和规则,在学习系统中作为背景知识,用于证明训练实例为什么可作为目标概念的一个实例,从而形成相应的解释;目标概念是要学习的概念;训练实例是为学习系统提供的一个例子,在学习过程中起着重要的作用,它应能充分地说明目标概念;操作性准则用于指导学习系统对描述目标的概念进行取舍,使得通过学习产生的关于目标概念的一般性描述成为可用的一般性知识。

由上述描述可以看出,在基于解释的学习中,为了对某一目标概念进行学习,得到相应的知识,就必须为学习系统提供完善的领域知识以及能说明目标概念的训练实例。系统进行学习时,首先运用领域知识找到训练实例为什么是目标概念之实例的解释,然后根据操作性准则对解释进行推广,从而得到关于目标概念的一个一般性描述,即一个可供以后使用的形式化表示的一般性知识。

8.6.2 解释学习的过程

解释学习的学习过程一般分两个步骤进行。

1. 构造解释结构

这一步的任务是要解释提供给系统的实例为什么是满足目标概念的一个实例,其解释的过程是通过领域知识进行演绎推理而实现的,解释的结果是得到一个解释结构。

用户输入实例后,系统首先进行问题求解。若由目标引导反向推理,则从领域知识库中寻找有关规则,使其后件与目标匹配。找到这样的规则后,就把目标作为后件,该规则作为前件,并记录这一因果关系。然后以规则的前件作为子目标,进一步分解推理。如此反复,沿着因果链,直到求解结束。一旦得到解,便解释了该例的目标是可以满足的,并最后获得了解释的因果解释结构。

构造解释结构通常有两种方式:一种是将问题求解的每一步推理所用的算子汇集,构成动作序列作为解释结构;另一种是采用自顶向下的方法对解释树的结构进行遍历。前者比较概括,略去了关于实例的某些事实描述;后者比较细致,每个事实都出现在解释树中。解释的构造即可以在问题求解时进行,也可以在问题求解结束后沿着解的路径进行,因此形成了边解边学和解完再学的两种不同的方法。

2. 获取一般性的知识

这一步的任务是对上一步得到的解释结构进行一般化处理,从而得到关于目标概念的一般性知识。处理的方法通常是将常量转化为变量,即把例子中的某些不重要的信息只保留求解所必需的那些关键信息,经过某种方式的组合,形成产生式规则,从而获得以后可应用的一般性知识。

当以后求解类似问题时,可直接利用这个知识求解,这就提高了系统求解问题的效率。

8.6.3 解释学习的例子

为了具体了解解释学习的学习过程,先来看一个简单的例子。假设要学习的目标概念是:年轻人总比年纪大的人更充满活力,并已知如下事实:

(1) 一个实例:小甲比他的父亲更充满活力。

(2) 一组论域知识:假设这一组论域知识能解释给出的实例就是目标概念的例子。

解释学习时,系统首先利用论域知识,找到所提供的实例的解释,即:小甲之所以比他父亲更充满活力,是由于他比他的父亲年纪轻;然后对此解释进行一般化推广,即任何一个儿子都比父亲年纪轻;由此可得出结论:任何一个儿子都比他的父亲更充满活力。这就是解释学习所要学习的最终描述。

再来看一个例子:假设要学习的目标概念是一个物体(Obj_1)可以安全地放在另一个物体(Obj_2)上,即

$$Safe\text{-}To\text{-}Stack(Obj_1, Obj_2)$$

(1) 构造解释结构。首先,对要学习的目标概念进行逻辑描述,训练实例为描述物体 Obj_1 和 Obj_2 的下述事实:

$$On(Obj_1, Obj_2)$$
$$Isa(Obj_1, book\text{-}AI)$$
$$Isa(Obj_2, table\text{-}book)$$
$$Volume(Obj_1, 1)$$
$$Density(Obj_2, 0.1)$$

领域知识是把一个物体放置在另一个物体上面的安全性准则:

$\neg Fragile(y) \rightarrow Safe\text{-}To\text{-}Stack(x, y)$

$Lighter(x, y) \rightarrow Safe\text{-}To\text{-}Stack(x, y)$

$Volume(p, v) \wedge Density(p, d) \wedge *(v, d, w) \rightarrow Weight(p, w)$

$Isa(p_2, table\text{-}book) \rightarrow Weight(p_2, 15)$

$Weight(p_1, w_1) \wedge Weight(p_2, w_2) \wedge Smaller(w_1, w_2) \rightarrow Lighter(p_1, p_2)$

解释过程如图 8-9 所示。这是一个由目标概念引导的逆向推理,最终获得了一个解释结构。

(2) 获取一般性的知识。对图 8-9 所示的解释结构进行一般性处理可得图 8-10 所示的一般化解释结构,由此将一般化解释结构的所有叶结点合取作为前件,以顶点的目标概念为后件,略去解释结构的中间部件,就生成如下一般性知识:

$Volume(O_1, v_1) \wedge Density(O_1, d_1) \wedge *(v_1, d_1, w_1) \wedge Isa(O_2, table\text{-}book) \wedge Smaller(w_1, 15)$
$\rightarrow Safe\text{-}To\text{-}Stack(O_1, O_2)$

8.6.4 领域知识的完善性

在基于解释的学习系统中,系统通过运用领域知识逐步地进行演绎,最终构造出训练实例满足目标概念的解释。在这一过程中,领域知识的完善性对产生正确的学习描述起着重要的作用;但若领域知识不完善,则有可能导致以下两种极端情况:

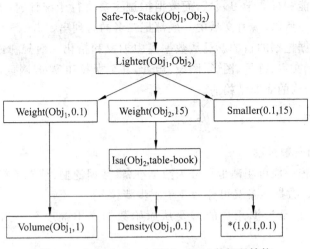

图 8-9 Safe-To-Stack(Obj_1,Obj_2)的解释结构

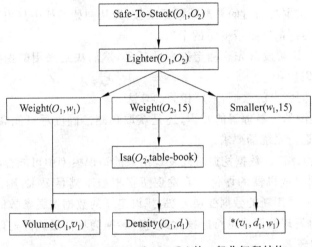

图 8-10 Safe-To-Stack(O_1,O_2)的一般化解释结构

(1) 构造不出解释。这一般是由于系统中缺少某些相关的领域知识，或者是领域知识中包含了矛盾等错误引起的。

(2) 构造出了多种解释。这是由于领域知识不健全，已有的知识不足以把不同的解释区分开来造成的。

解决上述问题最根本的办法是提供完善的领域知识；另外，系统也应具有测试和修正不完善知识的能力，使问题尽早发现、尽快解决。

8.7 知识发现与数据挖掘

知识发现与数据挖掘现已成为人工智能和信息科学领域的一个热门方向。知识发现的全称是从数据库中发现知识(knowledge discovery from data base, KDD)；数据挖掘有时也称数据开采、数据采掘等(data mining, DM)；其实二者的本质含义是一样的，只是知识发现主要流行于人工智能和机器学习领域,而数据挖掘主要流行于统计、数据分布、数据库和管理信息系统等领域。所以,现有文献中一般都把二者同时列出。

知识发现和数据挖掘的目的就是从数据集中抽取和精化一般规律或模式,其所涉及的数据形态包括数值、文字、符号、图形、图像、声音,甚至视频和 Web 网页等,数据组织方式可以是有结构的、半结构的或非结构的。

8.7.1 知识发现

1. 知识发现的一般过程

知识发现的过程一般可粗略地划分为数据准备、数据挖掘、结果解释和评估这三步。

(1) 数据准备。数据准备又可分为 3 个子步骤。

① 数据选取。它是根据用户的需要从原始数据库中抽取得一组目标数据,即操作对象。

② 数据预处理。它一般包括消除噪声、推导计算缺值数据、消除重复记录、完成数据类型转换等。

③ 数据交换。它主要的目的是消减数据维数,即从初始特征中找出真正有用的特征以减少数据挖掘时要考虑的特征或变量的个数。

(2) 数据挖掘。该阶段首先要确定挖掘的任务,然后决定采用的挖掘算法。选择挖掘算法主要考虑两个因素:

① 针对具有不同特点的数据,采用相关的算法。

② 是获取描述型的容易理解的知识,还是获取预测准确度尽可能高的预测性知识,这取决于用户或实际运行系统的要求。

(3) 结果解释和评价。数据挖掘阶段发现出来的知识模型中可能存在冗余或无关的情况,所以还要经过用户或机器的评价。若发现所得模型不满足要求,则需退回发现阶段之前,重新选取数据,或采用新的数据变换方法,或设定新的数据挖掘参数值,甚至换一种挖掘算法。另外,还要对发现的模式进行可视化或进行转换为易懂形式的处理。

2. 知识发现的任务

知识发现的任务就是知识发现所要得到的具体结果。

(1) 数据总结。它的目的是对数据进行浓缩,给出它的紧凑描述,例如计算出数据库的各个字段上的求和值、平均值、方差值等,或用直方图、饼状图等图形方式表示。数据挖掘主要关心从数据泛化的角度来讨论数据总结。数据泛化是一种把数据库中的有关数据从低层次抽象到高层次的过程。

(2) 概念描述。

① 特征描述。它是从与学习任务相关的一组数据中提取出关于这些数据的特征式,这些特征式表达了该数据集的总体特征。

② 判断描述。它描述了两个或多个类之间的差异。

(3) 分类。它是数据挖掘中非常重要的任务,分类的目的是提出一个分类函数或分类模型,该模型能把数据库中的数据项映射到给定类别中。

(4) 聚类。它是根据数据的不同特征,将其划分为不同的类,目的是使属于同类的个体间的距离尽可能得小。而不同类的个体间的距离尽可能得大。聚类方法包括统计、机器学习、神经网络和面向数据库等方法。

（5）相关性分析。它的目的是发现特征之间或数据之间的相互依赖关系。数据相关性关系代表一类重要的可发现知识。若从元素 A 的值可推出元素 B 的值，则称 B 依赖于 A。这里的元素可以是字段，也可以是字段间的关系。

（6）偏差分析。它的基本思想是寻找观察结果与参照量之间的有意义的差别。通过发现异常，可以引起对特殊情况的加倍注意。

（7）建模。建模就是通过数据挖掘，构造出能描述一种活动、状态或现象的数学模型。

3. 知识发现的对象

（1）数据库。它是当然的知识发现对象。当前研究比较多的是关系数据库的知识发现，其主要研究课题有超大数据量、动态数据、噪声、数据不完整性、冗余信息和数据稀疏等。

（2）数据仓库。它是一种新的数据处理技术，能从大量的事物型数据库中抽取数据，将其清理、转换为新的存储格式，即为决策目标，继而把数据聚合在一种特殊的格式之中，这种支持决策的、特殊的数据存储即被称之为数据仓库。

① 数据仓库的定义。它的定义有很多，公认的数据仓库之父 W. H. Inmon 将其定义为"数据仓库是面向主题的、集成的、不同时间的、不可更新的、以支持管理决策处理过程的数据集合。"具体来讲，数据仓库收集不同数据源中的数据，用户从数据仓库中进行查询和数据分析；数据仓库中的数据应是良好定义的、一致的、不变的，数据量也应足够支持数据分析、查询、报表生成以及可与长期积累的历史数据相对比；数据仓库是一个决策支持环境，通过数据的组织给决策支持者提供分布的、跨平台的数据，使用过程中可忽略许多技术细节。

② 数据仓库的特征。它有 4 个特征：数据仓库的数据是面向主题的（例如顾客、产品、销售商等）；数据仓库的数据是集成的，可以有不同的方法，如相容变量名的转换、对变量采用一致的度量单位，对数据采用相同的数据类型和结构等；数据仓库的数据是稳定的，库中对数据只有加载数据和存储数据两种操作，没有更新数据的功能；数据仓库的数据是随时间不断变化的。以上特征使得数据仓库的环境与传统数据库完全不同。

（3）Web 信息。随着 Web 的迅速发展，分布在 Internet 上的 Web 网页已构成了一个巨大的蕴藏着丰富知识的信息空间，因此，它理所当然地成为一个知识发现对象。

① 内容发现是指从 Web 文档的内容中提取知识，它又分为对文本文档（包括 text、HTML 等格式）和多媒体文档（包括 image、audio、video 等类型）的知识发现。

② 结构发现是指从 Web 文档的结构信息中推导知识，包括文档之间的超链接结构、文档内部的结构、文档 URL 中的目录路径结构等。

（4）图像和视频数据。图像和视频数据中也存在着需要挖掘的有用信息，例如，地球资源卫星每天都要拍摄大量的图像或录像，白天和黑天的图像、可能发生洪水时和正常情况下的图像都不一样，通过分析这些图像的变化，可以推测天气的变化，可以对自然灾害进行预报。这类问题在通常的处理中需要通过人工来分析这些变化规律，从而不可避免地漏掉了许多有用的信息。

8.7.2 数据挖掘概述

随着信息管理系统的广泛应用和数据量激增，人们希望能够提供更高层次的数据分析功能，从而更好地对决策或科研工作提供支持。正是为了满足从大量数据中提取出其中有用信息的这种需求,才使得机器学习应用于大型数据库的数据挖掘技术得到了长足的发展。

1. 数据挖掘的概念

数据挖掘就是从大量的、不完全的、有噪声的、模糊的和随机的数据中,提取隐含在其中的、人们事先不知道的、但又是潜在有用的信息和知识的过程。数据挖掘是一门广义的交叉学科,它汇聚了不同领域的研究者,尤其是数据库、人工智能、数理统计、可视化和并行计算等方面的学者和工程技术人员。

数据挖掘技术从一开始就是面向应用的,它不仅是面向特定数据库的简单检索查询调用,而且要对这些数据进行微观及至宏观的统计、分析、综合和推理,用以指导实际问题的求解,力图发现事件间的相互关联,甚至可利用已有的数据对未来的活动进行预测。例如,美国著名的 NBA 篮球教练,利用某公司提供的数据挖掘技术,临场决定替换队员,一度在数据库界被传为佳话。这预示着人们对数据的应用,已从低层次的末端查询操作,提高到为各级经营决策者提供决策支持。这种需求的动力,比数据库查询更为强大。

2. 数据挖掘的必要性

随着数据挖掘研究逐步地走向深入,人们愈发清醒地认识到,数据库、人工智能和数理统计是数据挖掘的三个主要技术支柱。

数据库技术在经历了 20 世纪 80 年代的辉煌之后,很多数据库学者已转向数据仓库和数据挖掘的研究,从对演绎数据库的研究转向对归纳数据库的研究。数据挖掘往往依赖于经过良好组织和预处理的数据源,数据的好坏直接影响数据挖掘的效果,因此数据的前期准备是数据挖掘过程中一个非常重要的阶段;而数据仓库具有从各种数据源中抽取数据的能力,具有对数据进行清洗、聚集和转移等处理的能力,这些恰好为数据挖掘提供了良好的进行前期数据准备的工作环境。因此,数据仓库和数据挖掘技术的结合就成为一种必然的趋势。目前,许多数据挖掘工具都采用了数据仓库的技术。

专家系统曾经是人工智能研究工作者的骄傲。在研究一个专家系统时,知识工作者首先要从领域专家那里获取知识,但知识获取是专家系统研究中公认的瓶颈问题;其次,在整理、表达从领域专家那里获取的知识时,知识表示又成为一大难题;此外,即使某个领域的知识通过一定方式获取并表达了,但这样做成的专家系统对常识和百科知识却出奇的贫乏。以上这三大难题大大限制了专家系统的应用,使专家系统目前还停留在发动机故障诊断一类的水平上。人工智能学者,尤其是从事机器学习的科学工作者开始正视现实生活中大量的、不完全的、有噪音的、模糊的、随机的大数据样本,也开始走上了数据挖掘的道路。

数理统计是应用数学中最重要、最活跃的学科之一,然而它和数据库技术结合得并不算快,但一旦有了从数据查询到知识发现、从数据演绎到数据归纳的要求,则数理统计就会获得新的生命力,在与数据挖掘的结合上便会呈现出"忽如一夜春风来,千树万树梨花开"的景象。

当前,数据挖掘研究正方兴未艾,它的研究和应用受到了学术界和实业界越来越多的重视。进行数据挖掘的开发并不需要太多的积累,同时在 Internet 上可以免费获取关于数据挖掘的一些研究成果,可以相信数据挖掘技术势必可以得到更加广泛的应用和更加迅速的发展。

8.7.3 数据挖掘技术简介

数据挖掘涉及的学科领域和方法很多,本节将以挖掘任务为主线,讨论数据挖掘中的机器学习方法,并对现阶段研究热点可视化挖掘和神经网络挖掘技术做简要介绍。

1. 分类和预测

分类在数据挖掘中是一项非常重要的任务,分类的目的是学会一个分类函数或分类点,该分类函数能把数据库中的数据项映射到给定类别中。分类和回归都一样可用于预测,预测的目的是从历史数据记录中自动推导出对给定数据的推广描述,从而能对未来数据进行预测。

要构造分类器,需要有一个训练样本数据集作为输入。训练集由一组数据库记录或元组构成,每个元组是由有关字段(又称属性或特征)值组成的特征向量,此外,训练样本还有一个类别标记。一个具体样本的形式可为$(v_1, v_2, \cdots, v_n; c)$其中$v_i$表示字段值,$c$表示类别。

分类器的构造方法有机器学习方法、神经网络方法、统计方法等。在机器学习方法中包括决策树法和规则归纳法,前者对应为决策树或判断树,后者则一般为产生式规则。下面介绍基于决策树的分类算法。

(1) 基于决策树的分类。基于决策树的分类是以实例为基础的归纳学习算法,它着眼于从一组无次序、无规则的事例推理中推理出决策树表示形式的分类规则。所谓决策树是一个类似于流程图的树结构,其中每个内部结点表示在一个属性上的测试,每个分支代表一个测试输出,而每个树叶结点代表类或类分布,树的最顶层结点是根结点。当经过一批训练实例集的训练而产生一棵决策树后,决策树可以根据属性的取值对一个未知实例进行分类。使用决策树对实例进行分类时,由树根开始逐步测试每个对象的属性值,并且顺着分支向下走,直至到达某个叶结点,此叶结点代表的类即为该对象所处的类。一棵典型的决策树如图 8-11 所示。它表示对某超市的顾客是否可能购买计算机进行分类。其中内部结点用矩形表示,而树叶结点用椭圆表示。

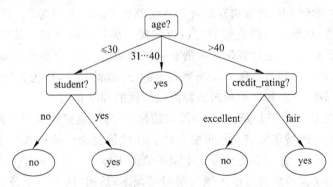

图 8-11 概念 buy-Computer 的决策树

由图 8-11 可知,可能购买计算机的顾客是

(age <= 30) ∧ (Student? = yes) ∨ (31 < age <= 40)

∨ (age > 40) ∧ (Credit-rating ? = fair)

决策树的基本算法是以自顶向下递归的各个击破方式构造决策树。算法基本步骤

如下：

算法：generate-decision-tree 由给定的训练数据产生一棵决策树。

输入：训练样本 samples，由离散值属性表示；候选属性的集合 attribute-list。

输出：一棵决策树。

步骤：

① 建结点 N；

② IF samples 都在同一类 C THEN 返回 N 作为叶结点，以类 C 标记；

③ IF attribute-list 为空 THEN 返回 N 作为叶结点，标记为 samples 中最普通的类；//多数表决

④ 选择 attribute-list 中具有最高信息增益的属性 test-attribute；

⑤ 记结点 N 为 test-attribute；

⑥ or each test-attribute 中的已知值 a_i；//划分 Samples

⑦ 结点 N 长出一个条件为 test-attribute＝a_i 的分支；

⑧ S_i 是 Samples 中 test-attribute＝a_i 的样本集合；//一个划分

⑨ IF S_i 为空 THEN 上一个树叶，标记为 Samples 中最普遍的类 ELSE 加上一个由 Generate-decision-tree(Si, attribute-list-test-attribute) 返回的结点。

由于该算法不需要使用领域知识，决策树的学习和分类步骤通常很快，但仍存在许多缺陷，有关这方面的详细内容读者可参阅相关文献。

(2) 简化决策树。当创建决策树时，除去分类的正确性应放在第一位考虑外，决策树的复杂程度是另一个需要考虑的重要因素。通常由于数据中包括了噪声和孤立点，决策树无法区分，使之对正确或错误的数据均能建模，加之正确数据本身的规律性又会被噪声所淹没，所以决策树将会随着噪声的存在而变大。另外，由于选取的描述语言不当，使得无法简洁表示有关概念，也导致决策树过大。因此，为简化决策树常采用预剪枝和后剪枝两种方法。

① 预剪枝。在决策树基本算法中，要求以每个叶结点的训练实例都属于同一类作为算法的停止条件，在此条件下，决策树对所有训练实例分类的错误率为 0。预剪枝算法通过改变算法的停止标准，从而提前停止树的构造以实现对决策树的剪枝。其停止标准为：一是控制决策树的扩展高度；二是计算每次扩展对系统的增益，若该增益小于某个阈值则不进行扩展。实际上，选取一个适当的阈值是相当困难的，一般情况下，作为判断是否停止扩展决策树的增益选择标准，可与每次扩展时选择测试属性的标准相同。

② 后剪枝。它的基本思想是，以某种给定的标准，对完成扩展的树剪掉分支，从而实现决策树的简化。常用的剪枝标准是代价复杂性。在代价复杂性剪枝算法中，最下面未被剪枝的结点成为树叶结点，并用它先前分支中最频繁的类标记。对于树中每个非树叶结点，算法计算该结点上的子树被剪枝可能出现的期望错误率；然后，使用每个分支的错误率，同时考虑沿每个分支观察的评估权重，计算不对该结点剪枝的期望错误率；若剪去该结点导致较高的期望错误率，则保留该子树；否则剪去该子树。这样，在产生一组逐渐被剪枝的树之后，使用一个独立的测试集评估每棵树的准确率，就能得到具有最小期望错误率的决策树。

当然，还可以交叉使用预剪枝和后剪枝，形成组合式方法。后剪枝所需的计算比预剪枝多，但产生的决策树更可靠。

2. 基于关联规则的挖掘

关联规则挖掘是应用最为广泛的一种数据挖掘方法,其主要目的是为了发现大量数据中的相关联系。

(1) 关联规则挖掘概述。关联规则是描述在一个事件中不同的项之间同时出现规律的知识模式,具体针对一个事物数据库来说,关联规则就是通过量化的数据描述某种物品的出现对另一种物品的出现会有多大影响。对于关联规则的挖掘,一个典型例子是购物篮的分析,如图 8-12 所示。

TID	项 ID 的列表
T100	11,12,15
T200	12,14
T300	12,13
T400	11,12,14
T500	11,13
T600	12,13
T700	11,13
T800	11,12,13,15
T900	11,12,13

图 8-12 某超市的货物数据

该过程通过发现顾客放入其购物篮中不同商品之间的联系,分析顾客的购买习惯,了解哪些商品频繁地被顾客同时购买。这种关联的发现可以帮助零售商有选择地经销和安排货架,制定营销策略,促进销售。

目前,关联规则的挖掘研究具有以下发展趋势。

① 从单一概念层次关联规则的发现发展到多概念层次的关联规则的发现,即在很多具体应用中,挖掘规则可以作用到数据库的不同层面上。

② 提高算法效率,其思路是,一种是减少数据库扫描次数;另一种是利用采样技术,对要挖掘的数据集合进行选择;最后一种是采用并行数据挖掘。

③ 此外,对获取的关联规则总规模的控制,如何选择和进一步处理所获得的关联规则、模糊关联规则的获取和发现等也是关联规则所要研究的关键性课题。

最后对将涉及的有关参数和术语作如下说明:

设 $R=\{I_1,I_2,\cdots,I_m\}$ 是一组物品集,D 是一组事务集,D 中的每个事务 T 是一组物品,$T \in R$。假设有一个物品集 A,一个事务 T,若 $A \in T$,则称事务 T 支持物品集。关联规则是如下形式的一种蕴涵:$A \rightarrow B$,其中 A、B 是两组物品,$A \in I, B \in I$ 且 $A \cap B = \varnothing$。一般可用 4 个参数描述一个关联规则的属性。

① 可信度。简单地说,关联规则 $A \rightarrow B$ 的可信度就是指在出现了物品集 A 的事物中,物品集 B 也同时出现的概率有多大,表示为 $P(B|A)$。

② 支持度。关联规则 $A \rightarrow B$ 的支持度是指一组事物 W 中同时支持物品集 A 和 B 的概率,即,A 和 B 这两个物品集的并集 C 在所有的事务中出现的概率,表示为:$P(A \cap B)$。

③ 期望可信度。关联规则 $A \rightarrow B$ 的期望可信度是指在没有任何条件影响时,物品集 B 在所有事物中出现的概率,表示为:$P(B)$。

④ 作用度。关联规则 $A \rightarrow B$ 的作用度是可信度与期望可信度的比值,它描述物品集 A 的出现对物品集 B 的出现有多大影响。

下面再给出几个术语的定义。

① 项集。项的集合称为项集。

② K-项集。包含 K 个项的项集称为 K-项集。

③ 项集的概率。即项集出现的频率,它是包含项集的事物数。

④ 频繁项集。满足最小支持度的项集称为频繁项集,其中项集满足最小支持度是指该项集出现的频率大于或等于最小支持度与 D 中事务总数的乘积。

⑤ L_k 频繁 K-项集的集合。

(2) 布尔关联规则挖掘。布尔关联规则挖掘是关联挖掘中最简单的形式,其挖掘的关联规则是单维的、单层的,其中最经典的挖掘算法是 Apriori 算法。

关联规则的挖掘问题就是在事物数据库 D 中找出具有用户给定的最小支持度(min-sup)和最小可信度(min_conf)的关联规则。其过程可分解为以下两个子问题:

① 找出存在于事物数据库中所有频繁项集。

② 利用频繁项集生成关联规则,对于每个频繁项集 A,若 $B \in A, B \neq \varnothing$,且 confidence $(B \rightarrow (A-B)) \geqslant$ min_conf,则构成关联规则 $B \rightarrow (A-B)$。

第二个子问题比较容易,目前大多数研究集中在第一个子问题上,如著名的 Apriori 算法,算法使用频繁项集性质的先验知识,利用逐层搜索的迭代方法,首先,找出频繁 1-项集的集合,该集合记作 L_1;L_1 用于找频繁 2-项集的集合 L_2,而 L_2 用于找 L_3,如此下去,直到不能找到频繁 K-项集。

① 算法找频繁项集。在 Apriori 算法中找到每个 L_k,都需要扫描数据库一次。为提高频繁项集逐层产生的效率,一种称作 Apriori 的重要性质用于压缩搜索空间。

算法:Apriori 使用逐层迭代法找出频繁项集。

输入:事物数据库 D;最小支持度阈值 min_sup。

输出:D 中的频繁项集。

方法:

L_1=find_frequent_1_intemSets(D);
for(k=2;$L_{k-1} \neq \varnothing$;k++)
C_k=Apriori_gen (L_{k-1}, min_sup);
for each transaction $t \in D$ {   //scan D For counts
        C_t=Subset(C_k,t);   //get the subsets of t the are candidates
        for each candidate $C \in D$
        C.count++
            }
L_k={$C \in C_k$ | C.count$\geqslant$min_sup}
}
return L=$u_k L_k$

procedure apriori_gen(L_{k-1};frequent($k-1$)_itemSets;min_Sup : mininum support

```
threshold)
    for each itemset L₁ ∈ L_{k-1}
        for each itemset L₂ ∈ L_{k-1}
        if (L_1[1]=L_2[1] ∧ L_1[2]=L_2[2] ∧ … ∧ L_1[k-2]=L_2[k-2] ∧ L_1[k-1]<L_2[k-1])
        then{C=L_1 ∞ L_2;              //join step;generate candidates
            if has_infrequent_Subset(C,L_{k-1})
                then delete C;          //prune step ;remove unfruitful candidate
                else add C to C_k;
            }
    return C_k;

        procedure-has_infrequent_subset(c:candidatek_itemset;L_{k-1}:frequent(k-1)_
        itemset)//use priori knowledge
for each (k-1)_subset s of C
    if s ∉ L_{k-1} then
    return true;
    return false;
```

其算法简单说明如下：第 1 步找出频繁 1-项集的集合 L_1；在第 2～10 步，L_{k-1} 用于产生候选 C_k，以找出 L_k；第 3、4 步 apriori-gen 过程产生候选，然后使用 apriori 性质删除那些具有非频繁项集的候选，一旦产生了所有的候选，就扫描数据库（第 5 步）；对于每个事务，使用 subset 函数找出事物中是候选的所有子集（第 6、7 步），并对每个这样的候选累加计数（第 8、9 步）。最后，所有满足最小支持度的候选形成频繁项集 L。

② 由频繁项集产生关联规则。找出频繁项集后，可通过如下两个步骤产生关联规则：一是对于每个频繁项集，产生 L 的所有非空子集；二是对 L 的每个非空子集，若

$$\frac{\text{Support} - \text{Count}(L)}{\text{Support} - \text{Count}(S)} \geqslant \text{min-conf}$$

则输出规则为

$$S \rightarrow (L - S)$$

其中，Support-Count(x) 是包含项集 x 的事物数，min-conf 是最小置信度阈值。

下面举例说明关联规则的产生过程。

对于图 8-12 中的事务数据库，假定数据包含频繁项集 $L=\{I_1,I_2,I_5\}$，则 L 的非空子集有 $\{I_1,I_2\},\{I_1,I_5\},\{I_2,I_5\},\{I_1\},\{I_2\},\{I_5\}$。可得关联规则和置信度如下：

$I_1 \wedge I_2 \rightarrow I_5$ Confidence=2/4=50%
$I_1 \wedge I_5 \rightarrow I_2$ Confidence=2/2=100%
$I_2 \wedge I_5 \rightarrow I_1$ Confidence=2/2=100%
$I_1 \rightarrow I_2 \wedge I_5$ Confidence=2/6=33%
$I_2 \rightarrow I_1 \wedge I_5$ Confidence=2/7=29%
$I_5 \rightarrow I_1 \wedge I_2$ Confidence=2/2=100%

可见，若最小置信度阈值为 70%，则只有第 2、3 和最后一个规则可以输出。

对很多应用来说,由于数据分布的分散性,所以很难在数据最细节的层次上发现一些关联规则,因此,数据挖掘还应该提供一种在多个层次上进行挖掘的功能。

3. 可视化挖掘技术

正如科学计算可视化一样,可视化技术就是为人们参与知识挖掘的过程提供方便,它采用一些较为直观的方法帮助理解数据库中的通过挖掘后产生的数据,这样可使人机协同工作提高效率。现有的适于进行大型数据库可视化采集的技术有以下几种。

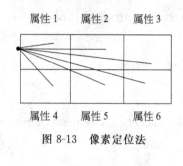

图 8-13 像素定位法

(1) 像素定位法。它将每个数据的值映射为一个彩色像素点,将每个属性的对应值显示在不同的窗口中,如图 8-13 所示。像素定位技术主要有独立于查询的像素定位技术和依赖于查询的像素定位技术。

(2) 几何投影技术。它目的在于寻找多维数据集的投影,几何投影技术包括勘查统计技术中的重要元素分析、权值分析、多维标度以及平行坐标可视化技术。

(3) 基于图标的技术。其主旨是将每个数据项表示为图标。

(4) 等级技术和基于图像的技术。等级技术的著名代表是 n 维技术、维数压栈和数标。等级技术向下分为 k 维空间,主要集中在观察多变量函数、基于图像的方法是使用专门算法、查询语言以及分布式技术去有效地表示一个大图像。

4. 基于神经网络的挖掘

神经网络发展到现在,已在很多领域中获得了成功,从而为减少数据挖掘的计算复杂度提供了前提条件。神经网络不仅在常规规则的发现方面有所应用,而且对难以用关系逻辑、符号处理和解析方法表达的规律有很好的挖掘效果。模式的发现通常是采用统计相关分析、逻辑推理以及模糊判断等方法,但这些常规方法在识别混沌模式上具有一定的困难,可神经网络能较好地解决这些困难,感兴趣的读者可参阅相关文献。

8.8 学习控制系统

学习控制系统是一个能在其运行过程中逐步获得受控过程及环境的非预知信息,积累控制经验,并在一定的评价标准下进行估值、分类、决策和不断改善系统品质的自动控制系统。

学习控制具有 4 个主要功能:搜索、识别、记忆和推理。在学习控制系统的研制初期,对搜索和识别的研究较多,而对记忆和推理的研究比较薄弱。学习控制系统一般分为两类,即在线学习控制系统和离线学习控制系统,分别如图 8-14 和图 8-15 所示。图中,R 代表参考输入;Y 为输出响应;u 为控制作用;S 为转换开关。当开关接通时,该系统处于离线学习状态。

离线学习控制系统应用较广,而在线学习控制系统则主要用于比较复杂的随机环境。但在线学习比离线学习需要更长的时间。在很多情况下都是两种方法结合使用,先用离线方法尽可能获取先验信息,然后再进行在线学习控制。

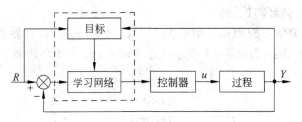

图 8-14　在线学习控制系统原理框图

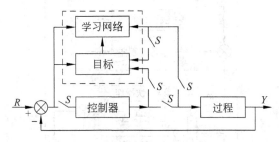

图 8-15　离线学习控制系统原理框图

8.8.1　基于模式识别的学习控制

基于模式识别的学习控制系统如图 8-16 所示。从图可见,该控制器中含有一个模式(特征)识别单元和一个学习(学习与适应)单元。模式识别单元实现对输入信息的提取与处理,提供控制决策和学习适应的依据,这包括提取动态过程的特征信息和识别特征信息。换句话说,模式识别单元对学习控制系统起到重要作用。学习与适应单元的作用是根据在线信息来增加与修改知识库的内容,改善系统性能。

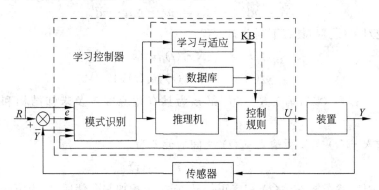

图 8-16　基于模式识别的学习控制系统的一种结构

8.8.2　反复学习控制

反复学习控制是一种学习控制策略,它反复应用先前实验得到的信息(而不是系统参数模型),以获得能够产生期望输出轨迹的控制输入,改善控制质量。

反复学习控制的任务是,给出系统的当前输入和当前输出,确定下一个期望输入使得系统的实际输出收敛于期望值。因此,在可能存在参数不确定性的情况下,可通过实际运行的输入输出数据获得存储好的控制信号。

图 8-17 给出反复学习控制系统的一般框图。图中，y_d 代表有界连续期望输出；u_k 为第 k 次迭代参考输入；u_{k+1} 为第 $k+1$ 次迭代参考输入；y_k 为闭环控制系统的第 k 次实际迭代输出，$k=1,2,\cdots,n$。

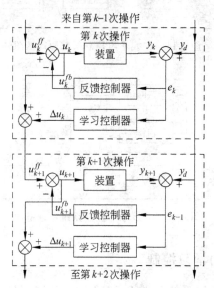

图 8-17　反复学习控制原理框图

从图 8-17 可见，控制系统输入由两部分组成，一为由反馈控制器（PID 控制器或自适应控制器）产生的反馈输入 u_{k+1}^{fb}，另一为由前一个控制输入 u_k 和学习控制器的输出 Δu_k 组成的前馈输入 u_{k+1}^{ff}，即第 $(k+1)$ 次操作的总控制输入为

$$u_{k+1} = u_{k+1}^{ff} - u_{k+1}^{fb} = u_k + \Delta u_k - u_{k+1}^{fb}$$

假设受控对象（装置）具有下列动态过程：

$$\left.\begin{aligned} x_k(t) &= f(t, x_k(t), u_k(t)) \\ y_k(t) &= g(t, x_k(t), u_k(t)) \end{aligned}\right\} \tag{8-1}$$

其中，$x_k \in R^{n \times 1}$，$y_k \in R^{m \times 1}$，$u_k \in R^{r \times 1}$，f 和 g 为具有相应维数及未知结构和参数的矢量函数。

令期望输入 $y_d(t)$ 与实际输入 $y_k(t)$ 之间的偏差为

$$e_k(t) = y_d(t) - y_k(t) \tag{8-2}$$

第 k 次学习的参考输入 $u_k(t)$ 和修正信号 $\Delta u_k(t)$ 相加并存储后，作为第 $(k+1)$ 次学习的给定输入，即

$$u_{k+1}(t) = L(u_k(t), e_k(t)) \tag{8-3}$$

式(8-3)给出了反复控制的基本思想，也就是说，对于第 $(k+1)$ 次学习，其输入是从第 k 次输入和第 k 次学习经验得到的，随着有效经验的反复积累，式(8-4)

$$e_k(t) \to 0, \quad k \to \infty, \quad (k-1)T \leqslant t \leqslant kT \tag{8-4}$$

成立，或者

$$y_k(t) \to y_d(t), \quad k \to \infty, \quad (k-1)T \leqslant t \leqslant kT \tag{8-5}$$

因而学习得到的实际输出逐渐逼近期望输出,其中,T 为学习采样周期。

图 8-18 所示为一具有闭环系统的反馈学习控制系统方案。这种方案能够在有限时间间隔内精确跟踪一类非线性系统,而且学习是在反馈结构下进行的,学习律更新了由前一次实验的装置输入得到的反馈输入。通过采用装置输入饱和器,能够扩展这类非线性系统。可用当前的装置输入(而不是当前的前馈控制输入)更新下一次迭代的前馈控制输入。若使用一个稳定的控制器(它能提供良好的性能),而且把饱和范围设定得足够大,则该反馈控制输出一定能够使装置的输出不偏离期望输出轨迹,而停留在其邻域内,因此借助反馈控制输入,前馈控制输入能够很快的收敛于期望值。当前馈控制输入使实际输出精确地跟随期望输出轨迹时,反馈控制器的输出为 0,因为反馈控制器的输入也是 0。

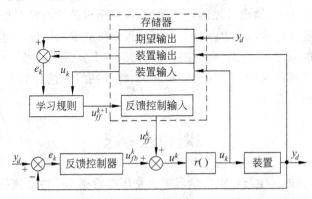

图 8-18 具有反馈控制器和输入饱和器的反复学习控制系统

8.8.3 自学习控制系统

自学习控制系统是通过在线实时学习,自动获取知识,并将所学到的知识用来不断地改善具有未知特征过程的控制性能。自学习与学习的区别在于自学习是不具有外来校正的学习,不给出关于系统反应正确与否的任何附加信息。图 8-19 给出了自学习控制系统的一般结构示意图。该结构主要由产生式自学习控制器、执行集、传感器和被控对象组成。产生式自学习控制器包括综合数据库、学习环节、控制规则集和控制策略。监督器在这里已简化为一个比较器,用于比较给定信号与系统输出反馈信号,并给出误差信号。选例器隐含在综合数据库中,主要是接受输入、输出及误差信息。

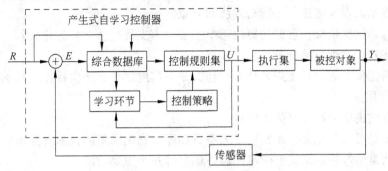

图 8-19 一个产生式自学习控制系统

产生式自学习控制依据专家知识和负反馈控制的基本原理,设计如下产生式规则:

$$\text{IF } \underset{\sim}{E} \text{ and } \underset{\sim}{\dot{E}} \text{ AND } \sum \underset{\sim}{E} \text{ THEN } \underset{\sim}{U} \tag{8-6}$$

这种控制策略是由误差数据驱动而产生的控制作用,根据控制效果和评价准则,可以通过学习单元采用适当的学习方法进行学习,对施加于被控对象的控制作用进行校正,以逐步改善和提高该控制系统的质量。

一种线性再励学习校正算法为:

$$u_k = u_k + (1-\alpha)\Delta u_k \tag{8-7}$$

其中,u_{k+1}、u_k 分别为第 $(k+1)$ 次和第 k 次采样的控制作用;Δu_k 为第 k 次学习的校正量;α 为校正系数,可根据专家经验选取 $0\sim1$ 之间的某一数值。校正量 Δu_k 由系统的第 k 次和第 $(k-1)$ 次输入、输出及控制量的数据,按照所设的学习模型加以确定。

让控制系统本身具有学习能力一直是控制工程师所追求的目标,自从傅京逊在 1970 年提出这种学习控制的概念以后,对学习控制的研究一直十分活跃。可以相信,学习控制技术随着相关学科如计算机技术、人工智能、模糊逻辑、神经网络和遗传算法等技术的综合运用一定会持续得到发展和普及。

习题和思考题

1. 什么是学习和机器学习?机器学习主要是围绕着哪几个方面进行研究的?
2. 什么是学习系统?一个学习系统应具有哪些能力?
3. 机器学习的主要策略是什么?
4. 试述机器学习系统的基本结构,并说明各部分的作用。
5. 机械学习的基本思想是什么?机械学习有哪些重要问题需要加以研究?
6. 指导学习一般包括哪几个学习步骤?
7. 什么是类比推理?推理过程包含哪几个步骤?
8. 利用类比策略学习问题的求解方法时,一般有几种类比法?简述转换类比的思想。
9. 什么是归纳学习?归纳学习一般又可分为哪两种学习形式?
10. 简述实例学习的学习过程,以及所采用的技术。
11. 观察与发现学习策略可以学习哪些方面的知识?
12. 什么是解释学习?解释学习的学习过程包含哪些步骤?
13. 简述知识发现的任务、过程、方法和对象。
14. 什么是数据挖掘?数据挖掘的三个主要技术支柱是什么?为什么?
15. 试述基于决策树的分类思想。
16. 数据挖掘中的关联规则是什么?什么是可信度?什么是支持度?什么是期望可信度?什么是作用度?
17. 试举例说明关联规则的生成过程。
18. 什么是可视化挖掘技术?适于大型数据库可视化采集的技术有几种?请说明。
19. 什么是学习控制系统?学习控制系统有哪几个主要功能?
20. 学习控制系统有哪些典型结构?请举例说明。

第9章 群集智能

9.1 群集智能概述

人们在很早的时候就对自然界中存在的群集行为颇感兴趣,如大雁在飞行时自动排成人字形,蝙蝠在洞穴中快速飞行时却可以不发生相互碰撞的事故等。对于这些和谐现象的一种合理解释是,群体中的每个个体都遵守一定的行为准则,当它们按照这些准则相互作用时就会表现出上述的复杂行为。基于这一思想,Craig Reynolds 在 1986 年提出一个仿真生物群体行为的模型 BOID。这是一个人工鸟系统,其中每只人工鸟被称为一个 BOID,它有三种行为:分离、列队及聚集,并且能够感知周围一定范围内其他 BOID 的飞行信息。BOID 根据该信息,结合其自身当前的飞行状态,并在那三条简单行为规则的指导下做出下一步的飞行决策。Reynolds 用计算机动画的形式展现了该系统的行为,每个 BOID 能够在即将相撞时立即自动分开,在遇到障碍物分开后又会重新合拢。实际上,尽管这种群集智能模型在 1986 年就出现了,但直到 1999 年以后,在 E·Bonabeau 和 M. Dorigo 等人编写的一本专著《群集智能:从自然到人工系统》(*Swarm Intelligence: From Natural to Artificial System*,牛津大学出版社)才正式提出群集智能(Swarm Intelligence)概念。

所谓群集智能(swarm intelligence)指的是由众多无智能的简单个体所组成的群体,通过相互间的简单合作能够表现出整体智能行为的特性。在自然界中,动物、昆虫常以集体的力量进行觅食和生存,图 9-1 是在博茨瓦纳的奥卡万戈河三角洲观察到的红嘴奎利亚雀返回栖息地时形成一个巨大群体的壮观现象。生物的这种特性是在漫长的进化过程中逐渐形成的,对它们的生存和进化有着十分重要的影响,在这些群体中单个个体所表现出来的是既简单又缺乏智能的行为;而且各个个体之间的行为是相同的,但由个体组成的群体却表现出了一种既有效又复杂的智能行为。群集智能可以在适当的进化机制引导下通过个体交互以某种突现形式发挥作用,这是个体以及可能的个体

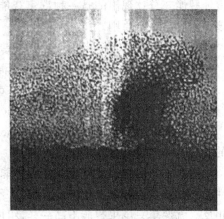

图 9-1 红嘴奎利亚雀群

智能难以做到的。目前,对群集智能的研究尚处于初级阶段,但是它越来越受到国际智能计算研究领域学者的关注,并逐渐成为一个新的重要的研究方向。

群集智能以群体为主要载体,通过它们个体之间的间接或直接通信进行并行式问题求解。Bonabeau 等人认为群集智能是任何启发于群居性昆虫群体和其他动物群体的集体行为而设计的算法和分布式问题解决装置。群集智能的特点是最小智能但自治的个体利用个体与个体和个体与环境的交互作用实现完全分布式控制,并具有自主性、反应性、学习性和

自适应性。

目前研究群集智能的方法多是从多 Agent 系统的观点来进行的。该观点假定多 Agent 系统中的每个个体能够感知环境,包括自身和其他 Agent 对环境的改变,Agent 间通过环境变化来彼此间接通信。而且在一些研究中将人类社会中的一些性能移植到群集智能中去,比如假定每个 Agent 都具有"意志"、"信念",各 Agent 之间既有合作又有竞争,而且遵守各种协议等。国内外许多学者从多 Agent 系统的观点研究讨论了群集智能的性能特点,认为群集智能是一组可相互通信,互相影响的主动和可移动的 Agent 组成,每个 Agent 只能存取局部信息,而没有中心控制和具有全局观点的个体,是一种分布式的计算环境。

最近国内学者从进化观点的角度探讨了群集智能的现象并采用一种特殊的人工神经网络为群集智能建立了数学模型。该观点将群体看作成"离散的脑袋",采用离散的人工神经网络来模拟该"离散的脑袋",建立了随机(连接)神经网络的群集智能模型。具体地说,(以蚂蚁筑巢为例)就是将每只昆虫看成是一个神经元,它们之间的通信联络看成是各神经元之间的连接,但是连接是随机的而不是固定的。即用一个随机连接的神经网络来描述一个群体,这种神经网络所具有的性质就是群集智能。

在群集智能的研究与发展的基础上,研究者先后提出了多种群集智能优化算法,当前最典型的有遗传算法、蚁群算法、粒子群算法以及鱼群算法,为解决优化问题提供了新思维。

9.1.1 群集智能的基本概念

群集智能这个概念来自对自然界中的一些如蚂蚁、蜜蜂等昆虫的观察。单只昆虫的智能并不高,几只昆虫凑到一起,就可以一起往巢穴搬运路上遇到的食物。如果是一群昆虫,它们就能协同工作,建立起坚固、漂亮的居所,一起抵御危险,抚养后代。这种群居性生物的整体智能充分体现出的是一种群集智能行为。Millonas. M. M 在 1994 年提出群集智能应该遵循 5 条基本原则。

(1) 邻近原则(proximity principle),群体能够进行简单的空间和时间计算。
(2) 品质原则(quality principle),群体能够响应环境中的品质因子。
(3) 多样性反应原则(principle of diverse re-sponse),群体的行动范围不应该太窄。
(4) 稳定性原则(stability principle),群体不应在每次环境变化时都改变自身的行为。
(5) 适应性原则(adaptability principle),在所需代价不太高的情况下,群体能够在适当的时候改变自身的行为。

这些原则说明实现群集智能的智能主体必须能够在环境中表现出自主性、反应性、学习性和自适应性等智能特性。但是,这并不代表群体中的每个个体都相当复杂,事实恰恰与此相反。就像单只昆虫智能不高一样,组成群体的每个个体都只具有简单的智能,它们通过相互之间的合作表现出复杂的智能行为。因此,群集智能的核心是由众多简单个体组成的群体能够通过相互之间的简单合作来实现某一功能,完成某一任务。其中,"简单个体"是指单个个体只具有简单的能力或智能,而"简单合作"是指个体和与其邻近的个体进行某种简单的直接通信或通过改变环境间接与其他个体通信,从而可以相互影响、协同动作。

群体智能具有如下特点。

(1) 控制是分布式的,不存在中心控制。因而它更能够适应当前网络环境下的工作状态,并具有较强的鲁棒性,即不会由于某一个或某几个个体出现故障而影响群体对整个问题的求解。

(2) 群体中的每个个体都能够改变环境,这是个体之间间接通信的一种方式,这种方式被称为"激发工作"(stigmergy)。由于群集智能可以通过非直接通信的方式进行信息的传输与合作,因而随着个体数目的增加,通信开销的增幅较小,因此,它具有较好的可扩充性。

(3) 群体中每个个体的能力或遵循的行为规则非常简单,因而群集智能的实现比较方便,具有简单性的特点。

(4) 群体表现出来的复杂行为是通过简单个体的交互过程突现出来的智能(emergent intelli-gence),因此,群体具有自组织性。

为了进一步理解群集智能概念,可从不同的角度进行说明。

1. 从人工智能角度

人工智能学科正式诞生于1956年,但关于智能至今仍没有一个公认的定义。由于人们对智能本质有不同的理解,所以在人工智能长期的研究过程中形成了多种不同的研究途径和方法。其中主要包括符号主义(Symbolism)、连接主义(Connectionism)和行为主义(Behaviorism)。符号主义认为,人类智能的基本单元是符号,智能来自于谓词逻辑与符号推理,其代表性成果是机器定理证明和各种专家系统。连接主义认为,智能产生于大脑神经元之间的相互作用及信息往来的过程中,因此它通过模拟大脑神经系统结构来实现智能行为,典型代表为神经网络。行为主义模拟了人在控制过程中的智能活动和行为特性,如自寻优、自适应、自学习、自组织等,强调智能主体与环境的交互作用。行为主义与符号主义、连接主义的最大区别在于它把对智能的研究建立在可观测的具体行为活动的基础上。在行为主义人工智能系统中,每个智能体都是在逻辑上或物理上分离的个体,它们都是某一任务的执行者,而且都具有"开放的"接口,可以与其他智能体进行信息的交换。这些智能体能够自主适应客观环境,而不依赖于设计者制定的规则或数学模型,这种适应的实质就是该复杂系统的各要素(智能体和周围环境)之间存在精确的联系。也就是说,在行为主义人工智能系统中必然存在一些协调机制,这些协调机制可以使智能主体与外界环境相适应,使智能主体的内部状态(即智能主体所具有的几个行为,如避障、探索等)相互配合,并在多个智能主体之间产生协作。显然,协调机制的好坏直接影响智能系统的性能,因而寻找合理的协调机制成为行为主义人工智能的主要研究方向。群集智能是行为主义人工智能的一种代表性方法,设计行为主义人工智能系统的三条基本原则同样适用于群集智能系统的设计。这三条原则是简单性原则、无状态原则和高冗余性原则。这里,简单性原则是指群体中每个个体的行为应尽量简单,以使系统便于实现,而且更加可靠;无状态原则是指设计时应该使系统的内部状态与外在环境保持同步,要求所保留的状态不能在系统中长时间起作用,这就使得系统对于环境的变化和其他失误有更强的适应能力;高冗余性原则是指设计时应该使系统能够与不确定因素共存,而不是消除不确定因素,这样可使智能系统的学习和进化过程保持多样性。

2. 从复杂性科学角度

复杂性科学是研究复杂系统行为与性质的科学,其目标是解答一切常规科学范畴无法解答的问题。圣塔菲研究所的George A. Cowan认为,复杂性往往是指一些特殊系统所具有的一些现象,这些系统都由很多子系统组成,子系统之间相互作用,通过某种目前尚不清楚的自组织过程使得整个系统变得更加有序。Cowan对复杂性的认识有如下两个关键点:

一是复杂性属于某个系统的内禀性质或特征;二是这个性质是突现的,即它是不能通过子系统的性质来预测的,是自组织过程的结果。具有此类性质的系统被称为复杂适应系统(ComplexAdaptive Systems,CAS)。在 CAS 中,复杂的事物是由小而简单的事物发展而来,这种现象被称为复杂系统的涌现现象,涌现的本质就是由小生大,由简入繁。我国学者用"开放的复杂巨系统"的概念来描述具有同样一些性质的系统,这类系统包括错综复杂的社会系统、人体系统、生态环境系统等,对这些系统关键信息特征或功能特征的研究就是复杂性研究的内容,其中包括进化和共同进化特性、适应性、自组织过程、自催化过程、临界性、多层次特性、相变及混沌的边缘等,最重要的就是宏观整体的涌现性质。与笛卡儿哲学不同,复杂系统的涌现特性代表着另一种看待世界的哲学观念。以笛卡儿哲学为基础的近现代科学以及文化传统强调从上到下的还原与分析方法,强调有一个中心控制单元的结构,是一种机械的观点。而复杂性研究则强调从下到上的集成方法,强调突现,这是非笛卡儿的观点。群集智能是对自然界中简单生物群体涌现现象的具体研究,因而它从属于复杂性研究,并且遵从非笛卡儿的哲学观念。在研究群集智能时应该采取自下而上的研究策略。

9.1.2 群集智能研究方法的主要优缺点

1. 群集智能的主要优点

群集智能具有的优点如下。

(1) 群体中相互合作的智能体是分布的,这样更能够适应当前网络环境下的工作状态。

(2) 没有中心控制与数据,这使系统更具有鲁棒性,不会因为某一个或者某几个智能体的故障而影响整个问题的求解。

(3) 可以不通过智能体间直接通信,而采用非直接通信进行合作,使系统具有更好的可扩充性,尽管系统中由于智能体数量的增加而增加,但系统通信耗费却较小。

(4) 系统中每个智能体的能力非常简单,执行时间较短且实现也较容易,具有简单性。

(5) 智能体相互作用能突现出整体的行为,系统所有上层智能行为都是通过智能体的基本规则相互作用产生的,所以在多任务情况下,对于每一子任务可以分别编制、调试、学习。

(6) 群体智能中,信息处理原则是基于发生在实际生命中大量并行处理过程,群集智能系统的强大并行性大大地提高了系统的运算速度及能力。

(7) 人工生命中的一个重要原则,就是整体大于部分和的思想,由于群集智能的整体行为是由智能体行为突现而产生的,智能体在相互作用中的负关系将会因智能体自身的相互用规则而消减,正关系将得以增强,对于智能体之间的冲突和任务协调等问题,由底层智能体相互作用的规则解决,减少上层对智能体之间的协作、协调控制,避免了上层控制干预下层动作的情况,使得每一层次的控制任务都非常清晰,增加了系统协作协调的效率。

2. 群集智能系统的主要缺点

群集智能的研究还处于萌芽阶段,还存在很多不足,主要缺点如下:

(1) 群集智能的思想是根据对生物群体观察得来的,是概率算法,从数学上对于它们的正确性与可靠性的证明仍比较困难。

(2) 这些算法都是专用算法,一种算法只能解决某一类问题,各种算法之间的相似性很差。

(3) 系统高层次的行为是需要通过低层次智能体间的简单行为交互突现产生。单一个体控制的简单并不意味着整个系统设计的简单。

(4) 系统设计时也要保证多个智能体简单行为交互能够突现出所希望看到的高层次复杂行为，这可以说是群集智能中一个极为困难的问题。

9.1.3 群集智能的底层机制

1. 自组织

自组织是一种动态机制，由底层单元的交互而呈现出系统的全局性的结构。交互的规则仅仅依赖于局部信息，而不依赖于全局的模式。自组织是系统自身涌现出的一种性质，系统中没有一个中心控制模块，也不存在一个部分控制另一部分的情况。自组织的特点就是通过利用同一种介质或者媒体创建时间或空间上的结构。比如蚂蚁筑的巢、寻找食物时的路径等。正反馈群体中的每个具有简单能力的个体表现出某种行为，会遵循已有的结构或者信息指引自己的行动，并且释放自身的信息素，这种不断的反馈能够使得某种行为得到加强。尽管一开始都是一些随机的行为，但大量个体遵循正反馈的结果，却呈现出一种自组织结构，自然界通过系统的自组织来解决问题。理解了大自然中如何使生物系统自组织，就可以模仿该策略使系统自组织。

2. 间接通信

群体系统中个体之间如何进行交互是个关键问题。个体之间有直接的交流，如触角的碰触、食物的交换和视觉接触等，但个体之间的间接接触更加微妙，已有研究者用 Stigmergy 来描述这种机制：也就是个体感知环境，对此作出反应，又作用于环境。Grasse 首先引入 Stigmergy 来解释白蚁筑巢中的任务协调。Stigmergy 在宏观上提供了一种将个体行为和群体行为联系起来的机制。个体行为影响着环境，又因此而影响着其他个体的行为。个体之间通过作用于环境并对环境的变化作出反应来进行合作。总而言之，环境是个体之间交流、交互的媒介。从蚂蚁觅食到蚂蚁聚集尸体到蚂蚁搬运、筑巢，个体之间的通信机制总是离不开 Stigmergy 机制，对于环境的作用，通常由各种各样的信息素来体现。

3. 涌现

群集智能中的智能就是大量个体在无中心控制的情况下体现出来的宏观有序的行为，这种大量个体表现出来的宏观有序行为称之为涌现现象。没有涌现现象，就无法体现出智能。因此，涌现是群集智能系统的本质特征。"遗传算法之父"约翰·霍兰在文献中对涌现现象进行了较为深入的探索，他认为涌现现象的本质是"由小生大，由简入繁"，并且把细胞组成生命体、简单的走棋规则衍生出复杂的棋局等现象都视为涌现现象。他认为神经网络、元胞自动机等可以算作涌现现象的模型。群体智能的涌现现象与系统论、复杂系统中阐述的涌现本质上是相同的，它是基于主体的涌现。1979 年霍夫施塔特对基于主体的涌现作了描述，整个系统的灵活的行为依赖于相对较少的规则支配的大量主体的行为。研究群集智能系统，要弄清涌现现象的普遍原理，建立由简单规则控制的模型来描述涌现现象的规律。

9.1.4 群集智能不同算法的比较

自 20 世纪 90 年代以来，群集智能算法的研究引起了许多学者的极大兴趣，并出现了蚁群算法、粒子群优化算法、人工鱼群算法等一些典型的群集智能优化算法。现就群集智能不同优化算法的异同作比较如下。

1. 相同点

(1) 都是一类不确定的算法。不确定性体现了自然界生物的生理机制，并且在求解某些特定问题方面优于确定性算法。群集智能优化算法的不确定性是伴随其随机性而来的，其主要步骤含有随机因素，从而在算法的迭代过程中，事件发生与否带有很大的不确定性。

(2) 都不依赖于优化问题本身的严格数学性质，如连续性、可导性。

(3) 都是基于多个智能体的优化算法。群集智能优化算法中的各个智能体之间通过相互协作来更好地适应环境，表现出与环境交互的能力。

(4) 都是具有本质并行性。本质并行性表现在两个方面：一是群集智能优化算法的内在并行性，即群集智能优化算法本身非常适合大规模并行，二是群集智能优化算法的内含并行性，这使得群集智能优化算法能以较小的计算获得较大的收益。

(5) 都具有突现性。群集智能优化算法总目标的完成是在多个智能个体行为的运动过程中突现出来的。

(6) 都具有自组织性和进化性。在不确定的复杂环境中，群集智能优化算法可通过自学习不断提高算法中个体的适应性。

(7) 都具有鲁棒性。群集智能优化算法的鲁棒性是指在不同条件和环境下算法的适应性和有效性。由于群集智能优化算法不依赖于问题本身的严格数学性质和所求问题本身的结构特征，因此用群集智能优化算法求解许多不同问题时，只需要设计相应的评价函数，而基本无须修改算法的其他部分。

2. 不同点

虽然目前流行的蚁群算法、粒子群优化算法、人工鱼群算法等都属于群集智能优化算法，但是它们在算法机理、实现形式等方面存在许多不同之处，具体如下。

(1) 蚁群算法。蚁群算法采用了正反馈机制，这是不同于其他群集智能优化算法最为显著的一个特点。基本蚁群算法一般需要较长的搜索时间，且易陷入局部最优或出现停滞现象。基本蚁群算法主要用于离散空间的优化问题。蚁群算法的参数设置尚无严格的理论依据，更多地依赖于经验与实验。蚁群算法的收敛性能对初始化参数的设置比较敏感。

(2) 粒子群优化算法。粒子群优化算法是一种原理相当简单的启发式算法。粒子群优化算法受所求问题维数的影响较小。粒子群优化算法也存在着一些难以解决的问题，如精度较低、易发散等。基本粒子群优化算法主要用于连续空间函数的优化问题。粒子群优化算法的数学基础比较薄弱，目前还缺乏具有普遍意义的理论分析。

(3) 人工鱼群算法。人工鱼群算法具有快速跟踪极值点漂移的能力，而且也具有较强的跳出局部极值点，获得全局极值的能力。人工鱼群算法具有对初值、参数选择不敏感、鲁棒性强、简单、易于实现等诸多特点。人工鱼群算法获取的是系统的满意解域，对于精确解的获取，还需对其进行改进。基本人工鱼群算法主要用于连续空间函数的优化问题。当人工鱼个体数目较少时，人工鱼群算法便不能体现其快速有效的群体优势。人工鱼群算法的数学基础比较薄弱，目前还缺乏具有普遍意义的理论分析。

研究群集智能系统的特性与规律，是一个具有理论和应用两个方面重要意义的课题。它的研究与发展，为人工智能领域带来新的活力，提供了解决问题的全新角度和方法，同时由于它具有广阔的市场前景、和人类社会经济发展密切相关，其现实意义非常明显。

3. 存在问题

经过十几年的发展，群集智能凭借其简单的算法结构和突出的问题求解能力，吸引了众多研究者的关注，并取得了一些令人注目的研究成果，但目前还没有形成系统的理论，还存在以下几个方面的问题。

(1) 群集智能算法的理论依据源于对群居生物社会系统的模拟，因此从数学上对它们的正确性与可靠性的证明比较困难，所做的工作也比较少，还缺乏具备普遍意义的理论性分析，算法中涉及的各种参数设置还没有确切的理论依据，通常是按照经验型方法确定，对具体问题和应用环境的依赖性比较大。

(2) 同其他的自适应问题处理方法一样，群集智能也不具备绝对的可信性，当处理突发事件时，系统的反应可能是不可测的，这在一定程度上增加了其应用的风险。

(3) 群集智能与其他各种智能方法和先进技术的有机融合尚嫌不足。

研究群集智能算法的机理，分析应用中出现的问题，改进、完善现有算法，同时结合目前突飞猛进的计算机技术，提出普适、有效的群集智能算法新方法，必将为人工智能领域带来新的活力，提供解决问题的全新角度和方法，这对群集智能方法广泛用于解决人工智能问题有重要意义。

9.2 蚁群算法

9.2.1 蚁群算法的生物原型

Bonabeau 等人在《Swarm Intelligence:From Natural to ArtificialSystems》一书中描述了生物蚂蚁群体的一些行为，如觅食(foraging)、劳动分工(division of labor)、尸体聚集(corpse clustering)、巢穴构造(nestbuilding)、合作运输(cooperative transport)等，并分别对其建模，然后采用仿生隐喻的手段设计了一系列算法、多主体(Multi-AgentSystem，MAS)和机器人团队。该著作集中介绍了社会性昆虫(主要是蚁群)的行为建模和蚁群优化算法及其性能。

1. 蚁群觅食

自然界蚂蚁的食物源总是随机分布在其巢穴周围。观察发现，蚁群觅食时都存在"信息激素(phero-mone)遗留"和"信息激素跟踪"两种行为，即蚂蚁一方面会在其行走经过的路径上留下信息激素，另一方面也会按照一定的概率沿着信息激素较强的路径去寻找食物。除去激素的挥发外，路径越短的路径上积累的信息激素越来越多；经过一段时间后，蚂蚁总是沿着一条从巢穴到食物源的最短路径行走，如图 9-2(a)所示。当觅食过程中出现了障碍物时，蚁群也能迅速地做出反应，最终沿着一条从巢穴到食物源的最短路径去搬运食物，如图 9-2(b)～图 9-2(d)所示。深入观察发现，虽然自然界的蚂蚁经常更换巢穴的位置，并且是在不同的地点找到食物，但是从巢穴到食物源的路径始终是最短的。生物学家 Goss 和 Deneubourg 在对真实的 Argen-tine 蚁群的觅食行为所进行的实验中也同样观察到了这个奇妙的现象。

2. 蚁群墓地构造

观察和实验表明，蚁群需要而且能够构造墓地。Chrétien 对 Lasius niger 蚂蚁的墓地

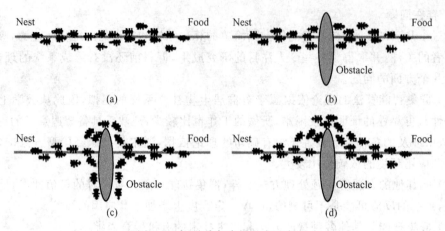

图 9-2 蚁群觅食路径形成示意图

构造做了许多细致的实验，Deneubourg 则对 Pheidole pallidula 蚂蚁的墓地构造进行了实验。从这些实验中可以观察发现，工蚁会将死去的蚂蚁尸体聚集在一起，图 9-3 给出了真实蚂蚁的聚类行为。最初死去的蚂蚁的尸体是随机分布的，而几个小时以后工蚁会将这些尸体逐步聚集成一系列较小的簇（cluster），这些簇周围的信息激素浓度相对较高，从而吸引蚂蚁在其周围堆积更多的尸体，最终聚集形成少数几个簇。如果实验场所是非空旷的，或者其中包括几种不同种群的蚂蚁，那么相应的簇会沿着区域的边界或者种群的边界而形成。

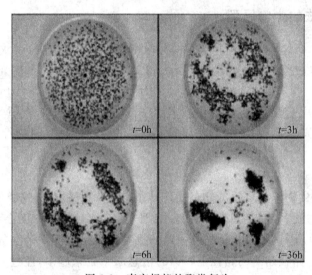

图 9-3 真实蚂蚁的聚类行为

3. 蚁群劳动分工

很多昆虫群体中存在着劳动分工现象，蚁群的劳动分工具有层次结构。第一层次的划分一般可分为从事繁殖的个体和从事日常工作的个体；对从事日常工作的个体又可以进行下一层次的划分，如可分为寻找食物的蚂蚁和建筑巢穴的蚂蚁等。蚁群劳动分工的显著特点就是由个体行为柔性产生的群体分工可塑性，即执行各项任务的蚂蚁的比率在内部繁衍生息的压力和外部侵略挑战的作用下是可以变化的。令人惊奇的是，蚂蚁是在并不知晓任何关于群体需求的全局信息的情况下,自动地实现群体内个体的分工,并达到一个相对的平衡。其结果不仅使得每个蚂蚁都在忙碌地工作,而且工作的分工又恰好符合群体对各项工作的要求。

生物学中一个有趣的实验也确认了这一事实。先将一只蚂蚱切成3块,第2块比第1块大一倍,第3块又比第2块大一倍,然后放到蚂蚁洞附近。一段时间以后发现各块蚂蚱周围的蚂蚁数分别为28只、44只和89只,差不多也是各增加一倍。

9.2.2 基本蚁群算法的原理

随着近代仿生学的发展,人们越来越关注自然界中一些看似微不足道的生物行为。蚁群算法是一种较新型的寻优策略。与其他的智能算法相比较,有相关的计算实例表明,该算法具有良好的收敛速度,且得到的最优解更接近理论最优解。20世纪90年代初期,意大利学者Dorigo Macro等人通过模拟自然界中蚂蚁集体寻径的行为而提出了蚁群算法(Ant Colony Optimization,ACO),这是一种基于种群的启发式仿生进化算法。该算法最早成功应用于解决著名的旅行商问题(TSP)。它采用分布式并行计算机制,易于与其他方法结合,具有较强的鲁棒性,最近几年开始引起了国内外专家学者的关注。

蚂蚁属于群居昆虫,个体行为极其简单,但它们通过相互协调、分工、合作完成不论工蚁还是蚁后都不可能有足够能力来指挥完成的筑巢、觅食、迁徙、清扫蚁穴的复杂行为,比如蚂蚁在觅食过程中能够通过相互协作找到食物源和巢穴之间的最短路径,而单个蚂蚁则不能。此外,蚂蚁还能够适应环境的变化,例如在蚁群的运动路线上突然出现障碍物时,它们能够很快地重新找到最优路径。人们通过大量的研究发现,蚂蚁个体之间是通过在其所经过的路上留下一种可称之为"信息素"(pheromone)的物质来进行信息传递的。随后的蚂蚁遇到信息素时,不仅能检测出该物质的存在以及量的多少,而且可根据信息素的浓度来指导自己对前进方向的选择。同时,该物质随着时间的推移会逐渐挥发掉,于是路径的长短及该路径上通过的蚂蚁的多少就对残余的信息素的强度产生影响,反过来信息素的强弱又指导着其他蚂蚁的行动方向。因此,某一路径上走过的蚂蚁越多,则后来者选择该路径的概率就越大,这就构成了蚂蚁群体行为表现出的正反馈现象。蚂蚁个体之间就是通过这种信息交流来达到最快捷地搜索到食物源的目的。这里用如图9-4所示的形象图来进一步说明蚁群的搜索原理。

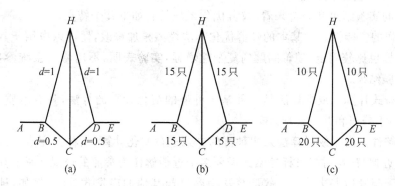

图9-4 蚁群优化系统示意图

图中设A是蚁巢,E是食物源,H、C为障碍物。由于障碍物的存在,由A外出觅食或

由 E 返回蚁巢的蚂蚁只能经由 H 或 C 到达目的地,各点之间的距离如图 9-4(a)所示。假设蚂蚁以"1 单位长度/单位时间"的速度往返于 A 和 E,每经过一个单位时间各有 30 只蚂蚁离开 A 和 E 到达 B 和 D,如图 9-4(a)所示。初始时,各有 30 只蚂蚁在 B 和 D 点遇到障碍物,开始选择路径。由于此时路径上没有信息素,蚂蚁便以相同的概率随机地走两条路中的任意一条,因而 15 只选择往 C,15 只选择往 H(图 9-4(b))。经过一个单位时间以后,路径 BCD 上有 30 只蚂蚁爬过,而路径 BHD 上则只有 15 只蚂蚁爬过(因为 BCD 距离 $d=1$,而 BHD 的距离 $d=2$),BCD 上的信息素量是 BHD 上信息素量的两倍。此时,又有 30 只蚂蚁离开 B 和 D,于是由于信息素量的不同 20 只选择往 C 方向,而另外 10 只选择前往 H(图 9-4(c))。这样更多的信息素留在了较短的路径 BCD 上。随着时间的推移和上述过程的重复,由大量蚂蚁组成的蚁群集体行为表现出了一种信息正反馈现象,即某一路径上走过的蚂蚁越多,后来者选择该路径的概率就越大,以致最终完全选择这条路径。

由此可见,蚁群算法是一种基于模拟蚂蚁群行为的随机搜索优化算法。蚂蚁在路径上前进时会根据前边走过的蚂蚁所留下的分泌物选择其要走的路径。其选择一条路径的概率与该路径上分泌物的强度成正比。因此,由大量蚂蚁组成的群体的集体行为实际上构成一种学习信息的正反馈现象:某一条路径走过的蚂蚁越多,后面的蚂蚁选择该路径的可能性就越大。蚂蚁的个体间通过这种信息的交流寻求通向食物的最短路径。蚁群算法就是根据这一特点,通过模仿蚂蚁的行为,从而实现寻优。这种优化过程的本质如下。

(1) 选择机制。分泌物越多的路径,被选择的概率越大。

(2) 更新机制。路径上面的分泌物会随蚂蚁的经过而增长,而且同时也随时间的推移逐渐挥发消失。

(3) 协调机制。蚂蚁间实际上是通过分泌物来互相通信、协同工作的。蚁群算法正是充分利用了这样的优化机制,即通过个体之间的信息交流与相互协作最终找到最优解,使它具有很强的发现较优解的能力。虽然单个蚂蚁的能力非常有限,但多个蚂蚁构成的群体具有找到蚁穴与食物之间最短路径的能力,这种能力是靠其在所经过的路径上留下的"信息素"(pheromone)来实现的。蚂蚁个体间通过这种信息的交流寻求通向食物的最短路径。

9.2.3 蚁群优化算法的特点及收敛性

1. 蚁群优化算法的特点

从大量的实验结果和分析来看,蚁群优化系统具有如下几个特点。

(1) 较强的鲁棒性。对基本的蚁群优化算法模型稍加修改,便可以应用于其他问题,并且参数的选择也比较固定,随着问题的复杂性增强,实验表明,不用修改系统参数也能够得到很好的实验结果。

(2) 分布式计算。蚁群算法是一种基于种群的演化计算的算法,具有本质上的分布性和并行性,易于分布和并行实现。

(3) 多解性。由于蚁群算法采用种群的方式进行演化计算,当种群完成一次求解后,都能提供多个近似解,这对多目标搜索或需要多个近似解作为参照的情况非常有用。

(4) 易于与其他方法结合。蚁群算法很容易与其他的启发式算法(例如,神经网络、贪婪算法等)和局部搜索算法结合,以改善算法的性能。

(5) 实验结果优。选择较好的实验参数,往往能够得到好的实验结果。在大多数情况下，能够得到比遗传算法及其他算法要好的实验结果。

(6) 速度快。该算法能够利用正反馈的特性很快地找到较好的实验结果。

2. 蚁群优化算法的收敛性

对于蚁群优化算法的收敛性证明问题，2000 年 Walter J Gutjahr 提出了 Graph-based Ant System 并证明它的收敛性；2002 年 Thomas Stützle 和 Macro Dorigo 为蚁群优化算法提供了更简洁的证明，提出了适用于证明蚁群算法收敛性的两条定理：第一条定理是，假定 $p^*(t)$ 为算法在最初的 t 次迭代中至少一次找到优化解的概率，那么，对于任意小的常数 $\varepsilon>0$，如果算法运行足够长的时间，那么就能够以大于 1 的概率找到优化解：$p^*(t) \geqslant 1-\varepsilon$，所以，当选择的 t 足够大，即 $t \to \infty$，则有 $\lim\limits_{t\to\infty} p^*(t)=1$；第二条定理是，当找到优化解后，算法继续迭代一定的次数后，可以发现属于优化解路径上的信息素强度最高，这会导致整个系统收敛。

9.2.4 基本蚁群算法的数学模型

蚁群算法包含两个基本阶段：适应阶段和协作阶段。在适应阶段，各候选解根据积累的信息不断调整自身结构，路径上经过的蚂蚁越多，信息素数量越大，则该路径越容易被选择；时间越长，信息素数量越小。在协作阶段，候选解之间通过信息交流，以期望产生性能更好的解。为了能够清楚地理解蚁群算法的数学模型，本文借助经典的对称旅行商（TSP）问题来说明。

设 $C=\{c_1,c_2,\cdots,c_n\}$ 是 n 个城市的集合，$L=\{l_{ij} \mid c_i,c_j \in C\}$，是集合 C 中元素（城市）两两连接的集合，$d_{ij}(i,j=1,2,\cdots,n)$ 是 l_{ij} 的 Euclidean 距离：

$$d_{ij}=\sqrt{(x_i-x_j)^2+(y_i-y_j)^2} \tag{9-1}$$

$G=(C,L)$ 是一个有向图，TSP 问题的目的是从有向图 G 中寻出长度最短的 Hamilton 圈，此即一条对 $C=\{c_1,c_2,\cdots,c_n\}$ 中 n 个元素（城市）访问且只访问一次的最短封闭曲线。设 $b_i(t)$ 表示 t 时刻位于元素 i 的蚂蚁的个数，$\tau_{ij}(t)$ 为 t 时刻 (i,j) 上的信息素数量，m 为蚂蚁群中蚂蚁的数目，则 $m=\sum\limits_{i=1}^{n} b_i(t)$；$\Gamma=\{\tau_{ij}(t) \mid c_i,c_j \in C\}$ 是 t 时刻集合 C 中元素（城市）两两连接 l_{ij} 上的残留信息素数量集合。在初始时刻各条路径上信息素数量相等，设 $\tau_{ij}(0)=\text{const}$（const 为常数）。蚁群算法的寻优是通过有向图 $g=(C,L,\Gamma)$ 实现的。

准则 1（转移概率准则）：蚂蚁 $k(k=1,2,\cdots,m)$ 在运动过程中，根据各条路径上的信息素数量决定转移方向。算法中人工蚂蚁与实际蚂蚁不同，具有记忆功能。

禁忌表 $\text{tabu}_k(k=1,2,\cdots,m)$ 用来记录蚂蚁 k 当前所走过的城市，集合随着 tabu_k 进化过程做动态调整。在搜索过程中，蚂蚁根据各个路径上的信息素数量及路径的启发信息来计算转移概率。$p_{ij}^k(t)$ 表示在 t 时刻蚂蚁 k 由元素（城市）i 转移到元素（城市）j 的转移概率：

$$p_{ij}^k(t)=\begin{cases} \dfrac{|\tau_{ij}(t)|^\alpha \cdot |\eta_{ik}(t)|^\beta}{\sum\limits_{s \in \text{allowed}_k} |\tau_{is}(t)|^\alpha \cdot |\eta_{is}(t)|^\beta}, & j \in \text{allowed}_k \\ 0, & \text{否则} \end{cases} \tag{9-2}$$

式(9-2)中，$\text{allowed}_k=\{c-\text{tabu}_k\}$ 表示蚂蚁 k 下一步选择的城市。α 表示轨迹的相对重要性，反映了蚂蚁在运动过程中所积累的信息在蚂蚁运动时所起的作用，其值越大，该蚂蚁越倾向于选择其他蚂蚁经过的路径，蚂蚁之间协作性越强；β 表示能见度的相对重要性，反映了蚂蚁在运动过程中启发式因子在蚂蚁选择路径中的受重视程度,其值越大,则该转移概率越接近于贪心规则。$\eta_{ij}(t)$为启发函数：

$$\eta_{ij}(t) = \frac{1}{d_{ij}} \tag{9-3}$$

对蚂蚁k而言,d_{ij}越小,则$\eta_{ij}(t)$越大,$p_{ij}^k(t)$也就越大。显然,该启发函数表示出了蚂蚁从元素(城市)i转移到元素(城市)j的期望程度。

准则2(局部调整准则)：局部调整是每只蚂蚁在建立一个解的过程中进行的。随着时间的推移,以前留下的信息逐渐消逝,经过h个时刻,两个元素(城市)状态之间的局部信息素数量要根据下式作调整：

$$\tau_{ij}(t+h) = (1-\zeta) \cdot \tau_{ij}(t) + \zeta \cdot \tau_0 \tag{9-4}$$

$$\tau_0 = \frac{1}{nl_{\min}} \tag{9-5}$$

式中,$\zeta \in [0,1]$,$l_{\min}$表示集合C中两个最近元素(城市)之间的距离。

准则3(全局调整准则)：只有生成了全局最优解的蚂蚁才有机会进行全局调整,全局调整规则为

$$\tau_{ij}(t+n) = (1-\rho) \cdot \tau_{ij}(t) + \rho \cdot \Delta\tau_{ij}(t) \tag{9-6}$$

$$\Delta\tau_{ij}(t) = \sum_{k=1}^{m} \Delta\tau_{ij}^k(t) \tag{9-7}$$

式中,ρ为挥发系数,$\rho \in [0,1]$,$\Delta\tau_{ij}(t)$表示本次循环中路径ij上的信息素数量的增量,初始时刻$\Delta\tau_{ij}(t)=0$；$\Delta\tau_{ij}^k(t)=0$表示第k只蚂蚁在本次循环中留在路径ij上的信息量。蚁群算法共有三种不同的蚁群算法模型,分别称之为蚂蚁圈模型、蚂蚁数量模型及蚂蚁密度模型,它们的差别在于$\Delta\tau_{ij}^k(t)$求法的不同。因为蚂蚁圈模型利用的是整体信息,在求解 TSP 问题时性能较好,因而本文采用该模型,其$\Delta\tau_{ij}^k(t)$的求法为

$$\Delta\tau_{ij}^k(t) = \begin{cases} \dfrac{Q}{L_k}, & \text{第}k\text{只蚂蚁在本次循环中经过}ij \\ 0, & \text{否则} \end{cases} \tag{9-8}$$

由算法复杂性分析理论,m个蚂蚁要遍历n个元素(城市),经过N_c次循环,则算法复杂度为$O(N_c \cdot m \cdot n^2)$。

9.2.5 蚁群算法的参数设置

蚁群算法是一种随机搜索算法,与其他模型进化算法一样,通过候选解组成的群体的进化过程来寻求最优解,该过程包含两个阶段：适应阶段和协作阶段。在适应阶段,各候选解根据积累的信息不断调整自身结构；在协作阶段,候选解之间通过信息交流,以期望产生性能更好的解。蚁群算法不需要任何先验知识,最初只是随机地选择搜索路径,随着对解空间的"了解",搜索变得有规律,并逐渐逼近直至最终达到全局最优解[33]。

蚁群算法中的参数设定尚无严格的理论依据,至今还没有确定最优参数的一般方法。对于蚁群算法中的α、β、ρ、m、Q等主要参数,解析法难以确定其最佳组合,本节在大量数字仿真的基础上,研究了蚁群算法中主要参数的优化设置问题。目前已经公布的蚁群算法参数设置成果都是针对利用不同蚁群算法模型所解决的特定问题而言的。以应用最多的 Ant-Cycle 模型为例,其最好的经验结果为：$0 < \alpha < 5$；$0 < \beta < 5$；$0.1 \leqslant \rho \leqslant 0.99$；$10 \leqslant Q \leqslant$

10000。但由于这些参数相互耦合,联系紧密,与算法的性能之间有着复杂的关系,只靠经验和试探性的实验很难得到最优的参数组合。

9.2.6 改进的蚁群算法

虽然蚁群算法有诸多的优点,但是它也存在一些不足之处。同其他方法相比较,该算法一般需要较长的搜索时间,这可以从它的算法复杂度看出。虽然计算机计算速度的提高和蚁群算法的本质并行性在一定程度上可以缓解这一问题,但是对于大规模优化问题,这还是一个很大的障碍。另外,该算法易出现停滞现象,即搜索进行到一定程度后,所有个体所发现的解趋于一致,不能对解空间进一步进行搜索,不利于发现更好的解。在该算法中,蚂蚁总是依赖于其他蚂蚁的反馈信息来强化学习,而不去考虑自身的经验积累,这样的盲从行为,容易导致早熟、停滞现象,从而使算法的收敛速度变慢。基于蚁群算法收敛速度慢,易陷入局部极小值的问题,人们分别提出了对其的改进算法,如"最大最小蚂蚁系统"(MAX-MIN ant system, MMAS),具有变异特征的蚁群算法,自适应蚁群算法等。

1. 变异蚁群算法

虽然,蚁群算法具有很强的求解能力,不容易陷入局部最优,但是由于蚁群中各个体的运动是随机的,当群体规模较大时,也很难在较短的时间内从大量杂乱无章的路径中找出一条较好的路径。为了克服计算时间较长的缺陷,受到遗传算法中的变异算子的作用的启发,演化出了一种新的蚁群进化算法——具有变异特征的蚁群算法。该算法汲取了前两种算法的优点,在时间效率上优于蚁群算法,在求精解效率上优于遗传算法,是时间效率和求解效率都比较好的一种新的启发式方法。

具有变异特征的蚁群算法的变异过程同遗传算法相似,使用小随机概率来决定每只蚂蚁是否发生变异,本文中所选用的是逆转变异方式。设选定的某个个体所走过的路径为 i_0, $i_1, i_2, \cdots, i_{n-1}$,其中 $i_0, i_1, i_2, \cdots, i_{n-1} \in \{0, 1, 2, \cdots, n-1\}$。使用两个随机数来决定变异点,决定后将两个变异点之间的城市按与原来相反的顺序排列,重新计算这个个体所走过的路程。如果比原来短,则保存,变异并更新信息素;否则取消变异。这样就完成一次变异操作。变异蚁群算法流程如图 9-5 所示。

由于变异的次数是随机的,这一过程所涉及的运算比蚁群算法中的循环过程要简单得多,因此,变异蚁群算法只需较短的时间便可完成相同次数的运算。另一方面,经过这种变异算子作用后,这一代解的性能会有明显改善,从而也能改善整个群体的性能,减少计算时间。为进一步证明变异蚁群算法比基本蚁群算法具有更好的时间效率,现以求解 TSP 的问题为例,对比结果如表 9-1 所示。

表 9-1 48 个城市 TSP 对比实验结果

算 法	α	β	ρ	最短路径长度	收敛所需迭代数
蚁群算法	2	2	0.5	74.3	390
变异蚁群算法	2	2	0.5	71.1	40
蚁群算法	5	2	0.5	73.7	347
变异蚁群算法	5	2	0.5	72.7	47
蚁群算法	1	2	0.9	75.4	357
变异蚁群算法	1	2	0.5	71.4	43

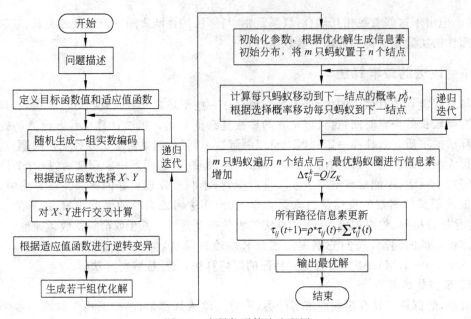

图 9-5 变异蚁群算法流程图

通过上面的实验结果比较不难看出,由于变异算子的引入,经过较少的进化代数就可以找到相同的较好解,大大节省了计算时间,这对于求解大规模优化问题将是十分有利的。

2. 排序加权的蚁群算法

(1) 基本思想。基于排序加权的蚁群算法的基本思想为,对于每只蚂蚁把一次循环结束后生成的路径按照长短排序($L_1 \leqslant L_2 \leqslant \cdots \leqslant L_m$)每只蚂蚁对信息素更新的贡献视其在循环中生成路径的长短而定,路径越短其贡献越大,即在蚁周模型基础上对第 k 只最好蚂蚁的信息素更新规则加权系数 $\lambda^k(0<\lambda<1)$,这样使得每只蚂蚁在全局更新策略中都做出贡献,并且依照其表现优劣而使贡献各不相同。与精英蚂蚁策略相比,该算法削弱了精英蚂蚁在信息素更新过程中起到的作用,避免了精英策略中使搜索很快集中在极优解附近,从而导致早熟收敛的问题;另一方面,该算法又使得每一只蚂蚁都参与到信息素更新过程中,与一般的蚁群算法相比,又提高了收敛速度,而且,每只蚂蚁对信息素更新的贡献中所取权值为 λ^k,该数列为一个等比数列,使得各个蚂蚁表现的优劣在更新过程中差异较大,提高了算法对较优蚂蚁的重视程度,而削弱对较差蚂蚁的重视程度,因此在一定程度上可以看作是一种较好的改进算法。

在基于排序加权的蚁群算法中,路径上的信息素量根据下式进行全局信息素更新:

$$p_r^k(t) = \frac{\tau_j^k(t)}{\sum_{g=1}^{N} \tau_g(t)} \tag{9-9}$$

$$\tau_{ij}(t+1) = \rho \cdot \tau_{ij}(t) + \Delta\tau_{ij} \tag{9-10}$$

$$\Delta\tau_{ij} = \sum_{k=1}^{m} \Delta\tau_{ij}^k \tag{9-11}$$

$$\Delta\tau_{ij}^k = \begin{cases} \lambda^k \dfrac{Q}{L_k}, & \text{第 } k \text{ 只最好蚂蚁在本次循环中经过路径}(i,j) \\ 0, & \text{其他} \end{cases} \tag{9-12}$$

式中：k 为最好蚂蚁的排列顺序号；$p_j^k(t)$ 为第 k 只蚂蚁 t 时刻在路径 L_k 上的转移概率，$\tau_j^k(t)$ 为第 k 只蚂蚁 t 时刻在路径 L_k 上释放的信息素量（也称为信息素浓度），$\Delta\tau_j^k(t)$ 为第 k 只蚂蚁 t 时刻在路径 L_k 上信息素的变化量（也称为信息素浓度的变化量），L_k 为两点间的距离。ρ 为信息素的挥发系数，Q 为常数，用于信息素的调整速度，λ 为加权系数。

（2）排序加权的蚁群算法对 BP 神经网络的优化。蚁群算法优化 BP 神经网络基本思想：针对 BP 算法容易陷入局部极小的不足，提出了蚁群 BP 神经网络训练方法。神经网络训练过程可看作一个最优化问题，即找到一组最优的实数权值和阈值组合，使得在此权值和阈值下输出结果与期望结果之间的误差最小，蚁群算法成为寻找这一最优权值组合的较好选择。

基于排序加权蚁群算法是一种全局优化的算法，它采用了全局更新思想，并引入加权系数。因此，用它来训练神经网络的权值和阈值，可避免 BP 算法的一些缺陷。其基本方法是：假设神经网络中有 m 个参数，即包括所有可能的权值和阈值，蚁群中有 M 只蚂蚁。首先，将神经网络的参数 $q_i(1\leqslant i\leqslant m)$（待优化值）设置 m 个随机非零值，形成集合 I_{q_i}。每只蚂蚁在集合中选择一组权值和阈值，假设蚁群中的蚂蚁 k 在信息素浓度及转移概率的激励下相互独立地进行参数选择，在所有蚂蚁完成参数选择后，就到达了食物源；然后，更新集合中的信息素浓度及参数。改进后的公式如下：

$$\Delta\tau_j^k(I_{q_i}) = \lambda^k \cdot Q/e^k \tag{9-13}$$

$$e^k = (O_s - O_I)^2/2 \tag{9-14}$$

式中，$\Delta\tau_j^k(I_{q_i})$ 为第 k 只蚂蚁在集合 I_{q_i} 中选择的第 j 个元素的信息素浓度的变化量；Q 是常数，用于信息素的调整速度；e^k 为神经网络的输出误差（这里替代蚁群算法中蚂蚁走过的路径），O_s 为神经网络的实际输出，O_I 为神经网络的期望输出；λ 为加权系数。根据转移概率更新个体最优路径（即个体最优值）和全局最优路径（即全局最优值）。最后，更新迭代次数。当全部蚂蚁收敛到同一路径或达到给定的迭代次数时搜索结束。

该算法实现的步骤如下。

① 先初始化 BP 网络结构，设定网络的输入层、隐含层、输出层的神经元个数。

② 初始化信息素浓度、个体最优、全局最优。

③ 用确定的优化函数计算每只蚂蚁的转移概率。

④ 根据每只蚂蚁的转移概率得出本次最优路径（这里改进型蚁群神经网络中蚂蚁走过的路径为神经网络的输出误差，简称最优值），与其最优值比较，若更优，更新最优值。

⑤ 将每只蚂蚁的最优值与整个蚁群的最优值相比较，若更优则称为整个蚁群新的最优值，对所有路径进行排序选出最优路径。

⑥ 更新每只蚂蚁的信息素浓度。

⑦ 比较次数是否达到最大迭代次数或预设的精度。若满足预设精度，算法收敛，最后一次迭代的全局最优值中每一维的权值和阈值就是我们所求的；否则返回步骤③，算法继续迭代。

（3）训练误差分析。本文采用排序加权蚁群算法来优化神经网络中各层之间的权值和阈值，这些权值和阈值将作为待优化的参数值，通过对神经网络权值和阈值的优化学习，进而实现对直接转矩控制系统（DTC）中的电机转速辨识器的优化。

为验证改进蚁群算法训练神经网络的可行性和有效性，扩展这一方法的实际应用，将排序加权蚁群神经网络与单一 BP 神经网络训练结果进行比较,其结果如表 9-2 所示。在 Matlab/Simulink 中,本 DTC 系统转速辨识仿真实验采用的网络结构是一个三层神经网络,训练中采取 1000 组数据作为训练样本,训练次数为 1000 次。有关蚁群算法参数的取值分别为:$p_m=0.01$,$Q=50$,$M=30$,$\lambda=0.5$,$\rho=0.2$,预设精度为 0.005。

表 9-2 两种算法输出精度及误差

算法名称	预设训练次数	实际迭代次数	误差
BP	1000	1000	0.416
ACO-BP	1000	237	0.0047

从表 9-2 中可以看出单一的 BP 神经网络的训练收敛速度慢,没有在预设训练次数下达到预设精度,而本文改进的蚁群神经网络不但收敛速度快,而且迭代次数少,精度也有明显的提高。由单一 BP 神经网络和改进型蚁群神经网络对样本训练的比较结果可以看出,改进型蚁群神经网络的优良性能,达到了预想的优化效果。

3. 快速改进的蚁群算法

1) 基本原理

显然,蚂蚁数量越大,算法的全局搜索能力越强,但这会使算法的全局收敛速度变慢。因此当蚂蚁数量很大时,对集合 C 元素(城市)的搜索机制由一只蚂蚁改为两只蚂蚁从两头寻找,当它们在同一元素处相遇时,其各自走过的路径之和为一次循环中走过的路径总长度,其示意图如图 9-6 所示,蚂蚁 a 和蚂蚁 b 从 A 元素处出发分别向两头开始寻找,它们共用一个禁忌表 tabu_k($k=1,2,\cdots,m$)(禁忌表用来表示蚂蚁当前走过的元素,集合随着 tabu 的进化过程做动态调整),实线代表蚂蚁 a 走过的路径,虚线代表蚂蚁 b 走过的路径,最后在同一元素 B 处相遇,这种并行处理策略可有效地提高算法的全局收敛速度。

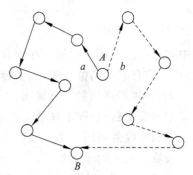

图 9-6 两只蚂蚁向两头寻找的示意图

为了在一定程度上减小算法陷入局部极小点的概率,可对转移概率准则做一定的修改,使第 k 只蚂蚁按式(9-15)所示的概率从元素 i 转移到元素 j:

$$j = \arg\max_{\alpha \subset \text{allowed}_k} \{|\tau_{is}(t)|^\alpha \cdot |\eta_{is}(t)|^\beta\}, \quad q \leqslant q_0 \quad (9\text{-}15)$$

式中,q 是 $(0,1)$ 均匀分布的随机数,$q_0 \in [0,1]$,q_0 越小,蚂蚁随机选择的概率就越大。若 $q > q_0$,则根据式(4-2)来选择元素 j。在选择元素时应注意两点:

(1) 由于是两只蚂蚁同时进行搜索,一只蚂蚁选择元素 j_1,$j_1 \in (C\text{-tabu}_k)$,另一只蚂蚁选择元素 j_2,$j_2 \in (C\text{-tabu}_k - j_1)$;

(2) 如果集合中的元素总数为偶数,则按照原步骤进行循环,如果集合中的元素总数为奇数,则可以在两只蚂蚁遍历完所有元素时,设定由蚂蚁 a 按式(9-15)选择一条路径转移到蚂蚁 b 所在的元素,这样就可以解决奇数个元素时两只蚂蚁不能相遇的问题。在信息素更新方面,设集合 D 为每只蚂蚁一次循环所走过的总路径:

$$D = \{D[k] \mid D[k] = \sum_{i,j \in C} d_{ij}[k], \quad k=1,2,\cdots,m\} \quad (9\text{-}16)$$

$$d(t)_{\min} = \min\{D[k]\} \tag{9-17}$$

$$d(t)_{\text{aver}} = \frac{\sum_{k=1}^{m} D[k]}{m} \tag{9-18}$$

式中 $d(t)_{\min}$ 为第 t 个搜索周期得到的第 k 只蚂蚁走过的最短路径长度，$d(t)_{\text{aver}}$ 为第 t 个搜索周期 m 只蚂蚁周游路径总长度的平均值。只有当 $d(t)_{\min} < d(t-1)_{\min}$ 且 $D[k] < d(t)_{\text{aver}}$ 时，蚂蚁 k 才按照式(9-8)来计算 $\Delta \tau_{ij}^{k}(t)$。

由于信息素强度 Q 是表征蚂蚁所留轨迹数量的一个常数，它影响算法的全局收敛速度。同 ρ 值一样，其值过大，会使算法收敛于局部最小值；过小，会使全局收敛速度减慢。当集合中包含的元素很多时，Q 的值也需要随之变化，本文所采用的方法是当判断出算法不再收敛，即可能陷入局部极小点时，就减小 Q 值，使算法跳出局部极值。

在采用以上改进策略的同时，本文还采用了自适应蚁群算法的改进方法，即对 ρ 值采取自适应控制策略。蚁群算法中，若 ρ 值增大，算法全局搜索能力会降低；若 ρ 值减小，算法全局搜索能力会随之提高，但收敛速度就会变慢。本文对 ρ 的初始值可取大，随着循环次数的不断增加，若每次最优值相差不大，说明算法陷入了某个极值点，不一定是全局最优解。此时，将 ρ 值改为阈值函数：

$$\rho(t+1) = \begin{cases} \xi \cdot \rho(t), & \xi \cdot \rho(t) > \rho_{\min} \\ \rho_{\min}, & \text{否则} \end{cases} \tag{9-19}$$

式中 ξ 为挥发约束系数，且 $\xi \in (0,1)$。

将各条寻优路径上可能的残留信息素数量限制在 $[\tau_{\min}, \tau_{\max}]$，$\tau_{\min}$ 可以有效地避免算法停滞；$\tau_{\max}$ 则可避免某一路径上的信息量远大于其他路径，使所有蚂蚁都集中在同一路径上，从而限制算法的扩散，即陷入局部极值。每次循环结束后，保留最优路径，一个循环中只有路径最短的蚂蚁才有权修改 $\tau_{ij}(t)$。修改策略在式(9-4)的基础上，再加上式(9-20)进行阈值判断选择。

$$\tau_{ij}(t+1) = \begin{cases} \tau_{\min}, & \tau_{ij}(t) \leqslant \tau_{\min} \\ \tau_{ij}(t), & \tau_{\min} < \tau_{ij}(t) < \tau_{\max} \\ \tau_{\max}, & \tau_{ij}(t) \geqslant \tau_{\max} \end{cases} \tag{9-20}$$

2) 快速改进蚁群算法优化 BP 神经网络

(1) 基本思想。首先，每只蚂蚁代表一组权值和阈值，前向神经网络的欲寻优变量 X 为两个权值矩阵 $\{W_{ij}\}$、$\{V_{ki}\}$ 以及两个阈值向量 $\{W_{i0}\}$、$\{V_{k0}\}$，$\{W_{ij}\}$ 为输入层-隐层的连接权值，$\{V_{ki}\}$ 为隐层-输出层的连接权值，$\{W_{i0}\}$ 为隐层神经元的阈值；$\{V_{k0}\}$ 为输出层神经元的阈值，寻优函数 $F(X)$ 为使得误差函数 E 达到最小的函数（X 为一只蚂蚁的解向量）：

$$E = \frac{1}{2} \sum_{i=1}^{s} \sum_{k=1}^{m} (Y_{k}^{i} - T_{k}^{i})^{2} \tag{9-21}$$

式中 T_{k}^{i} 为输出层第 k 个神经元第 i 组训练数据的期望输出，Y_{k}^{i} 为输出层第 k 个神经元第 i 组训练数据的实际输出，s 为训练数据的组数，m 为输出层神经元的个数。该函数是一个具有多个极小点的非线性函数，利用改进蚁群算法对该前向神经网络进行训练的过程即为对该误差函数 E 进行寻优操作，调整各个神经元之间的连接权值和阈值（共 $(n+m+1)h+m$ 个变量，n 为 NN 输入层神经元个数，m 为输出层神经元个数，h 为隐层神经元个数），直到满足给定停止条件为止,如误差函数 E 达到最小或达到规定的训练次数。

(2) 改进蚁群算法与神经网络的结合过程。设算法中有 M 只蚂蚁,每只蚂蚁代表一组权值、阈值,最大迭代次数为 MAXIT;设神经网络有 $(n+m+1)h+m$ 个参数,即包含网络所有的权值和阈值。规定寻优变量 X 的各分量 W_{ij}、V_{ki}、W_{i0}、V_{k0} 的取值范围在区间 $[1,u]$ 内,将 X 的各分量分为 N 个子区间。初始时刻,蚂蚁先在各分量中选择一组权值和阈值,将解的 $(n+m+1)h+m$ 个分量看成 $(n+m+1)h+m$ 个顶点,第 i 个顶点代表第 i 个分量,在第 i 个顶点到第 $i+1$ 个顶点之间的 N 条路径代表第 i 个分量的取值可能在 N 个不同的子区间。蚂蚁对路径的选择是根据每条路径上的信息素量和式(9-2)或式(9-8)来确定的。每只蚂蚁要从 1 个顶点出发,按照一定的策略选择某一条路径到达下一个顶点,再从各自的第 2 个顶点出发,……,直到两只蚂蚁相遇或是两者遍历完 $(n+m+1)h+m$ 个顶点后,在 N 条路径中选取某一条路径到达终点。一次循环结束后,每两只蚂蚁所走过的路径之和代表一个解的初始方案,它指出解的每一个分量所在的子区间,其中最小的解即为局部最优解;在完成 MAXIT 次循环或达到预设的训练精度后,每次循环所得的局部最优解进行比较而得到的最小解即为全局的最优解,也就是改进蚁群算法优化神经网络所得到的一组最佳的权值和阈值,此时误差函数 e 也达到最小。

(3) 算法编程的主要步骤如下。

① 先初始化 BPNN 的网络结构,进行网络的参数设定,主要包括输入层、隐含层和输出层的神经元个数,即各层结点数。

② 初始化改进蚁群算法的各项参数,主要包括最大迭代次数 MAXIT、蚂蚁个数 M、信息素浓度和相关参数,以及局部最优值和全局最优值。

③ 判断神经网络的参数个数(即集合元素的总数),使蚂蚁按照相应的奇数或偶数规则进行循环。

④ 将每两只蚂蚁作为一组,选择从同一元素处作为起点出发。

⑤ 按照相关的函数计算每只蚂蚁的转移概率,且每循环一次,蚂蚁数 $k \leftarrow k+2$。

⑥ 蚂蚁 a 根据式(4-9)计算的概率选择元素 j_1,$j_1 \in (C\text{-}tabu_k)$ 前进,蚂蚁 b 根据同样的公式计算的概率选择元素 j_2,但 $j_2 \in (C\text{-}tabu_k - j_1)$。

⑦ 计算一次循环中每两只蚂蚁各自的转移概率,使它们按照各自的转移概率前进,得到本次循环中的最优解,记录当前最优解,并对其进行更新。

⑧ 若集合中元素未遍历完,则返回第⑥步继续循环。

⑨ 按照式(9-12)计算本次循环中 m 只成对蚂蚁循环路径长度平均值 $d(t)_{aver}$。

⑩ 只有当 $d(t)_{min} < d(t-1)_{min}$ 且 $D[k] < d(t)_{aver}$ 时,蚂蚁 k 才按照式(9-8)计算 $\Delta \tau_{ij}^{k}(t)$。

⑪ 判断算法是否陷入局部极值,若陷入局部极值问题,则根据改进蚁群算法的规则,对相关参数,如信息素、挥发系数等做相应的调整,再次循环。

⑫ 将一次循环中蚂蚁的最优解(即局部最优解)与全部循环结束后整个蚁群的最优解相比较,得到全局的最优解。

⑬ 判断迭代次数是否达到最大迭代次数,或算法结果是否达到预设精度,若满足要求,则跳出循环,且最后一次迭代得到的全局最优解即为训练好的神经网络的权值和阈值;若不满足要求,则返回步骤④,继续迭代。

(4) 算法训练误差分析。本文采用快速改进蚁群算法对传统的 BP 神经网络进行优化,实际上优化的是 BP 神经网络中各层之间的权值和阈值，神经网络根据环境自组织地优化学习，不断更新网络间的权值和阈值，最终得到一个具有最优网络权值和阈值的神经网络，从而构建成为一个可以取代直接转矩控制系统(DTC)速度传感器的电动机转速辨识器。

为了验证快速改进蚁群算法对神经网络训练优化的优良性能及其可行性和有效性，将本文快速改进蚁群算法优化的神经网络训练结果与传统 BP 神经网络和自适应蚁群算法神经网络的训练结果均进行了比较，其结果如表 9-3 所示。在 Matlab/Simulink 中，本 DTC 系统转速辨识仿真实验采用的网络结构是一个三层神经网络，即只有一层隐含层，隐层含有 16 个结点，训练中采取 1000 组数据作为训练样本，训练次数为 2000 次。有关蚁群算法参数的取值分别为 $Q=50, M=40, \rho=0.8$，挥发约束系数 $\xi=0.9$，预设精度为 0.005。

表 9-3　算法输出精度及误差比较

算法名称	预设训练次数	实际迭代次数	误　差
BP	2000	2000	0.1256
AACO-BP	2000	516	0.0051
Modified ACO-BP	2000	119	0.0046

从表 9-3 中可以看出，传统的 BPNN 训练收敛速度缓慢，在达到预设最大迭代次数时没有达到预设精度；自适应蚁群优化的神经网络收敛速度虽有所改善，但所需的迭代次数明显多于改进蚁群算法优化的神经网络，即收敛速度比本文算法的收敛速度要慢。因此，可以看出，本文采用的改进蚁群算法优化的神经网络收敛速度快，达到的精度高，有效地克服了单纯应用基本蚁群算法或神经网络的收敛速度慢，易陷入局部极小点的缺陷，算法的优化性能得到了有效的体现。

9.3　粒子群优化算法

粒子群优化(Particle Swarm Optimizer, PSO)算法是基于群体智能理论的优化算法，是一种新兴的随机全局优化技术，由 Eberhart 和 Kennedy 于 1995 年提出。它的基本概念源于对人工生命和鸟群捕食行为的研究，基于种群的全局搜索策略，通过种群中粒子间的合作与竞争产生群体智能指导优化搜索。

9.3.1　粒子群优化算法的生物原型

Kennedy 等人在《Swarm Intelligence》一书中，通过观察鸟群觅食的协同运动，开创了粒子群优化这一新型群集智能方法的研究领域，并以此为基础提出了以下基本观点。

(1) 人类智能的产生源于社会交往。

(2) 文化和认知是人类社交的结果。

设想如图 9-7 所示的一个场景：鸟群在某个区域随机搜索食物，并且这个区域里只有一块食物；所有的鸟都不知道食物的摆放之处，但知道当前位置离食物还有多远。显然，寻找该食物的最简单有效的策略就是搜索当前离食物最近的鸟的周围区域。而在这一搜索过程中，每个鸟都是根据下面 3 个量的"矢量和"来确定自己飞行的速率和方向。

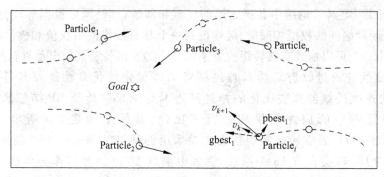

图 9-7 鸟群觅食的场景示意图

(1) 当前的速率和方向。
(2) 全局最优位置。
(3) 该鸟自身经历过的最优位置。基于上述场景中的搜索寻优过程所抽象形成的一类优化算法即为粒子群优化算法 PSO。

PSO 作为一个新兴的智能算法,不可避免的仍存在着不足。比如:虽然 PSO 在实际应用中证明是有效的,但是并没有给出收敛性和收敛速度估计方面的数学证明,其理论和数学基础的研究目前还不够;PSO 有时候会陷入局部最优解的问题,尤其是惯性权重对算法性能具有很大的影响。因此应该加大 PSO 和其他算法之间的结合来更好的解决这个问题。

9.3.2 标准粒子群优化算法

PSO 算法群体中的粒子在每次迭代搜索的过程中,通过跟踪群体的 2 个极值:粒子本身找到的最优解和群体找到的最优解来动态调整自己的位置和速度,完成对问题的优化。基本的粒子群算法如下式所示:

$$v_{id}^{k+1} = wv_{id}^k + c_1 \text{rand}_1^k(\text{pbest}_{id}^k - x_{id}^k) + c_2 \text{rand}_2^k(\text{gbest}_d^k - x_{id}^k) \tag{9-22}$$

$$x_{id}^{k+1} = x_{id}^k + v_{id}^{k+1} \tag{9-23}$$

式中,w 为惯性权重(inertia weight),通常的取值为 $0.4 \sim 1.2$;v_{id}^k 是粒子 i 在第 k 次迭代中第 d 维的速度;c_1、c_2 是加速系数(或称学习因子),分别调节向全局最好粒子和个体最好粒子方向飞行的最大步长,若太小,则粒子可能远离目标区域,若太大则会导致突然向目标区域飞去,或飞过目标区域。合适的 c_1、c_2 可以加快收敛且不易陷入局部最优,通常令 $c_1 = c_2 = 2$;rand_1、rand_2 是 $[0,1]$ 之间的随机数;x_{id}^k 是粒子 i 在第 k 次迭代中第 d 维的当前位置;pbest_{id} 是粒子 i 在第 d 维的个体极值点的位置(即坐标);gbest_d 是整个群体在第 d 维的全局极值点的位置。为防止粒子远离搜索空间,粒子的每一维速度 v_d 都会被钳位在 $[-v_{d\max}, +v_{d\max}]$ 之间,$v_{d\max}$ 太大,粒子将飞离最好解,太小将会陷入局部最优。假设将搜索空间的第 d 维定义为区间 $[-x_{d\max}, +x_{d\max}]$,则通常 $v_{d\max} = kx_{d\max}$,其中 $0.1 \leqslant k \leqslant 1.0$,每一维可以用相同或不同的设置方法。

9.3.3 改进粒子群优化算法

1. 引导位置更新法

引导位置更改法的基本原理如下:基本粒子群算法存在易陷入局部最优导致的收敛速度慢、精度低等问题。影响收敛速度的一个重要原因在于它随机性较强,使寻优过程沦为

"半盲目"状态,从而减缓了收敛速度。针对此问题,提出一种引导型粒子群算法,利用数学中的外推技巧给出了两个新的粒子位置更新公式,对粒子位置更新加以引导,试图减少算法随机性以提高搜索效率。仿真结果表明,新算法在稳定性和收敛性上比基本粒子群算法有明显改进。

(1) 外推技巧。首先利用只有一个变量的函数 $f(x)$ 来说明外推技巧。设 x_1, x_2 的函数值为 $f(x_1), f(x_2)$,且 $f(x_1) < f(x_2)$,但不是极值点,则

$$x_3 = x_1 + k(x_1 - x_2) \tag{9-24}$$

① 如果 $x_1 > x_2$,对于适当小的正数 k,则可以期望由式(9-24)得到 $x_3 > x_1$ 满足 $f(x_3) < f(x_1)$。

② 如果 $x_1 < x_2$,对于适当小的正数 k,则可以期望由式(9-24)得到 $x_3 < x_1$ 满足 $f(x_3) < f(x_1)$。

①和②两种情况分别如图 9-8 和图 9-9 所示。

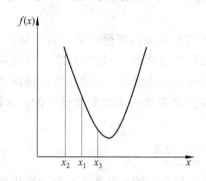

图 9-8 $x_1 > x_2$ 情况的示意图

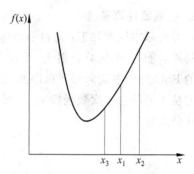

图 9-9 $x_1 < x_2$ 情况的示意图

对于 n 维多变量优化问题:

$$\min_{x \in R^n} f(x)$$

$$x = (x_1, x_2, \cdots, x_n); x_i = [x_{i\min}, x_{i\max}], \quad i = 1, 2, \cdots, n$$

设 $x_1 = (x_{11}, x_{12}, \cdots, x_{1n}), x_2 = (x_{21}, x_{22}, \cdots, x_{2n})$ 为两个变量,且 $f(x_1) < f(x_2)$,则由外推可得

$$\begin{aligned} x_3 &= (x_{31}, x_{32}, \cdots, x_{3n}) \\ x_{3i} &= x_{1i} + k(x_{1i} - x_{2i}) \end{aligned} \tag{9-25}$$

式中 k 为调节系数,它决定调节幅度,不能过大,一般取大于零的小正数,则 $f(x_3) < f(x_1) < f(x_2)$。

(2) 引导位置更新粒子群算法。利用粒子在不同位置适应值的大小差异来引导外推方向。由基本粒子群算法中位置更新公式(9-23)可以在它附近产生另一个虚拟位置(在粒子尚未达到最优点时,对连续函数来说在它附近存在比它更优的点,即适应值更小):

$$(x_{id}^{k+1})^* = x_{id}^k + \text{rand}() v_{id}^{k+1} \tag{9-26}$$

式中:$\text{rand}() \in [0, 1]$ 为均匀分布的随机数。

根据上面 n 维多变量优化问题得出的推导公式(9-24)的技巧,由式(9-24)和式(9-26)可得:

$$(x_{id}^{k+1})^{**} = (x_{id}^{k+1})^* + K((x_{id}^{k+1})^* - x_{id}^{k+1})$$

$$=(1+K)(x_{id}^{k+1})^* - Kx_{id}^{k+1}$$
$$=(1+K)(x_{id}^k + \text{rand}()v_{id}^{k+1}) - K(x_{id}^k + v_{id}^{k+1})$$
$$=x_{id}^k + [(1+K)\text{rand}() - K]v_{id}^{k+1} \tag{9-27}$$

式中 K 为调节系数,一般而言,在开始阶段距最优解较远,调节幅度较大有利于加速进化;后期距最优解较近时,调节幅度应较小一些,以逐步逼近最优解。但对多变量优化问题,由于每个粒子的位置分量较多,很容易出现某些分量非常接近甚至相同的两个粒子,对此式(9-27)将不起作用。具体实现时,可以在式(9-27)后加上一个微小的随机数$10^{-6} \times \text{rand}()$,使之在进化后期起加强微调幅度的作用。最后得到的位置公式为

$$x_{id}^{k+1} = x_{id}^k + [(1+K)\text{rand}() - K]v_{id}^{k+1} + 10^{-6}\text{rand}() \tag{9-28}$$

最后可得由式(9-22)和式(9-28)构成的引导位置更新的公式如下:

$$\begin{cases} v_{id}^{k+1} = wv_{id}^k + c_1\text{rand}_1^k(\text{pbest}_{id}^k - x_{id}^k) + c_2\text{rand}_2^k(\text{gbest}_d^k - x_{id}^k) \\ x_{id}^{k+1} = x_{id}^k + [(1+K)\text{rand}() - K]v_{id}^{k+1} + 10^{-6}\text{rand}() \end{cases} \tag{9-29}$$

2. 权重线性调整法

该方法基本原理如下:通过分析标准 PSO 算法可知,较大的惯性权重 w 可以加强 PSO 的全局搜索能力,但运算量很大;而较小的 w 能加强局部搜索能力,但容易陷入局部最优。基本的 PSO 算法中认为 $w=1$,因此在迭代后期缺乏局部收敛能力。若采用线性递减算法,w 随着粒子群的迭代次数线性减小,则能在一定程度上提高算法的全局搜索性能。求解 w 的线性公式如下:

$$w = w_{\max} - \text{iter} \cdot \frac{w_{\max} - w_{\min}}{\text{iter}_{\max}} \tag{9-30}$$

式(9-30)中 $w_{\max}$、$w_{\min}$ 分别为最大惯性权重和最小惯性权重。iter 为当前粒子的迭代次数,$\text{iter}_{\max}$ 为粒子群算法开始设置的最大迭代次数。实验结果表明,w 在[0.8,1.2]之间 PSO 算法有更快的收敛速度。通过分析可以知道,若 $w_{\max}$ 较大,此时计算出来的 w 值也比较大,粒子速度比较大,确定的粒子位置跨度相应的增大,此时粒子在搜索过程中就可能将一些空间忽略掉,可能影响到最优解的出现。反之,若 $w_{\max}$ 值较小,则粒子搜索的空间不够广泛,最终导致找到的是局部最优解。实验表明:$w_{\max}$ 通常取 0.8~1.2,$w_{\min}$ 通常取 0.4 时有较好的效果。

另外,在粒子群算法优化过程中,无论是早熟收敛还是全局收敛,粒子群中的粒子都会出现"聚集"现象。当某个粒子处在"最优位置"时,其余粒子迅速地飞向该位置,可能造成所有粒子聚集在某一特定位置,或者聚集在某几个特定位置的结果。一般,位置取决于粒子群算法本身的特性以及适应度函数的选择。本文针对"聚集"现象采用简单实用的自调整的方法,即当粒子群在搜索空间时,粒子群的群体最优值 Pgbest 经过设定的次数保持不变时,在粒子变化范围内再次随机选择种群的一部分,初始化粒子群中这部分粒子的位置和速度,使寻优操作达到更广的空间,避免可能出现的早熟。

9.3.4 改进粒子群算法对 BP 神经网络的优化

1. 优化步骤

改进 PSO 作为一种新兴的进化算法,其收敛速度快、鲁棒性高、全局搜索能力强,且不需要借助问题本身的特征信息(如梯度)。将改进 PSO 与神经网络结合,用改进 PSO 算法

来优化神经网络的连接权值,可以较好地克服 BP 神经网络的问题,不仅能发挥神经网络的泛化能力,而且能够提高神经网络的收敛速度和学习能力。

与遗传算法和其他智能算法比较,改进 PSO 保留了基于种群的全局搜索策略,但是其采用的速度-位移模型操作简单,避免了复杂的遗传操作如编码、交叉和变异,而是依据粒子在解空间所处的情况进行搜索,整个算法简单且易于实现,具有更快的收敛速度,是一类有着潜在竞争力的神经网络学习算法。实验表明,与遗传算法作比较,粒子群优化算法不仅使训练的收敛速度大大提高,且其训练的神经网络的性能也显著增强。

在优化神经网络的过程中,首先定义粒子群的位置向量 x 的元素是 BP 神经网络的全体连接权和阈值。初始化位置向量 x,然后运用权重线性调整法的改进 PSO 算法搜索最优位置,使如下均方误差指标(适应度)达到最小:

$$I_{\text{popIndex}} = \frac{1}{N} \sum_{i}^{N} \sum_{j} (d_{ij} - y_{ij})^2 \tag{9-31}$$

式中,N 是训练集的样本数;d_{ij} 是第 i 个样本的第 j 个网络输出层结点的理想输出值;y_{ij} 是第 i 个样本的第 j 个网络输出层结点的实际输出值;popIndex=1~popSize,popSize 为粒子种群规模,即粒子的个数。权重线性调整 PSO 算法实现的步骤如下。

① 先初始化 BP 网络结构,设定网络的输入层、隐含层、输出层的神经元个数。

② 在粒子的变化范围内随机初始化粒子群及每个粒子的速度。

③ 用确定的优化函数计算每个粒子的适应度。

④ 每个粒子的当前适应度与其历史最优值 Pbest 比较,若当前值较优,更新 Pbest,否则 Pbest 保持不变。

⑤ 设定 Pgbest 保持不变的次数为 n,将每个粒子自身的最优适应度 Pbest 与整个粒子群的群体最优值 Pgbest 相比较,若 Pbest 较优则替代 Pgbest,$n=0$;否则 Pgbest 值不变,此时 $n+1$,若 $n \geqslant 10$ 则重新将部分粒子随机初始化。

⑥ 更新每个粒子的位置和速度。

⑦ 比较次数是否达到最大迭代次数或预设的精度。若满足预设精度,算法收敛,最后一次迭代的结果即为所求的全局最优的权值和阈值;否则返回步骤③,算法继续迭代。

2. 仿真结果与分析

一般而言,前向 BP 网络的隐含层结点个数 m 的取值按照经验公式来确定:$m=2n+1$,n 为输入层结点个数。实验中隐含层结点个数按经验公式确定初值,学习到一定次数后,如果达不到规定误差则在初值基础上增减隐含层结点的数目,经实验最终确定隐含层结点数 $m=13$。粒子的维数是神经网络所有权值、阈值的总和,由于神经网络转速辨识器为 4 个输入 1 个输出,故粒子的维数 $d = 4 \times 13 + 13 + 13 + 1 = 79$,同理可得神经网络磁链观测器的粒子维数为 93。初始设定粒子群的粒子数为 30,$w_{\max}$ 为 0.9,$w_{\min}$ 为 0.4。

在 Matlab/Simulink 环境下建立直接转矩控制系统仿真平台,系统采样周期设定 $T=0.1\text{ms}$,三相异步电动机的各参数为:额定功率 $P_N=15\text{kW}$,额定电压 $V_N=380\text{V}$,额定频率 $f_N=50\text{Hz}$,定子电阻 $R_s=0.435\Omega$,转子电阻 $R_r=0.816\Omega$,定子电感 $L_s=0.002\text{H}$,转子电感 $L_r=0.002\text{H}$,定转子互感 $L_m=0.06931\text{H}$,极对数 $p_n=2$,转动惯量 $J=0.0918\text{kg}\cdot\text{m}^2$。设定电动机转速 $\omega=20\text{rad/s}$ 时,从仿真模型取 1000 组数据作为训练样本,最大训练次数设定为 1000次,数据归一化后最小容许误差设定为 0.01。本文采用权重线性调整 PSO-BP 神经网络对

样本进行训练,并和当前比较常见的两种基于梯度下降的改进方法:附加动量法优化的 BP 网络(GDM-BP)与变步长附加动量法优化的 BP 网络(AGDM-BP)进行了比较。表 9-4 为这三种算法的比较结果。

表 9-4 各算法训练误差比较

算　法	训练次数	系统误差	算　法	训练次数	系统误差
3 层 GDM-BP	1000	0.2643	4 层 AGDM-BP	1000	0.0432
4 层 GDM-BP	1000	0.2032	3 层改进 PSO-BP	129	0.0098
3 层 AGDM-BP	1000	0.1606			

从表 9-4 中可以看出 4 层 GDM-BP 网络和 4 层 AGDM-BP 网络的收敛速度稍快于 3 层同类网络的收敛速度,但是在训练达到 1000 步的时候都没有达到系统的最小容许误差 0.01。相比较之下权重线性调整 PSO-BP 网络即改进 PSO-BP 网络具有非常快的收敛速度,在第 129 步就达到了系统的最小允许误差要求。

9.4 人工鱼群算法

人工鱼群算法(Artificial Fish Swarm Algorithm ,AFSA)是计算智能领域的一种新型的群体智能优化算法,它简单、易于实现,具有广阔的应用前景。从算法的数学本质来说,人工鱼群算法的特点可以归纳为并行性、跟踪性、随机性、简单性。从算法的设计思想来说,人工鱼群算法主要来源于两个方面:一个是进化计算;一个是人工生命(Artificial Life ,AL)。从优化的角度来看,人工鱼群算法是用来解决全局优化问题的一种计算工具,这种方法模仿自然界鱼群觅食行为,采用了自下而上的寻优模式,通过鱼群中各个体的局部寻优,达到全局最优值在群体中突现出来的目的。

9.4.1 人工鱼群算法的来源

1. 进化计算

在几十亿年的自然进化过程中,生物体已经形成一种优化自身结构的内在机制,它们能够不断地从环境中学习,以适应不断变化的环境。科学家们正是受到这种自然界进化过程的启发,从模拟生物进化过程入手,从基因的层次探寻人类某些智能行为发展和进化的规律,解决智能系统如何从环境中学习的问题,并最终形成了具有鲜明特色的优化方法,即进化计算。进化计算的理论基础是达尔文的进化论和孟德尔的遗传学说,它是计算机科学和生物遗传学相互结合渗透而形成的一类新的计算方法,即以进化原理为仿真数据,在计算机上实现的具有进化机制的算法。

进化计算最初具有三个分支:遗传算法、进化规划和进化策略。这三种模拟进化的优化计算方法是彼此独立发展起来的,它们的侧重点、生物进化背景不同,但它们有一个共同点,都是借助生物进化的思想和原理来分析、解决实际问题,这种鲁棒性较强的计算算法适用面较广。近年来经过相关领域专家学者的交流和共同努力,研究领域逐渐拓宽,除了上述三种代表性的方法以外,进化计算方法还包括其他分支,遗传编程、蚁群算法、粒子群优化算法、人工鱼群算法等。

进化计算是一种基于自然选择机制下的全局性随机搜索算法。它有以下主要特点。

(1) 群体搜索策略。算法的操作对象是由多个个体所组成的一个集合——群体,群体搜索使算法得以突破邻域搜索的限制,实现整个解空间上的分布式信息探索、采集和继承。

(2) 有指导搜索。指导进化计算搜索方向的主要依据就是每个群体个体的适应值的大小。在适应值的指导下,个体随着进化代数的增加而逐步逼近目标值。

(3) 自适应搜索。在搜索的过程中,无须任何外在信息,仅需通过进化算子的作用,就可逐步改进群体的性能,从而使得整个算法具有自适应环境的能力。

(4) 渐近式寻优。进化计算从随机产生的初始解出发,一代代反复迭代,而每代进化的结果都优于上一代,如此逐代进化,直到得出最优结果或符合要求的结果为止。

(5) 并行式搜索。进化计算的每代都是对一组群体个体同时进行的,因此是一种多点并行搜索的方法,从而大大提高了搜索的速度,并且有效扩大了搜索的范围,适宜于在当代或未来以分布、并行为特征的智能计算机上发挥潜能。

(6) 黑箱式结构。进化计算的进化过程中的每步进化操作都是以固定方式进行的,进化计算所要研究的只是输入和输出的问题。

(7) 全局最优解。进化算法采用了多点并行搜索的方式,通过产生新个体来扩大搜索的范围,因此搜索是在整个搜索区域的各个部分同时进行的,如此就避免了陷入局部最优解的可能,使得搜索出的是全局最优解或全局近似最优解。

(8) 通用性。进化计算中,只是采用简单的编码技术表达问题,然后根据适应值来区分各个体的优劣,而不需要对问题有一个固定的数学表达式。因此进化计算是一种框架算法,最适合于解决那些很难用表达式表达出来的问题。

这些特点使得进化计算能够解决那些用传统方法难以解决或根本就无法解决的复杂系统优化问题,且这种优化算法不依赖于待求解问题的具体领域,不要求目标函数有明确的解析表达,对各种不同问题都有很强的鲁棒性,具有广泛的应用性。目前进化计算的理论研究正在进一步完善,应用日趋广泛,进化计算正在从单一的模拟进化算法发展成为集生命科学、优化、统计学、人工智能和计算机科学于一体的交叉学科,其研究从原理上彻底认识了算法的内部机制,为算法的改进和应用提供理论依据,扩展了进化算法的应用领域。

2. 人工生命

人类自诞生以来,就从未停止过对自身及所在宇宙的思考,而对生命本质的探索更是锲而不舍。1987年,美国圣塔菲研究所的科学家兰顿(Langton)首次提出了人工生命的概念,认为"人工生命是研究能够演示出自然生命系统行为特征的人造系统",即用计算机、精密机械等人工媒体构造出能够再现自然生命系统行为特征的仿真系统。现代人工生命研究是生物科学、信息科学和计算机科学等交融的学科,它的诞生和发展得益于这些学科,同时它的每一项研究成果也对这些领域产生深远的影响。

人工生命的精髓是适者生存和自然选择,其特点是自组织、自适应、自复制、进化及突现性。人工生命系统由若干具有一些简单行为的自主体组成,通过所有自主体在底层的相互作用来生成类似生命现象的复杂行为,即突现性行为。突现性行为是一些行为在交互过程中所显现的全局性质,而该性质没有受某一单独的成分控制,是通过由下而上的综合的方法来显现出来的。进化特性表现为能适应动态变化的环境,即当无法预测的事件发生时,人工生命系统能像自然生态系统一样通过进化而适应新的环境。自复制体现在不断地自我繁殖和进化上，而适应性是通过各子系统的相互作用及子系统与环境的相互作用表现出来。人工生命研究的对象是行为，但不在于行为的物理特性，而主要来研究行为是如何变得智能的、行为是怎样自适应的及复杂的行为是如何出现突现性的。自组织体现在生命系统个体之间的相互局部联系上，是生命系统重要的正反馈机制，这种联系可以通过环境也可直接交流，该行为使得系统在环境中自我生存和目标最大化。

人工生命的研究在于揭示构成生命所需的最本质特征以及生命演化的最基本规律，而且通过某种易于创建和精确控制的生命形式，加快生命本身的过程。按照人工生命的生成机构，可将此分为生物体的内部系统如脑、神经系统、免疫系统、遗传系统等及由在生物体和它的群体表现的外部系统如环境适应系统和遗传进化系统等。从生物体的内部和外部系统的各种信息出发，可得到人工生命的两种不同研究方法。

（1）模型法。根据内部和外部所表现的生命行为构造其计算机模型并在计算机上模拟实现。

（2）工作原理法。生命行为所显示的自律分散和非线性的行为，它的工作原理是混沌和分形。

近年来，人工生命的研究发展非常快，在某些方面的研究已与传统的生物科学形成了互补。人工生命的研究主要包括两方面的内容。

（1）如何利用计算技术研究生物现象。

（2）研究如何利用生物技术优化计算问题等。

目前国际上关于人工生命的研究内容主要包括数字生命、数字社会、数字生态环境、人工脑、进化机器人、虚拟生物、进化计算等。

随着研究的进一步深入，人们从方法学的角度，总结了人工生命模型具有以下突出特征。

（1）由下而上的建模策略，属于数据驱动策略。

（2）局部的控制机制表现出并行操作特性。

（3）简单的低层次表达单元适于计算机仿真。

（4）突现性的行为过程反映了进化仿真的特点。

（5）群体的动态仿真算法。

由于这些特点，人工生命理论和方法有别于传统的人工智能或神经网络方法。通过将生命现象所体现的机理在计算机中加以仿真，从而可以对涉及非线性对象的系统进行更加贴切的动态描述和动力学性能考察。

人工生命以生命现象为研究对象，以生命过程的机理及其工程实现技术为主要研究内容，以扩展人的生命功能为主要研究目标，其研究的重要意义如下。

（1）有助于创作、研制、设计和制造新的工程技术系统。

（2）可为自然生命的研究探索提供新模型、新工具、新环境。

（3）可扩展自然生命、人工进化和优生优育，可发展自然生命的新品种、新种群。

（4）可为复杂系统的研究提供新思路与新方法。

（5）会进一步激发和促进生命科学、信息科学、系统科学等学科向更深入的方向发展。

人工生命研究的重要内容和关键问题是生命信息获取、传递、变换、处理和利用过程的机理和方法，如基因信息的控制与调节过程，这正是信息科学面临的新课题，也是信息科学发展的新机遇。

9.4.2 基本人工鱼群算法

1. 基本思想

在动物的进化过程中,经过漫长的自然界优胜劣汰,形成了形形色色的觅食和生存方式,这些方式为人类解决问题的思路带来了不少启发。动物一般不具有人类所具有的复杂逻辑推理能力和综合判断能力的高级智能,它们的目的是在个体的简单行为或通过群体的简单行为而达到或突现出来的。动物行为具有以下几个特性。

（1）它具有物化机制,具备感官和形体的结构等。

（2）它是置身于环境的,直接的与环境进行交互作用,既能感知环境,也能改变环境。

（3）它的行为是自适应的,通过与环境的交互作用,能够自主地作出反应。

（4）能在复杂的环境中执行多任务。

（5）具备多种行为,并且能够并行分布执行。

（6）当它们被组合在一起的时候,高级智能行为往往能在它们的个体的简单行为中突现出来。

在一片水域中,生活在水中的鱼在觅食过程中会根据各区域的食物多少、其他鱼的位置等信息来进行游动。这样,一般情况下水域中营养物质最多的地方会聚集较多的鱼,而营养物质较少的地方,鱼会越来越少。鱼的这种智能行为使人们联想到多峰函数的求极值问题。可以构造一定数量的人工鱼,使它们执行类似实际鱼觅食的过程,经过一段时间后,人工鱼在函数极值点处聚集,并且全局极值处会聚集较多的鱼,最后根据各点处鱼群聚集的情况来确定多峰函数的极值。根据鱼的这一特性,中国学者李晓磊等人通过构造人工鱼来模仿鱼群的觅食、聚群及追尾行为,以期完成寻优目的。人工鱼是真实鱼个体的一个虚拟实体,用来进行问题的分析和说明,它采用动物自治体(animat)的概念来构造。动物自治体通常指自主机器人或动物模拟实体,它主要是用来展示动物在复杂多变的环境里面能够自主的产生自适应的智能行为的一种方式,人工鱼是真实鱼个体的虚拟实体,实体中封装了其自身数据信息和一系列行为,如图9-10所示,它可以通过感官来接收环境的刺激信息,并通过控制尾鳍来作出相应的应激活动,它采用的是基于行为的多并行通路结构。

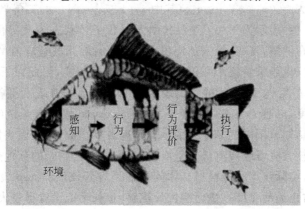

图9-10　人工鱼实体

鱼的几种典型行为可描述如下。

(1) 觅食行为(prey behaviour)。鱼通过味觉、视觉来判断食物的位置和浓度,从而接近食物的行为。一般情况下,鱼在水中随机的自由游动,当发现食物时,则会向着食物逐渐增多的方向快速游去。

(2) 聚群行为(swarm behaviour)。鱼在游动过程中趋于聚集在一起来寻觅食物、躲避危害的行为。鱼聚群时所遵守的规则有 3 条。

① 分隔规则。尽量避免与临近伙伴过于拥挤。

② 对准规则。尽量与临近伙伴的平均方向一致。

③ 内聚规则。尽量向临近伙伴的中心移动。

(3) 追尾行为(follow behaviour)。当一条或几条鱼找到食物时,附近的鱼就会尾随而至,使远处的鱼也向食物源集中的行为。

(4) 随机行为。在未找到食物之前,各条鱼的游动是随机的,从而加大了找到食物的可能性。随机行为实际上是觅食行为的一种缺省。

每条人工鱼通过对环境的感知,在每次移动中经过尝试后,执行其中的一种行为。人工鱼群算法就是利用这几种典型行为从构造单条鱼底层行为做起,通过鱼群中各个体的局部寻优达到全局最优值在群体中突现出来的目的。算法的进行就是人工鱼个体的自适应活动过程,整个过程包括觅食、聚群以及追尾三种行为,最优解将在该过程中突现出来。其中觅食行为是人工鱼根据当前自身的适应值随机游动的行为,是一种个体极值寻优过程,属于自学习的过程;而聚群和追尾行为则是人工鱼与周围环境交互过程。这两种过程是在保证不与伙伴过于拥挤,且与临近伙伴的平均移动方向一致的情况下向群体极值(中心)移动。由此可见,人工鱼群算法也是一类基于群体智能的优化方法。人工鱼整个寻优过程中充分利用自身信息和环境信息来调整自身的搜索方向,从而最终搜索达到食物浓度最高的地方,即全局极值。

2. 人工鱼群算法描述

在人工鱼群算法中,每个备选解被称为一条"人工鱼",多条人工鱼共存,合作寻优(类似鱼群寻找食物)。

假设在一个 D 维的目标搜索空间中,有 N 条组成一个群体的人工鱼,其中第 i 条人工鱼状态表示为向量 $X_i = (x_{i1}, x_{i2}, \cdots, x_{iD})$ 其中 $i = 1, 2, \cdots, N$。人工鱼当前所在位置的食物浓度(目标函数适应值)表示为 $Y = f(x)$,其中人工鱼个体状态为欲寻优变量,即每条人工鱼状态就是一个潜在的解,将 X_i 带入适应值函数就可计算出其适应值 Y_i,根据适应值 Y_i 的大小衡量 X_i 的优劣(由于求解极小和极大问题可以互相转换,因此以下讨论的最优化仅指最小化),两条人工鱼 X_i 与 Y_j 之间的距离表示 $\|X_j - X_i\|$。δ 表示拥挤度因子,代表某个位置附近的拥挤程度,以避免与临近伙伴过于拥挤。visual 表示人工鱼的感知范围,人工鱼每次移动都要观测感知范围内的其他鱼的运动情况及其适应值,从而决定自己的运动方向。当感知范围 visual 较大时可以观测得更全面,但相应的需要判断的其他鱼数目也就越多,从而计算量也就越大,实际计算时应根据具体问题适当设置该值。step 表示人工鱼每次移动的最大步长,为了防止运动速度过快而错过最优解,步长不能设置得过大,当然,太小的步长也不利于算法的收敛。Try_number 表示人工鱼在觅食过程中最大的试探次数。

人工鱼群算法首先初始化为一群人工鱼(随机解),然后通过迭代搜寻最优解,在每次迭代过程中，人工鱼通过觅食、聚群及追尾等行为来更新自己，从而实现寻优。也就是说算法的进行是人工鱼个体的自适应行为活动，即每条人工鱼根据周围的情况进行游动，人工鱼的每次游动就是算法的一次迭代。人工鱼群算法的数学表达形式如下。

(1) 觅食行为。觅食行为是鱼循着食物多的方向游动的一种行为。设第 i 条人工鱼的当前状态为 X_i，适应值为 Y_i，执行式(9-32)，在其感知范围内随机选择一个状态 X_v，根据适应值函数计算该状态的适应值 Y_v，如果 $Y_v < Y_i$，则向该方向前进一步，执行式(9-33)，使得 X_i 到达一个新的较好状态 X_{inext}；否则，执行式(9-32)，继续在其感知范围内重新随机选择状态 X_v，判断是否满足前进条件，如果不能满足，则重复该过程，直到满足前进条件或试探次数达到预设的最大的试探次数 Try_number。当人工鱼试探次数达到预设的最大试探次数 Try_number 后仍不能满足前进条件，则执行式(9-34)，在感知范围内随机移动一步，即执行随机行为使得 X_i 到达一个新的状态 X_{inext}。

$$X_v = X_i + \text{rand}() \times \text{visual} \tag{9-32}$$

$$X_{\text{inext}} = X_i + \text{rand}() \times \text{step} \times \frac{X_v - X_i}{\| X_v - X_i \|} \tag{9-33}$$

$$X_{\text{inext}} = X_i + \text{rand}() \times \text{step} \tag{9-34}$$

式中，X_i 为第 i 条人工鱼当前的状态；X_{inext} 为第 i 条人工鱼的下一步状态；rand() 为产生 0~1 之间的随机数；$\| X_v - X_i \|$ 为 X_v 与 X_i 之间的距离。

(2) 聚群行为。聚群行为是每条鱼在游动过程中尽量向临近伙伴的中心移动并避免过分拥挤。设第 i 条人工鱼的当前状态为 X_i，适应值为 Y_i，以自身位置为中心其感知范围内的人工鱼数目为 N_f，这些人工鱼形成集合 S_i 且

$$S_i = \{x_i \mid \| X_j - X_i \| \leqslant \text{visual}, \quad j = 1, 2, \cdots, i-1, i+1, \cdots, N\} \tag{9-35}$$

若集合 $S_i \neq \varnothing$ ($\varnothing$ 为空集)，表明第 i 条人工鱼 X_i 的感知范围内存在其他伙伴，即 $N_f \geqslant 1$，则按式(9-36)计算该集合的中心位置 X_{centre}：

$$X_{\text{centre}} = \frac{\sum_{j=1}^{N_f} X_j}{N_f} \tag{9-36}$$

计算该中心位置的适应值 X_{centre}，若满足式(9-37)

$$Y_{\text{centre}} < Y_i \text{ AND } N_f Y_{\text{centre}} < \delta Y_i, \quad \delta > 1 \tag{9-37}$$

表明该中心位置状态较优且不太拥挤，则执行式(9-38)朝该中心位置方向前进一步：

$$X_{i|\text{next}} = X_i + \text{rand}() \times \text{step} \times \frac{X_{\text{centre}} - X_i}{\| X_{\text{centre}} - X_i \|} \tag{9-38}$$

式中 $\| X_{\text{centre}} - X_i \|$ 为 X_{centre} 与 X_i 之间的距离。若集合 $S_i = \varnothing$，表明第 i 条人工鱼 X_i 的感知范围内不存在其他伙伴，即 $N_f = 0$，则执行觅食行为。

(3) 追尾行为。追尾行为是鱼向临近的最活跃者追捉的行为。设第 i 条人工鱼的当前状态为 X_i，适应值为 Y_i，人工鱼 X_i 根据自己当前状态搜索其感知范围内的所有伙伴中适应值为最小的伙伴 $X_{\min}$，适应值为 $Y_{\min}$。若 $Y_{\min} \geqslant Y_i$，则执行觅食行为；否则，以 $X_{\min}$ 为中心搜索其感知范围内的人工鱼数目为 N_f，若满足式(9-39)

$$Y_{\min} < Y_i \text{ AND } N_f Y_{\min} < \delta Y_i, \quad \delta > 1 \tag{9-39}$$

表明该位置状态较优并且其周围不太拥挤，则执行式(9-40)朝最小伙伴 $X_{\min}$ 的方向前进一

步,否则执行觅食行为。

$$X_{i|\text{next}} = X_i + \text{rand}() \times \text{step} \times \frac{X_{\min} - X_i}{\|X_{\min} - X_i\|} \quad (9\text{-}40)$$

式中,$\|X_{\min} - X_i\|$ 为 $X_{\min}$ 与 X_i 之间的距离。若第 i 条人工鱼 X_i 的感知范围内不存在其他伙伴,也执行觅食行为。

(4) 行为选择。根据所要解决问题的性质,对人工鱼当前所处的环境进行评价,从上述各行为中选取一种合适的行为。常用的方法有两种。

① 先进行追尾行为。若没有进步则进行聚群行为,若依然没有进步则进行觅食行为。也就是选择较优行为前进,即任选一种行为,只要能向优的方向前进即可。

② 试探执行各种行为。选择各行为中使得向最优方向前进最快的行为,即模拟执行聚群、追尾等行为,然后选择行动后状态较优的动作来实际执行,缺省的行为方式为觅食行为。也就是选择各行为中使得人工鱼的下一个状态最优的行为,如果没有能使下一状态优于当前状态的行为,则采取随机行为。对于此种方法,同样的迭代步数下,寻优效果会好一些,但计算量会较大。

(5) 设立公告板。在人工鱼群算法中,设置一个公告板,用以记录当前搜索到的最优人工鱼状态及对应的适应值,各条人工鱼在每次行动后,将自身当前状态的适应值与公告板中的适应值进行比较,如果当前状态的适应值优于公告板中的适应值,则用当前状态及其适应值取代公告板中的相应值,以使公告板能够记录搜索到当前的最优状态及该状态的适应值。即算法结束时,公告板的最终值就是系统的最优解。

人工鱼群算法通过这些行为的选择形成了一种高效的寻优策略,最终,人工鱼集结在几个局部极值的周围,且值较优的极值区域周围一般能集结较多人工鱼。人工鱼群算法的基本流程如图 9-11 所示。

综上所述,人工鱼群算法采用了自下而上的设计思路,从实现人工鱼的个体行为出发,在个体自主的行为过程中,随着群体效应的逐步形成,而使得最终结果突现出来;算法中仅使用了目标问题的适应值,对搜索空间有一定的自适应能力;多条人工鱼个体并行的进行搜索,具有较高的寻优效率;随着工作状况或其他因素的变更造成极值点的漂移,本算法具有较快跟踪变化的能力。总的来说,算法中对各参数的取值范围可以很宽,并且对算法的初值也基本无要求。

人工鱼群算法中,使人工鱼逃逸局部极值点达到全局寻优处的因素主要有以下几点。

① 觅食行为中 try_number 的次数较少时,为人工鱼提供了随机游动的机会,从而能跳出局部极值的邻域。

② 随机步长的采用,有可能使人工鱼在前往局部极值的途中转而游向全局极值,当然,也有可能在人工鱼去往全局极值的途中转而游向局部极值,这对一个人工鱼个体当然不好判定它的好坏,但对于一个群体来说,好的一面往往会具有更大的几率。

③ 拥挤度因子的引入限制了聚群的规模,只有在较优处才能聚集更多的人工鱼,使得人工鱼能够在更广的范围内寻优。

④ 聚群行为能够促使少数陷于局部极值的人工鱼向多数趋向全局极值的人工鱼方向聚集,从而逃离局部极值。

⑤ 追尾行为加快了人工鱼向更优状态的游动,同时也能促使陷于局部极值的人工鱼追随趋向于全局极值的更优人工鱼,从而逃离局部极值域。

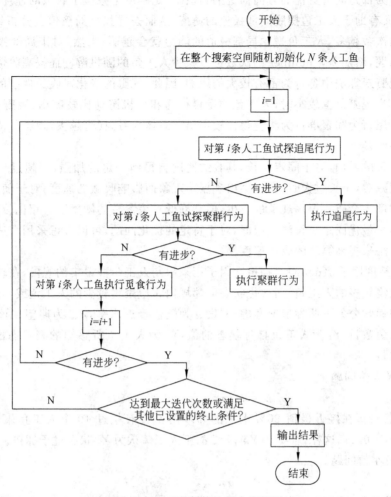

图 9-11 人工鱼群算法基本流程图

3. 各参数对收敛性能的影响

由于算法存在一定的随机性,在相同参数下,收敛过程和结果存在着一定的差异。寻优过程由于初值等原因往往不能100%的找到全局最优解,只能快速找到全局最优解的邻域,并且存在收敛速度等方面的问题。

(1) 视野和步长。在觅食行为中,人工鱼的个体总是尝试向更优的方向前进,这就奠定了算法收敛的基础。如图 9-12 所示,人工鱼随机的巡视在其视野范围中某点的状态 X_i,若发现比当前状态 X 更好,则它就向状态 X_i 的方向前进一步并到达状态 X_{next};若状态 X_i 并不比状态 X 好,则它继续随机巡视视野范围内的其他状态;若巡视次数达到一定的次数(try_number)后,仍旧没有找到更优的状态,则它就做随机的游动。

由于每次巡视的视点都是随机的,所以不能保证每

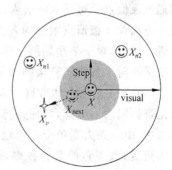

图 9-12 人工鱼的视野和移动步长

一次觅食行为都是向着更优的方向前进的,这在一定程度上减缓了收敛的速度,但是从另一方面看,这又有助于人工鱼摆脱局部极值的诱惑,从而去寻找全局极值。分析结果表明,try_number 的次数越多,人工鱼摆脱局部极值的能力就会越弱,当然,对于局部极值不是很突出的优化问题,增加 try_number 的次数可以减少人工鱼的随机游动而提高收敛的效率。

由于视野对算法中各行为都有较大的影响,因此,视野的变化对收敛性能的影响也是比较复杂的。当视野范围较小时,人工鱼的觅食行为和随机游动比较突出;视野范围较大时,人工鱼的追尾行为和聚群行为将变得比较突出。总体来看,视野越大,越容易使人工鱼发现全局极值并收敛。

随着步长的增加,对于固定步长,其收敛速度会得到一定的加强,但超过一定范围后会使收敛速度减缓,步长过大时,有时会出现振荡现象而影响收敛的速度;对于随机步长,有时可在一定程度上会防止振荡现象的发生,但会降低对该参数的敏感度。相比较而言,收敛速度最快的还是最优固定步长法。因此,对于特定的优化问题,可以考虑采用合适的固定步长或变尺度方法来提高算法的收敛速度。

(2) 拥挤度因子 δ(delta)。拥挤度因子用来限制人工鱼群聚集的规模,在较优状态的邻域内希望聚集较多的人工鱼,而次优状态的邻域内希望聚集较少的人工鱼或不聚集人工鱼。其选取规则通常分如下两种情况考虑,假设 α 为极值接近水平,n_{max} 为期望在该邻域内聚集的最大人工鱼数目,Y_i 为人工鱼自身状态的值,Y_c 为人工鱼所感知的某状态的值,n_f 为周围伙伴的数目。

① 求极大值问题。

$$\delta = l/(\alpha n_{max}), \quad 0 < \alpha < l$$

例如,若希望在接近极值 90% 水平的邻域内不会有超过 10 个人工鱼聚集,则取 $\delta = l/(0.9 \times 10) = 0.11$。这样,若 $Y_c/(Y_i n_f) < \delta$,则人工鱼认为 Y_c 状态过于拥挤。

② 求极小值问题。

$$\delta = \alpha n_{max}, \quad 0 < \alpha < l$$

例如,若希望在接近极值 90% 水平的邻域内不会有超过 10 个人工鱼聚集,则取 $\delta = 0.9 \times 10 = 9$。这样,若 $Y_c n_f/Y_i > \delta$,则人工鱼认为 Y_c 状态过于拥挤。

③ 具体说明。以极大值为例(极小值情况与极大值情况相反),δ 越大,表明允许的拥挤程度越小,人工鱼摆脱局部极值的能力越强;但是收敛的速度会有所减缓,这主要因为人工鱼在逼近极值的同时,会因避免过分拥挤而随机走开或者受其他人工鱼的排斥作用,不能精确逼近极值点。可见 δ 的引入,一方面避免了人工鱼过度拥挤,但却有可能陷入局部极值;另一方面位于极值点附近的人工鱼,相互之间存在排斥的影响,导致它们难以向极值点精确逼近。所以,对于某些局部极值不是很严重的具体问题,可以忽略拥挤的因素,从而在简化算法的同时也加快了算法的收敛速度和提高结果的精确程度。

(3) 人工鱼的个体数目。人工鱼群算法是群集智能的一个应用,其中最具备特色的应该是群体概念。因此,合理选择人工鱼的个体数目对提高算法效率至关重要。在人工鱼群算法中,由一条人工鱼个体单独迭代 100 次和 10 条鱼一起迭代 10 次的效果是迥然不同的。不难理解,人工鱼的数目越多,跳出局部极值的能力越强,收敛的速度越快(从迭代次数来看),算法每次迭代的计算量也越大。因此,在使用过程中,满足稳定收敛的前提下,应尽可能地减少人工鱼个体的数目。

9.4.3 改进人工鱼群算法

1. 基本人工鱼群算法的不足

人工鱼群算法在一系列优化问题上取得了比较满意的效果。但还有许多需要进一步改进的地方。经过反复的研究与实验发现,基本人工鱼群算法在解决实际问题时还有一些不足。

(1) 步长 step 参数对算法的收敛速度和收敛精度影响很大。采用较小的 step 时,算法的爬坡速度很慢。采用较大的 step 时,可能会降低算法在最优解区域内的局部搜索能力,有时会发生振荡现象,难以找出精确的最优解。

(2) 在基本鱼群算法的中,当人工鱼视野 visual 范围较小时,寻优速度慢;视野范围较大时,鱼群逐渐聚集,视野内的数目增加,但是拥挤度因子 δ 限制了人工鱼进一步聚集,人工鱼游动在满意解域内,难以进一步搜索精确解。

(3) 在鱼群算法的觅食行为中,当人工鱼个体没有找到较优状态时,则会随机选择一个新的状态,产生一个新的人工鱼,跳到一个全新的区域而重新搜索,没有充分利用前面已经得到有利信息,从而导致算法的计算量增加和收敛速度较慢。

针对以上几点不足,结合文献中对鱼群算法的改进方法和研究的具体实际问题,对基本人工鱼群算法进行了部分改进,提出了改进人工鱼群算法(IAFSA)。

2. 改进人工鱼群算法

对人工鱼群算法的改进主要有以下几个方面。

(1) 变尺度步长。本文采用了变步长方式,人工鱼根据当前的环境恶劣程度调整移动的步长,视野范围内最高浓度与人工鱼当前位置浓度差别越大,移动的步长也越大。变步长公式如下:

$$\text{step} = \frac{\boldsymbol{Y}_m - \boldsymbol{Y}_i}{\boldsymbol{Y}_m - \boldsymbol{Y}_w} \times \text{step} \tag{9-41}$$

人工鱼当前位置食物浓度是 $\boldsymbol{Y}_i$,当前视野范围内的最大食物浓度是 $\boldsymbol{Y}_m$,$\boldsymbol{Y}_w$ 是人工鱼视野范围内的最低食物浓度。同时,为了防止步长过小,可将 $\boldsymbol{Y}_w$ 限制在 $(1/n) \times \boldsymbol{Y}_m$ 范围内,计算出的 step 限制在 $(1/k) \times$ step 的范围内(n,k 为正整数)。还可以在变步长的基础上采用随机步长的方式来改善寻优效果。此改进步长在搜索初期可以得到较快的寻优速度,在后期可以降低跳过最优值的几率,能更细致的寻优。

(2) 视野自适应。视野 visual 对搜索全局最优值有着比较重要的作用,它决定了一条鱼周围伙伴的数目。在本文采用的算法中,为自动适应鱼群的聚集现象,视野 visual 随迭代次数的增加逐渐变小,视野自适应公式如下:

$$\text{visual} = \boldsymbol{V}_{\max} - \frac{(\boldsymbol{V}_{\max} - \boldsymbol{V}_{\min}) \times k}{\text{itmax}} \tag{9-42}$$

式中,$\boldsymbol{V}_{\max}$ 和 $\boldsymbol{V}_{\min}$ 分别是视野 visual 的最大值和最小值,k 是当前迭代次数,itmax 是最大迭代次数。在寻优初期,每一条人工鱼在较大的视野内游动,扩展了算法的搜索范围,后来逐渐减小,使鱼能在缩小的视野内进行更细致的寻优。

(3) 改进觅食行为。人工鱼在觅食行为中,若找不到较优方向则进行随机移动。这种随机移动可能远离最优值,由比较好的状态变成低劣状态,造成资源浪费。改进觅食行为是,随机移动若干次,如果有改善则向更好的方向游去,否则按照概率 P 向全局最优值移动一步,按照概率 $1-P$ 随机选择下一个状态。概率 P 可随机选择,也可以根据当前环境设定。这种方式既保持了全局搜索的能力,又提高了寻优效率。

(4) 最优值不变。最优人工鱼在觅食行为中随机移动若干次,如果某个方向情况有改善则向其移动一步,若是在有限次的尝试中均没有改善,则保持不变。这样可以保持有用信息,又不降低全局搜索的能力。

9.4.4 改进人工鱼群算法优化 BP 神经网络

改进人工鱼群对于神经网络的训练过程是离线训练,训练完成后得到一组权值和阈值,此组权值和阈值就是改进鱼群算法优化后的神经网络权值和阈值,用其构建新的神经网络,形成神经网络速度辨识器,再嵌入到实际控制系统的仿真平台中,对转速进行辨识和控制。

1. 速度辨识器的构造

异步电动机无速度传感器直接转矩控制(DTC)是交流传动的发展方向之一。速度辨识方法中有利用 BP 神经网络模型的,但由于 BP 算法本身的局限性,还存在着一些困扰。

(1) 学习算法的收敛速度慢。
(2) 局部极小值问题。
(3) 泛化能力差。

因此,采用改进人工鱼群算法(IAFSA)取代梯度下降法,用以优化神经网络的连接权值和阈值,提高神经网络的收敛速度和学习能力,最后实现对异步电动机转速的准确辨识。仿真实验表明:IAFSA+BP 可以较快地得到更好的权值和阈值,采用 IAFSA+BP 神经网络转速辨识器取代 DTC 系统的速度传感器的方案是可行的。

在直接转矩控制系统中,异步电动机在静止两相 α-β 坐标系下的磁链与电压、电流的关系可以表示如下:

$$p\begin{bmatrix}\Psi_{\alpha r}\\ \Psi_{\beta r}\end{bmatrix}=\frac{L_r}{L_m}\left\{\begin{bmatrix}u_{s\alpha}\\ u_{s\beta}\end{bmatrix}-\begin{bmatrix}R_s+\sigma L_s p & 0\\ 0 & R_s+\sigma L_s p\end{bmatrix}\begin{bmatrix}i_{s\alpha}\\ i_{s\beta}\end{bmatrix}\right\} \qquad(9\text{-}43)$$

$$p\begin{bmatrix}\Psi_{\alpha r}\\ \Psi_{\beta r}\end{bmatrix}=\begin{bmatrix}-1/T_r & -\omega_r\\ \omega_r & -1/T_r\end{bmatrix}\begin{bmatrix}\Psi_{\alpha r}\\ \Psi_{\beta r}\end{bmatrix}+\frac{L_m}{T_r}\begin{bmatrix}i_{s\alpha}\\ i_{s\beta}\end{bmatrix} \qquad(9\text{-}44)$$

上式中 $T=L_r/R_r$、$\sigma=1-L_m^2/L_s L_r$ 分别为电动机转子时间常数和漏感系数,L_s、L_r 为定、转子自电感,L_m 为互电感,R_s、R_r 为电动机定、转子绕组电阻,ω_r 为转子电角速度。p 为微分算子。

假设 θ 为电动机转子旋转磁链矢量 Ψ_r 与 α 轴之间的瞬时角速度,则

$$p\theta=\frac{\Psi_{r\alpha}(p\Psi_{r\beta})-\Psi_{r\beta}(p\Psi_{r\alpha})}{\Psi_{r\alpha}^2+\Psi_{r\beta}^2}=\omega_r+\frac{L_m}{T_r}\frac{i_{s\beta}\Psi_{r\alpha}-i_{s\alpha}\Psi_{r\beta}}{\Psi_{r\alpha}^2+\Psi_{r\beta}^2} \qquad(9\text{-}45)$$

转子瞬时角速度可以从以式(3-1)为基础的转子磁链观测器中获得,通过获得定子坐标系($\alpha\beta$ 坐标系)下定子电压 $u_{s\alpha}$、$u_{s\beta}$,定子电流 $i_{s\alpha}$、$i_{s\beta}$ 及定子电流导数 $pi_{s\alpha}$、$pi_{s\beta}$,可得到与转子转速 ω 的非线性映射关系如下:

$$\omega=f(u_{s\alpha},u_{s\beta},i_{s\alpha},i_{s\beta},pi_{s\alpha},pi_{s\beta}) \qquad(9\text{-}46)$$

利用神经网络可以实现上式的映射关系,神经网络的 6 个输入分别为 $u_{s\alpha}$、$u_{s\beta}$、$i_{s\alpha}$、$i_{s\beta}$、$pi_{s\alpha}$ 和 $pi_{s\beta}$,输出为估计转速 ω。这样就实现了用 BP 神经网络构造的速度辨识器对转速的

估计。

2. BP 神经网络

BP 神经网络具有数层相连的处理单元,连接可从一层中的每个神经元到下一层的所有神经元,且网络中不存在反馈环,是常用的一种人工神经网络模型,假设输出层为线性层,隐层神经元的非线性作用函数(激励函数)为双曲线正切函数:

$$f(x) = \frac{1-e^{-x}}{1+e^{-x}} \tag{9-47}$$

输入层对输入网络的数据不做任何处理直接作为该层的输出。考虑输入层的输入为$(x_1, x_2, \cdots, x_n)$;隐层神经元的输入为$(s_1, s_2, \cdots, s_n)$;隐层神经元的输出为$(z_1, z_2, \cdots, z_n)$;输出层神经元的输出为$(y_1, y_2, \cdots, y_n)$;则隐层输入-输出关系为

$$s_i = \sum_{j=1}^{n} w_{ij} x_j + w_{i0}, \quad 1 \leqslant i \leqslant h \tag{9-48}$$

$$z_i = f(s_i), \quad 1 \leqslant i \leqslant h \tag{9-49}$$

$$y_k = \sum_{i=1}^{k} V_{ki} Z + V_{ki}, \quad 1 \leqslant k \leqslant m \tag{9-50}$$

式中,$\{w_{ij}\}$为输入层-隐层的连接权值,$\{w_{i0}\}$为隐层-输出层连接权值,$\{v_{ki}\}$为隐层-输出层的阈值,$\{v_{k0}\}$为输出层神经元的阈值。网络的输入-输出映射也可简写为

$$y_k = \sum_{i=1}^{k} v_{ki} f\left[\sum_{j=1}^{n} w_{ij} x_j + w_{i0}\right] + v_{k0} \tag{9-51}$$

BP 神经网络的训练样本集为 $A=\{(X_i, T_i) \mid i=1,2,\cdots,n\}$(其中 $X_i \in R_n$,为第 i 组训练数据的输入,$T_i \in R_m$ 为与第 i 组训练数据的输入对应的期望输出,T_{ik} 为输出层第 k 个神经元的期望输出),设第 i 组训练数据的输入的实际输出为 $Y_i \in R_n$,Y_{ik} 为输出层第 k 个神经元的实际输出,则基于该训练样本集的误差函数为

$$E = \frac{1}{2} \sum_{i=1}^{n} \sum_{j=1}^{n} (Y_K^i - T_K^i)^2 \tag{9-52}$$

该函数是一个具有多个极小点的非线性函数,对该 BP 神经网络的训练过程需调整各个神经元之间的连接权值和阈值$\{w_{ij}\}$、$\{w_{i0}\}$、$\{v_{ki}\}$、$\{v_{k0}\}$,直至误差函数 E 达到最小,该训练过程结束。

3. 优化过程的描述

定义人工鱼个体 $X_s(t)$ 在时期 t 的状态为

$$X_s(t) = (X_1^s(t), X_2^s(t), \cdots, X_D^s(t)), \quad s=1,2,\cdots,\text{AF\_number} \tag{9-53}$$

式中,AF_number 为人工鱼群规模,$X_s(t)$的维数为 D,D 是神经网络权值和阈值总量。若 BPNN 是具有两个隐层的神经网络,输入层 L_{in} 有 m 个输入,两个隐层 L_{h1}、L_{h2} 的神经元维数分别是 h_1 和 h_2,输出层 L_o 的神经元有 n 个,则 $D = h_1(m+1) + h_2(h_1+1) + n(h_2+1)$。

BP 神经网络的所有权值和阈值在每个 AF 中的分布规则是,按照 L_{in}、L_{h1}、L_{h2}、L_o 的顺序,先取所有权值赋予 AF 前半部,再将阈值赋予 AF 后半部。$X_i^s(t)(i=1,2,\cdots,D)$,是第 s 个 AF 的一个状态值,可能是一个权值或者一个阈值。

每一条人工鱼个体 $X_s(t)$ 可以代表一个神经网络,包含 BP 神经网络的所有权值和阈值,因此简称为人工鱼网络(AFNN)。

AF 的初始化采用随机分布的方式,在[-1,1]的范围内随机放入 AF_number 条人工鱼,$X_i^s(t)$ 的值适合神经网络的权值阈值分布范围。

初始 AF 根据当前状态计算食物浓度,人工鱼 $X_s(t)$ 的食物浓度记为 $E_s(t)=1/e_s(t)$,其中,$e_s(t)$ 是神经网络输出值的误差,公式如下:

$$e_s(t) = \frac{1}{N}\sum_i^N \sum_j (d_{ij} - y_{ij})^2 \tag{9-54}$$

式中,N 是训练样本集的维数;d_{ij} 是第 i 个样本的第 j 个网络输出层结点的理想输出值;y_{ij} 是第 i 个样本的第 j 个网络输出层结点的实际输出值。每一条 AF 都能根据自身状态产生一个 BP 神经网络,进而根据输入样本产生一组输出数据。神经网络输出值和样本输出值二者的均方误差越小,当前 AF 的食物浓度就越高,表明 AF 状态就越优秀。

一条 AFNN 行动前要计算 visual 内的伙伴数目 frd_num。任意两条人工鱼 $X_p(t)$ 和 $X_q(t)$ 的距离 d_{pq} 计算公式为

$$d_{pq} = \left(\sum_{i=1}^{D} | X_i^p(t) - X_i^q(t) | \right)/D \tag{9-55}$$

若 d_{pq}<visual,则 $X_p(t)$ 和 $X_q(t)$ 互为伙伴。$X_i^p(t)$ 和 $X_i^q(t)$ 分别是两个神经网络中对应权值或阈值。

人工鱼行为策略:人工鱼可以对当前网络误差进行评价,模拟执行追尾、聚群行为,选择一种能使误差降低较快的行为执行,也可以顺序执行行为,比如先执行追尾行为,若误差变大则执行聚群行为,缺省行为是觅食行为。

人工鱼在得到周围 AFNN 数目 frd_num 后,各个 AFNN 的误差必然有所不同,因而食物浓度不同,所以可先执行追尾行为:若满足密度要求,则 $X_s(t)$ 向视野内最小误差的 AFNN 移动,否则执行觅食行为(prey())。$X_s(t)$ 追尾行为之代码描述如下:

```
function follow()         //追尾行为,寻找视野中最优人工鱼 X_m(t) 及其食物浓度
                          //E_m(t)
if (E_m(t)/frd_num)>δ*E_s(t)
    X_s(t+1)=X_s(t)+step*(X_m(t)-X_i)/d_ms
else
    prey();               //觅食行为
end
```

代码中,δ 为拥挤度因子,$X_s(t+1)$ 是 $X_s(t)$ 的下一步状态。若 $X_s(t)$ 周围具有误差较小的 AFNN 且鱼群密度较小,则 $X_s(t)$ 向更优网络靠近一步。

若追尾行为的结果没有使误差降低,则执行聚群行为:探索视野内中心位置的 AFNN,若中心位置的误差较小,且满足密度要求,则向中心方向移动一步,否则执行觅食行为。$X_s(t)$ 聚群行为(swarm())的代码描述为:

```
function swarm()                    //聚群行为
    for(k=0;k<frd_num;k++)          //统计 X_s(t) 的 visual 内 AFNN 的数目 frd_num;
                                    //计算 visual 中心的人工鱼 X_c(t):
```

$$\left\{ X_c(t) = \frac{X_k(t)}{\text{frd\_num}} + \frac{X_{k+1}(t)}{\text{frd\_num}} \right\} \quad // \ X_c(t) = \sum_{k=1}^{\text{frd\_num}} X_k(t)/\text{frd\_num}$$

```
if (E_c(t)/frd_num > δ * E_s(t))
    {X_s(t+1) = X_s(t) + step * (X_c(t) - X_i)/d_cs}
else
    prey()
end
```

代码中,$X_c(t)$代表中心人工鱼网络,这条 AFNN 不一定是当前某一条 AFNN,很可能是一个虚拟的网络。只要中心人工鱼能有较小的误差,且满足密度要求,就能吸引其他 AFNN 向这个网络的权值阈值靠近。

$X_s(t)$移动后成为$X_s(t+1)$,若$E_s(t+1) < E_s(t)$,则说明移动后的新网络没有达到进步要求,此时 AFNN 执行觅食行为:$X_s(t)$在视野内随机移动到一个新网络,若该网络的误差较小,则向该网络靠近一步,否则再重新选择网络,判断误差大小。反复选择 try_number 次后,若仍没有进步,则按照概率p向全局最优网络移动一步,按照概率$1-p$随机选择一个新网络。改进觅食行为代码如下:

```
function prey()                    //觅食行为
    for (i=0; i<=try_number; i++)
    { X_n(t) = X_s(t) + rand(visual)
      if (E_s(t) < E_n(t))
      {X_s(t+1) = X_s(t) + rand(step_0) * (X_n(t) - X_s(t))/d_ns;
       break;
      }
      else          //X_s(t+1)={ X_s(t)+rand(step_0)(X_b(t)-X_s(t))/d_bs,  按照概率 P
                                { X_s(t)+rand(step_0),                    按照概率 1-P
      { pp = rand(1)
if(pp > p)
    {X_s(t+1) = X_s(t) + rand(step_0)(X_b(t) - X_s(t))/d_bs;
     Break;}
else
    { X_s(t+1) = X_s(t) + rand(step_0);}
}
```

代码中,$step_0$是觅食行为中的步长,不同于其他行为中的变化步长,$rand(step_0)$表示在$[0 \sim step_0]$中随机取值,$rand(visual)$表示在$[0 \sim visual]$中随机取值。所有 AFNN 按照追尾、聚群、觅食的先后顺序寻找误差较小的神经网络,搜索行为遍历完整个鱼群后,将鱼群中误差最小的神经网络及其误差赋值给公告板。以后每一条 AFNN 行动完后就将自身的网络输出误差同公告板比较,若小于公告板的误差,则把自身赋值给公告板。

鱼群搜索的终止条件定为两个,第一,若是出现了满足误差精度的 AFNN,则搜索过程结束并将这条 AFNN 作为最终的神经网络。第二,鱼群整体搜索次数上限为 itmax,若搜索次数超过了 itmax,则搜索过程结束,此时,公告板中的 AFNN 作为最终的神经网络。若两个终止条件都没满足,鱼群重新搜索,从第一条到最后一条,顺序执行三种行为,直到达到终止条件为止。改进人工鱼算法优化 BP 神经网络流程图如图 9-13 所示。

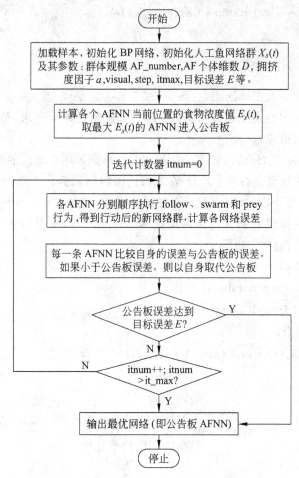

图 9-13　改进 AFSA 优化 BP 神经网络的流程图

4. 优化过程的验证

(1) 异步电动机的参数设置。在 Matlab/Simulink 环境下建立直接转矩控制系统仿真平台,异步电动机的各参数为:额定功率 $P_N=15\text{kW}$,额定电压 $V_n=380\text{V}$,额定频率 $f_n=50\text{Hz}$,定子电阻 $R_S=0.4358\Omega$,转子电阻 $R_r=0.368\Omega$,定子电感 $L_S=0.002\text{H}$,转子电感 $L_R=0.002\text{H}$,定转子互感 $L_m=0.06931\text{H}$,极对数 $P=2$,转动惯量 $J=0.198\text{kg}\cdot\text{m}^2$。

(2) 数据采集。为完成神经网络的离线训练,在直接转矩实验系统中进行数据采集得到训练的样本数据,即速度辨识器的输入 $u_{s\alpha}$、$u_{s\beta}$、$i_{s\alpha}$、$i_{s\beta}$、$pi_{s\alpha}$、$pi_{s\beta}$,输出 ω。本文对每个变量各采集了 1500 组,采样点的时间间隔为 10^{-4}s,将 1000 组作为训练样本,500 组作为测试样本。对采集的数据制成数据表,以便离线时训练程序的加载。

(3) 训练误差分析。本文采用 4 层 BP 神经网络进行训练,分别使用了常见的附加动量法的 4 层 BP 网络(GDM+BP),基本鱼群算法优化 BP 网络(AFSA+BP),改进鱼群算法优化 BP 网络(IAFSA+BP)进行仿真。人工鱼群的群体规模 AF_number=40,视野范围 visual=1.0,最大视野 $V_{\max}=1.0$,最小视野 $V_{\min}=0.3$,最大步长 step=0.5,拥挤度因子 $a=$

18,最大迭代次数 itmax=1000。训练中采取 1000 组数据作为训练样本,最小容许误差 I=0.001。训练中 GDM+BP 始终达不到目标值,AFSA+BP 和改进 AFSA+BP 可在设定次数 1000 次内达到目标值 0.001。进行若干次实验,将达到目标值的训练次数取平均值,不同算法训练误差比较结果如表 9-5 所示。

表 9-5　各算法训练误差比较

算　　　法	训　练　次　数	训　练　误　差
GDM+BP	1000	0.090
AFSA+BP	192	0.001
改进 AFSA+BP	67	0.001

从表 9-5 中可以看出 GDM+BP 神经网络收敛速度明显慢于用两种鱼群算法优化的 BP 神经网络,且没有在设定次数内达到目标值。AFSA+BP 达到训练误差 0.001 的平均次数是 192 次,而改进 AFSA+BP 平均次数是 67 次,说明对鱼群算法的改进确实有明显的效果。图 9-14、图 9-15 和图 9-16 分别为 GDM+BP、AFSA+BP 和 IAFSA+BP 网络的误差收敛曲线和训练跟踪曲线。

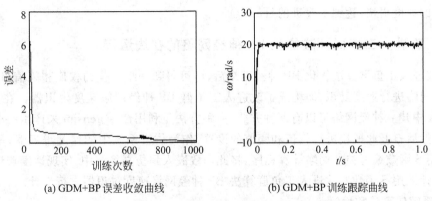

(a) GDM+BP 误差收敛曲线　　(b) GDM+BP 训练跟踪曲线

图 9-14　GDM+BP 网络曲线图

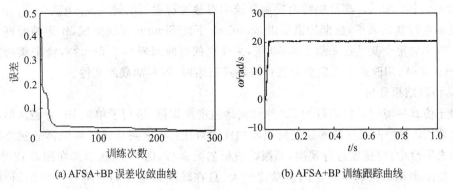

(a) AFSA+BP 误差收敛曲线　　(b) AFSA+BP 训练跟踪曲线

图 9-15　AFSA+BP 网络曲线图

图 9-14(b)的 GDM+BP 训练跟踪曲线波动很大,它没有很好的跟踪(红色)实际转速曲线,起步阶段跟踪效果很差,且呈现周期性,速度达到稳态 20rad/s 时,网络输出速度波动

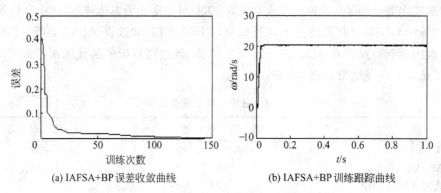

(a) IAFSA+BP 误差收敛曲线　　　　(b) IAFSA+BP 训练跟踪曲线

图 9-16　IAFSA+BP 网络曲线图

也很大,跟踪效果不理想。而图 9-15(b)的 AFSA+BP 和图 9-16(b)的 IAFSA+BP 的训练跟踪曲线有明显改进,训练曲线在转速接近 20rad/s 时拐弯处很好地跟踪了实际曲线,稳态时没有出现明显波动,跟踪曲线比较平滑,而且改进 AFSA+BP 输出效果更好一些。显然运用改进 AFSA+BP 网络训练的方法,提高了收敛速度,增加了寻优精度,达到了提高转速跟踪能力的目的。可见对人工鱼群的改进确实优化了神经网络的性能,使其跟踪的效果更好、寻优的速度更快,达到了改进的目的。

9.4.5　改进人工鱼群算法优化 BP 神经网络的在线运行

用改进人工鱼群算法优化 BP 神经网络后,即可得到一组最优的权值和阈值,用此构建 BP 神经网络进行速度辨识,即构成了改进人工鱼群-BP 神经网络速度辨识器。在 Matlab/Simulink 中建立神经网络可以有两种方式,一种方法是利用命令 gensim 来产生一个神经网络模块,然后打开此模块进行权值和阈值的设置,作为仿真系统中的速度辨识器;另一种方法是利用 S 函数编写神经网络计算程序,将此函数嵌入到仿真系统中,实现速度辨识器的功能,本设计采用 S 函数对改进人工鱼群算法-BP 神经网络速度辨识器进行设计。

1. 系统仿真参数设置

在 Matlab/Simulink 环境下建立直接转矩控制系统仿真平台,其中异步电动机的参数如第 9.4.5 小节所示。在直接转矩控制系统中对速度辨识器的输入 $u_{s\alpha}$、$u_{s\beta}$、$i_{s\alpha}$、$i_{s\beta}$、$pi_{s\alpha}$、$pi_{s\beta}$ 与输出 ω 进行数据采集,数据的采集由 Simulink 下的 Simout 模块完成,作为神经网络训练样本。本文对每个变量各采集了 4000 组,采样点的时间间隔为 2.5e−4s,将采集的数据保存为 .mat 文件,用改进人工鱼群算法训练神经网络时,即可加载此文件。

2. 仿真结果分析

对于仿真环境中在线运行的 BP 神经网络速度辨识器,进行了单纯 BP 神经网络和改进人工鱼群-BP 神经网络这两种速度辨识器的性能对比:将这两种速度辨识器分别放入直接转矩仿真平台中,对速度进行观测,其跟踪效果如图 9-17、图 9-18 所示。在图 9-17 中,单纯 BPNN 速度辨识器在起步阶段的波动比较大,且在转换到稳态的时刻有一些超调,稳态时偶尔会出现一些震荡;而在图 9-18 中,改进 IASFA+BP 速度辨识器在起步阶段震荡幅度减小,且没有出现明显超调现象,进入稳态时速度比较平稳。

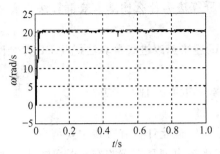
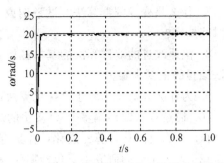

图 9-17　单纯 BP 神经网络在线转速辨识曲线　　图 9-18　IASFA＋BP 神经网络在线转速跟踪曲线

在 IASFA＋BP 无速度传感器直接转矩控制系统仿真运行时,磁链跟踪轨迹如图 9-19 所示,在给定磁链幅值 1wb 附近以容差范围波动,达到了磁链幅值恒定的效果;转矩随时间变化曲线如图 9-20 所示,转矩脉动减少,达到稳态后转矩基本保持平稳。

因此,采用改进人工鱼群算法优化 BP 神经网络的速度辨识器,具有较快的收敛速度和较高的跟踪精度。将训练好的改进人工鱼群算法优化的 BP 神经网络速度辨识器放入无速度传感器 DTC 系统仿真平台中,代替速度传感器进行速度闭环控制时,速度辨识器能够很好地跟随实际转速,磁链和转矩运行轨迹也都显示正常,整个 DTC 系统能够稳定运行。可以看出,采用改进人工鱼群算法优化 BP 神经网络速度辨识器,为无速度传感器 DTC 系统可靠运行及低速性能的改善找到了一条新的途径。

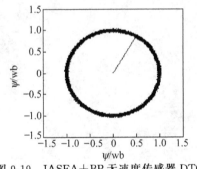
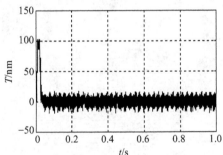

图 9-19　IASFA＋BP 无速度传感器 DTC
　　　　系统的磁链曲线

图 9-20　IASFA＋BP 无速度传感器 DTC
　　　　系统的转矩曲线

习题和思考题

1. 什么是群集智能?群集智能具有哪些特点?群集智能应该遵循哪些基本原则?
2. 群集智能研究方法有哪些主要的优点和缺点?
3. 群集智能系统的本质特征是什么?为什么?
4. 群集智能典型的优化算法有哪几种?试对群集智能不同优化算法的异同点进行比较分析。
5. 试举例说明蚁群的搜索原理,并简要叙述蚁群优化算法有哪些特点?
6. 蚁群算法寻优过程包含哪几个阶段?蚁群算法寻优的准则有哪些?对于蚁群算法中的 α、β、ρ、m、Q 等主要参数应如何考虑?

7. 什么是变异蚁群算法？试举例说明变异蚁群算法为什么比基本蚁群算法具有更好的时间效率？

8. 快速改进的蚁群算法的基本思想是什么？试述快速改进蚁群算法优化 BP 神经网络算法编程的主要步骤。

9. 为什么要对基本粒子群优化算法进行改进？一般有几种改进方法？

10. 简述权重线性调整 PSO 算法的基本思想。

11. 什么是进化计算？进化计算具有哪几个分支？进化计算有哪些主要特点？

12. 人工生命的研究主要包括哪些内容？人工生命模型具有哪些突出特征？人工生命研究的重要意义何在？

13. 试述鱼的几种典型行为,在人工鱼群算法中对这些行为如何描述？

14. 针对基本人工鱼群算法的不足,人工鱼群算法的改进主要从哪几个方面进行？

15. 在改进人工鱼群算法中,试对其觅食、聚群和追尾行为代码进行描述。

16. 改进人工鱼算法优化 BP 神经网络一般包括哪几个步骤？结合实例说明优化的具体过程。

参 考 文 献

[1] 蔡自兴,徐光祐.人工智能及其应用[M].3 版.北京:清华大学出版社,2004.
[2] 孙增圻,张再兴,邓志东.智能控制理论与技术[M].北京:清华大学出版社,1997.
[3] 王永庆.人工智能原理与方法[M].西安:西安交通大学出版社,1998.
[4] 王士同.人工智能教程[M].北京:电子工业出版社,2001.
[5] NILSSON N J.人工智能[M].郑扣根,庄越挺,译.北京:机械工业出版社,2000.
[6] MENDEL J M. Application of Artificial Intelligence Techniques to a spacecraft Control Problem[J]. In Self-Organizing Control Systems,Vol. 5 Rept. DAC-59382 Douglas Aircraft Co,1996.
[7] FU K S. Learning Control Systems and Intelligent Control Systems:An Intersection of Artificial Intelligence and Automatic Control[M].[S. l.]:IEEE Trans. on AC,Feb. 1971.
[8] SARIDIS G N. Self-Organizing Control of Stochastic Systems[M].[S. l.]:Marcel Dekker,Inc. ,1977.
[9] SARIDIS G N. Toward the Realization of Intelligent Controls[M].[S. l.]:Proc. of the IEEE,1979,67(8).
[10] ZADEH L A. Fuzzy sets[J]. Information and Control,1965,(8):330-353.
[11] ZADEH L A. Fuzzy algorithm[J]. Information and Control,1968,(12):94-102.
[12] ZADEH L A. Outline of a new approach to the analysis complex systems and decision processes[M]. IEEE Trans. S. M. C. 1973,3:28-44.
[13] BRADY M,et al. Robot Motion:Planning and Control[M]. Combridge,Mass:MIT Press,1983.
[14] 廉师友.人工智能技术导论[M].2 版.西安:西安电子科技大学出版社,2002.
[15] 凌云,王勋,费玉莲.智能技术与信息处理[M].北京:科学出版社,2003.
[16] 张仰森,黄改娟.人工智能衫教程[M].北京:北京希望电子出版社,2002.
[17] 蔡自兴.智能控制——基础与应用[M].北京:国防工业出版社,1998.
[18] 杨汝清,等.智能控制工程[M].上海:上海交通大学出版社,2001.
[19] 王建华,俞孟蕻,李众.智能控制基础[M].北京:科学出版社,1998.
[20] 易继锴,侯媛彬.智能控制技术[M].北京:北京工业大学出版社,1999.
[21] 韦巍.智能控制技术[M].北京:机械工业出版社,2000.
[22] 李人厚,秦世引.智能控制理论和方法[M].西安:西安交通大学出版社,1994.
[23] 李人厚.智能控制理论和方法[M].西安:西安电子科技大学出版社,1999.
[24] 王顺晃,舒迪前.智能控制系统及其应用[M].北京:机械工业出版社,1995.
[25] 滕召胜,罗隆福,童调生.智能检测系统与数据融合[M].北京:机械工业出版社,2000.
[26] 余永权,曾碧.单片机模糊逻辑控制[M].北京:北京航空航天大学出版社,1995.
[27] 诸静,等.模糊控制原理与应用[M].北京:机械工业出版社,1995.
[28] 窦振中.模糊逻辑控制技术及其应用[M].北京:北京航空航天大学出版社,1995.
[29] 杨辉,王金章.模糊控制技术及其应用[M].南昌:江西科学技术出版社,1997.
[30] 张乃尧,阎平凡.神经网络与模糊控制[M].北京:清华大学出版社,1998.
[31] 王士同.神经模糊系统及其应用[M].北京:北京航空航天大学出版社,1998.
[32] 李凡.模糊信息处理系统[M].北京:北京大学出版社,1998.
[33] 刘增良.模糊技术与应用选编(1)[M].北京:北京航空航天大学出版社,1997.
[34] 刘增良.模糊技术与应用选编(3)[M].北京:北京航空航天大学出版社,1998.
[35] 王永骥,涂健.神经元网络控制[M].北京:机械工业出版社,1998.

[36] HAGAN M T,DEDMUTH H B,BEALE M H.神经网络设计[M].戴葵,等译.北京:机械工业出版社,2002.
[37] 何玉彬,李新忠.神经网络控制技术及其应用[M].北京:科学出版社,2000.
[38] 徐丽娜.神经网络控制[M].北京:电子工业出版社,2003.
[39] 刘增良.模糊技术与神经网络技术选编(4)[M].北京:北京航空航天大学出版社,1999.
[40] 玄光男,程润伟.遗传算法与工程设计[M].北京,科学出版社,2000.
[41] 王凌.智能优化算法及其应用[M].北京:清华大学出版社,2001.
[42] 袁南儿,王万良,苏宏业.计算机新型控制策略及其应用[M].北京:清华大学出版社,1998.
[43] 周德泽,袁南儿,应英.计算机智能监测控制系统的设计及应用[M].北京:清华大学出版社,2002.
[44] GIARRATANO J,RILEY G.专家系统原理与编程[M].印鉴,刘星成,汤庸,译.北京:机械工业出版社,2000.
[45] 李祖枢,涂亚庆.仿人智能控制[M].北京:国防工业出版社,2003.
[46] 刘君华.智能传感器系统[M].西安:西安电子科技大学出版社,1999.
[47] MITCHELL T M.机器学习[M].曾华军,张银奎,等译.北京:机械工业出版社,2003.
[48] 徐章遂,房立清,王希武,等.故障信息诊断原理及应用[M].北京:国防工业出版社,2000.
[49] 李士勇.模糊控制、神经控制和智能控制论[M].哈尔滨:哈尔滨工业大学出版社,1996.
[50] 王晓东,陈伯时,夏承光.基于单神经元自适应PID控制器直流调速系统的研究[J].电气传动,1996,26(4):29-35.
[51] 张燕,康琦,汪镭,等.群体智能[J].冶金自动化 2005,29(02):1-4.
[52] 肖人彬.群集智能特性分析及其对复杂系统研究的意义[J].复杂系统与复杂性科学.2006,3(03):10-19.
[53] 王一.改进的生物群智能优化算法及在滤波器设计中的应用[D].兰州:兰州大学,2007.
[54] 高尚.蚁群算法理论、应用及其与其它算法的混合[D].南京:南京理工大学,2005.
[55] 王冬梅.群集智能优化算法的研究[D].武汉科技大学,2004.
[56] COLORNI A, DORIGO M. Maniezzo:Ant system for Job-shop Scheduling[J]. Belgian J. of Operations Research Statistics and Computer Science,1994,34(1):39-53.
[57] MANIEZZO V,COLORNI A, DORIGO M. The ant system applied to the quadratic assignment problem[J]. IEEE Trans. Knowledge Data Eng. 1999,11:769-778.
[58] 张纪会,高齐圣,徐心和.自适应蚁群算法控制理论与应用[J].2000.17(1):1-3.
[59] 陈烨.带杂交算子的蚁群算法[J].计算机工程.2001,27(12):74-76.
[60] 吴庆洪,张纪会,徐心和.具有变异特征的蚁群算法[J].计算机研究与发展.1999,36(10):1240-1245.
[61] 沈彬.改进蚁群算法在物流配送中的应用研究[D].杭州:浙江大学,2004.
[62] 王笑蓉.蚁群优化的理论模型及在生产调度中的应用研究[D].杭州:浙江大学,2003.
[63] 胡小兵.蚁群优化原理、理论及其应用研究[D].重庆:重庆大学,2004.
[64] 吴启迪,汪镭.智能蚁群算法及其应用[M].上海:上海科技教育出版社,2004.
[65] 李天成.应用智能蚂蚁算法解决旅行商问题[D].厦门:厦门大学,2002.
[66] 赵强.蚁群算法在中压城市配电网规划中的应用[D].成都:四川大学,2003.
[67] SHI Y, EBERHART R. A modified particle swarmoptimizer[C]//IEEE World Congress on Computational Intelligence,1998:69-73.
[68] 张丽平,俞欢军,陈德钊,等.粒子群优化算法的分析与改进[J].信息与控制.2005:513-517.
[69] ANGELINE P. Using Selection to Improve Particle Swarm Optimization[C]//Proc. of IEEE Int 1. Conf. on Evolutionary Computation (ICEC'98). Anchorage. May1998:84-89.

[70] ANGELINE P. Evolutionary optimization versus particle swarmPhilosophy and Performance Differences [C]// Evolutionary Programming VII,1998:601-610.

[71] 侯志荣,吕振肃.IIR 数字滤波器设计的粒子群优化算法[J].电路与系统学报,2003,8(4):16-24.

[72] 李炳宇,萧蕴诗,吴启迪.一种基于粒子群算法求解约束优化问题的混合算法[J].控制与决策,2004,19(7):804-807.

[73] 柯晶,钱积新,乔谊正.一种改进粒子群优化算法[J].电路与系统学报,2003,8(5):87-91.

[74] 吕振肃,侯志荣.自适应变异的粒子群优化算法[J].电子学报,2004,32(3):416-420.

[75] 谢晓锋,张文俊,杨之廉.微粒群算法综述[J].控制与决策,2003,18(2):129-133.

[76] 高鹰,谢胜利.免疫粒子群优化算法[J].计算机工程与应用,2004,40(6):4-6.

[77] 王凌.智能优化算法及其应用[M].北京:清华大学出版社,2001.

[78] 李智勇.模式交流多群体遗传算法及其在神经网络进化建模中的应用[D].长沙:湖南大学,2003.

[79] 李晓磊,邵之江,钱积新.一种基于动物自治体的寻优模式:鱼群算法[J].系统工程理论与实践,2002,22(11):32-38.

[80] 袁亚湘,孙文瑜.最优化理论与方法[M].北京:科学出版社,2001.

[81] 程志刚.连续蚁群优化算法的研究及其化工应用[D].杭州:浙江大学,2005.

[82] 熊勇.粒子群优化算法的行为分析与应用实例[D].杭州:浙江大学,2005.

[83] 杨启文.计算智能及其工程应用[D].杭州:浙江大学,2001.

[84] 李敏强,寇纪松,林丹,等.遗传算法的基本理论与应用[M].北京:科学出版社,2002.

[85] 杨海军.进化计算中的模式理论、涌现及应用研究[D].天津:天津大学,2003.

[86] 郭观七.进化计算的遗传漂移分析与抑制技术[D].长沙:中南大学,2003.

[87] 杨国为,张福生.人工生命与广义人工生命[J].计算机工程与应用,2003,39(31):64-67.

[88] 沈学华,杨献春,周志华,等.人工生命的研究[J].南京大学学报(计算机专辑),2000,36(11):120-123.

[89] 艾迪明,陈汉娟,班晓娟,等.人工生命概述[J].计算机工程与应用,2002,38(1):1-4.

[90] 冯静,舒宁.群智能理论及应用研究[J].计算机工程与应用,2006,42(17):31-34.

[91] 赵波.群集智能计算和多智能体技术及其在电力系统优化运行中的应用研究[D].杭州:浙江大学,2005.

[92] 彭喜元,彭宇,戴毓丰.群智能理论及应用[J].电子学报,2003,31(12A):1982-1988.

[93] 徐宗本.计算智能(第一册)模拟进化计算[M].北京:高等教育出版社,2004.

[94] 段海滨.蚁群算法原理及其应用[M].北京:科学出版社,2005.

[95] 高尚,韩斌,吴小俊,等.求解旅行商问题的混合粒子群优化算法[J].控制与决策,2004,19(11):1286-1289.

[96] 李宁,刘飞,孙德宝.基于带变异算子粒子群优化算法的约束布局优化研究[J].计算机学报.2004,27(7):897-903.

[97] 吕振肃,侯志荣.自适应变异的粒子群优化算法[J].电子学报,2004,32(3):416-420.

[98] 李晓磊.一种新型的智能优化方法——人工鱼群算法[D].杭州:浙江大学,2003.

[99] 李晓磊,钱积新.基于分解协调的人工鱼群优化算法研究[J].电路与系统学报,2003,8(1):1-6.

[100] 马建伟,张国立,谢宏,等.利用人工鱼群算法优化前向神经网络[J].计算机应用,2004,24(10):21-23.

[101] 李晓磊,薛云灿,路飞,等.基于人工鱼群算法的参数估计方法[J].山东大学学报(工学版),2004,34(3):84-87.

[102] 李晓磊,冯少辉,钱积新,等.基于人工鱼群算法的鲁棒PIO控制器参数整定方法研究[J].信息与控制,2004,33(1):112-115.

[103] 刘耀年,庞松岭,刘岱.基于人工鱼群算法神经网络的电力系统短期负荷预测[J].电工电能新技术,2005,24(4):5-8.

[104] 曹承志.微型计算机控制新技术[M].北京:机械工业出版社,2001.

[105] 曹承志,曲红梅.利用模糊神经网络对定子电阻进行在线检测的仿真研究[J].仪器仪表学报,2002(3):291-294.

[106] 曹承志,鲁木平,王楠,等.基于小波模糊神经网络的DTC系统参数的辨识[J].电工技术学报,2004(6):18-22.

[107] 曹承志,魏光华,张彦超,等.基于小波神经网络的定子电阻参数辨识的研究[J].信息与控制.2004,33(6):745-749.

[108] Cao chengzhi, Yang xiaobo, Qu hongmei, et al. A stator Resistance and rotor speed Estimator of Induction Motors Based on Fuzzy-Neural Networks r[C]. Proceedings of the fifth ICEMS'2001:378-381.

[109] Cao chengzhi, Yang xiaobo, Qu hongmei, et al. An optimal neural network speed estimator using genetic algorithims r[C]. Proceedings of the fourth WCICA 2002:2936-2939.

[110] 曹承志,曲红梅.基于参数自调整模糊控制的变频闭环调速系统[J].电力电子技术,2001(1):29-32.

[111] Cao chengzhi, Li haiping. An Application of Fuzzy inference based Neural Network in DTC System of Induction Motor[C]. Proceedings of 2002 international conference on machine learning and cybernetics,2002,pp.354-359.

[112] 曹承志,曲红梅,陆战红,等.MATLAB软件中SIMULINK环境下直接转矩控制系统的仿真研究[J].电机与控制学报,2001(2):111-114.

[113] 曹承志,李海平.用遗传算法优化模糊控制器的实现方法[J].计算机仿真,2003(1):56-58,101.

[114] 曹承志,张坤,郑海英,等.基于人工鱼群算法的BP神经网络速度辨识器[J].系统仿真学报,2009,21(4):1047-1050.

[115] 曹承志,毛春雷,郑海英,等.AFSA-BP速度辨识器及在DTC系统中的应用研究[J].电气传动,2009,39(3):3-6,17.

[116] 曹承志,刘洋,姜西羚,等.基于改进PSO算法的BPNN在DTC系统中的转速辨识[J].系统仿真学报,2008,20(20):5519-5522.

[117] 曹承志,刘洋.DTC系统中神经网络转速辨识器的优化研究[J].微电机,2008,41(12):42-46.

[118] 曹承志,王伊凡.蚁群BP网络转速辨识器的优化与研究[J].电机与控制应用,2008,35(12):5-8,26.

[119] 曹承志,王文菁,张洪兵.混沌神经网络在DTC系统中的转速辨识[J].电气应用,2008,27(13):69-72

[120] 曹承志,董梅,李敏,等.遗传BP网络转速辨识器的设计及在DTC中的应用[J].系统仿真学报,2007,19(4):925-927.

[121] 曹承志,杜晶,郭晓凤.一种变异蚁群神经网络及其对DTC转速的辨识[J].华中科技大学学报,2006(10):64-66

[122] 曹承志,周波,李敏,等.粒子群优化PID调节器的直接转矩控制系统[C]//2006年中国控制与决策学术会议论文集:440-442.

[123] Cao Chengzhi, Wang Yifan, Jia Lichao, et al. Research on Optimization of Speed Identification Based on BP Neural Network and application[C]//the 7th World Congress on Intelligent Control and Automation ,2008:6973-6977.

[124] Cao Chengzhi, Wang Wenjing, Li Fengkun. Rotor Speed Identification on DTC System Based on

Neural Network of New Chaos Optimizer Algorithms[C]//the proceedings of the International Conference of Machine Learning and Cybernetics 2008:824-828.

[125] Cao Chengzhi, Jia Lichao. Research of speed observer based on Neural Network optimized by fast modified ACO in DTCs[C]// IITA 2008 proceedings of International Symposium on Intelligent Information Technology Application, 2008:18-22.

[126] Cao Chengzhi, Li Fengkun, Wang Wenjing. Chaos Optimizing BP-NNG Speed Recognition in DTC System[C]// Proceedings of 2008 International Symposium on Intelligent Information Technology Application workshop, 2008:1077-1080.

[127] Cao Chengzhi, Guo Xiaofeng, Wang Wenjing. Research on Flux Observer Based on Wavelet Neural Network Adjusted by AntColony Optimization[C]// Proceedings of 2007 international conference on machine learning and cybernetics, 2007:862-866.

[128] Cao Chengzhi, Guo Xiaofeng, liu Yang. Research on Ant Colony Neural Network PID Controller and Application[C]// Proceedings of the 8th SNPD 2007:253-258.

[129] Chengzhi Cao, Bo Zhou, Min Li, et al. Digital Implementation of DTC Based on PSO for Induction Motors[C]// Proceedings of the 6th World Congress on Intelligent Control and Automation 2006:6349-6352.

[130] Cao Chengzhi, Guo Xiaofeng. Research on Flux Observer Based on Wavelet Neural Network Adjusted by Ant Colony Proceedings of the Optimization[C]// 8th International Conference on Signal Processing 2006, v3:4129226.

[131] Cao Chengzhi, Wu YuSheng. Exploratory Development of Parameters Identify Based on Reformative PSO Algorithm in DTC System[C]// Proceedings of the first ISTAI'2006:1756-1760.

[132] 曹承志,杜晶,李敏.基于磁链观测器的无速度传感器DTC系统的实现[J].沈阳工业大学学报,2006(5):522-525.

[133] 曹承志.微型计算机控制技术[M].北京:化学工业出版社,2008.

高等学校计算机专业教材精选

计算机技术及应用

信息系统设计与应用(第 2 版) 赵乃真　　　　　　　　　　　ISBN 978-7-302-21079-5

计算机硬件

单片机与嵌入式系统开发方法　薛涛　　　　　　　　　　　ISBN 978-7-302-20823-5

基于 ARM 嵌入式 μCLinux 系统原理及应用　李岩　　　　　ISBN 978-7-302-18693-9

计算机基础

计算机科学导论教程　黄思曾　　　　　　　　　　　　　　ISBN 978-7-302-15234-7

计算机应用基础教程(第 2 版) 刘旸　　　　　　　　　　　　ISBN 978-7-302-15604-8

计算机原理

计算机系统结构　李文兵　　　　　　　　　　　　　　　　ISBN 978-7-302-17126-3

计算机组成与系统结构　李伯成　　　　　　　　　　　　　ISBN 978-7-302-21252-2

计算机组成原理(第 4 版)　李文兵　　　　　　　　　　　　ISBN 978-7-302-21333-8

计算机组成原理(第 4 版)题解与学习指导　李文兵　　　　　ISBN 978-7-302-21455-7

人工智能技术　曹承志　　　　　　　　　　　　　　　　　ISBN 978-7-302-21835-7

微型计算机操作系统基础——基于 Linux/i386　任哲　　　　ISBN 978-7-302-17800-2

微型计算机原理与接口技术应用　陈光军　　　　　　　　　ISBN 978-7-302-16940-6

数理基础

离散数学及其应用　周忠荣　　　　　　　　　　　　　　　ISBN 978-7-302-16574-3

离散数学(修订版)　邵学才　　　　　　　　　　　　　　　ISBN 978-7-302-22047-3

算法与程序设计

C++ 程序设计　赵清杰　　　　　　　　　　　　　　　　　ISBN 978-7-302-18297-9

C++ 程序设计实验指导与题解　胡思康　　　　　　　　　　ISBN 978-7-302-18646-5

C 语言程序设计教程　覃俊　　　　　　　　　　　　　　　ISBN 978-7-302-16903-1

C 语言上机实践指导与水平测试　刘恩海　　　　　　　　　ISBN 978-7-302-15734-2

Java 程序设计(第 2 版)　娄不夜　　　　　　　　　　　　　ISBN 978-7-302-20984-3

Java 程序设计教程　孙燮华　　　　　　　　　　　　　　　ISBN 978-7-302-16104-2

Java 程序设计实验与习题解答　孙燮华　　　　　　　　　　ISBN 978-7-302-16411-1

Visual Basic.NET 程序设计教程　朱志良　　　　　　　　　ISBN 978-7-302-19355-5

Visual Basic 上机实践指导与水平测试　郭迎春　　　　　　ISBN 978-7-302-15199-9

程序设计基础习题集　张长海　　　　　　　　　　　　　　ISBN 978-7-302-17325-0

程序设计与算法基础教程　冯俊　　　　　　　　　　　　　ISBN 978-7-302-21361-1

计算机程序设计经典题解　杨克昌　　　　　　　　　　　　ISBN 978-7-302-16358-9

数据结构　冯俊　　　　　　　　　　　　　　　　　　　　ISBN 978-7-302-15603-1

数据结构　汪沁　　　　　　　　　　　　　　　　　　　　ISBN 978-7-302-20804-4

新编数据结构算法考研指导　朱东生　　　　　　　　　　　ISBN 978-7-302-22098-5

新编 Java 程序设计实验指导　姚晓昆　　　　　　　　　　　ISBN 978-7-302-22222-4

数据库

SQL Server 2005 实用教程　范立南	ISBN 978-7-302-20260-8
数据库基础教程　王嘉佳	ISBN 978-7-302-11930-8
数据库原理与应用案例教程　郑玲利	ISBN 978-7-302-17700-5

图形图像与多媒体技术

AutoCAD 2008 中文版机械设计标准实例教程　蒋晓	ISBN 978-7-302-16941-3
Photoshop(CS2 中文版)标准教程　施华锋	ISBN 978-7-302-18716-5
Pro/ENGINEER 标准教程　樊旭平	ISBN 978-7-302-18718-9
UG NX4 标准教程　余强	ISBN 978-7-302-19311-1
计算机图形学基础教程(Visual C++ 版)　孔令德	ISBN 978-7-302-17082-2
计算机图形学基础教程(Visual C++ 版)习题解答与编程实践　孔令德	ISBN 978-7-302-21459-5
计算机图形学实践教程(Visual C++ 版)　孔令德	ISBN 978-7-302-17148-5
网页制作实务教程　王嘉佳	ISBN 978-7-302-19310-4

网络与通信技术

Web 开发技术实验指导　陈轶	ISBN 978-7-302-19942-7
Web 开发技术实用教程　陈轶	ISBN 978-7-302-17435-6
Web 数据库编程与应用　魏善沛	ISBN 978-7-302-17398-4
Web 数据库系统开发教程　文振焜	ISBN 978-7-302-15759-5
计算机网络技术与实验　王建平	ISBN 978-7-302-15214-9
计算机网络原理与通信技术　陈善广	ISBN 978-7-302-15173-9
计算机组网与维护技术(第 2 版)　刘永华	ISBN 978-7-302-21458-8
实用网络工程技术　王建平	ISBN 978-7-302-20169-4
网络安全基础教程　许伟	ISBN 978-7-302-19312-8
网络基础教程　于樊鹏	ISBN 978-7-302-18717-2
网络信息安全　安葳鹏	ISBN 978-7-302-22176-0